HEIDRUN GEHLEN (HRSG.)

Pferdekardiologie

Heidrun Gehlen (Hrsg.)

Pferdekardiologie

Unter Mitarbeit von

Hermann Ammer, Gerhard Breves, Eckehard Deegen, Beate Egner, Jean-Claude Ioanita, Iris Müller-Klein, Johann Maierl, Cordula Poulsen Nautrup, Peter Stadler

schlütersche

Bibliografische Information der Deutschen Nationalbibliothek
Die Deutsche Nationalbibliothek verzeichnet diese Publikation in der Deutschen Nationalbibliografie; detaillierte bibliografische Daten sind im Internet über http://dnb.ddb.de/ abrufbar.

ISBN 978-3-89993-062-7

Satz: Dörlemann Satz, Lemförde
Druck und Bindung: Werbedruck Aug. Lönneker GmbH & Co. KG, Stadtoldendorf

Inhalt

Autoren

Hermann Ammer, Prof. Dr. med. vet.
FTA für Pharmakologie und Toxikologie
Institut für Pharmakologie, Toxikologie und Pharmazie
Ludwig-Maximilians-Universität München

Gerhard Breves, Prof. Dr. med. vet.
FTA für Physiologie
Physiologisches Institut
Stiftung Tierärztliche Hochschule Hannover

Eckehard Deegen, Prof. Dr. Dr. h.c.
FTA für Pferde
ehem. Klinik für Pferde
Stiftung Tierärztliche Hochschule Hannover

Beate Egner, Dr. med. vet.
Vorstandsmitglied der Veterinary Blood Pressure Society (VBPS) des ECVIM
Babenhausen

Heidrun Gehlen, Prof. Dr. med. vet.
Dipl. des European College of Equine Internal Medicine
FTA für Pferde, Zusatzbezeichnung Innere Medizin Pferd
Zentrum für klinische Tiermedizin
Klinik für Pferde
Ludwig-Maximilians-Universität München

Jean-Claude Ioanita, Dr. med. vet.
Anästhesist
Chirurgische Tierklinik
Universität Leipzig

Iris Müller-Klein
Rechtsanwältin, spezialisiert auf Pferderecht
Rechtsanwaltsbüro Müller-Klein
Thedinghausen

Johann Maierl, PD Dr. med. vet.
FTA für Anatomie
Veterinärwissenschaftliches Department
Institut für Tieranatomie I
Ludwig-Maximilians-Universität München

Cordula Poulsen Nautrup, Prof. Dr. med. vet.
FTA für Anatomie, Zusatzbezeichnung Kardiologie
Veterinärwissenschaftliches Department
Institut für Tieranatomie I
Ludwig-Maximilians-Universität München

Peter Stadler, Prof. Dr. med. vet.
Lehrauftrag für bildgebende Diagnostik und Chirurgie des Pferdes
FTA für Pferde
Klinik für Pferde
Stiftung Tierärztliche Hochschule Hannover

Verzeichnis verwendeter Abkürzungen

AF	Atemfrequenz
ANP	Atriales natriuretisches Peptid
AO	Aorta
AP	Aktionspotential
AV	Aortenklappe (engl.: *aortic valve*)
AVI	Aorteninsuffizienz
AV-Knoten	Atrioventrikularknoten
A-Welle	spätdiastolische Relaxation
CW	kontinuierliche Dopplertechnik (engl.: *continous wave Doppler*)
d	diastolisch
DV	Durchflussvolumen; hier: Rückflussvolumen
EDV	Enddiastolisches Volumen
EKG	Elektrokardiogramm
ET	Ejektionszeit
E-Welle	frühdiastolische Relaxation
FS	Verkürzungsfraktion (engl.: *fractional shortening*)
ggr.	geringgradig
HG	Herz(neben)geräusch
hgr.	hochgradig
HI	Herzindex
HMV	Herzminutenvolumen
IVC	isovolumetrische Kontraktion
IVS	Interventrikularseptum
Ko	Koronargefäß
KFZ	Kapillarfüllungszeit (sec)
kg	Kilogramm
KGW	Körpergewicht
LA	linkes Atrium
LKDLA	lange Herzachse von links kaudal
LV	linker Ventrikel
LVW	freie linke Ventrikelwand
mgr.	mittelgradig
MHz	Megahertz
MV	Mitralklappe (engl.: *mitral valve*)
MVI	Mitralklappeninsuffizienz (engl.: *mitral valve insufficiency*)
PM	Punctum maximum (Auskultation)
PA	Pulmonalarterie
PAP	Pulmonalarteriendruck
PDP	*pulmonary driving pressure*
PE	Perikarderguss
PV	Pulmonalklappe (engl.: *pulmonary valve*)
PVI	Pulmonalklappeninsuffizienz
PW	gepulste Dopplertechnik (engl.: *pulsed wave Doppler*)
PWP	Lungenkapillardruck (engl.: *pulmonary wedge pressure*)
RA	rechtes Atrium
RAAS	Renin-Angioensin-Aldosteron-System
RAP	Rechtsatrialer Druck
RBELS	Reizbildungs-Erregungsleitungssystem
RKDKA	kurze Herzachse von rechts kaudal
RKDLA	lange Herzachse von rechts kaudal
RKDLA AO	lange Herzachse von rechts kaudal mit Darstellung der Aorta
RKRLA	lange Herzachse von rechts kranial
RV	rechter Ventrikel
RVP	Rechtsventrikulärer Druck
s	systolisch
SAS	sympatho-adrenerges System
SV	Schlagvolumen
TV	Trikuspidalklappe (engl.: *tricuspid valve*)
TVI	Trikuspidalklappeninsuffizienz
V. c.	Vena contracta
VF	Vorhofflimmern
V_{max}	maximale Geschwindigkeit
VTI	Geschwindigkeit-Zeit-Integral (engl.: *velocity time integral*)

Vorwort

Die Pferdekardiologie hat sich wie kaum ein anderes Teilgebiet der Inneren Medizin des Pferdes in den letzten Jahren in hohem Maße weiterentwickelt. Erkrankungen des Herz-Kreislauf-Apparates stellen beim Pferd nach den Erkrankungen des Bewegungsapparates und der Atemwege die häufigsten Ursachen für einen Leistungsabfall dar. Damit wird der praktizierende Tierarzt immer öfter mit kardiologischen Fragestellungen zu angeborenen und erworbenen Herzerkrankungen mit oder ohne diverse Herzrhythmusstörungen konfrontiert. Die verschiedenen kardiologischen Krankheitsbilder sowie ihre Symptome werden in diesem Buch anschaulich illustriert und durch zahlreiche Fallbeispiele ergänzt.

Die Diagnostik wird zunächst hinsichtlich der Grundlagen zur klinischen Untersuchung in Ruhe und Belastung sowie der Elektrokardiographie dargestellt. Anschließend wird die moderne weiterführende kardiologische Diagnostik, insbesondere die echokardiographischen Untersuchungstechniken und die Herzkatheteruntersuchung, beschrieben. Eine moderne Kardiodiagnostik ist beim Pferd aber ohne die Echokardiographie heute nicht mehr möglich. Sie wird inzwischen nicht nur in speziell ausgestatteten Kliniken, sondern auch in vielen Pferdepraxen angeboten und durchgeführt. Insbesondere die Entwicklung von modernen, tragbaren Echokardiographiegeräten mit hoher Auflösung ermöglicht die Anwendung zumindest der konventionellen echokardiographischen Techniken auch für den praktizierenden Tierarzt im Stall.

Darüber hinaus liefern die neueren Untersuchungsmethoden, wie z. B. die Gewebedoppler-Echokardiographie, weitere detaillierte Informationen über die Herzfunktion. Auch auf diese Untersuchungsmethoden wird in diesem Buch eingegangen.

Neben der ausführlichen Beschreibung der verschiedenen echokardiographischen Untersuchungsmethoden werden viele Fallbeispiele vorgestellt und mit zahlreichen echokardiographischen Bildern illustriert.

Das Ziel kardiologischer Untersuchungen ist es, die verschiedenen Herzerkrankungen bzw. -funktionsstörungen beim Pferd frühzeitig (bevor irreversible Schädigungen z. B. Herzdilatationen auftreten) aufzudecken und ihre Bedeutung richtig einzuschätzen. Durch die Vielzahl der verfügbaren Untersuchungstechniken sind inzwischen die Diagnosefindung und die Beurteilung von Schweregrad und Prognose bei kardialen Erkrankungen des Pferdes deutlich verbessert bzw. erleichtert. Trotzdem bereitet eine Einschätzung der Auswirkung einer Herzerkrankung auf die Leistungsfähigkeit als Reit- bzw. Sportpferd, vor allem bei gering- und mittelgradigen Herzveränderungen bzw. Funktionsstörungen, häufig Schwierigkeiten. Aus diesem Grund ist der speziellen Beurteilung von kardiologischen Befunden ein gesondertes Kapitel gewidmet worden.

Bei Herzerkrankungen des Pferdes stellt sich zudem häufig die Frage, ob eine Therapie möglich und sinnvoll ist. Insbesondere bei kardiologischen Notfällen bestehen oft Unsicherheiten bezüglich der Medikamentenwahl, der Dosierung und der Applikationsart. In einem gesonderten Kapitel wird deshalb auf die Pharmakotherapie kardialer Erkrankungen des Pferdes sowie auf Therapiemaßnahmen bei kardiologischen Zwischenfällen, z. B. in der Narkose, eingegangen.

Da die Kardiologie auch im Rahmen der Kaufuntersuchung einen neuen Stellenwert erlangt hat, wird auch dieser Aspekt im vorliegenden Buch besprochen und mit Hilfe von Fallbeispielen veranschaulicht.

Das Buch soll sowohl dem praktischen Tierarzt, dem Studenten der Tiermedizin aber auch dem weitergehend kardiologisch interessierten Pferdetierarzt einen Überblick über die Grundlagen der kardiologischen Diagnostik und die Möglichkeiten weiterführender Untersuchungen und Therapieverfahren beim Pferd geben.

München, im Oktober 2009 Heidrun Gehlen

Geleitwort

Der Herausgeberin und den Autoren ist es gelungen, mit dem vorliegenden Werk zur Kardiologie des Pferdes eine seit langem klaffende Lücke zu schließen. Im deutschen Sprachraum liegt damit erstmalig eine komplexe Übersicht zur Anatomie und Physiologie des Pferdeherzens einerseits und zur Diagnostik und Therapie andererseits vor.

Die rasante Entwicklung der Technik hat zu tiefen Einblicken in die Pferdekardiologie geführt, wie sie noch vor wenigen Jahren unvorstellbar waren. Das Lehrbuch spiegelt somit auch die Entwicklung der Diagnostik wider, die vor allen Dingen von der Echokardiographie geprägt ist. Die Herausgeberin hat ein Standardwerk vorgelegt, das neben der Klinik und der Elektrokardiographie vor allem die modernen bildgebenden Verfahren einbezieht.

Die Zusammenarbeit mit namhaften Spezialisten in den einzelnen Teildisziplinen verbürgt eine hohe Qualität und Aktualität auf der Basis bewährter und neuer wissenschaftlicher Erkenntnisse. Der besondere Wert sowohl für den Pferdepraktiker als auch für den Studierenden der Veterinärmedizin liegt in der anschaulichen Darstellung mit einer Vielzahl von normal-anatomischen, pathologisch-anatomischen und insbesondere echokardiographischen Bildern, die durch erläuternde Schemata und eine Vielzahl von Elektrokardiogrammen eindrucksvoll ergänzt werden.

Über die Anwendung in der täglichen Praxis des Pferdetierarztes hinaus wird auch dem speziell kardiologisch interessierten Tierarzt eine breite Palette der modernen weiterführenden Diagnostik beim Pferd angeboten.

Der besondere Wert, nicht zuletzt für den Studierenden der Veterinärmedizin, liegt in vielen Fallbeispielen, die eine lückenlose Sammlung häufiger, aber auch seltener Herzerkrankungen und somit ein bisher nicht verfügbares Nachschlagewerk darstellen.

Schließlich kann die Darstellung von Fällen und Fragestellungen aus der forensischen Praxis den interessierten Leser zukünftig besser vor Verwicklungen in Rechtstreitigkeiten bewahren. Auch die Darstellung der Versorgung kardiologischer Not- und Zwischenfälle wird den Tierarzt in schwierigen Situationen in hohem Maße unterstützen. Deshalb sollte das vorliegende Werk in keiner Bibliothek der Pferdetierärzte fehlen und kann für den jungen Tierarzt als schnell verfügbares Nachschlagewerk im Praxisauto einen festen Platz einnehmen.

Hannover, im Oktober 2009

Eckehard Deegen
Peter Stadler

Danksagung

Erfreulicherweise ist es gelungen, mehrere ausgewiesene Fachleute unterschiedlicher veterinärmedizinischer Gebiete für dieses Buch zu gewinnen. An dieser Stelle möchte ich deshalb meinen Co-Autoren, insbesondere Prof. Dr. Stadler, recht herzlich für ihr Engagement bei ihren Beiträgen zu diesem Buch danken.

Zahlreiche Doktoranden haben durch ihre wissenschaftlichen Studien einen wichtigen Beitrag zu diesem Buch geleistet. Bei ihnen möchte ich mich für ihre Arbeit herzlich bedanken. Zusätzlich haben einige Mitarbeiter aus der Pferdeklinik der LMU München (Dr. Stefan Gesell, Dr. Gabriele Niedermaier, Dr. Anna May, Dr. Carolin Oel, Dr. Anna Stahl) einzelne Kapitel Korrektur gelesen. Vielen Dank dafür.

Darüber hinaus gilt mein besonderer Dank Prof. Dr. Eckehard Deegen, von dem ich fachlich und menschlich viel lernen durfte und der mir die Begeisterung für die Pferdeinternistik vermittelt hat. Ein großer Teil seines Wissens ist in das vorliegende Werk eingeflossen. Aus diesem Grunde möchte ich ihm dieses Buch widmen.

Heidrun Gehlen

Teil 1

Die kardiologische Untersuchung

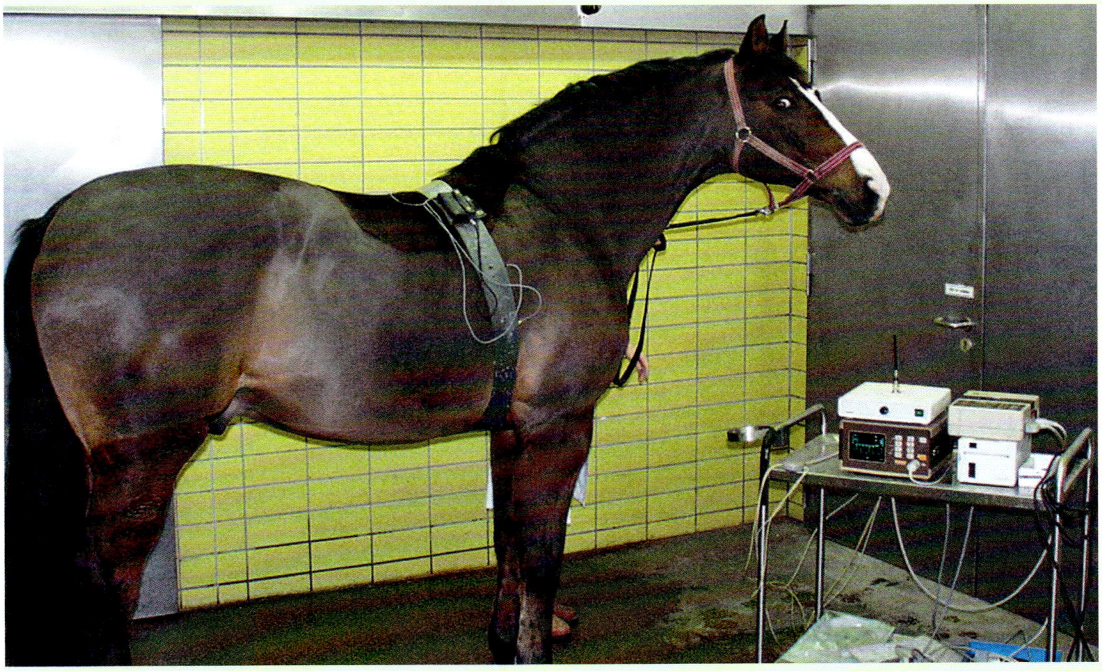

1 Anatomie

Heidrun Gehlen, Johann Maierl, Peter Stadler

1.2 Aufbau und Lage des Herzens

Das Herz befindet sich im Mediastinum des Thorax auf Höhe des 3. bis 5. Interkostalraumes, wobei der größere Teil des Herzens (ca. 3/5), wie auch beim Menschen, links der Medianen liegt. Die rechte Herzseite liegt kranial, die linke Herzseite ist, wie auch die Herzspitze, nach kaudal gerichtet, was bei der echokardiographischen Orientierung berücksichtigt werden sollte (Abb. 1.1a–c). Die Herzspitze befindet sich auf Höhe des Ellenbogengelenkes, die Herzbasis auf Höhe des Buggelenkes. Das Herz liegt sowohl auf der rechten, als auch auf der linken Thoraxseite in einem kleinen, ca. handflächengroßen Bereich der Thoraxwand direkt an (sog. »echokardiographisches Fenster«). In diesen Bereichen besteht deshalb die Möglichkeit, ultrasonographische Untersuchungen des Herzens von beiden Thoraxseiten transkutan durchzuführen.

Eingeteilt ist das Herz in zwei Vorhöfe (Atria) mit jeweils einem Herzohr (Auricula atrii) sowie zwei Kammern (Ventriculae). Die Herzohren sind Ausstülpungen an den Vorhöfen des Herzens und Bildungsort für ein vom Herzen gebildetes Hormon, das atriale natriuretische Peptid (ANP). ANP wird bei stärkerer Vordehnung der Vorhöfe vermehrt freigesetzt und fördert die Wasserausscheidung in der Niere. Durch diese Verminderung des Flüssigkeitsvolumens des Blutes kann das Herz einer Überbelastung durch ein zu hohes Blutvolumen entgegenwirken.

Die Ventrikel sind in einen herzspitzennahen, apikalen und einen klappennahen, basalen Bereich eingeteilt. Das Fassungsvermögen beider Vorkammern ist gleich groß, ebenso wie das Schlagvolumen beider Kammern, das beim ausgewachsenen Warmblutpferd ca. 1 Liter beträgt.

Die Grenze zwischen den Atrien und den Ventrikeln bildet der Sulcus coronarius. In diesem Sulcus verlaufen die in Fettgewebe eingebetteten und vom Epikard überzogenen Koronararterien und -venen, die die optimale Sauerstoffversorgung des Herzmuskels gewährleisten. Sie dienen zur Orientierung bei der echokardiographischen Untersuchung. Erkrankungen der Koronararterien (z.B. Verschlüsse durch Thromben) spielen jedoch beim Pferd, im Gegensatz zum Menschen, keine Rolle.

Im Septum interatriale (Vorhofscheidewand) ist beim adulten Pferd das verschlossene Foramen ovale (Überbleibsel des fetalen Kreislaufes) als Fossa ovalis erkennbar. Diese ist echokardiographisch manchmal darstellbar und stellt einen Normalbefund dar.

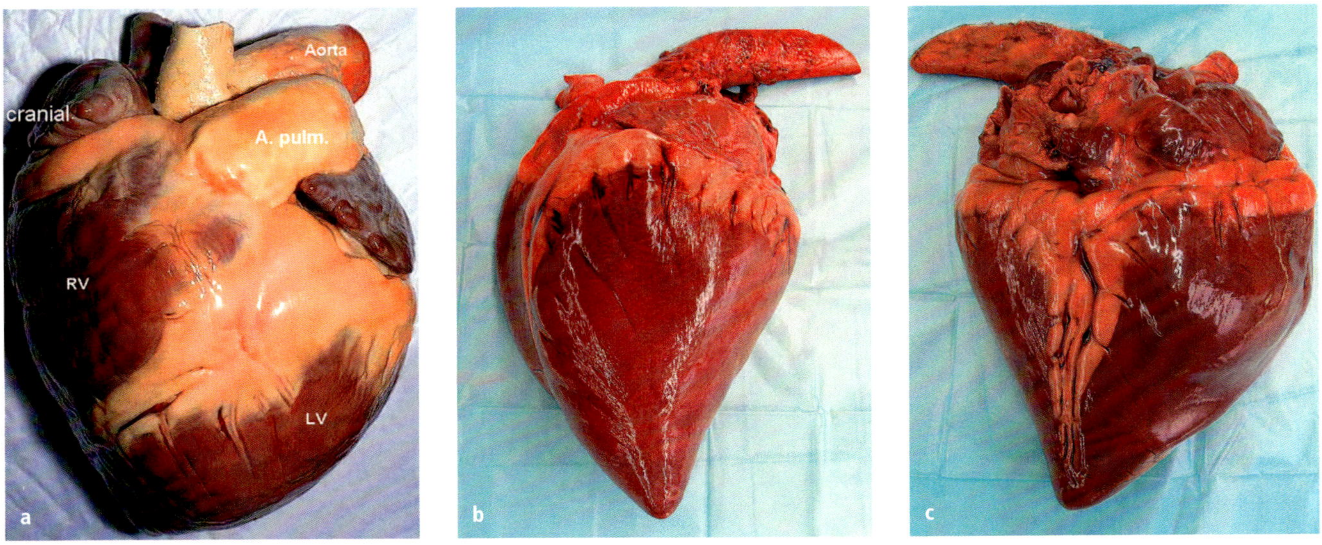

Abb. 1.1a–c:
Blick auf ein gesundes Pferdeherz (anatomisches Präparat) von kranial (**a**), von der linken Seite (**b**) und von der rechten Seite (**c**). LV = linker Ventrikel, RV = rechter Ventrikel.

1

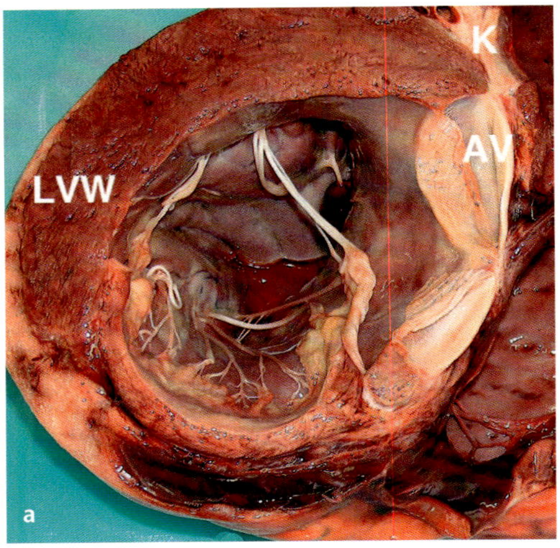

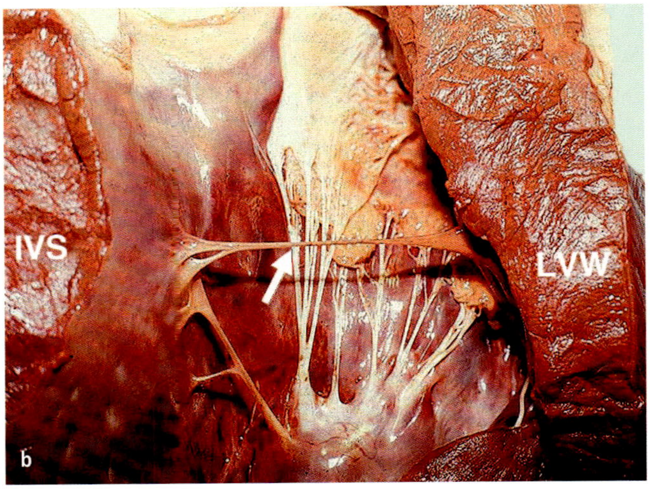

Abb. 1.2:
Blick auf den aufgeschnittenen linken Ventrikel eines gesunden Pferdeherzens von oben (**a**, Querschnitt auf Höhe der Klappenebene) und von der Seite (**b**). Neben den Mitralklappensegeln, die über die Chordae tendineae mit den Papillarmuskeln verbunden sind, ist in Abbildung **b** das Trabeculum septomarginale sinistra sichtbar. In Abbildung **a** sind neben den Mitralklappensegeln auch Anteile der Aortenklappe und die Koronararterien sichtbar. AV = Aortenklappensegel, K = Koronararterie, IVS = Interventrikularseptum, LVW = freie linke Ventrikelwand.

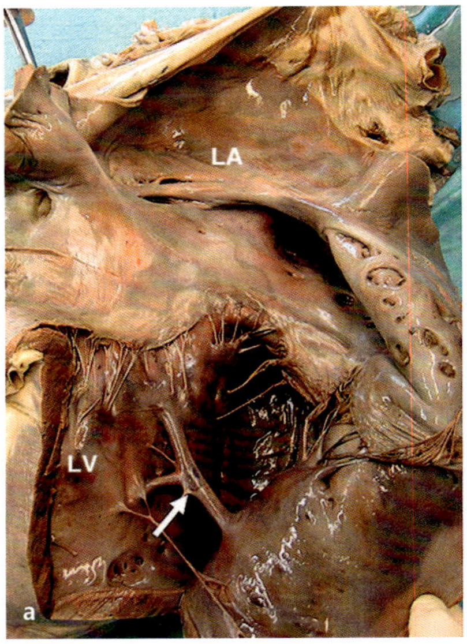

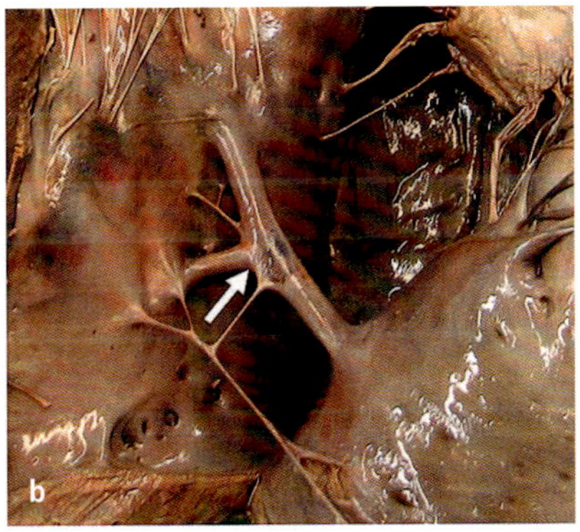

Abb. 1.3a, b:
Blick auf den linken Vorhof (LA) und den linken Ventrikel (LV) eines Pferdeherzens mit linksseitiger Dilatation (Mitralklappeninsuffizienz und Vorhofflimmern). Neben den Mitralklappensegeln, die über die Chordae tendineae mit den Papillarmuskeln verbunden sind, ist ein stark ausgeprägtes Trabeculum septomarginale sinistra sichtbar (Pfeil).

Zur Befestigung der Herzklappen befinden sich im rechten Ventrikel drei, im linken Ventrikel zwei Papillarmuskeln, von denen die Sehnenhaltefäden (Chordae tendineae) zur Trikuspidal- bzw. Mitralklappe ziehen. Durch Entzündungen kann es beim Pferd in seltenen Fällen zu einem Abriss eines Sehnenhaltefadens kommen.

Das Lumen des rechten und linken Ventrikels wird zusätzlich von dünnen Muskel- bzw. Sehnensträngen (Moderatorbänder oder Trabecula septomarginalis dextra / sinistra), die vom Interventrikularseptum zur ventrikulären Außenwand ziehen, durchquert (Abb. 1.2a, b; 1.3a, b). Auch diese Bänder sind echokardiographisch darstellbar.

1.3 Herzbeutel und Herzwand

Die Herzwand besteht (von außen nach innen) aus Epi-, Myo- und Endokard und wird vom Herzbeutel (Perikard) umgeben (Abb. 1.4a–c). Der Herzbeutel besteht aus dem Pericardium fibrosum (außen) und dem Pericardium serosum (innen), das wiederum aus der Lamina parietalis (außen) und der Lamina visceralis (innen) besteht. Die Lamina visceralis liegt dem Myokard direkt auf und wird auch als Epikard bezeichnet. Von der Lamina parietalis aus erfolgt die Produktion des Liquor pericardii, der das Gleiten des Herzens im Herzbeutel ermöglicht Bei Herzbeutelentzündungen erfolgt eine vermehrte Liquorproduktion, sodass ein Perikarderguss ent-

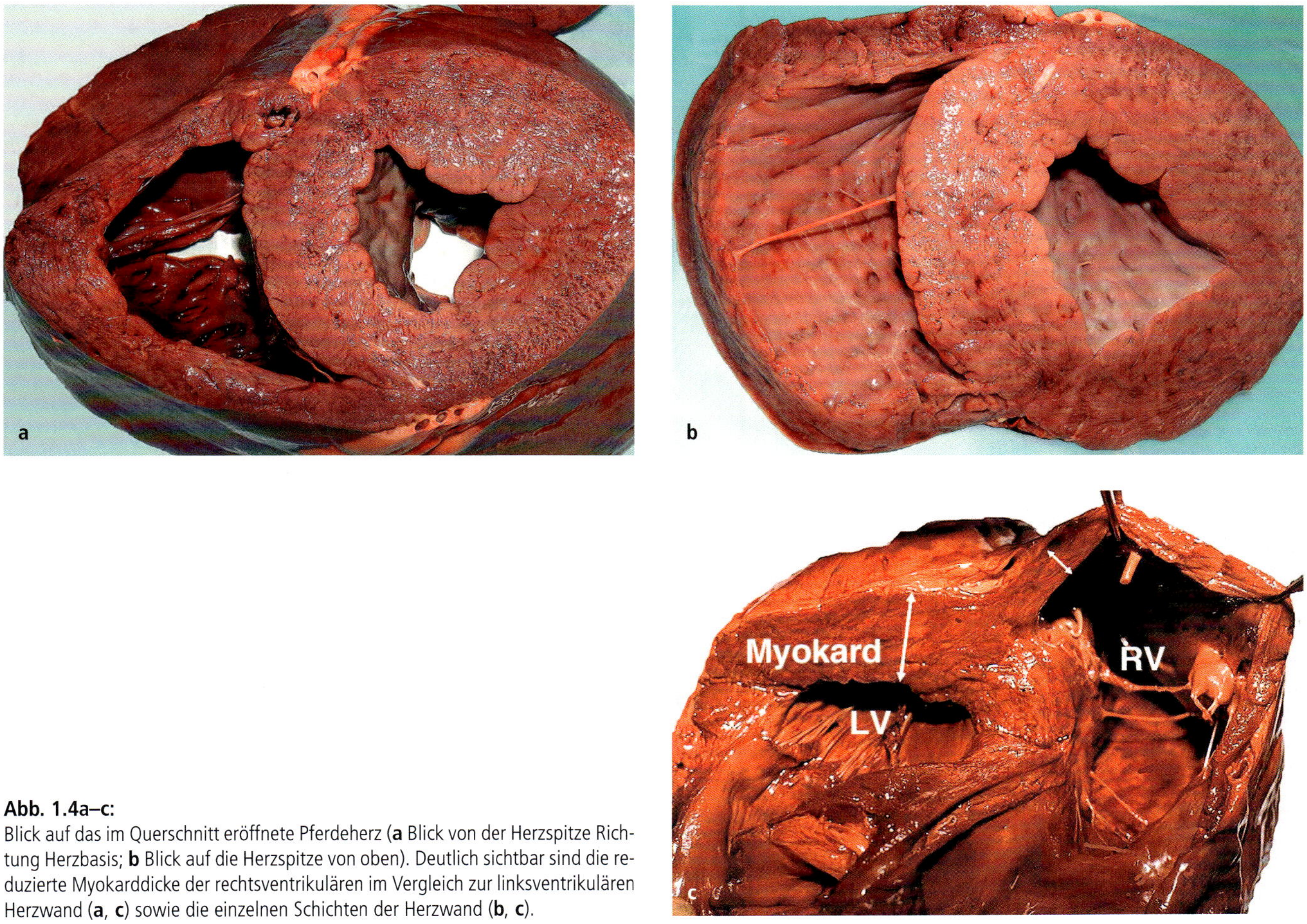

Abb. 1.4a–c:
Blick auf das im Querschnitt eröffnete Pferdeherz (**a** Blick von der Herzspitze Richtung Herzbasis; **b** Blick auf die Herzspitze von oben). Deutlich sichtbar sind die reduzierte Myokarddicke der rechtsventrikulären im Vergleich zur linksventrikulären Herzwand (**a**, **c**) sowie die einzelnen Schichten der Herzwand (**b**, **c**).

steht, der ultrasonographisch dargestellt werden kann. Da das Perikard sehr derb und nahezu undehnbar ist, kann es bei einem Perikarderguss oder einer Einblutung ins Perikard (Hämoperikard, z. B. durch einen intraperikardialen Aortenriss) zu einer gravierenden Einschränkung der Herzbewegung, bis hin zum Herzstillstand (Herztamponade) kommen. Eine Verbindung zwischen dem Herzbeutel und dem Sternum besteht in Form des Ligamentum sternopericardiacum, welches bei Pleuraergüssen sonographisch gut sichtbar wird.

Der Herzmuskel, bzw. das Myokard, bildet den dicksten Teil der Herzwand. Die Herzmuskulatur wird außen vom Epikard und innen von der Herzinnenhaut (Endokard) umgeben. Das Endokard ist die innerste Schicht der Herzwand und entspricht in seinem Aufbau der Innenauskleidung der Blutgefäße. Maßgeblich vom Endokard gebildete Strukturen des Herzens sind die vier Herzklappen.

Das Verhältnis der Wanddicke der linken und rechten Herzseite zueinander beträgt beim Pferd ca. 3:1 (Abb. 1.4a–c). Die bedeutend dickere Wand des linken Ventrikels ist bedingt durch die höhere Pumpleistung, die er im großen Körperkreislauf erbringen muss.

1.4 Herzskelett

Das Herzskelett ist eine Schicht aus Bindegewebe, häufig auch mit Fett-, Knorpel- oder Knocheneinlagerungen, welche die Vorhöfe und die Kammern des Herzens kurz über der Ventilebene trennt. Es dient der mechanischen Stabilisierung der Öffnungen der Herzkammern und dem Ursprung und Ansatz der Herzmuskulatur. Darüber hinaus trennt es die Herzmuskulatur der Vorhöfe von der der Kammern und er-

1

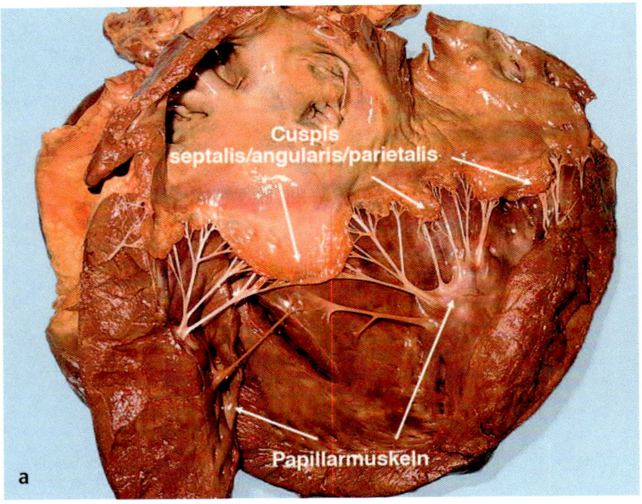

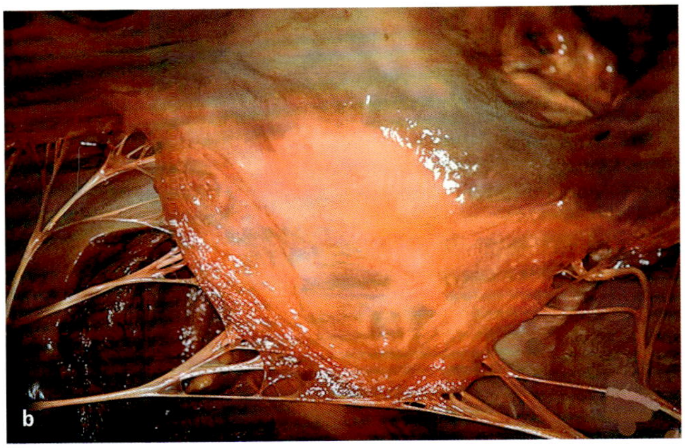

Abb. 1.5a, b:
Mitralklappenapparat, bestehend aus einem größeren septalen und einem kleineren parietalen Segel (Cuspis septalis/parietalis), einer variablen Anzahl an Kommissuralsegeln (gewöhnlich zwei bis drei Cuspes angulares), den Sehnenfäden (Chordae tendineae), den zwei Papillarmuskeln und dem linken Ventrikel (**a**). Abbildung **b** zeigt das septale Klappensegel mit seinen Sehnenhaltefäden.

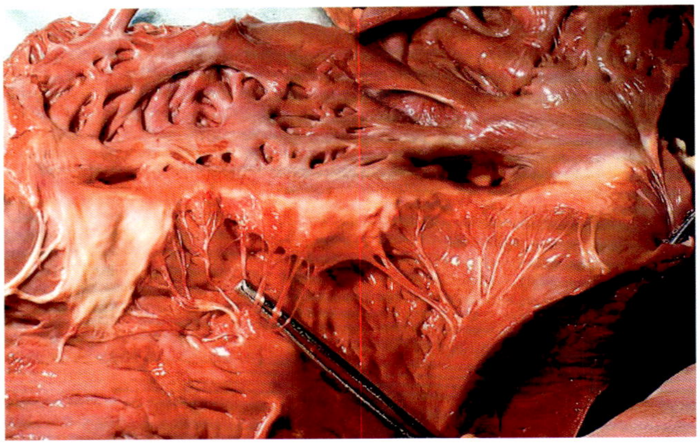

Abb. 1.6:
Die Trikuspidalklappe setzt sich aus einem parietalen Segel, einem septalen Segel und zwischen beiden zusätzlich noch einem angulären Segel zusammen. Auch die Trikuspidalklappe ist über Chordae tendineae an Papillarmuskeln in der Herzspitze befestigt.

möglicht so deren zeitlich getrennte Kontraktion. Außerdem schottet das Herzskelett die Erregungsleitung aus den Vorhöfen ab, dient also der elektrischen Isolation. Die aus den Vorhöfen resultierende Erregung kann daher nur über den AV-Knoten und das His-Bündel in die Kammern weitergegeben werden.

Das Herzskelett mit der zentralen Ventilebene ist die Basis für die Herzmechanik. In der Austreibungsphase des Herzzyklus (Systole) ist die Herzspitze relativ fixiert und die Ventilebene wird bei der Kammerkontraktion nach unten in Richtung der Herzspitze gezogen (Absenken der Ventilebene). Dadurch entsteht ein Zug auf die großen Herzgefäße, die sich in der Füllungsphase (Diastole) reflektorisch kontrahieren und die Ventilebene wieder nach oben ziehen (Anheben der Ventilebene).

1.5 Herzklappen

Die Erhaltung der Strömungsrichtung des Blutes – vom Vorhof in die Hauptkammer und von dieser in die Ausströmungsbahn – wird durch die Ventilfunktion der vier Herzklappen ermöglicht. Die Atrioventrikularklappen befinden sich zwischen den Vorhöfen und den Hauptkammern (auf der rechten Herzseite Trikuspidal-, auf der linken Herzseite Mitralklappe). Die Klappen der rechts- und linksventrikulären Ausströmungsbahnen bezeichnet man aufgrund ihrer Halbmondform als Semilunarklappen. Diese werden auf der rechten Herzseite durch die Pulmonalklappe und auf der linken durch die Aortenklappe repräsentiert.

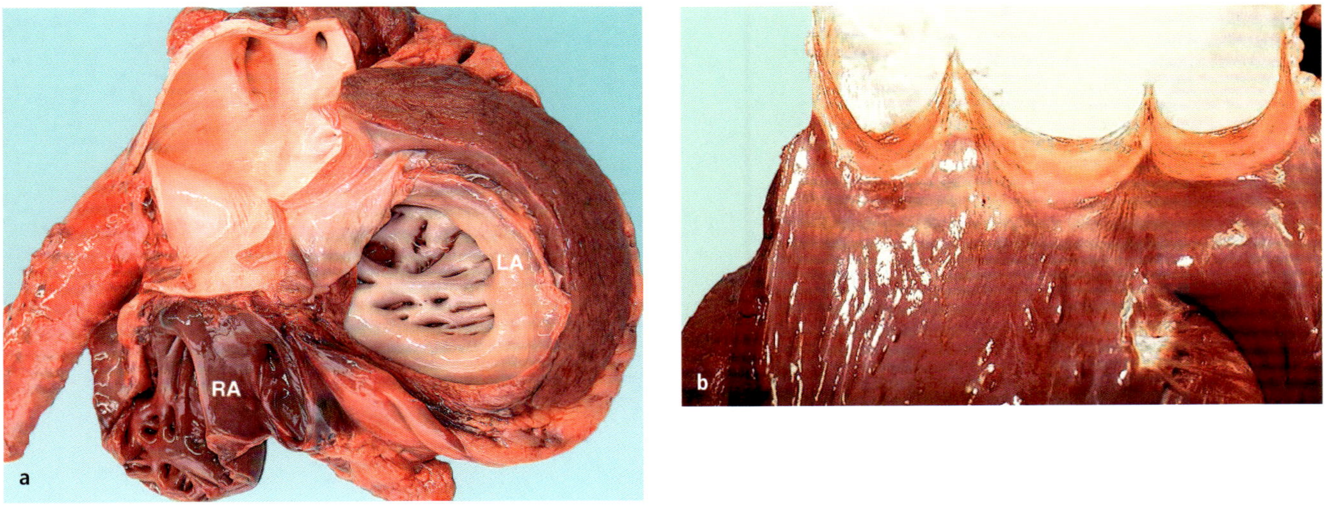

Abb. 1.7a, b:
Die Semilunarklappen (hier Aortenklappe) bestehen aus je drei »halbmondförmigen« Taschen (Cuspis sinistra/septalis/dextra). **a** Blick auf die beiden Vorhöfe von unten (Querschnitt) sowie auf die geöffnete Aorta mit Anteilen der Aortenklappe. **b** Ansicht der drei Aortenklappensegel.

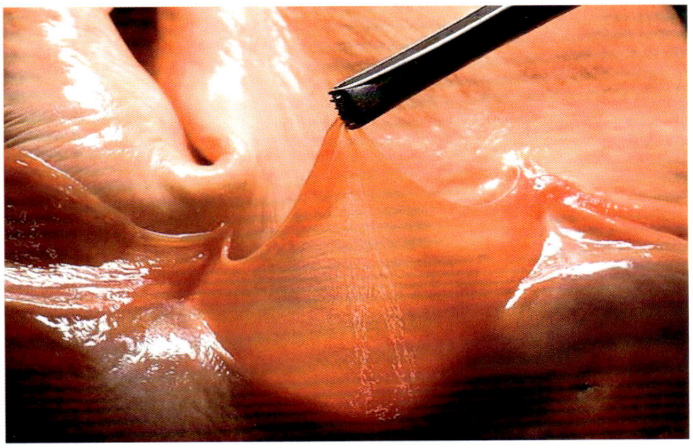

Abb. 1.8:
Taschenform eines Semilunarklappensegels (Aortenklappe).

1.5.1 Atrioventrikularklappen

Die Atrioventrikularklappen (AV-Klappen) verhindern während der Ventrikelsystole den Blutrückfluss in die Vorhöfe. Die Normalfunktion der Atrioventrikularklappen ist von allen Bestandteilen des gesamten Klappenapparates abhängig. Dieser besteht bei der Mitralklappe aus einem größeren septalen und einem kleineren parietalen Segel (Cuspis septalis/ parietalis), einer variablen Anzahl an Kommissuralsegeln (gewöhnlich zwei bis drei = Cuspis angularis), den Sehnenfäden (Chordae tendineae), den zwei Papillarmuskeln und dem linken Ventrikel (Abb. 1.5a, b). Das septale und das parietale Mitralsegel sind durch die Chordae tendineae mit den Papillarmuskeln verbunden, die die Sehnenfäden während der verschiedenen Herzzyklusphasen in Spannung halten, um ein Durchschlagen in die Vorkammer während der Systole zu verhindern. Die Trikuspidalklappe setzt sich ebenfalls aus einem parietalen und einem septalen Segel zusammen; sie hat zwischen beiden zusätzlich noch ein anguläres Segel ausgebildet. Auch die Trikuspidalklappe ist über Chordae tendineae an Papillarmuskeln befestigt (Abb. 1.6).

Die AV-Klappen sind beim Pferd wesentlich größer als die zu verschließenden Ostien. Dadurch wird erreicht, dass die Ventile trotz Lage- und Gestaltänderung der Ostien im Herzzyklus auch bei höheren kardialen Restblutmengen oder höherer Förderleistung des Herzens (z. B. unter Belastung) dicht bleiben. Es können aus diesem Grund Kathetermessungen in den Herzhöhlen ohne Ventilinsuffizienz durchgeführt werden. Die Abschnitte der Klappen, die sich in der Systole als Klappennaht aneinanderlegen, zeigen eine sulzige Verdickung, die als Dichtungskissen betrachtet werden kann.

1.5.2 Semilunarklappen

Die Semilunarklappen bestehen aus je drei »halbmondförmigen« Taschen (Aortenklappe: Cuspis sinistra/septalis/dextra, Abb. 1.7a, b; 1.8; Pulmonalklappe: Cuspis sinistra/intermedia/dextra), die durch raschen Verschluss zu Beginn der Diastole einen Blutfluss zurück in die Kammern verhindern. Jede Tasche besitzt ein kleines Knötchen in der Mitte des

1

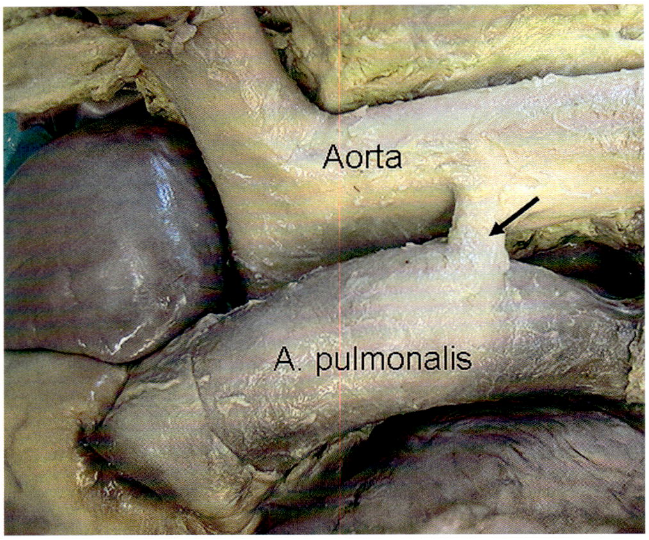

Abb. 1.9:
Zwischen Aorta und A. pulmonalis bestehende, bandartige Struktur als Relikt des fetalen Ductus arteriosus Botalli.

freien Randes. Ebenso wie schlitzförmige Einkerbungen im freien Rand zählen diese zu den Normalbefunden. Die Taschen der Pulmonalklappe sind wesentlich dünner aufgebaut als diejenigen der Aortenklappe. Im Gegensatz zu den weiten atrioventrikulären Ostien, in denen die Blutstromgeschwindigkeit und der Druckgradient gering sind, sind die Ostien am Herzein- bzw. -ausgang eng und das Blutvolumen wird mit großer Geschwindigkeit und hohem Druck hindurchgetrieben. Auch bei den Taschenklappen findet während der Herztätigkeit gleichzeitig eine Umfangs- und Formveränderung statt.

1.6 Herznahe Gefäße

1.6.1 Arterien

Aus dem rechten Ventrikel entspringt der Truncus pulmonalis, der sich aufzweigt in die A. pulmonalis sinistra und dextra. Aus dem linken Ventrikel entspringt die Aorta, die als Aorta ascendens zunächst am Truncus pulmonalis vorbeiläuft und diesen dann als Aortenbogen (Arcus aortae) überkreuzt. Als Überbleibsel des fetalen Kreislaufes ist ein bindegewebiger Strang (ehemaliger Ductus arteriosus Botalli) zwischen der Unterseite des Aortenbogens und dem Truncus pulmonalis erhalten (Abb. 1.9).

1.6.2 Venen

In den rechten Vorhof münden, nahezu parallel zur Körperlängsachse, die Vv. cavae caudalis und cranialis sowie der Sinus coronarius als gemeinsame Endstrecke der großen Herzvenen. Der Mündungsverlauf der Vv. pulmonales dextra und sinistra ist senkrecht zu den großen Hohlvenen.

Literatur

BUDRAS, K.D., RÖCK, S. (2008): Atlas der Anatomie des Pferdes. 6. Aufl., Schlütersche, Hannover. S. 62–63.

PUFF, A. (1989): Funktionelle Anatomie des Herzens. In: H. ROSKAMM, H. REINDELL (Hrsg.): Herzkrankheiten. Springer-Verlag, Heidelberg. S. 1–28.

SPÖRRI, H. (1987): Das Herz. In: G. WITTKE (Hrsg.): Lehrbuch der Veterinär-Physiologie. 7. Aufl., Parey Verlag, Berlin.

WISSDORF, H., GERHARDS, H., HUSKAMP, B., DEEGEN, E. (2002): Praxisorientierte Anatomie und Propädeutik des Pferdes. 2. Aufl., Schaper Verlag, Hannover. S. 629–654. 3. Aufl. im Druck.

2 Physiologie

Heidrun Gehlen, Gerhard Breves

2.1 Allgemeine Aspekte des Blutkreislaufes

Das Pferdeherz versorgt alle Organe des Körpers mit Blut. Seine Pumpfunktion ist durch den rhythmischen Wechsel zwischen Anspannung und Erschlaffung gekennzeichnet. Funktionell ist das Herz in eine rechte und eine linke Seite geteilt, die im Kreislauf hintereinander geschaltet sind. Die Herzklappen fungieren als Ventile und garantieren den gerichteten Bluttransport durch das Herz.

Das venöse Blut gelangt von der vorderen und hinteren Hohlvene (V. cava cranialis/caudalis) in den rechten Vorhof und von dort in die rechte Kammer. In der Systole wird das Blut über den Truncus pulmonalis und die Pulmonalarterien (Aa. pulmonales) Richtung Lunge transportiert. Dort erfolgt der Gasaustausch und das arterielle Blut gelangt über die Lungenvenen (Vv. pulmonales) in den linken Vorhof. Von dort strömt das Blut in die linke Kammer und systolisch über die Aorta (Aortenbogen und Truncus brachiocephalicus) in den Körperkreislauf.

Bei alten Pferden können der Übergang zwischen Vorhof und Kammer sowie die Aorta und der Truncus pulmonalis verkalken. Bei plötzlichen, starken Druckanstiegen kann es dann, in seltenen Fällen, zu einem Geweberiss mit nachfolgenden Einblutungen in diesen Bereichen kommen (Aortenriss bzw. -abriss).

2.2 Arbeitsphasen des Herzens

Die Ruheherzfrequenz liegt bei einem ausgewachsenen Warmblutpferd zwischen 35 und 45 Schlägen pro Minute. Somit beträgt die Dauer einer vollständigen Herzaktion (Herzperiode) ca. zwei Sekunden. Eine Herzaktion besteht aus der Systole (Kontraktion) und der Diastole (Erschlaffung). Letztere endet mit der Füllung der Kammern und dem Schluss der Semilunarklappen.

Die Vorkammern unterstützen zwar durch ihre Kontraktion (Vorkammersystole), die zeitlich kurz vor der Kammersystole liegt, aktiv die Kammerfüllung, ihr quantitativer Anteil an der Kammerfüllung ist mit ca. 10 % jedoch relativ gering. In Abhängigkeit vom Klappenschluss sind vier Aktionsphasen differenzierbar, die nacheinander ablaufen und die Pumpfunktion des Herzens ermöglichen:

1. Anspannungsphase } Systole
2. Austreibungsphase } Systole
3. Entspannungsphase } Diastole
4. Füllungsphase } Diastole

Das Öffnen und Schließen der Klappen in der jeweiligen Aktionsphase ist abhängig von den Druckverhältnissen beidseits der jeweiligen Klappe. In der **Anspannungsphase** übersteigt der ventrikuläre den atrialen Druck, sodass sich die AV-Klappen schließen. In dieser Phase sind alle vier Klappen geschlossen und das Blutvolumen in den Ventrikeln bleibt gleich (isovolumetrische Kontraktion). Durch die Anspannung des Herzmuskels kommt es zu einem starken Druckanstieg. Während dieser isovolumetrischen Kontraktion formen sich beide Ventrikel in Richtung einer Kugelgestalt um, ohne dass die Myokardfasern ihre Länge wesentlich ändern.

Nach Überschreiten des Druckes in der Aorta bzw. Pulmonalarterie öffnen sich die Semilunarklappen und der größte Teil des Schlagvolumens wird ausgetrieben (**Austreibungsphase**). Am Ende der Auswurfphase steht das Blut am Anfang der Aorta und der Arteria pulmonalis für kurze Zeit still. Der Druck in den Ventrikeln fällt und es kommt zu einem kurzen Rückstrom des Blutes, der den Schluss der Semilunarklappen bewirkt.

Die **Entspannungsphase** wiederum beginnt mit dem Absinken des Druckes in den Ventrikeln unter den Druck in der Aorta und der Arteria pulmonalis sowie dem darauf folgenden Schließen der Taschenklappen. Für eine kurze Zeit sind alle Klappen geschlossen und es stellt sich ein Zustand der isovolumetrischen Erschlaffung ohne Änderung des Ventrikelvolumens ein. Inzwischen haben sich die Vorhöfe, insbesondere durch die Saugwirkung, die durch das Senken der Klappenebene in Richtung Herzspitze verursacht wird, wieder gefüllt (Ventilebenenmechanismus).
Durch die Verschiebung der Ventilebene besitzt das Herz also neben der Pump- auch eine Saugfunktion. Bei der Systole wird das Blut aus den Ventrikeln gepumpt und gleichzeitig Blut aus den großen Körpervenen angesaugt. Dabei wird die Ventilebene Richtung Herzspitze verschoben. Bei der Rückkehr der Ventilebene in ihre ursprüngliche Position wird sie über das von den Vorhöfen bereitgestellte Blut verschoben, was zu einer schnellen Ventrikelfüllung führt. Der venöse Rückstrom wird außer durch den Ventilebenenmechanismus auch durch das zwischen Peripherie und rechtem Herzen bestehende Druckgefälle, die Inspiration und die Muskelpumpe in Verbindung mit den Venenklappen in den Venen der Extremitäten gefördert.

Fällt der Ventrikeldruck unter den atrialen Druck, wird durch Öffnung der AV-Klappen die **Füllungsphase** eingeleitet. Während der Füllungsphase strömt das Blut aus den Atrien und den angeschlossenen Venen erst schnell (rasche Füllungsperiode), dann langsamer (Diastase) in die Ventrikel. Darauf folgt die Kontraktion der Vorhöfe. Beim Pferd ist in Ruhe die Diastase die längste Phase der Diastole. In der raschen Füllungsperiode werden in einem Viertel der Diastolendauer ca. 80 % des Ventrikelvolumens gefüllt. Die Füllungsphase dauert in Ruhe ca. neunmal länger als die Entspannungsphase und endet, wenn die Ventrikelkontraktion beginnt. Dann übersteigt der Druck der Ventrikel den Druck der Vorhöfe, sodass die AV-Klappen geschlossen werden.

2.3 Kardiale Reizbildung und Erregungsleitung

Grundlage der elektrophysiologischen Vorgänge am Herzen sind die elektrisch erregbaren Herzmuskelzellen und das Reizbildungs- und -leitungssystem (RBELS) des Herzens, das zu spontanen Depolarisationen fähig ist (Automatie der Erregung).

2.3.1 Erregungsbildungs- und -leitungssytem

Das Herz ist ein autorhythmisches Organ. Der Erregungsimpuls wird im Sinusknoten des rechten Vorhofes gebildet, welchem aufgrund seiner hohen (im Herzen der höchsten) Entladungsfrequenz die Funktion des primären Herzschrittmachers zukommt. Von hier breitet er sich über die Arbeitsmuskulatur beider Vorhöfe aus und wird durch den Atrioventrikularknoten (AV-Knoten) an der Grenze der Atrien zu den Hauptkammern, nach einer kurzen Leitungsverzögerung, an diese weitergeleitet. His-Bündel, Tawara-Schenkel und Purkinje-Fasern leiten die Erregung schnell durch die Ventrikel bis in die Kammermuskulatur. Auch diese Anteile des Erregungsleitungssystems besitzen die Fähigkeit zur spontanen (automatischen) Depolarisation, die jedoch aufgrund einer immer niedrigeren Frequenz im Normalzustand nicht zum Tragen kommt, sodass der Sinusknoten der primäre Schrittmacher ist, da hier die Geschwindigkeit der spontanen Depolarisation im Vergleich mit den übrigen Komponenten des Reizbildungs- und Erregungsleitungssystems am höchsten ist. Bei Erkrankungen übergeordneter Erregungsbildungszentren können jedoch auch die untergeordneten Strukturen als Impulsgeber der Erregung dienen, typischerweise dann mit einer deutlich niedrigeren (bradykarden) Herzfrequenz. Bei einer gestörten oder vollständig unterbrochenen Erregungsüberleitung von den Atrien auf die Ventrikel fungiert der AV-Knoten als sekundärer Schrittmacher und bei Erkrankung des AV-Knotens arbeiten weiter distal gelegene Anteile des Reizbildungssystems evtl. als tertiäre Schrittmacher. Schrittmacherzellen zeigen Besonderheiten im Ionenbesatz, der für die langsame diastolische Depolarisation verantwortlich ist.

2.3.2 Elektrische Aktivität

Die elektrische Aktivität (Erregung) entsteht durch Ionenflüsse durch die Zellmembranen der Herzmuskelzellen. Ein transmembranäres Potential kommt durch ungleiche Ionenkonzentrationen zwischen intra- und extrazellurärem Raum zustande und wird mithilfe des EKGs dargestellt (s. Kap. 4.1).

Aufgrund des Konzentrationsunterschiedes kommt es durch Diffusion zu einem Ionenfluss. Da mit jedem Ion auch eine Ladung transportiert wird, entsteht ein elektrisches Potential über der Membran (außen positiv, innen negativ).

Das Ruhepotential von Herzmuskelzellen liegt bei –85 mV (die Innenseite der Membran der Herzmuskelzellen weist gegenüber der Außenseite ein um 80 mV negativeres Potential auf) und es herrscht dabei ein K^+-Gleichgewichtspotential, das durch die Na-K-ATPase aufrechterhalten wird. Unter Energieverbrauch pumpt die Na-K-ATPase jeweils 3 Na^+-Ionen aus der Zelle und 2 K^+-Ionen hinein.

Die Erregungsbildung manifestiert sich an Herzmuskelzellen als Aktionspotential (AP). Im erregten Zustand liegt an der Membraninnenseite wegen des Öffnens der Na^+-Ionen-Kanäle und des Einstromes von Na^+-Ionen kurzfristig ein um 20 mV positives Potential gegenüber der Membranaußenseite vor. Durch diese Änderung der transmembranären Ionenströme entsteht die Depolarisation des Myokards. Die beginnende Depolarisation des Sarkolemms löst kurzfristig das Öffnen von Ca^{++}-Ionen-Kanälen in der Zellmembran aus (Plateauphase). An der Repolarisation sind die Na-K-ATPase, die Ca-ATPase und ein Na-Ca-Austausch-Transportprotein beteiligt. Aufgrund der Änderung transmembranärer Ionenströme entsteht an einem Membranabschnitt eine Depolarisation und Polarisationsumkehr an der Zellmembran. Dadurch werden weitere, benachbarte Membranabschnitte depolarisiert und die Erregung breitet sich so im Myokard aus. Auslöser eines AP, das typischerweise eine lange Plateauphase hat (Ca^{++}-Kanäle), ist der schnelle Na-Einstrom in die Zelle (schnell aktivierbares Na^+-System).

Eine erneute Änderung der Ionenflüsse führt zur Repolarisation des Membranabschnittes, der im Anschluss an das AP für einige Millisekunden refraktär (nicht erregbar) ist. Für die Repolarisation verantwortlich ist ein verstärkter K^+-Ausstrom aus der Zelle. Die Refraktärzeit der Herzmuskelzellen ist verhältnismäßig lang und verhindert eine ungerichtete Erregungsausbreitung und damit Arrhythmien, kreisende Erregungen (Vorhofflimmern) und hohe Frequenzen.

2.4 Regulation der Herztätigkeit

Die Anpassung der Herztätigkeit an unterschiedliche Belastungen erfolgt im gesunden Organismus innerhalb von sehr kurzer Zeit. So ändert sich die Herzfrequenz und damit das Herzminutenvolumen innerhalb von Sekunden nach Belastungsbeginn und nach nur etwa einer Minute ist die Herzleistung an die neue Situation angepasst. Für diese Anpassungsprozesse sind intra- und extrakardiale Regulationsmechanismen verantwortlich.

2.4.1 Intrakardiale Regulation

Bei den intrakardialen Mechanismen handelt es sich um die autoregulatorische Fähigkeit des Herzens, die Leistung an wechselnde Belastungen anzupassen (Frank-Starling-Mechanismus). Bei einer erhöhten **Vorlast** (*preload*) in Form eines stärkeren venösen Rückstromes durch Blutdruckschwankungen (zum Beispiel bei der Lageveränderung des Körpers oder starken Atembewegungen) wird die rechte Kammer mehr gefüllt und gedehnt, was mit einer intensiveren Kontraktion des Myokards und einem daraus resultierenden erhöhten Schlagvolumen beantwortet wird. Das Restblutvolumen vergrößert sich nur geringfügig. Die physiologische Bedeutung liegt in einer raschen Anpassung an Blutdruckschwankungen.

Bei einer erhöhten **Nachlast** (*afterload*) aufgrund eines größeren peripheren Widerstandes kommt es zur Zunahme des enddiastolischen Volumens, was zu einer vermehrten Füllung der linken Kammer führt. Die Nachlast entspricht somit der Wandspannung des Ventrikels und ist proportional zum momentanen Druck des Auswurftraktes und zum Ventrikelradius.

Die Zunahme der Kontraktionskraft bei steigender Dehnung der Sarkomere basiert einerseits auf einer Sensibilisierung der Kalziumkanäle der Myofilamente bei zunehmender Sarkomerlänge und andererseits auf der Längen-Kraft-Relation der Sarkomere. Dies bedeutet, dass es bei zunehmender Dehnung zu einer Vergrößerung der Anzahl der Aktin-Myosin-Interaktionen kommt, was zu einer Erhöhung der Kontraktionskraft der einzelnen Sarkomere führt. Die Längenzunahme der Sarkomere bezogen auf die Ausgangslänge wird als Vorlast bezeichnet und ist damit abhängig von der zirkulierenden Blutmenge und der Vorhofkontraktion.

Wird jedoch eine kritische Länge der Sarkomere überschritten, reduziert sich die Überlappung der Aktin- und Myosinfilamente. Daher nimmt die Kontraktilität bei einer Dilatation des Ventrikels (z. B. bei einer chronischen Herzklappeninsuffizienz) aufgrund des dauerhaft erhöhten Füllungsdruckes ab.

Bei der intrakardialen Regulation der Herztätigkeit wird die Pumpleistung des Herzens verändert, ohne die Herzfrequenz zu verändern. Jede Anpassung des Herzens an körperliche Arbeit ist dagegen mit einer Zunahme der Schlagfrequenz und trotz erhöhter Nachlast mit einem abnehmenden enddiastolischen Volumen verbunden.

2.4.2 Extrakardiale Regulation

Die extrakardiale Regulation der Herzaktion wird über Hormone und vor allem über das vegetative Nervensystem vermittelt. Transmitter des Sympathikus ist hauptsächlich das β_1-adrenerge Noradrenalin und im geringen Maße das aus dem Nebennierenmark stammende, sowohl α- als auch β-agonistisch wirkende Adrenalin. Als Neurotransmitter des Parasympathikus dient das Azetylcholin. Es wirkt auf muskarinerge Rezeptoren, welche durch Atropin gehemmt werden können. An den Schrittmacherzellen und dem Vorhofmyokard wirkt der Parasympathikus direkt, am Kammermyokard dagegen dämpft er durch präsynaptische Hemmung den Einfluss des Sympathikus. Die kardialen adrenergenen Rezeptoren werden in α- und β-Rezeptoren und diese wiederum in Untergruppen eingeteilt. Am Herzen wirkt der Sympathikus vor allem auf β_1-Rezeptoren; die Wirkung auf β_2-Rezeptoren ist wesentlich geringer. Die Anzahl der β_1-Rezeptoren nimmt mit dem Alter zu, dennoch kommen auch im Alter im Herzen vermehrt α_1-Rezeptoren vor. Die Wirkung der β_1-Rezeptoren übersteigt jedoch die Wirkung der α_1-Rezeptoren.

Über das vegetative Nervensystem können die Schlagfrequenz (Chronotropie), die Kontraktionskraft (Inotropie) und die Geschwindigkeit der artrioventrikulären Überleitung (Dromotropie) moduliert werden. Dabei wird die Herzaktion durch den Sympathikus prinzipiell gefördert, wogegen der Parasympathikus die Herzaktion hemmt.

Chronotropie

Der Sympathikus wirkt am Herzen positiv chronotrop, d. h. er steigert die Herzfrequenz, beschleunigt das Präpotential und verkürzt die Dauer des Aktionspotentials und somit die Kontraktionsdauer der Kammermuskulatur. Dies geschieht durch die Erhöhung des potentialunabhängigen Natriumgrundstroms. Außerdem steigt die Kaliumleitfähigkeit rascher an und fällt gegen Ende des Aktionspotentials schneller wieder ab. Die sympathikusvermittelte Zunahme der Herzfrequenz stellt den wichtigsten Mechanismus zur Steigerung des Herzminutenvolumens bei Belastung dar.

Der Parasympathikus vermindert die Herzfrequenz und verkürzt das Aktionspotential der Schrittmacherzellen und des Vorhofmyokards, indem die Kaliumleitfähigkeit erhöht und damit der repolarisierende Kaliumausstrom verstärkt wird. Das Potential der maximalen diastolischen Repolarisation wird negativer und der Kalziumeinstrom wird gehemmt.

Beim Pferd stellt sich bereits 15 bis 20 Sekunden nach Beginn der Belastung die der Leistung entsprechende Herzfrequenz

(HF) bis zu einem Maximum von 200 bis 240 Schlägen pro Minute ein. Dabei ändert sich beim Pferd die HF unter Belastung im Vergleich zu den Ruhewerten deutlicher als bei anderen Spezies gleicher Körpergröße. Bei maximaler Belastung nimmt die HF jedoch ab einer bestimmten Intensitätssteigerung nicht weiter zu.

Anfänglich kommt es bei starker Belastung zu einem überschießenden Anstieg der Herzfrequenz (Peak), gefolgt von einem Abfall auf einen der Arbeitsintensität angepassten Plateauwert. Dieser initiale Überschuss ist durch einen erhöhten Energieverbrauch in der Beschleunigungsphase und eine Verzögerung der Mobilisation von Erythrozyten aus dem Milzspeicher (siehe unten) zu erklären. Bei submaximaler Belastung kann der Plateauwert auch ohne eine anfänglich überschießende Reaktion erreicht werden. Mehrere Autoren berichten auch über eine kontinuierliche Steigerung der Herzfrequenz innerhalb einer Belastungsstufe, z. T. über das Plateau hinaus. Ursächlich werden hierfür Erschöpfung oder auch thermoregulatorische Vorgänge genannt. Es sollte jedoch beachtet werden, dass eine HF-Steigerung unter Belastung beim Pferd nicht nur bei physischer Arbeit, sondern auch unter psychischem Stress (z. B. junges Pferd), Schmerz (z. B. orthopädische Probleme) und Angst erfolgt und dies die Ergebnisse beeinflussen kann.

Nach Ende der Belastung fällt die Herzfrequenz zunächst innerhalb der ersten Minuten sehr schnell, danach im Verlauf einer weiteren Erholung jedoch wesentlich langsamer ab. Bis zum Erreichen der Ruheherzfrequenz vergehen, abhängig von der Intensität der Belastung, 20 bis 30 Minuten. Nach einer Rennbelastung kann es bis zum Erreichen der Ruheherzfrequenz ca. 60 Minuten dauern.

Inotropie

Bei einer von Vor- und Nachlast unabhängigen Änderung der Herzkraft spricht man von einer Veränderung der Kontraktilität bzw. der Inotropie. Zusammen mit der Herzfrequenzsteigerung bewirkt die Anhebung der Kontraktionskraft des Herzens eine Anpassung des Herzminutenvolumens an die körperliche Belastung. Neben ihrer die Herzfrequenz steigernden Wirkung können Adrenalin und Noradrenalin auch positiv inotrop wirken. Der positive Effekt einer β_1-adrenergen Stimulation beruht vor allem auf einer Verstärkung des sarkolemmalen Kalziumeinstroms, einer verstärkten Kalziumaufnahme in das sarkoplasmatische Retikulum (SR) und folglich einer erhöhten Freisetzung des Kalziums aus dem SR. Der Natrium-Kalzium-Austausch wird aktiviert und das Aktionspotential durch schnelle Aktivierung und Deaktivierung der Kaliumkanäle verkürzt. Die positiv inotrope Wirkung der Herzfrequenzsteigerung bezeichnet man als Frequenzinotropie. Der zugrunde liegende Mechanismus besteht darin, dass durch die schnell aufeinander folgenden Aktionspotentiale der zeitliche Kalziumausstrom geringer ist als der Kalziumeinstrom und es somit zu einer hohen zytosolischen Kalziumkonzentration und einer Steigerung der Inotropie kommt.

Die direkt negativ inotrope Wirkung des Parasympathikus bleibt auf das Vorhofmyokard beschränkt. Azetylcholin aktiviert die Kaliumkanäle, was dazu führt, dass die Dauer und die Größe des Aktionspotentials und dementsprechend die Kontraktion abnehmen.

Bereits wenige Sekunden nach Einsetzen einer körperlichen Arbeit steigen Schlagfrequenz und Herzminutenvolumen und erreichen, je nach Tierart und Trainingszustand, bei maximaler Belastung das 2½- bis 8-fache des Ruhewertes. Dieses große Steigerungsvermögen des Herzminutenvolumens ist auf die niedrige Ruhefrequenz des Pferdeherzens zurückzuführen und ist beim Pferd stärker ausgeprägt als bei anderen Spezies.

Dromotropie

Dromotropie ist die Beeinflussung der Erregungsleitungsgeschwindigkeit. Die dromotrope Wirkung des vegetativen Nervensystemes beeinflusst die langsam leitenden Fasern des AV-Knotens. Durch die sympathische Stimulation des Kalziumeinstroms werden das Präpotential und die Depolarisation steiler. Der Sympathikus erhöht außerdem die Erregungsleitungsgeschwindigkeit in der Vorhofmuskulatur.

Dagegen wirkt sich vor allem der linke Nervus vagus dämpfend auf die Erregungsleitungsgeschwindigkeit aus, indem er die Kaliumleitfähigkeit erhöht und somit die Erregungsleitung an der Vorhofmuskulatur und am AV-Knoten senkt. Ein erhöhter Vagustonus kann physiologisch bei Leistungssportlern und bei trainierten Pferden zu einer vollständigen Blockade der Erregungsüberleitung zwischen den Atrien und den Ventrikeln führen. Bei trainierten Pferden ist das Auftreten von AV-Blöcken II. Grades deshalb als physiologisch anzusehen. AV-Blöcke II. Grades können auch bei untrainierten Pferden physiologischerweise auftreten, was jedoch wesentlich seltener beobachtet wird.

2.5 Physiologie des Herz-Kreislauf-Systemes unter Belastung

2.5.1 Arbeitsanpassung des Herzens

Das Pferdeherz ist in hohem Maße fähig, sich wechselnden Belastungen anzupassen. Bei einer körperlichen Belastung reagiert das kardiovaskuläre System sehr schnell mit einer Erhöhung der Herzfrequenz (Chronotropie) und der Kontraktionskraft (Inotropie) sowie einer Gefäßdilatation zur optimalen Blutversorgung der Muskulatur. Die bei einem Herzschlag ausgetriebene Blutmenge wird als Schlagvolumen (SV) und die Summe der Schlagvolumina pro Minute als Herzzeit- bzw. Herzminutenvolumen (HMV) bezeichnet.

Der Herzindex stellt das körpergewichtsunabhängige Herzminutenvolumen dar und errechnet sich nach der Formel:

HI = HMV/kg KGW

HI = Herzindex
HMV = Herzminutenvolumen
kg KGW = Kilogramm Körpergewicht

2.5.2 Neurovegetative Regulationsmechanismen während und nach Belastung

Die Anpassung des Herzens an körperliche Arbeit wird vor allem durch das vegetative Nervensystem und durch Hormone des Nebennierenmarks gesteuert. Beeinflusst werden die Schlagfrequenz (chronotrope Wirkung), die Kontraktionskraft (inotrope Wirkung) und die Geschwindigkeit der atrioventrikulären Erregungsleitung (dromotrope Wirkung) (Tab. 2.1). Schon in Ruhe steht das Herz unter dem Einfluss des vegetativen Nervensystemes, wobei der Einfluss des Parasympathikus überwiegt. Der Sympathikus wirkt auf die Atrien und die Ventrikel, der Parasympathikus überwiegend auf die Atrien und den AV-Knoten. An den Schrittmacherzellen und dem Vorhofmyokard wirkt der Parasympathikus direkt, am Kammermyokard dagegen dämpft er durch präsynaptische Hemmung den Einfluss des Sympathikus.

Beim Pferd stellt sich bereits 15 bis 20 Sekunden nach Beginn der Belastung die der Leistung entsprechende Herzfrequenz bis zu einem Maximum von 200 bis 240 Schlägen pro Minute ein. Dabei ändert sich beim Pferd die Herzfrequenz unter Belastung im Vergleich zu den Ruhewerten deutlicher als bei anderen Spezies. Bei maximaler Belastung nimmt die HF jedoch ab einer bestimmten Intensitätssteigerung nicht weiter zu. Parallel zur Herzfrequenz steigt auch das Schlag- und Herzminutenvolumen und erreicht, je nach Trainingszustand, bei maximaler Belastung das drei- bis achtfache des Ruhewertes. So kann das Schlagvolumen beim Pferd von einem Liter in Ruhe auf 3 bis 7 Liter unter Belastung ansteigen und das Herzminutenvolumen von ca. 40 l/min in Ruhe auf bis zu 355 l/min unter Belastung zunehmen.

Tabelle 2.1: Wirkungen des Sympathikus und des Vagus auf die Herzaktion

	Sympathikus	Vagus
Herzfrequenz	↑	↓
Kontraktionskraft	↑	↓ (Vorkammer)
Erregunsleitung = Geschwindigkeit	↑	↓

2.5.3 Reaktion der Milz auf Belastung

Im Gegensatz zum Menschen verfügt das Pferd bei Belastung zusätzlich über die Möglichkeit der Milzentspeicherung, wodurch die Hämoglobinkonzentration im Blut des Pferdes um bis zu 60 % gesteigert und die Sauerstofftransportkapazität des Blutes erheblich erhöht werden kann. Bei körperlicher Arbeit kann das Pferd die Sauerstoffaufnahme so um das 33- bis 35-fache steigern.

2.5.4 Einfluss von Belastung bei Pferden mit Herzerkrankungen

Der Einfluss von Herzerkrankungen auf die Ruhe- bzw. Belastungsherzfrequenz hängt vom Grad und der Art der Erkrankung ab.

Durch die Tachykardie kommt es unter Belastung zu einer Verkürzung der Diastolendauer. Deshalb trägt die Vorhofkontraktion bei Belastung im Gegensatz zur Ruhe bedeutsam zur Ventrikelfüllung bei. Das hat insbesondere beim Vorhofflimmern (VF), der häufigsten pathologischen Herzarrhythmie des Pferdes, eine Bedeutung und erklärt die mit dem VF häufig beobachteten Leistungsabfälle. Bei Pferden mit Vorhofflimmern wird unter Belastung häufig eine signifikante Herzfrequenzerhöhung im Vergleich zu gesunden Pferden festgestellt.

2.6 Einfluss von Training auf das Herz

Als langfristige Anpassung an das Training kann bei Pferden eine Hypertrophie des Herzmuskels eintreten. Bei trainierten Pferden macht die Herzmasse durchschnittlich 1,1 % des Körpergewichtes aus, während untrainierte Tiere eine durchschnittliche Herzmasse von 0,94 % des Körpergewichtes aufweisen. Bei diesem »Wachstum« des Herzens sind alle Strukturen des Herzens beteiligt, die Verhältnisse der Strukturen zueinander verändern sich nur unwesentlich.

Langandauernde Belastungen mit hohem Herzminutenvolumen und relativ gleich bleibendem Blutdruck, wie sie bei Distanztraining und -ritten üblich sind, haben eine kompensatorische Vergrößerung der Herzkammern zur Folge. Ein größerer enddiastolischer Durchmesser des linken Ventrikels wurde bei Springpferden, deren vermehrte Galopparbeit in höherem Tempo als Ausdauertraining angesehen wird, nachgewiesen. Kurze Trainingseinheiten führen hingegen zu einer Zunahme der Wanddicke des linken Ventrikels durch kompensatorische konzentrische Umstrukturierung des Myokards.

2

2.7 Hormonelle Regulationsmechanismen des Herz-Kreislauf-Systemes

Zur Aufrechterhaltung des Herzschlagvolumens und der Kreislaufregulation existieren verschiedene vegetative und hormonelle Mechanismen, die sowohl bei Herzerkrankungen, als auch bei physischer Belastung wichtige kurz- und längerfristige Funktionen besitzen. Zu diesen Mechanismen zählt das Renin-Angiotensin-Aldosteron-System (RAAS).

Eine weitere hormonelle Regulation des Herz-Kreislauf-Systemes erfolgt durch das atriale natriuretische Peptid (ANP). Zielorgan dieses Hormons ist die Niere. ANP wirkt natriuretisch und damit diuretisch und bewirkt über die Reduktion des Plasmavolumens eine Verminderung des Blutdrucks. Außerdem werden durch ANP-Biosynthese, Freisetzung und Wirkung anderer Hormone wie denen des Renin-Angiotensin-Aldosteron-Systemes (RAAS), Endothelin und Vasopressin inhibiert. Somit kann das natriuretische Peptid als antagonistischer Mechanismus zum RAAS gesehen werden. Diese hormonellen Regulationsmechanismen spielen auch bei kardialen Erkrankungen eine wichtige Rolle, da bei kongestiven Herzerkrankungen das sympatho-adrenerge System (SAS) und das RAAS messbar aktiviert sind und die natürlichen Gegenspieler (Vasodilatatoren und natriuretische Faktoren) entsprechend gehemmt werden, was zu einer Druck- und Volumenbelastung des Herz-Kreislauf-Systemes führt und letztlich in einer Stauungsinsuffizienz mündet.

Auf den diagnostischen Wert der Untersuchung kardialer Hormone und Enzyme bei Pferden mit Herzerkrankungen wird im Kapitel Labordiagnostik näher eingegangen.

Literatur

ANTONI, H. (1989): Physiologie und Pathophysiologie der elementaren Myokardfunktionen. In: H. ROSKAMM, H. REINDELL (Hrsg.): Herzkrankheiten. Springer-Verlag, Heidelberg. 38–65.

ANTONI, H. (2000): Mechanik der Herzaktion. In: R. F. SCHMIDT, G. THEWS, F. LANG (Hrsg.): Physiologie des Menschen. 28. Aufl., Springer-Verlag, Heidelberg.

AINSWORTH, D. M., D. S. BILLER (1998): Respiratory System. In: S. M. REED u. W. M. BAYLY: Equine Internal Medicine, W. B. Saunders, Philadelphia.

BETROS, C. L., K. H. MCKEEVER, C. F. KEARNS, K. MALINOWSKI (2002): Effects of Ageing and Training on maximal Heart Rate and VO_2max. Equine Vet J. Suppl. 34, 100–105.

BRETSCHNEIDER, J. J., HELLIGE, G. (1976): Pathophysiologie der Ventrikelkontraktion. Kontraktilität, Inotropie, Suffizienzgrad und Arbeitsökonomie des Herzens. Verh. Dtsch. Ges. Kreislaufforsch. 42: 14–30.

BUTLER, P. J., A. J. WOAKES, K. SMALE, C. A. ROBERTS, C. J. HILLIDGE, D. H. SNOW, D. J. MARLIN (1993): Respiratory and cardiovascular adjustments during exercise of increasing intensity and during recovery in thoroughbred racehorses.J Exp Biol. 179, 159–180.

DARKE, P. G. G., J. D. BONAGURA, D. F. KELLY, (1996): Color Atlas of Veterinary Cardiology. Mosby Wolfe, London.

DICKHUTH, H.-H., H. REINDELL, M. LEHMANN, J. KEUL (1985): Die Rückbildungsfähigkeit des Sportlerherzens. Z Kardiol. Suppl. 7, 135.

ENGELHARDT, W. v., E. HÖRNICKE, J. EHRLEIN, E. SCHMIDT (1973): Die Herzschlagfrequenz während standardisierter Belastung als Maß für die Leistungsfähigkeit von Pferden. Zentralbl Veterinärmed. (A) 20, 188–208.

ENGELHARDT, W. v. (1977): Cardiovascular effects of exercise and training in horses. Adv Vet Sci. 21, 173–205.

ENGELHARDT, W. v. (1992): Körperliche Leistungsfähigkeit – ein Vergleich zwischen Pferden und Menschen. Dtsch tierärztl Wschr. 99, 24–26.

EVANS, D. L. (1985): Cardiovascular adaptions to exercise and training. In: R. J. ROSE: Exercise Physiology; Vet Clin N Am Equine Pract. W. B. Saunders, Philadelphia.

EVANS, D. L., R. J. ROSE (1988): Cardiovascular and respiratory response to submaximal exercise training in the thoroughbred. Pflügers Arch. 411, 316321.

EVANS, D. L. (1999): Cardiac response to exercise and training. In: C. M. MARR: Cardiology of the horse, W. B. Saunders, Philadelphia.

GUNN, H. M. (1989): Heart weight and running ability. J Anat. 167: 225–233.

GYSIN, J., R. ISLER, R. STRAUB (1987): Beurteilung der Leistungskapazität und Festlegung der Trainingsintensität bei Sportpferden mittels Pulsfrequenzaufzeichnungen und Plasmalaktatbestimmungen. Pferdeheilkunde. 3, 193–200.

HOLMES, J. R. (1977): Prognosis of equine cardiac conditions. Equine Vet J. 4: 181–182.

PATTESON, M. W. (1996): Equine Cardiology. Blackwell Science, Cambridge. 132–167.

REINDELL, H., P. BUBENHEIMER, H. H. DICKHUTH, L. GÖRNANDT (1988): Funktionsdiagnostik des gesunden und kranken Herzens. Thieme Verlag, Stuttgart. 49–52.

3 Diagnostik von Herzerkrankungen

Heidrun Gehlen, Peter Stadler, Eckehard Deegen

Befunde am Pferdeherzen (z. B. Herzgeräusche und Herzarrhythmien) werden häufig zufällig bei Routineuntersuchungen festgestellt, z. B. bei der Auskultation vor Impfungen, Sedierungen oder im Rahmen einer Ankaufsuntersuchung. Die Feststellung eines abweichenden Auskultationsbefundes stellt für den Tierarzt normalerweise kein Problem dar. Im Gegensatz zur Diagnostik ist jedoch die Beurteilung von Auskultationsbefunden am Pferdeherzen im Hinblick auf Ursache, Bedeutung für die weitere Nutzung bzw. Leistungsfähigkeit, mögliche Risiken und Therapien häufig eine Herausforderung. Neben der ausführlichen klinischen Untersuchung in Ruhe und unter Belastung stehen dem Tierarzt vielfältige weiterführende diagnostische Untersuchungsmethoden (z. B. EKG, Ultraschall) zur Beurteilung von Herzerkrankungen des Pferdes zur Verfügung.

Trotzdem kann die Beurteilung, insbesondere bei gering- und mittelgradigen Befunden, schwierig sein, da viele Pferde trotz pathologischer Herzbefunde keine Leistungsbeeinträchtigung entwickeln. Bei der Beurteilung von Herzerkrankungen sollte der Tierarzt berücksichtigen, dass an den »Herzpatienten Pferd« völlig andere (meist sportliche) Anforderungen gestellt werden als beispielsweise an ein Kleintier oder auch an einen Menschen mit Herzerkrankung. Eine weitere reiterliche Nutzung von Pferden mit Herzerkrankungen kann neben einer möglicherweise gesundheitlichen Gefährdung für das Pferd auch eine Gefahr für den Reiter darstellen (z. B. durch Stolpern oder Stürzen). Pferde kompensieren Herzerkrankungen zunächst meist lange Zeit sehr gut, ohne Einschränkung der Leistung. Tritt eine klinisch sichtbare Herzdekompensation mit den typischen Leitsymptomen einer Herzerkrankung auf, geschieht dies meist plötzlich, innerhalb weniger Tage bis Wochen. Man sollte dann in jedem Falle eine weiterführende kardiologische Untersuchung empfehlen, auch wenn differentialdiagnostisch weitere Erkrankungen ursächlich berücksichtigt werden müssen.

3.1 Leitsymptome kardialer Erkrankungen

Heidrun Gehlen

3.1.1 Leistungsabfall, Leistungsschwäche

Der häufigste Vorstellungsgrund für eine kardiologische Untersuchung eines Pferdes ist die so genannte »*poor performance*«, die Leistungsschwäche bzw. der Leistungsabfall. Ursachen dafür können neben Lungen-, Muskel- oder Herzerkrankungen auch eine Vielzahl weiterer Erkrankungen sein. Deshalb sollte bei solchen Patienten immer eine umfassende Untersuchung des Herz-Kreislauf-, Lungen- und Muskuloskelettal-Systemes erfolgen.

Tritt die Leistungsschwäche zusammen mit einem Herzgeräusch auf, muss der Klappenbefund nicht zwangsläufig die Ursache der Leistungsschwäche sein. Weiterführende echokardiographische Untersuchungen ermöglichen eine Einschätzung der Bedeutung eines Herzgeräusches für die Leistungsfähigkeit eines Pferdes.

3.1.2 Plötzliches Stürzen / Niedergehen (evtl. wiederholt)

Kardiale Synkopen (Ohnmachtsanfälle) können bei gravierenden Herzbefunden sowohl in Ruhe als auch unter Belastung, aufgrund einer zentralen Minderperfusion und Hypoxämie im Gehirn, auftreten. Ursachen können Arrhythmien (z. B. AV-Block III. Grades oder paroxysmales Vorhofflimmern) oder dekompensierte Herzinsuffizienzen im Finalstadium sein. Eine möglichst zeitnahe Untersuchung betroffener Pferde sollte angestrebt werden. Werden bei einer weiterführenden Untersuchung keine kardialen Krankheitssymptome festgestellt, kann eine kardiale Ursache dennoch nicht vollständig ausgeschlossen werden. Differentialdiagnostisch sollten neurologische (Ataxie, Narkolepsie, Epilepsie), orthopädische und intestinale (z. B. Kolik, Thrombosen) Erkrankungen als mögliche Ursache berücksichtigt werden.

3.1.3 Dyspnoe

Unter Dyspnoe versteht man eine erschwerte Atmung. Zeichen einer Dyspnoe sind verstärkt abdominale Atmung, Nüsternblähen, Einsinken der Interkostalräume und Afteratmung. Die Dyspnoe ist ein Kardinalsymptom für eine Atemwegserkrankung, kann jedoch auch bei einer Herzinsuffizienz auftreten (z. B. hochgradige Herzklappeninsuffizienz mit dilatativer Kardiomyopathie, Perikarderkrankungen, Cor pulmonale). Beim Pferd zeigt sich bei chronischen Herzerkrankungen die Dyspnoe zunächst meist erst unter Belastung. Die Beruhigung von Herz- und Atemfrequenz ist nach Belastung verzögert und die Pferde schwitzen während und nach Belastung häufig stärker und länger als normal. Die kardiale Dyspnoe kann jedoch auch akut auftreten, z. B. bei einem kardial induzierten Lungenödem. Bei der klinischen Untersuchung fallen bei einer kardial induzierten Dyspnoe meist zusätzlich eine Tachykardie, ein Herzgeräusch und/oder eine Herzarrhythmie auf. Als weiterführende Untersuchungen sollten eine Echokardiographie, ein EKG sowie spezielle labordiagnostische Untersuchungen durchgeführt werden. Häufigste Ursache für eine pulmonale Dyspnoe sind beim Pferd obstruktive Lungenerkrankungen. Auch hier tritt die Dyspnoe zunächst unter Belastung auf. Durch eine spezielle Lungenuntersuchung (klinische Untersuchung, arterielle Blutgaswerte, Endoskopie, bronchoalveoläre Lavage, Röntgen) lässt sich eine Lungenerkrankung diagnostizieren bzw. ausschließen.

3.1.4 Zyanose der Schleimhäute

Eine Zyanose (blau-violette Verfärbung der sichtbaren Schleimhäute) lässt auf einen zu niedrigen Sauerstoffgehalt des Blutes rückschließen. Die kardiale Zyanose tritt meist nur bei Fohlen mit gravierenden angeborenen Herzdefekten auf (z. B. Fallot-Trilogie). Dabei kommt es zentral im Herzen zu einer Vermischung von arteriellem und venösem Blut. Bei adulten Pferden kann die kardiale Zyanose im Endstadium einer dekompensierten Herzerkrankung sichtbar sein und tritt dann meist kombiniert mit Lungen- und peripheren Ödemen auf.

Differentialdiagnostisch ist bei zyanotischen Schleimhäuten auch eine Lungenerkrankung zu berücksichtigen. Ursache für die pulmonale Zyanose sind meist hochgradige, akute Lungeninfekte (Pneumonie, Pleuropneumonie) oder beim neugeborenen Fohlen eine mangelnde Lungenausreifung, die zu einer unzureichenden Oxygenierung des Hämoglobins in der Lunge führen.

3.1.5 Ödeme

Bei Ödemen kommt es zu einer Volumenzunahme im Interstitium durch Flüssigkeitsansammlungen. Generalisierte Ödeme sind ein wichtiges Leitsymptom für die Herzinsuffizienz. Jedoch können auch andere Erkrankungen (thorakale Tumore, Pleuropneumonie, Niereninsuffizienz, Lebererkrankungen usw.) zu generalisierten Ödemen führen. Typisch sind beim Pferd im Zusammenhang mit einer Herzinsuffizienz Unterbrust- und Unterbauchödeme, die als weich eindrückbare Schwellungen (Fingerabdruck bleibt einige Zeit bestehen) unterschiedlichen Ausmaßes auftreten können.

Bei einem kardial bedingten Lungenödem tritt als weiteres Kardinalsymptom die Dyspnoe auf. Die Pferde zeigen neben der Dyspnoe meist auch eine Tachypnoe sowie schaumigen Nasenausfluss. Klinisch fällt ein rasselndes Atemgeräusch im Bereich der Trachea und der ventralen Lungenbereiche auf. Röntgenologisch ist eine diffuse Verdichtung der Lunge insbesondere kranioventral sichtbar.

Ödeme der Gliedmaßen sind in der Regel nicht kardial bedingt. Sie treten meist im Bereich der Hintergliedmaßen nach Stehphasen auf und verschwinden nach Belastung. Ursache sind dann häufig Lymphabflussstörungen. Sie können aber auch massiv in Zusammenhang mit Viruserkrankungen (Equine Virusarteriitis) oder bei einem Morbus maculosus (Komplikation nach Druse-Infektion) auftreten. Isolierte Ödeme im Bereich des Präputiums sind ebenfalls meist nicht kardial bedingt.

3.2 Klinische Herz-Kreislauf-Untersuchung

Heidrun Gehlen, Peter Stadler, Eckehard Deegen

Die klinische Untersuchung ist trotz einer Vielzahl technischer Neuerungen die Grundlage jeder weiterführenden Untersuchung und liefert dem Tierarzt entscheidende Hinweise für das Vorliegen einer kardialen Erkrankung. Dabei spielt insbesondere die Auskultation sowohl in Ruhe als auch nach Belastung eine entscheidende Rolle. Das sichere Erkennen pathologischer Herzbefunde wird vom Tierarzt unter anderem im Rahmen von Kaufuntersuchungen erwartet (s. Kap. 10). Im folgenden Kapitel werden die Methoden der klinischen Herz-Kreislauf-Untersuchung sowie ihre Wertigkeit in Bezug auf die Diagnose- und Prognosestellung beschrieben.

3.2.1 Anamnese

Besteht der Verdacht auf das Vorliegen einer Herzerkrankung oder wird diese im Rahmen der klinischen und weiterführenden Untersuchungen bestätigt, ist eine spezielle anamnestische Erhebung sinnvoll. Dabei sollte der Besitzer bzw. Reiter insbesondere befragt werden zu:

- Trainings- und Ausbildungszustand des Pferdes
- dessen momentaner und zukünftiger Nutzung
- Auffälligkeiten während bzw. nach der Belastung des Pferdes (Leistungsabfall, starkes Schwitzen, Kurzatmigkeit, verzögerte Beruhigung der Atemfrequenz usw.)
- vorangegangenen Infektionserkrankungen (Fieber)
- bekannten akuten oder chronischen Lungenerkrankungen bzw. deren Symptomen (Husten, Nasenausfluss)
- Zeitpunkt der letzten klinischen Untersuchung des Pferdes und den Befunden (falls vom Tierarzt nicht selber durchgeführt)

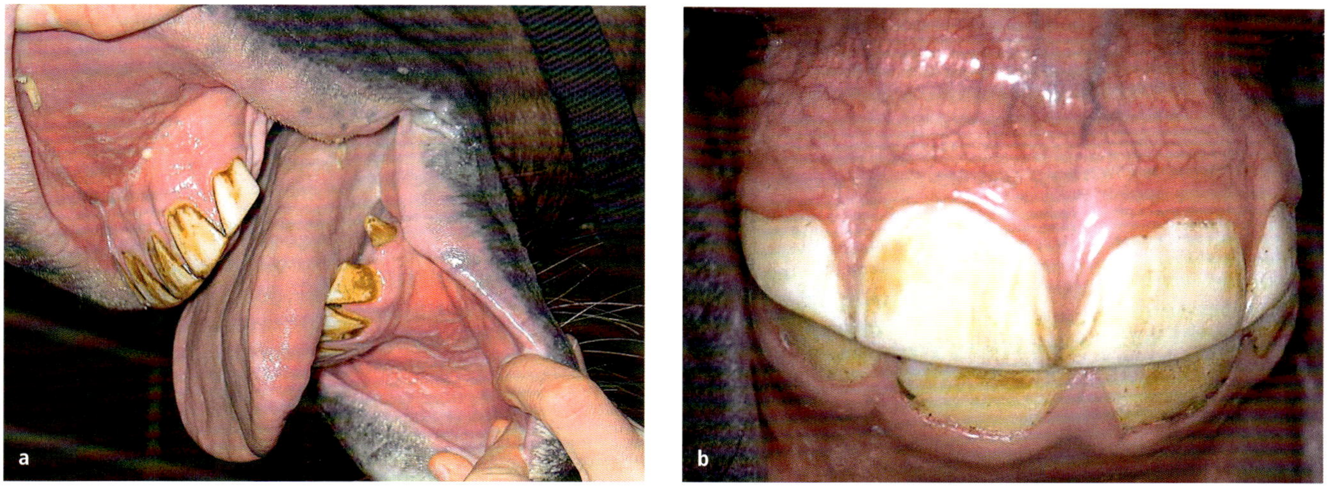

Abb. 3.1a, b:
Adspektion der Maulschleimhäute.
a 11-jähriges Warmblutpferd mit mittelgradig geröteten und verwaschenen Schleimhäuten. Es lagen gleichzeitig Tachykardie, Arrhythmie und Tachypnoe aufgrund einer vermutlich viral induzierten Endo- und Myokarditis vor.
b Deutlich zyanotische Maulschleimhäute bei einem Fohlen mit akuter Pneumonie.

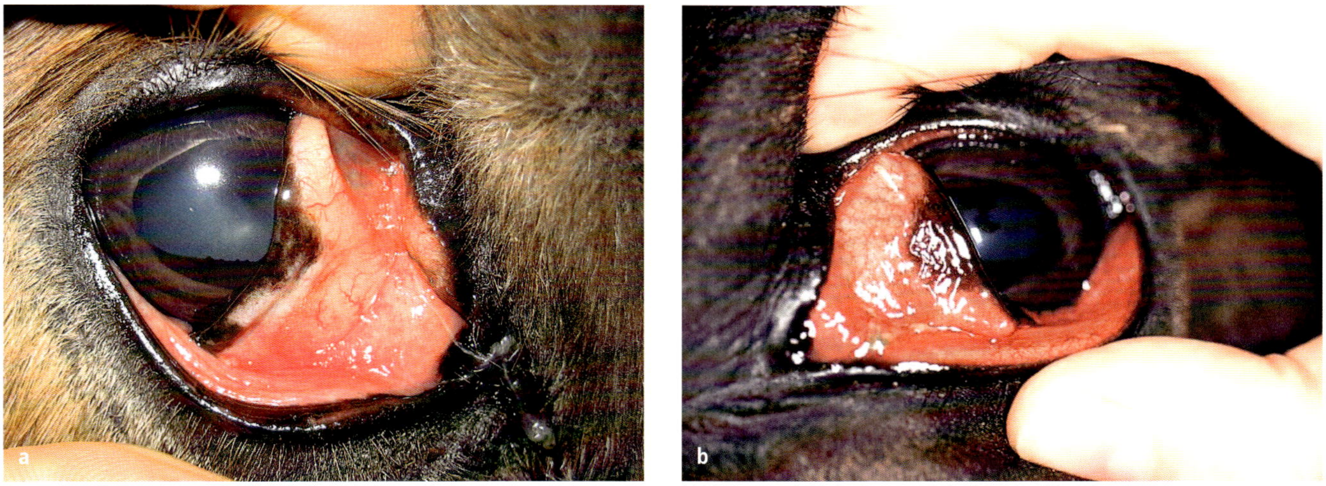

Abb. 3.2a, b:
Adspektion der Schleimhäute am Auge. **a** gering- bis mittelgradige Rötung, **b** mittel- bis hochgradige Rötung.

3.2.2 Sichtbare Schleimhäute

Die Adspektion der sichtbaren Schleimhäute dient dazu, die periphere Durchblutung zu beurteilen. Zur Adspektion von Schleimhautfarbe und Feuchtigkeit sowie der Gefäßzeichnung sind beim Pferd die Konjunktiven am Auge und die Maulschleimhaut geeignet (Abb. 3.1a, b; 3.2a, b). Die Schleimhäute sollten beim gesunden Pferd adspektorisch blassrosa, feuchtglänzend und die Gefäße fein gezeichnet sein. Im Bereich der Maulschleimhaut kann gleichzeitig die kapilläre Rückfüllungszeit (KFZ) überprüft werden. Dazu wird mit Daumen oder Zeigefinger die Gingiva komprimiert und

3

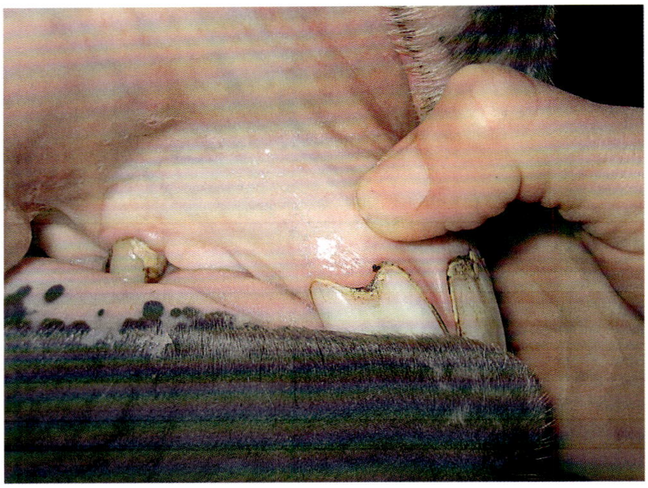

Abb. 3.3:
Prüfung der kapillären Rückfüllungszeit an der Maulschleimhaut.

die Zeit gemessen, bis die Schleimhaut wieder ihre ursprüngliche Farbe hat (Abb. 3.3). Die KFZ sollte beim gesunden Pferd unter zwei Sekunden betragen. Ein Schockgeschehen oder eine Endokarditis können beim Pferd mit geröteten (hyperämischen) Schleimhäuten, injizierten Gefäßen und einer verlängerten KFZ einhergehen, wohingegen bei einer kongestiven Herzinsuffizienz (Stauungsinsuffizienz) meist blasse (anämische) oder bläulich verfärbte (zyanotische) Schleimhäute und eine verlängerte KFZ beobachtet werden.

3.2.3 Palpation des arteriellen Pulses

Der arterielle Puls kann beim Pferd mithilfe der digitalen Palpation bestimmt werden:

- an der Arteria facialis in der Incisura vasorum (Innenseite des Unterkiefers, Abb. 3.4)
- im Bereich der Arteria mediana (palmar am Unterarm)
- an den Arteriae digitales palmaris/plantaris lat./med. (lateral und medial des Fesselkopfes, Abb. 3.5a)

Er gibt Auskunft über Frequenz, Rhythmus bzw. Regelmäßigkeit und Qualität der Herzaktionen. Die Bestimmung der Pulsfrequenz und des Pulsrhythmus gelingt meist problemlos. Die Beurteilung der Pulsqualität erfordert jedoch viel Erfahrung und kann Hinweise auf spezifische Herzerkrankungen geben. Beurteilt wird dabei, in welcher Art bzw. mit welcher Stärke (Amplitude) die Pulswellen die palpierende Fingerspitze passieren, wie gleichmäßig die Pulswellen auftreten und welche Gefäßfüllung und -spannung vorliegt (Tab. 3.1). Bei einem gesunden Pferd wird ein kräftiger, regelmäßiger und gleichmäßiger Puls palpiert.

Tabelle 3.1: Pulsformen

Pulsform	Palpationsbefund	Erkrankung
Hüpfender Puls	Erhöhte Pulsamplitude	Aortenklappeninsuffizienz
Unregelmäßiger Puls	Ungleiche Pulsintervalle	Herzarrhythmie, Pulsdefizit?
Ungleichmäßiger Puls	Ungleiche Pulsamplituden	Myokardschädigung?
Schwacher Puls	Reduzierte Pulsamplitude	Blutangebot ↓, Herzschwäche?

Ein stark »hüpfender« Puls kann auf eine Aortenklappeninsuffizienz hindeuten. Bei der Aortenklappeninsuffizienz kommt es neben der physiologischen Ventrikelfüllung zu einer weiteren Ventrikelfüllung aufgrund des Rückflusses aus der Aorta, sodass sich das Schlagvolumen erhöht und dieses als »hüpfende« systolische Pulswelle (hohe Amplitude der Pulswelle) in der Peripherie fühlbar wird.

Ein schwacher Puls spricht insgesamt für ein reduziertes Blutangebot und kann z. B. bei kongestiven Herzerkrankungen auftreten. Ein übermäßig kräftiger Puls kann eine Herzhypertrophie andeuten. Eine beim Pferd selten solitär (ohne Aorteninsuffizienz) auftretende Aortenstenose kann einen trägen Puls nach sich ziehen, der flach ansteigt und auch wieder flach abfällt.

Bei palpierbaren Pulsarrhythmien sollte parallel eine Herzauskultation durchgeführt werden (Abb. 3.5b). Ist dies nicht gleichzeitig möglich, sollten die auskultierte Herzfrequenz und die palpierbare Pulsfrequenz nacheinander erhoben werden. Ein so genanntes Pulsdefizit (Herzschläge ohne fühlbare Pulswelle bzw. höhere Herzfrequenz als Pulsfrequenz) kann bei Herzarrhythmien (z. B. Vorhofflimmern) auftreten.

3.2.4 Palpation der Jugularvenen

Zur Beurteilung des zentralen Venendrucks bieten sich die Palpation der Jugularvenen und die Venenstauprobe an. Bei normaler Kopfhaltung ist bei einem gesunden Pferd keine Jugularvenenfüllung sichtbar. Bei aktiver Stauung der Jugularvenen füllen sich diese in ca. zwei Sekunden an und bei Lösen der Stauung fließt das Blut sofort herzwärts ab (Abb. 3.6). Eine passive Stauung der Jugularvenen kann ihre Ursache in einer intra- oder extravasalen Kompression (z. B. Thrombus, thorakaler Tumor, Pleuraerguss) oder einer schwerwiegenden Herzinsuffizienz (Stauungsinsuffizienz) haben. Eine sichtbare Undulation im Bereich der Jugularvene (meist vor der Apertura thoracis) kann verschiedene Ursachen haben. Eine leichte spätsystolische Undulation ist physiologisch (negativer Venenpuls).

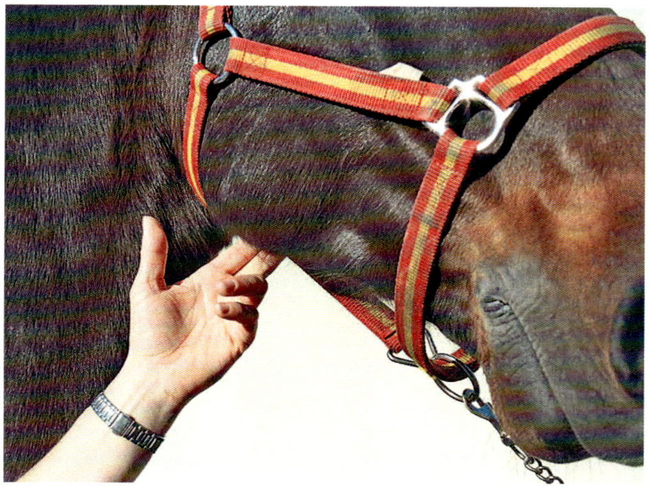

Abb. 3.4:
Palpation des Pulses an der Arteria facialis.

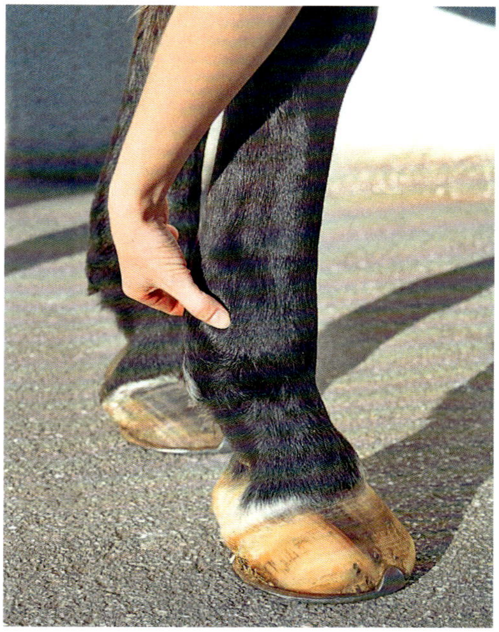

Abb. 3.5a:
Palpation des Pulses an den Aa. digitales palmares lat./med.

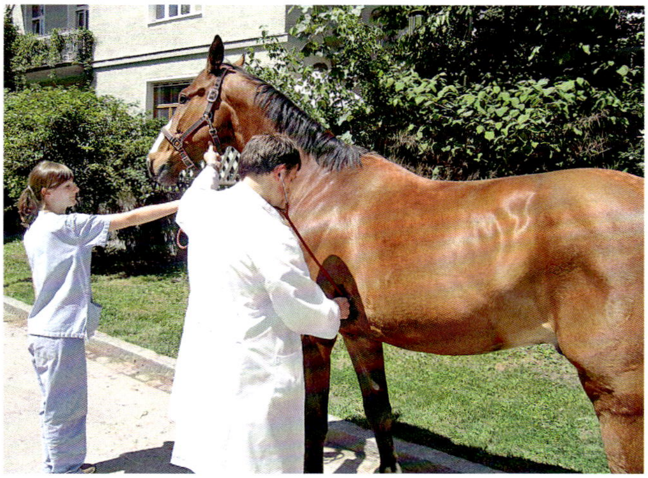

Abb. 3.5b:
Parallele Palpation des Pulses an der A. facialis und Herzauskultation.

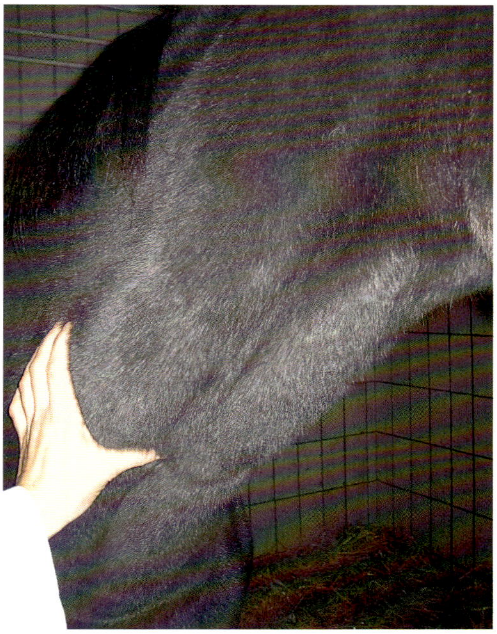

Abb. 3.6:
Venenstauprobe. Beide Jugularvenen sollten sich bei Stauung innerhalb von 1–2 Sekunden füllen und nach Lösung des Staus prompt leeren.

3

Abb. 3.7:
Prüfung des Hautturgors durch Aufziehen einer Hautfalte im seitlichen Halsbereich.

Bei einer Trikuspidalklappeninsuffizienz kommt es zu einem deutlichen systolischen Blutrückfluss vom rechten Ventrikel in den rechten Vorhof und retrograd in die Jugularvenen, die dadurch herzschlagsynchron undulieren (positiver Venenpuls). Auch bei Stauung der Vene im oberen Halsdrittel bleibt dieser retrograde Rückstau sichtbar (Venenstauprobe).

Wird die Undulation durch die unter der Vene liegende A. carotis hervorgerufen, spricht man vom so genannten Pseudovenenpuls. In diesem Fall ist die Jugularvene nicht gefüllt.

3.2.5 Palpation der Hautoberfläche

Die Palpation der Hautoberfläche mit dem Handrücken sollte durchgeführt werden, um die Oberflächentemperatur zu bestimmen. Physiologischerweise nimmt die Oberflächentemperatur zu den Akren hin ab. Im Rahmen eines Schockgeschehens kann es aufgrund der Zentralisation zu einer Abkühlung der Körperoberfläche kommen. Die Prüfung des Hautturgors erfolgt durch Aufziehen einer Hautfalte am Hals (Abb. 3.7). Diese sollte bei einem gesunden Pferd sofort verstreichen. Bleibt sie bestehen oder verstreicht nur langsam, liegt eine Exikose vor.

Entscheidend bei Verdacht auf das Vorliegen von kardialen Erkrankungen ist die sorgfältige Überprüfung auf das Vorliegen von peripheren Ödemen (kardiale Ödeme). Diese können als bis zu mehrere Zentimeter dicke, gut sichtbare »Platten« im Unterbrust- bzw. Unterbauchbereich auftreten (Abb. 3.8a, b). Häufig sind sie jedoch sehr dezent und erst bei der Palpation erkennbar. Deshalb sollten Unterbrust- und Unterbauchbereich mit den Fingern abgetastet und an mehreren Stellen kontrolliert werden, ob ein Fingerabdruck bestehen bleibt (Abb. 3.9).

Ödeme, die sich lediglich auf das Präputium oder die distalen Hintergliedmaßen beschränken, sind meist nicht kardial bedingt (Abb. 3.10). Unterbrust- und Unterbauchödeme können auch bei nicht kardialen Erkrankungen, beispielsweise aufgrund einer Hypoproteinämie, auftreten (z. B. Leber-, Nierenerkrankung).

3.2.6 Palpation des Herzspitzenstoßes

Der so genannte Herzspitzenstoß kann beim Pferd auf der linken Thoraxseite im vierten oder fünften Interkostalraum auf Höhe des Olekranons palpiert werden (Abb. 3.11). Er sollte gut fühlbar, gleich- und regelmäßig sein und liefert Hinweise auf die Stärke der Kammerkontraktion. Bei sehr fetten Pferden und bei Vorliegen eines Perikard- oder Thoraxergusses ist der Herzspitzenstoß meist nicht fühlbar.

Bei Herzarrhythmien ist er entsprechend unregelmäßig und zum Teil auch ungleichmäßig.

3.2.7 Perkussion des Herzfeldes

Bei der Perkussion der Lunge kann in den Bereichen wo das Herz liegt eine Dämpfung festgestellt werden. Diese Bereiche der »relativen Herzdämpfung« entsprechen der Herzgröße und liegen links zwischen dem 3. und 5. Interkostalraum und rechts im 3. bis 4. Interkostalraum auf Höhe des Olekranons.

Der Bereich des Herzens, der der Thoraxwand beidseitig unmittelbar anliegt, wird als »absolute Herzdämpfung« wahrgenommen. Er liegt linksseitig hinter der Schulter und über dem Ellenbogen (3.–5. Interkostalraum) und ist etwa handtellergroß. Beim Fohlen ist er fast ebenso groß wie beim adulten Pferd.

Die Perkussion des Herzfeldes spielt für die Diagnostik von Perikardergüssen eine Rolle.

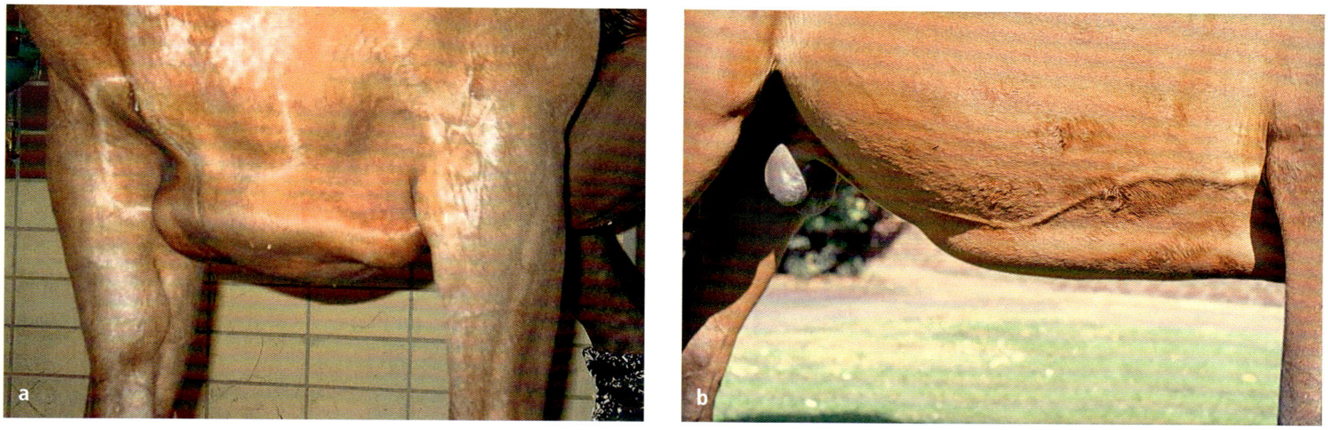

Abb. 3.8a, b:
Unterbrustödeme bei dekompensierter Herzinsuffizienz.

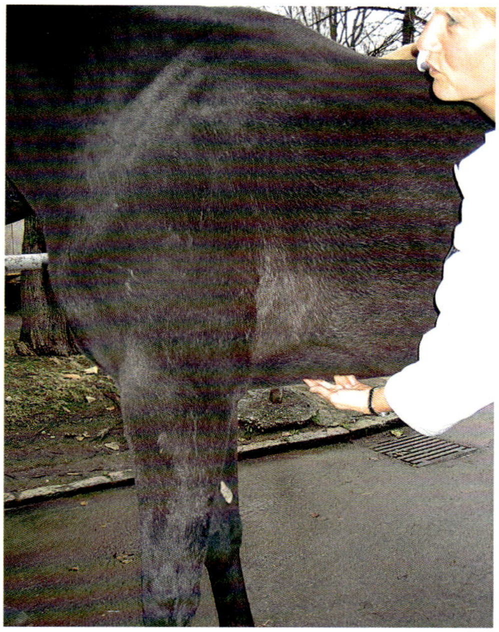

Abb. 3.9:
Prüfung der Unterbrustregion auf Ödembildung.

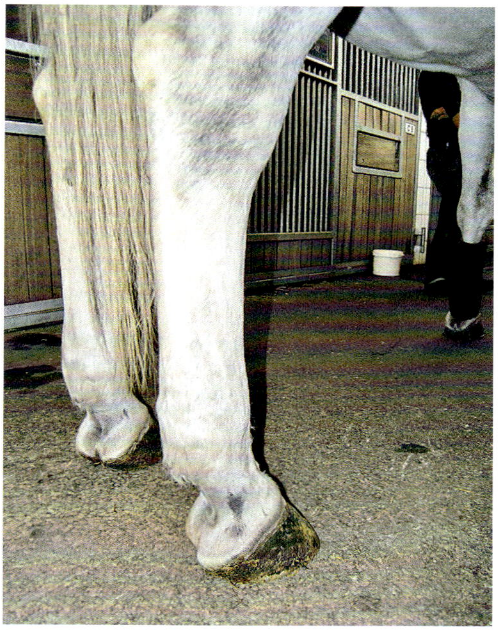

Abb. 3.10:
Gliedmaßenödeme.

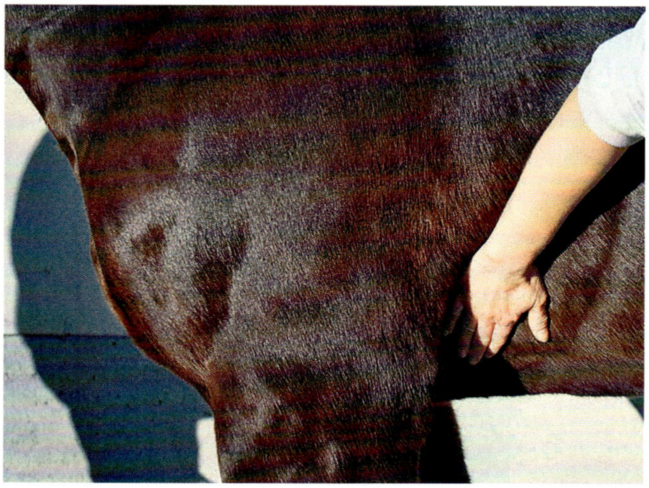

Abb. 3.11:
Palpation des Herzspitzenstoßes an der seitlichen Brustwand.

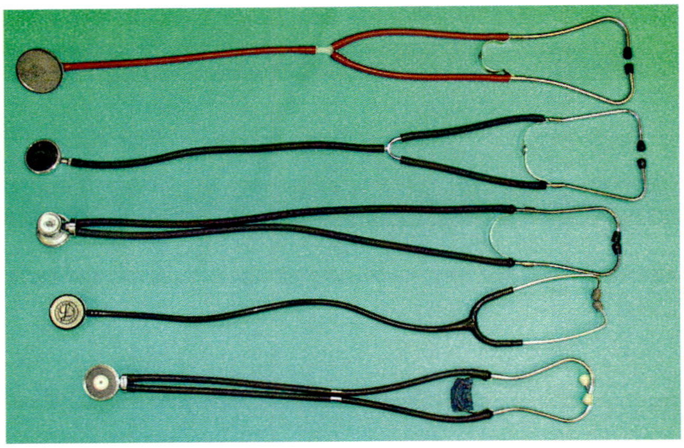

Abb. 3.12:
Verschiedene Phonendoskope. Geeignet für die Pferdeherzauskultation sind Stethoskope mit nicht zu großen Köpfen (oberstes Stethoskop deshalb ungeeignet) und möglichst kurzen Schläuchen (zweitoberstes Stethoskop deshalb ungeeignet).

3.2.8 Auskultation des Herzens

Die Auskultation des Herzens stellt trotz vielfältiger moderner diagnostischer Methoden nach wie vor die Grundlage der kardiologischen Untersuchung des Pferdes dar. Die Auskultation sollte in ruhiger Umgebung und mit einem geeigneten Stethoskop (Abb. 3.12) auf beiden Thoraxseiten (Abb. 3.13a, b) durchgeführt werden. Neben einer Auskultation im Stand der Ruhe (Ruheherzfrequenz) sollte falls möglich auch eine Auskultation unmittelbar nach Belastung (bei hohen Herzfrequenzen) bis zur erneuten Beruhigung der Herzfrequenzen durchgeführt werden. Insbesondere in der Beruhigungsphase, bei Herzfrequenzen zwischen 80 und 60 Schlägen pro Minute, können pathologische Herzarrhythmien beim Pferd gehäuft auftreten (z. B. Extrasystolen). Auskultierbar sind die Herztöne, die Herzfrequenz und der Herzrhythmus. Abweichende Befunde sind neben den Herztönen hörbare Herzgeräusche sowie Herzarrhythmien oder Abweichungen von der normalen Herzfrequenz (Normofrequenz).

Bei der Auskultation des Pferdeherzens sollte auf die Herz**f**requenz, die **I**ntensität der Herztöne, der Herz**r**hythmus, die **A**bgesetztheit der Herztöne und das Vorhandensein von **N**ebengeräuschen / **G**eräuschen geachtet werden (Merkwort: **FIRAN** oder **FIRAG**).

Bei unklaren Befunden sollte die Untersuchung wiederholt werden bzw. der Rat zu weiterführenden Untersuchungen erfolgen.

Herztöne

Akustischer Ausdruck der Herzaktion sind die Herztöne, von denen theoretisch vier vorhanden, beim Pferd jedoch in der Regel maximal drei hörbar sind (1. und 2. Herzton = S1 und S2, und evtl. der 4. oder Vorhofton = S4). Die Systole wird durch den 1. und den 2. Herzton begrenzt, die beide deutlich voneinander abgesetzt sein sollten.

Der 1. Herzton entsteht zu Beginn der Systole, wenn sich bei geschlossenen Atrioventrikularklappen und geöffneten Semilunarklappen die Herzkammern kontrahieren (Abb. 3.14a). Dieser Ton wird deshalb auch Muskelton genannt. Er ist auf der linken Thoraxseite im Bereich der Herzspitze (ca. 4. Interkostalraum, möglichst ventral) am lautesten hörbar.

Der 2. Herzton kennzeichnet das Ende der Systole und wird durch das Zurückprallen des Blutes aus den großen Gefäßen auf die inzwischen geschlossenen Semilunarklappen verursacht (Abb. 3.14b). Er wird deshalb auch als Klappenschlusston bezeichnet. Er ist am besten über der Herzbasis (einen Interkostalraum weiter kranial und weiter dorsal als S1) hörbar.

Der 3. Herzton entsteht theoretisch zu Beginn der Diastole durch den schnellen Bluteinstrom (Abb. 3.14c).

Der 4. Herzton ist am Ende der Diastole hörbar und entsteht durch die enddiastolische, aktive Vorhofkontraktion (Abb. 3.14d). Dieser Herzton tritt beim Pferd häufig unmittelbar vor dem 1. Herzton auf. 4. und 1. Herzton sind dann als so genannter gespaltener 1. Herzton hörbar. Dieser Auskultationsbefund ist somit beim Pferd nicht als pathologisch zu werten.

Die Intensität der Herztöne ist bei einem regulären Rhythmus gleich. Bei Arrhythmien kann es dagegen aufgrund einer ungleichen Füllung des Herzens zu Änderungen der Lautstärke der Herztöne kommen. Sehr leise oder gedämpfte Herztöne können zum einen bei sehr fetten Pferden vorkommen, zum anderen jedoch auch bei Perikard- oder Thoraxergüssen.

Herzfrequenz

Die normale Herzfrequenz liegt beim Pferd in Ruhe zwischen 28 und 44 Schlägen pro Minute. Bei jungen Pferden liegt sie deutlich höher (Fohlen: 80–120/min). Änderungen der Frequenz, aufgrund physischer oder psychischer Stimulation, können sehr schnell auftreten. Permanent höhere Herzfrequenzen in Ruhe können bei Infektionen, Anämien, in der Spätträchtigkeit, bei Fieber, Schmerz, Hypovolämie, Schockgeschehen und bei der Herzinsuffizienz (meist um die 60 Schläge pro Minute) auftreten. Die maximale Herzfrequenz unter Belastung liegt beim Pferd bei 240 Schlägen pro Minute (Vollblutrennpferd während des Rennens). Bei der normalen reiterlichen Belastung eines trainierten Warmblutpferdes werden Herzfrequenzen zwischen 120 und 160 Schlägen pro Minute erreicht, während sie bei untrainierten Pferden auf

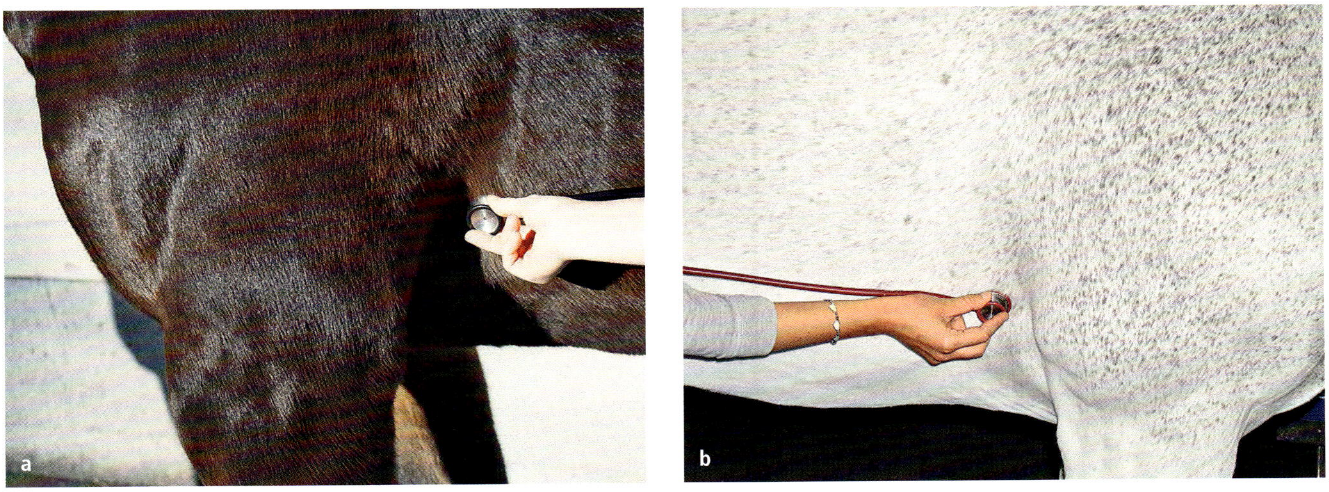

Abb. 3.13a, b:
Auskultation des Pferdeherzens auf der linken (**a**) und rechten (**b**) Thoraxseite.

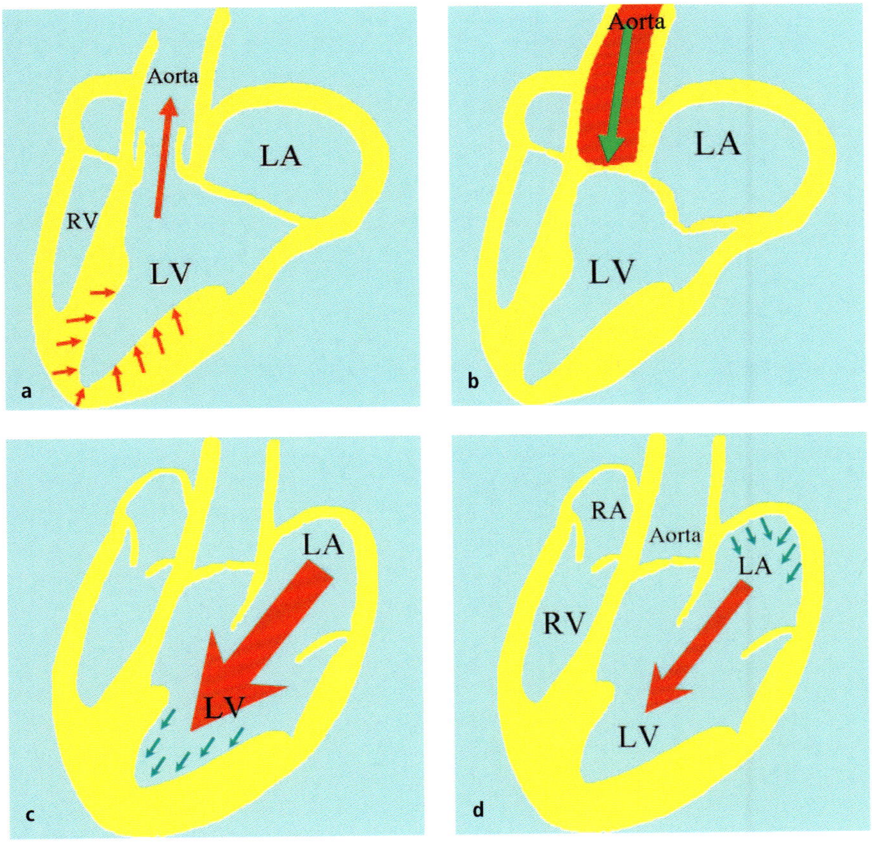

Abb. 3.14a–d:
Schematische Darstellung der Entstehung der 4 Herztöne. **a** = 1. Herzton, **b** = 2. Herzton, **c** = 3. Herzton, **d** = 4. Herzton.

3

Tabelle 3.2: Graduierung von Herzgeräuschen nach ihrer Lautstärke

Grad	Auskultationsbefund
Grad 1	Sehr leise, nur punktuell nach längerer Auskultation hörbar
Grad 2	Leise, aber alsbald hörbar, nur punktuell
Grad 3	Sofort hörbar, über größerem Bezirk, gleich laut wie 1. und 2. Herzton
Grad 4	Über gesamtem Herzfeld sofort hörbar, lauter als 1. und 2. Herzton
Grad 5	Lautes Geräusch, präkordiales Schwirren
Grad 6	Geräusch bereits hörbar, ohne dass das Stetoskop der Brustwand aufliegt, keine Herztöne hörbar

Tabelle 3.3: Lokalisation der Puncta maxima (PM) der Herzklappen beim Pferd

Herzklappe	Thoraxseite	Interkostalraum	Lokalisation
Pulmonalklappe	Links	3	Ventral des Schultergelenkes medial des M. triceps antebrachii
Aortenklappe	Links	4	Ventral des Schultergelenkes am Kaudalrand des M. triceps antebrachii
Mitralklappe	Links	5	Dorsal der Mitte zwischen Schultergelenk und Sternum
Trikuspidalklappe	Rechts	4	Im ventralen Drittel des Thorax

Frequenzen von 180 bis 200 Schlägen pro Minute ansteigen kann. Die verlängerte Beruhigung der Herzfrequenz nach Belastung liefert wichtige Hinweise auf eine eventuelle Herzerkrankung (s. Kap. 3.2.9, Belastungsuntersuchung).

Herzrhythmus

Bei der Auskultation der Herztöne des gesunden Pferdeherzens sollte ein geregelter, gleichmäßiger Rhythmus vorliegen. Tritt eine Unregelmäßigkeit des Herzrhythmus auf, sollte beurteilt werden, ob dieser lediglich partiell ist, oder ob eine totale Herzarrhythmie vorliegt. Bei partieller Herzarrhythmie ist der Herzrhythmus überwiegend gleichmäßig und wird lediglich durch eine vereinzelt auftretende Unregelmäßigkeit unterbrochen (z.B. AV-Block II. Grades, Extrasystolen). Bei totaler Herzarrhythmie ist hingegen überhaupt kein geregelter Herzrhythmus vorhanden (z.B. Vorhofflimmern).

Relativ häufig wird bei der Auskultation des gesunden Pferdes eine physiologische partielle Ruhearrhythmie festgestellt, die unter Aufregung bzw. Belastung verschwindet. Es handelt sich dabei meist um einen AV-Block II. Grades, der insbesondere bei trainierten Pferden durch einen erhöhten Ruhevagustonus verursacht wird. Man erklärt sich das Auftreten dieser AV-Blöcke II. Grades dadurch, dass in Ruhe der Blutbedarf reduziert ist und einzelne Kammerkontraktionen »verschluckt« werden. Auch das Auftreten eines vagal bedingten sinuatrialen Blocks ist vereinzelt möglich, jedoch auskultatorisch vom AV-Block II. Grades nicht zu unterscheiden. Diese vagalen Arrhythmien sind nur dann pathologisch, wenn sie nach Bewegung (z.B. Vortraben an der Hand) nicht verschwinden bzw. massiv auftreten und zu klinischen Symptomen führen. Dann sollten auch extrakardiale Ursachen für einen pathologisch erhöhten Vagustonus (z.B. intrathorakale Tumoren) abgeklärt werden. Die sichere Abgrenzung der physiologischen von den pathologischen Herzarrhythmien des Pferdes (z.B. ventrikuläre und Vorhofextrasystolen, Vorhofflimmern, totaler AV-Block) ist, auch bei Verschwinden der Arrhythmien nach geringer Belastung, erst mithilfe des EKGs möglich. Hierbei haben neben der Elektrokardiographie in Ruhe auch die Untersuchung während und nach Belastung (Telemetrie-EKG) sowie das Langzeit-EKG zur Abklärung von Herzrhythmusstörungen eine herausragende Bedeutung gewonnen.

Herzgeräusche

Die Herzgeräusche resultieren aus Turbulenzen intrakardialer Blutflüsse. Am häufigsten entstehen intrakardiale Blutflussturbulenzen bei pathologischen Veränderungen der Herzostien, z.B. bei Insuffizienzen im Bereich der Herzklappen. Bei mangelhaftem Schluss (Insuffizienz) oder mangelhafter Öffnung (Stenose) der Klappen treten Herzgeräusche auf, die im Gegensatz zu den Herztönen pathologisch sind.

Sind Herzgeräusche vorhanden, werden diese beurteilt nach:

- der Herzphase, in der sie auftreten (Systole / Diastole)
- ihrer Dauer (früh-, spät-, holo-, pansystolisch / diastolisch)
- ihrer Lautstärke (von leise = Grad 1 bis laut = Grad 6, wobei Grad 3 der gleichen Lautstärke wie die Herztöne entspricht, Tab. 3.2)
- dem Punctum maximum (PM, Thoraxregion mit der größten Lautstärke des Geräusches, Tab. 3.3)
- der Art des Geräusches (z.B. ansteigend = crescendo, absteigend = decrescendo).

Ein holosystolisches Herzgeräusch geht vom 1. bis zum 2. Herzton, wobei beide Herztöne hörbar sind. Ein pansystolisches Herzgeräusch liegt ebenfalls in der Systole, überdeckt jedoch den 1. und den 2. Herzton (z.B. häufig beim Ventrikelseptumdefekt hörbar).

Das Punctum maximum (PM), an dem ein Herzgeräusch am lautesten hörbar ist, dient der Lokalisation des Ursprungs. Dazu werden beide Thoraxseiten auskultiert und das Stethoskop auf beiden Seiten zwischen den Interkostalräumen bewegt. Die Auskultation wird zunächst auf der linken Thoraxseite begonnen, da dort die Herztöne aufgrund der Lage des Herzens am besten hörbar sind. Man positioniert das Stethoskop, bei leicht vorgestellter gleichseitiger Gliedmaße, zunächst ca. handbreit hinter dem Olekranon, oberhalb der V. epigastrica cranialis im Bereich des 5. Interkostalraums. Anschließend wird das Stethoskop weiter nach kranial und dorsal bis in den 3. Interkostalraum bewegt. Auf der linken Thoraxseite hat die **P**ulmonalklappe ihr PM im 3. Interkostalraum (Abb. 3.15), die **A**ortenklappe im 4. und die **M**itralklappe im 5. Interkostalraum. Das PM der **T**rikuspidalklappe befindet sich auf der rechten Thoraxseite im 4. Interkostalraum (Tab. 3.3, Merkwort: **PAM** für die linke Herzseite oder **PABST** = **P**ulmonal-, **A**orten-, **B**ikuspidalklappe, **S**eitenwechsel, **T**rikuspidalklappe für beide Herzseiten). Trikuspidalklappeninsuffizienzen und der Ventrikelseptumdefekt haben ihr PM auf der rechten Thoraxseite und sind z. T. auf der linken Thoraxseite nicht hörbar. Nicht nur bei Kaufuntersuchungen sollte deshalb das Herz stets auf beiden Thoraxseiten auskultiert werden.

Da beim Pferd fast ausschließlich Herzklappeninsuffizienzen und, im Gegensatz zum Menschen und zum Kleintier, nur sehr selten Herzklappenstenosen auftreten, kann beispielsweise bei einem systolischen Herzgeräusch 3. Grades mit PM über der Mitralklappe (5. Interkostalraum, links) die Verdachtsdiagnose auf das Vorliegen einer Mitralklappeninsuffizienz gestellt werden. Bei einem systolischen Herzgeräusch auf der rechten Thoraxseite kann jedoch neben einer Trikuspidalklappeninsuffizienz auch ein Ventrikelseptumdefekt oder beides vorliegen. Eine gesicherte Diagnose in Bezug auf die Ursache für ein Herzgeräusch kann deshalb nur mithilfe der Echokardiographie gestellt werden.

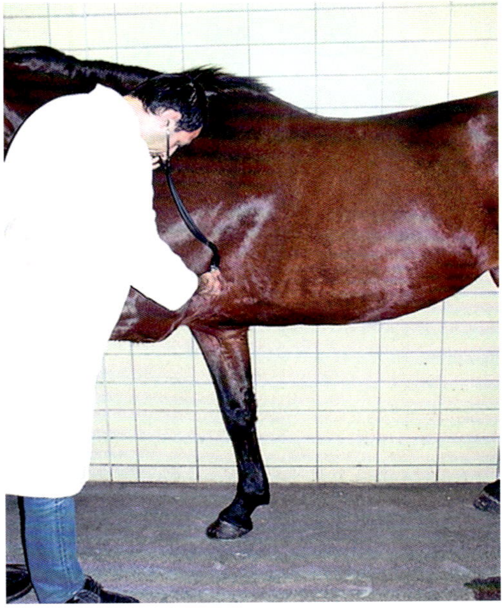

Abb. 3.15:
Auskultation der Pulmonalklappe mit vorgezogener linker Vordergliedmaße.

Zur vollständigen Dokumentation und zur Erleichterung von Verlaufsuntersuchungen bietet sich der Einsatz von Befundbögen für die klinische Herz-Kreislauf-Untersuchung an (Abb. 3.16).

Beurteilung von Herzgeräuschen

Herzgeräusche können Hinweise auf eine Herzinsuffizienz darstellen und werden je nach Lautstärke und Intensität des Geräuschs in verschiedene Grade (je nach Literatur von leise nach laut in die Grade 1–5 oder 1–6, Tab. 3.2) eingeteilt. Die Lautstärke eines Herzgeräuschs sagt jedoch nichts über den Schweregrad des zugrunde liegenden Klappendefekts bzw. das Ausmaß der kardialen Beeinträchtigung aus, obwohl sehr laute Herzgeräusche (4.–6. Grad) meist mit gravierenderen Herzbefunden einhergehen als leise Herzgeräusche (1.–2. Grad).

Auch die Lautstärke eines Herzgeräuschs nach Belastung, bei hohen Herzfrequenzen, ermöglicht nicht die Beurteilung des Schweregrads der Herzerkrankung. Häufig treten Herzgeräusche bei klinisch sonst vollkommen unauffälligen Pferden und ohne Leistungsabfall auf. Auch hier ist eine gesicherte Beurteilung des Schweregrads eines Klappendefekts sowie eventueller sekundärer Folgeerscheinungen am Herzen (z. B. Myokardhypertrophie, Herzdilatation) nur mit weiterführenden Untersuchungen (Echokardiographie) möglich. Es sollte deshalb bei auffälligen Auskultationsbefunden am Herzen, insbesondere im Rahmen der Kaufuntersuchung, zu einer weiterführenden Untersuchung geraten werden.

Das Auftreten so genannter funktioneller Geräusche oder »Fließgeräusche«, die keine pathologische Ursache an den Herzklappen haben, wird insbesondere bei Fohlen, jungen Pferden und trainierten Rennpferden beschrieben. Dabei sollen systolische Funktionsgeräusche (systolisches Austreibungsgeräusch) durch den normalen Blutfluss durch die Semilunarklappen entstehen (hörbar über der Aorten- und Pulmonalklappe) und diastolische durch den Blutfluss durch die AV-Klappen bzw. die schnelle diastolische Füllung der Ventrikel. Auch bei Fieber, Kolik und starken Schmerzen können solche funktionellen Herzgeräusche beobachtet werden. Ursache dafür sind intrakardiale Blutflussturbulenzen aufgrund einer stressbedingten Herzfrequenzsteigerung mit erheblichem Anstieg der Blutflussgeschwindigkeit oder auch rheologische Veränderungen mit reduzierter (z. B. bei Anämie) oder erhöhter (z. B. nach Hämokonzentration) Blutviskosität.

Herzgeräusche bzw. Klappenrückflüsse bei trainierten Rennpferden

Körperliches Training kann Herzgeräusche zur Folge haben. Trainingsbedingt können hämodynamische Veränderungen zu einem *modeling* (physiologische Umbauprozesse, *remodeling* = pathologische Umbauprozesse) des Herzens führen. In Abhängigkeit von der Art des Trainings (Kurzstrecken- bzw. Ausdauertraining) tritt dabei entweder eine Vorlasterhöhung (Folge eines Ausdauertrainings) oder eine Nachlasterhöhung (z. B. bei Kurzstreckentraining) auf. Ein *remodeling* kann aufgrund einer veränderten Konfiguration der kardialen Mor-

Abb. 3.16: Beispiel eines Untersuchungsbogens zur Erhebung der klinischen Herz-Kreislauf-Parameter

Datum:

Besitzerdaten:

Patient

Name: ____________________ Nummer: ____________________

Geschlecht: Hengst ☐ Wallach ☐ Stute ☐ Geburtsdatum: ____________________

Gewicht: __________ kg

Rahmen: klein ☐ mittel: ☐ groß: ☐ Stockmaß: __________ cm

Brand: linke ☐ / rechte ☐ Halsseite

Verwendungszweck:

Anreiten ☐ Freizeitreiten ☐ Arbeitsstunden/Woche: ____________________

Turniersport ☐ Starts/ Saison: __________ Leistungsklasse: ____________________

Distanzsport ☐ Starts/ Saison: __________ km: ____________________

Zucht ☐ ausgetragene Fohlen: __________ Deckeinsätze/Saison: ____________________

Beistellpferd ☐ Weidepferd ☐ Schulbetrieb ☐ Std./Woche: ____________________

Sonstiges: ____________________

bisherige Erkrankungen: ____________________

zuletzt entwurmt
am: __________ Präparat: ____________________

Vorbericht: Leistungsschwäche ☐ Leistungsabfall ☐ Solpern/Stürzen ☐

Dyspnoe/Tachypnoe ☐ starkes Schwitzen/Nachschwitzen ☐

Kreislaufzusammenbruch ☐

Ernährungszustand: adipös ☐ gut ☐ mäßig ☐ schlecht ☐

Körperinnentemperatur: _______ °C Haltung: obB ☐ ____________________

Allgemeinbefinden: ungestört ☐ gestört: ____________________

3

Herz-Kreislauf-Apparat

Schleimhäute: obB ☐ ________________________ Hautturgor: erhalten ☐ vermindert ☐

Episkleralgef.: fein gezeichnet ☐ injiziert ☐ KFZ: < 2 sek ☐ > 2 sek ☐ __________

Arterienpuls: Frequenz: ____/min Füllung: + ++ +++ Spannung: + ++ +++

Qualität: (nicht) (mäßig) (deutlich) kräftig (nicht) gleichmäßig (nicht) regelmäßig

Venenpuls: negativ ☐ positiv ☐ Abfluss: obB ☐ gestört ☐

Herzspitzenstoß: − −/+ +

Atemwege

AF: ____/min Atemtyp: kostoabdominal ☐ verstärkt abdominal ☐

Nasenausfluss: nein ☐ einseitig links ☐/ rechts ☐ beidseitig ☐ Charakter: ________________________

Hustenauslösung: nicht auslösbar ☐ 1 × ☐ mehrfach ☐

Lnn. mand.: obB ☐ einseitig links ☐/ rechts ☐ beidseitig ☐ prall ☐ schmerzhaft ☐

Größe: ________________________________

Ruhedyspnoe: nein ☐ Hecheln ☐

Sonstiges: ________________________________

Lungenperkussion: obB ☐ überlaut/gedämpft: __________ erweitert: ________________

Lungenauskultation: Links: obB ☐ verschärft vesikulär/bronchial ☐

Rechts: obB ☐ verschärft vesikulär/bronchial ☐

Tracheaauskultation: obB ☐ Rasseln ☐

Herzauskultation:

Frequenz: ____/min. Intensität: − + ++ +++ Rhythmus: ☐ regelm. ☐ unregelm.

Arrythmie: ☐ partiell ☐ total EKG-Befunde: ________________________

____

____

Herzgeräusche: ☐ keine ☐ vorhanden Abgesetztheit: ☐ gut ☐ schlecht

▶▶

3

Herzgeräusche:

Lokalisation (Puncta maxima):

☐ Mitralklappe ☐ Aortenklappe ☐ Trikuspidalklappe ☐ Pulmonalklappe

Phasenzugehörigkeit:

Systolisch:	☐ holosystolisch	☐ frühsystolisch	☐ mesosystolisch	☐ spätsystolisch
Diastolisch:	☐ holodiastolisch	☐ frühdiastolisch	☐ mesodiastolisch	☐ spätdiastolisch
Charakteristika:	☐ bandförmig	☐ crescendo	☐ decrescendo	☐ spindel

Besonderheiten:

Schweregrad:	Links	☐ I.Grad	☐ II.Grad	☐ III.Grad	☐ IV.Grad	☐ V.Grad	☐ VI.Grad
	Rechts	☐ I.Grad	☐ II.Grad	☐ III.Grad	☐ IV.Grad	☐ V.Grad	☐ VI.Grad

phologie, insbesondere im Bereich des Anulus fibrosus, zu einer mechanischen Verformung am Schlusspunkt der Klappensegel führen und eine Regurgitation über die AV-Klappen in die Vorhöfe oder über die Semilunarklappendivertrikel auslösen. Bei vielen jungen Vollblutpferden wird schon nach einigen Trainingswochen auskultatorisch und mit der Farbdoppler-Echokardiographie eine Zunahme von Herzklappengeräuschen und Klappenrückflüssen nachgewiesen. Als Ursache dafür wird eine trainingsbedingte Größenzunahme des linken Ventrikels mit Dilatation des Anulus fibrosus und Entstehung eines Ostiums der Regurgitation im Zentrum der Mitralklappe gesehen. Die Inzidenz rechtsseitiger Herzgeräusche ist bei intensiv trainierten Rennpferden wesentlich höher (16,4 %) als bei anderen Sportpferden (4,7 %). Es wird deshalb vermutet, dass intensives Training eine nicht zu unterschätzende Rolle bei der Entwicklung von Herzklappeninsuffizienzen spielt.

Auch nach dem Abtrainieren (z. B. in der Sommerpause) werden bei Rennpferden vermehrt Regurgitationen nachgewiesen. Da beim Rennpferd keine Zusammenhänge zwischen dem Vorkommen und dem Grad der kompensierten Klappenregurgitationen einerseits und der Rennleistung andererseits nachweisbar sind, werden Klappenregurgitationen beim Rennpferd heutzutage weniger bedeutsam eingeschätzt als in früheren Zeiten. Wenn Schlussunfähigkeiten der Herzklappen allerdings nach entzündlichen, infektiösen oder nicht infektiösen Endokarderkrankungen entstehen, wird davon ausgegangen, dass die Risikoentwicklung dieser Herzgeräusche nach einer »echten« Herzklappenerkrankung ernster einzuschätzen ist als bei einem Herzgeräusch, das trainingsassoziiert entstanden ist. Darüber hinaus muss berücksichtigt werden, dass das Nutzungsalter und die sportliche Nutzungsdauer bei Rennpferden deutlich geringer sind als beim Warmblutpferd. Somit können geringfügige Klappenrückflüsse bei jungen Warmblutpferden in späteren Jahren durchaus eine Bedeutung für den sportlichen Einsatz haben.

3.2.9 Belastungsuntersuchung

Bei Pferden mit Verdacht auf eine Herzerkrankung bzw. mit vorberichtlicher Leistungsschwäche sollte immer auch eine klinische Untersuchung während und nach Belastung durchgeführt werden, um eventuell in Ruhe inapparente Befunde zu demaskieren. So können beispielweise Arrhythmien oder Herzgeräusche, die erst bei hohen Herzfrequenzen auftreten, aufgedeckt werden.

Auch zu einer vollständigen Kaufuntersuchung gehört immer eine Belastungsuntersuchung. Die Belastung sollte der Kondition und dem Ausbildungs- und Trainingszustand des Pferdes angepasst sein. In der Regel ist eine Longenbelastung ausreichend. Fohlen und Jährlinge können frei zusammen mit der Stute bewegt werden. Vor der Belastung sollten die Ruheherz- und -atemfrequenz erhoben werden. Bei einem normalen Warmblutpferd ist nach einer Aufwärmung im Schritt eine Longenbelastung von ca. zehn Minuten Trab und fünf Minuten Galopp meist ausreichend. Rennpferde müssen eventuell auf der Bahn oder auf dem Laufband belastet werden. Es sollte dabei im Trab eine Herzfrequenz von 70–120 Schlägen pro Minute, im leichten Galopp eine Herzfrequenz von 120–150/min und bei starkem Galopp von 150–180/min erreicht werden. Bei maximaler Rennbelastung werden 210–240 Schläge pro Minute erreicht.

Bei der Longenbelastung sollte zum einen auf Gehfreudigkeit und Kondition, zum anderen auf mögliche Lahmheiten, Husten oder Atemgeräusche geachtet werden, die ebenfalls zu einer Leistungsbeeinträchtigung führen können. Unmittelbar im Anschluss an die Belastung (Anhalten aus dem Galopp) sollte die Herzauskultation bis zum Erreichen der Ruhewerte durchgeführt werden. Es sollte dabei neben der Herzfrequenz auch auf Herzgeräusche und Arrhythmien geachtet werden. Die Herzfrequenz fällt normalerweise innerhalb der ersten 5 Minuten sehr schnell auf Werte unter 100/min ab und bis zum Erreichen der Ausgangsruhewerte dauert es ca. 20 Minuten. Nach Rennbelastung kann es jedoch auch bis zu einer Stunde dauern, bis die Ruhewerte wieder erreicht sind. Parallel sollte die Atemfrequenz erhoben werden (Beobachtung der Flankenbewegung). Herz- und Atemfrequenz sollten alle 5 Minuten bis zur Beruhigung (Ausgangsruhewerte) dokumentiert werden.

Am häufigsten treten Herzarrhythmien nach Belastung auf (z. B. Sinusarrhythmie, AV-Block II. Grades, Vorhofextrasystolen), da es in der Beruhigungsphase zu einem Intensitätswechsel zwischen Sympathikus und Parasympathikus kommt. Im Fall von Arrhythmien sollte die Diagnose durch ein Belastungs-(Telemetrie-)EKG abgesichert werden.

Während der Belastung können Vorhof- oder Ventrikelextrasystolen oder paroxysmales Vorhofflimmern (*exercise induced*) auftreten. Ventrikuläre Arrhythmien während Belastung (z. B. paroxysmale ventrikuläre Tachykardie) gehen meist mit Leistungsabfall oder sogar Stolpern und Stürzen einher.

Die Änderung der Lautstärke eines Herzgeräuschs bei Belastung bzw. bei hohen Herzfrequenzen hat keine Aussagekraft bezüglich des Schweregrads oder der Bedeutung der zugrundeliegenden Klappeninsuffizienz. Das heißt ein Geräusch, das nach Belastung leiser ist als in Ruhe, ist nicht automatisch weniger bedeutsam als ein Geräusch, das nach Belastung gleich laut oder sogar lauter ist als in Ruhe. Insbesondere bei Kaufuntersuchungen sollten Aussagen wie z. B. »das spielt keine Rolle, das haben viele Pferde« tunlichst vermieden werden (s. Kap. 10, Forensik).

Im Rahmen von Belastungsuntersuchungen kann es sinnvoll sein, eine echokardiographische Untersuchung unmittelbar nach Belastung bei Herzfrequenzen über 100/min durchzuführen, um myokardiale Dysfunktionen aufzudecken (siehe Stress-Echokardiographie, Kap. 4.2.6). Bei Verdacht auf eine

Muskelerkrankung oder zur Überprüfung des Trainingszustands kann man zusätzlich den Blutlaktatwert und den CK-Wert (Kreatinkinase) vor und nach Belastung (unmittelbar, 4 und 24 Stunden nach Belastung) ermitteln. Die Bestimmung arterieller Blutgaswerte nach Belastung hat sich dagegen als nicht sehr hilfreich zur Aufdeckung latenter Lungenerkrankungen erwiesen, kann aber in Einzelfällen indiziert sein. Bei bestimmten Fragestellungen (z. B. Leistungseinbruch eines Rennpferds bei maximaler Belastung) kann es erforderlich sein, das Pferd auf dem Hochgeschwindigkeitslaufband oder auf der Rennbahn (Trab- und Galopprennpferde) zu untersuchen, um eine ausreichende Belastung zu erzielen.

3.3 Untersuchung des Atmungsapparates im Rahmen der Herz-Kreislauf-Untersuchung

Herz- und Lungenerkrankungen können beide Leistungsabfall bzw. -intoleranz verursachen und treten häufig kombiniert auf, bzw. die Erkrankung des einen Organsystemes kann die Erkrankung des anderen Organsystemes verursachen. Bei Linksherzerkrankungen (z. B. Mitralklappeninsuffizienzen) kann es zu einer Druckerhöhung im linken Vorhof, in der Pulmonalvene und im Lungenkapillargebiet kommen. Diese Druckerhöhungen können zu Remodelingprozessen (pathologische Umbauvorgänge) in der Lunge und letztlich zu chronischen Lungenerkrankungen führen. Bei Belastung kann es aufgrund der Druckerhöhung in der Lunge zu Zerreißungen kleiner Lungenkapillaren und zu Lungenbluten (EIPH = *exercise induced pulmonary haemmorrhage*) kommen. Bei einer kongestiven Linksherzinsuffizienz kann es zur Ausbildung eines Lungenödems mit Tachy-, Hyper- und Dyspnoe kommen. Chronische Lungenerkrankungen können zu Druckerhöhungen in der Pulmonalarterie, dem rechten Ventrikel und dem rechten Vorhof führen. Kommt es dabei zu einer Rechtsherzvergrößerung mit sekundärer Trikuspidalklappeninsuffizienz (aufgrund des Auseinanderweichens der Klappenebene) spricht man vom so genannten Cor pulmonale. Einige Herzarrhythmien (z. B. atriale Extrasystolen, Vorhofflimmern) können ihre primäre Ursache auch in einer pulmonalen Erkrankung habe (z. B. pulmonal bedingte Myokardhypoxämie). Häufig wird beim Pferd eine Kombination von Vorhofflimmern (VF) und Lungenbluten oder auch eine Kombination von VF, Lungenbluten und Kehlkopfpfeifen angetroffen. Aus diesen Gründen gehört zumindest die klinische Lungenuntersuchung, mit Auskultation der Lunge in Ruhe und nach Belastung sowie Perkussion der Lungengrenzen, zu einer vollständigen kardiologischen Untersuchung dazu.

Literatur

BONAGURA, J. D. (1990): Clinical evaluation and management of heart disease. Equine Vet Educ. 2, 31–37.

DARKE, P., J. D. BONAGURA, D. F. KELLY (1996): Colour Atlas of Veterinary Cardiology. Verlag Mosby Wolfe, London.

GEHLEN, H., P. STADLER, E. DEEGEN (1998): Vorschlag zur Standardisierung der Untersuchung von herzkranken Warmblutpferden mit einem kardiologischen Beurteilungssystem. Pferdeheilkunde 14, 107–114.

GERRING, E. L. (1984): Clinical examination of the equine heart. Equine vet J. 16: 552–555.

GERRING, E. L. (1990): Auscultation of the equine heart. Equine Vet Educ. 2: 11–14.

GLAZIER, D. B. (1987): Clinical aspects of equine cardiology. Equine Pract. 9: 98–104.

KRIZ, N. G., D. R. HODGSON, J. R. REUBEN (2000): Prevalence and clinical importance of heart murmurs in racehorses. J Am Vet Med Assoc. 216: 1441–1445.

LITTLEWORT, M. C. G. (1977): Cardiological Problems in Equine Medicine. Equine vet J. 9: 173–175.

MARR, C. M. (1999): Cardiology of the Horse. W. B. Saunders, London.

MARTIN, B. B. jr., V. B. REEF, E. J. PARENTE, A. D. SAGE (2000): Causes of poor performance of horses during training, racing, or showing: 348 cases (1992–1996). J Am Vet Med Assoc. 216: 554–558.

PATTESON, M. W.(1996): Equine Cardiology. Blackwell Wissenschaftsverlag, Berlin.

PATTESON, M. W., P. J. CRIPPS (1993): A survey of cardiac auscultatory findings in horses. Equine Vet J. 25, 409–415.

REEF, V. B. (1985): Evaluation of the equine cardiovascular system. Vet Clin North Am. (Equine Practice) 1: 275–288.

REIMER, J. (1993): Performing cardiac auscultation on horses. Vet Med. 88: 660–664.

YOUNG, L. E., J. L. N. WOOD (2000): Effect of age and training on murmurs of atrioventricular regurgitation in young Thoroughbreds. Equine vet J. 32: 195–199.

4 Weiterführende Diagnostik

Heidrun Gehlen, Peter Stadler, Cordula Poulsen Nautrup, Beate Egner

Bei kardiologischen Erkrankungen des Pferdes wird der Tierarzt häufig mit der Frage konfrontiert, inwieweit ein Pferd mit einer Herzerkrankung weiterhin entsprechend seiner ursprünglichen Nutzungsart (Sport, Freizeit, Zucht) eingesetzt werden kann, ob mit Leistungsbeeinträchtigungen zu rechnen ist und ob die weitere Nutzung mit Risiken verbunden ist. Neben der korrekten Diagnosestellung und Schweregradbeurteilung einer Herzerkrankung wird damit auch eine prognostische Einschätzung des Krankheitsverlaufes durch den Tierarzt erwartet. Unter Praxisbedingungen kann eine gründliche klinische Untersuchung mit Auskultation des Herzens bereits wertvolle Hinweise auf das Vorhandensein und die mögliche Ursache einer kardiologischen Erkrankung liefern (z.B. Herzgeräusch, Herzarrhythmie). In vielen Fällen ist jedoch zur Diagnosefindung und insbesondere auch zur Schweregradeinschätzung eines Herzbefundes und zur Beurteilung der weiteren Nutzungsmöglichkeiten betroffener Pferde eine weiterführende kardiologische Diagnostik erforderlich. Die Möglichkeiten der weiterführenden kardiologischen Untersuchungen sind vielfältig und sollten sinnvoll und gezielt eingesetzt werden. Die Elektrokardiographie (EKG) ist dabei eine weiterführende Untersuchungsmethode, die auch in der Praxis leicht durchführbar ist.

4.1 Elektrokardiographie

Heidrun Gehlen, Peter Stadler,
Eckehard Deegen

Um ein Pferde-EKG anfertigen und interpretieren zu können, sind grundlegende Kenntnisse der elektrophysiologischen Vorgänge (Erregungsbildung und -leitung) am Herzen nützlich (Kap. 2.3).

4.1.1 Allgemeines zum EKG

Die Elektrokardiographie zeichnet die bei der Herztätigkeit auftretenden elektrischen Potentialänderungen (De- und Repolarisation sowie die Intervallzeiten) linear in Abhängigkeit von der Zeit auf, d.h. Erregungsausbreitung und -rückbildung des Myokards werden bildlich dargestellt. Dank der Leitfähigkeit der Körpergewebe kann das elektrische Feld der Erregungsausbreitung und -rückbildung des Herzens auch an der Körperoberfläche bzw. der Haut abgeleitet werden. Die Potentialänderungen haben an der Körperoberfläche jedoch nur eine Größe von wenigen Millivolt. Die Spannungsschwankungen beim EKG treten in Form von Zacken bzw. Wellen auf, die nach Einthoven der Reihe nach als P-, Q-, R-, S-, und T-Zacke bezeichnet werden (Abb. 4.1a, b).

Das Elektrokardiogramm kann beim Pferd Auskunft über die Herzfrequenz, den Erregungsrhythmus und -ursprung sowie über die Impulsausbreitung, die Erregungsrückbildung und deren Störungen geben. Im Gegensatz zum Menschen oder Kleintier liefert das EKG beim Pferd jedoch keine verlässlichen Hinweise auf Herzdilatationen oder Myokardhypertrophien. Damit dient das EKG beim Pferd in erster Linie der Frequenz- und Rhythmusdiagnostik.

Das Prinzip der EKG-Aufzeichnung und Auswertung beim Pferd entspricht dem bei Mensch und Kleintier. Beim Pferd können in der Praxis das Standard-Ruhe-EKG (meist über 3 Minuten), das Langzeit- bzw. 24-Stunden-EKG und das Belastungs-EKG aufgezeichnet werden.

4.1.2 Ausrüstung

Da beim Pferd mit dem EKG lediglich der Herzrhythmus beurteilt wird, sind tragbare Einkanalgeräte in der Praxis ausreichend (Abb. 4.2). Es können jedoch auch Dreikanal- und Sechskanalgeräte verwendet werden, mit denen drei bzw. sechs Ableitungen parallel geschrieben werden. Die Geräte verfügen normalerweise über vier Elektroden, die durch unterschiedliche Farben (z.B. grün, gelb, rot, schwarz) gekennzeichnet sind. Dabei können Unterschiede in den Elektrodenfarben zwischen europäischen und amerikanischen EKG-Geräten auftreten (Tab. 4.1). Es gibt jedoch auch Geräte mit lediglich drei Elektroden (z.B. bei Narkoseüberwachung oder Ultraschallgeräten mit integriertem EKG).

Als Elektrodenverbindungen haben sich beim Pferd Klemmelektroden (»Krokodilklemmen«) bewährt, die mit Kontaktgel oder Alkohol befeuchtet werden. Auch Einmal-Klebeelektro-

Tabelle 4.1: Farbkennzeichnung und Platzierung von EKG-Elektroden

Elektrode	Europäische Farben	Amerikanische Farben
Hinten links (HL)	Grün	Rot
Vorne rechts (VR)	Rot	Weiß
Vorne links (VL)	Gelb	Schwarz
Neutral	Schwarz	Grün

4

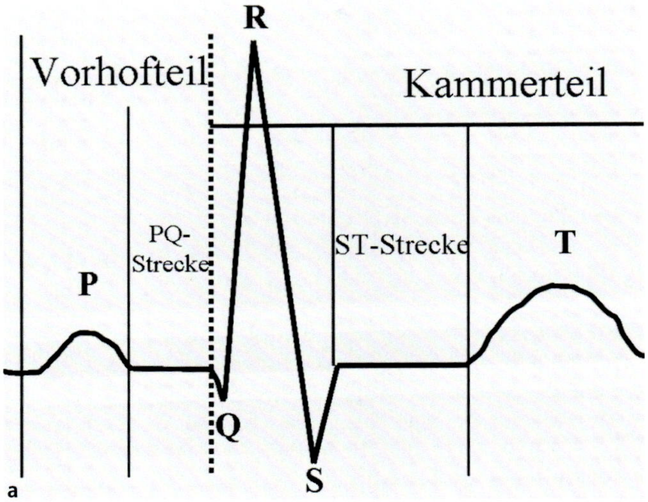

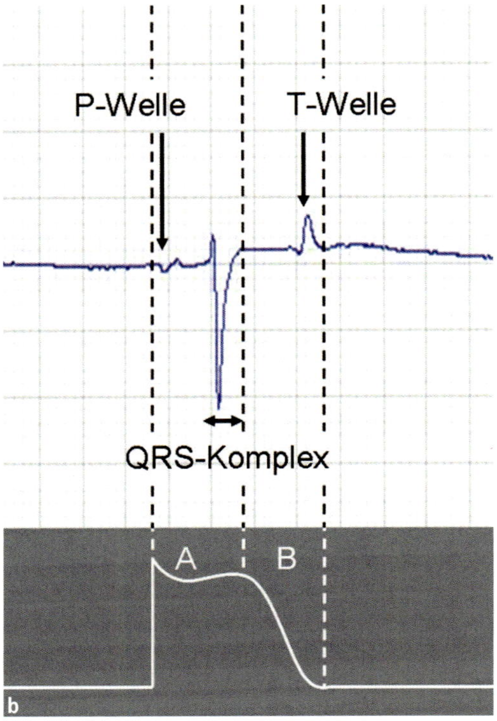

Abb. 4.1a, b:
a Schematische Darstellung der typischen »Ausschläge« im EKG, welche die elektrische Erregungsbildung (Depolarisation) und -rückbildung (Repolarisation) am Herzen widergeben. **b** Schematische Gegenüberstellung von EKG und Aktionspotential eines Pferdes. A: Depolarisation, B: Repolarisation.

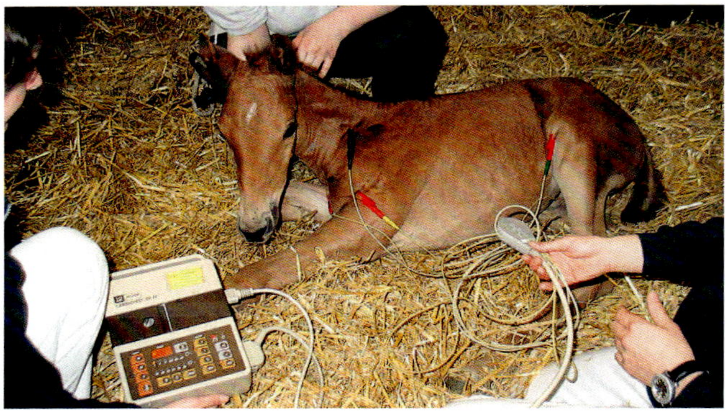

Abb. 4.2:
Bipolare Gliedmaßenableitung nach Einthoven bei einem Fohlen mithilfe eines tragbaren Einkanalschreiber-EKGs (Hellige GmbH) und Krokodilklemmen.

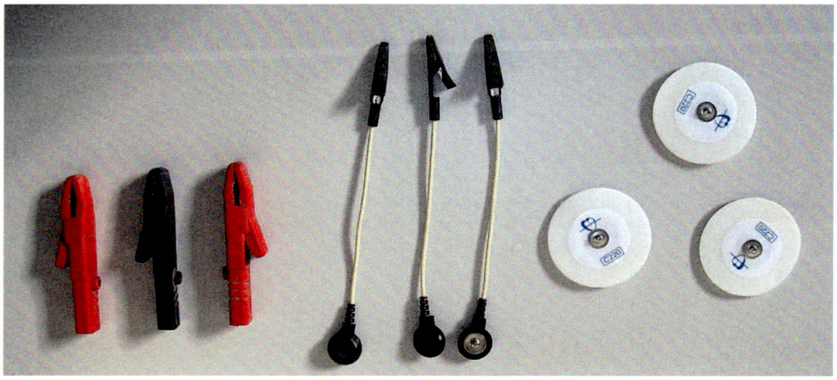

Abb. 4.3:
Verschiedene Klemm- (»Krokodilklemmen«) und Klebeelektroden zur EKG-Ableitung beim Pferd.

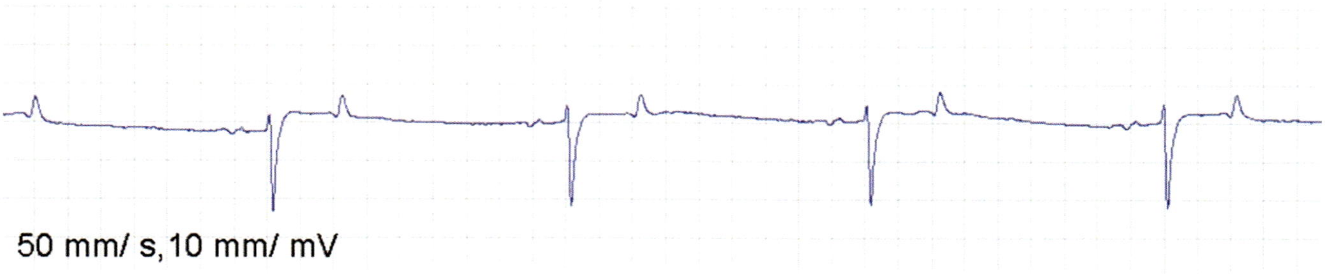

Abb. 4.4:
Normales Ruhe-EKG.

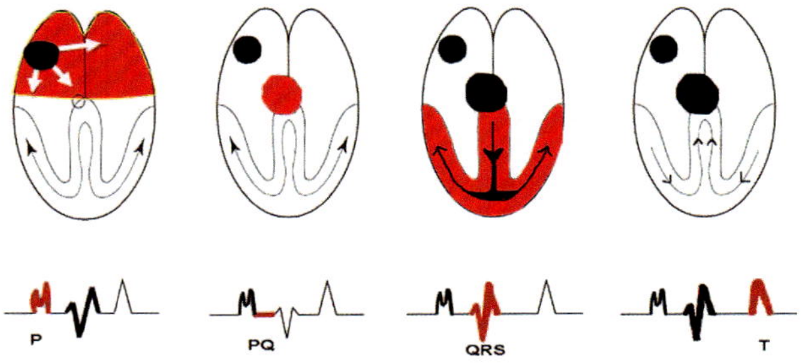

Abb. 4.5:
Elektrische Erregungsbildung (Depolarisation) und -rückbildung (Repolarisation) am Herzen. Die P-Zacke stellt die Vorhoferregung dar, die PQ-Strecke die Erregungsüberleitung auf die Kammer, der QRS-Komplex die Kammererregung und die T-Zacke die Kammerrepolarisation.

den können verwendet werden. Diese sind etwas teurer, benötigen aber kein Kontaktgel. Bei empfindlichen Pferden und für das Belastungs- bzw. Langzeit-EKG sollten in jedem Fall selbsthaftende Klebeelektroden verwendet werden (Abb. 4.3). In seltenen Fällen (z.B. bei Belastungsuntersuchungen mit starkem Schwitzen des Pferdes) kann es erforderlich sein, das Fell vor Plazierung der Elektrode zu rasieren (bessere Ankopplung, weniger Artefakte, bessere Elektrodenhaftung).

4.1.3 Standard-Ruhe-EKG

Das Standard-Ruhe-EKG wird in der Regel über ein bis drei Minuten aufgezeichnet und liefert Informationen über die Herzfrequenz sowie über die Qualität von Arrhythmien (»Rhythmusstreifen«). Die Herzerregung erfolgt normalerweise regelmäßig (Abb. 4.4). Im Elektrokardiogramm ist ein unverändert wiederkehrender P-QRS-T-Komplex physiologisch. Die P-Welle stellt die Erregung der Vorhöfe dar, die P-Q-Stecke die Erregungsüberleitung am AV-Knoten, der QRS-Komplex die Depolarisation der Ventrikel und die T-Welle die Repolarisation der Ventrikel (Abb. 4.5). Die Repolarisation der Vorhöfe ist im EKG nicht sichtbar, da sie von der Erregung des Ventrikelmyokards überlagert wird. Da der linke Ventrikel die größte Muskelmasse besitzt, dominiert er in der Summe die aufgezeichnete elektrische Aktivität. Nach der Erregungsrückbildung im Myokard ist das Herz für eine kurze Zeit nicht erregbar (Refraktärzeit), d.h. elektrisch »stumm« (Nulllinie = Diastole). Dadurch wird verhindert, dass die nächste Herzerregung zu früh eintritt. Der nächste Herzschlag wird durch einen neuen Impuls aus dem Sinusknoten (Autorhythmie) eingeleitet.

Davon abweichende Herzarrhythmien werden nach ihrem Entstehungsmechanismus (Erregungsbildungs-, Erregungsleitungsstörungen), dem Ursprungsort (Vorhof, AV-Knoten, Kammer) und ihrer Frequenz (normofrequent, bradykard, tachykard) eingeteilt.

Ein erhöhter Vagustonus kann bei trainierten Pferden zu einer physiologischen Sinusbradykardie, zu einer Sinusarrhythmie, einem sinuatrialen Block oder einem physiologischen AV-Block II. Grades führen, die unter Belastung meist nicht mehr auftreten. Sie können jedoch auch nach Belastung in der Beruhigungsphase (ab einer Herzfrequenz < 100/min),

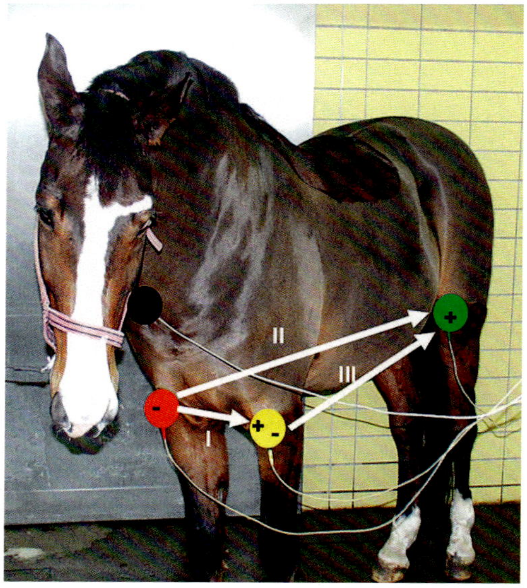

Abb. 4.6:
Position der Elektroden bei der Gliedmaßenableitung nach Einthoven. Durch Änderung der Geräteeinstellung kann zwischen den Ableitungen I (rot-gelb), II (rot-grün), III (gelb-grün) und aVR (rot), aVL (gelb) und aVF (grün) differenziert werden.

durch eine verstärkte Paraysympathikusaktivität erneut auftreten. Dagegen sind pathologische supraventrikuläre von ventrikulären Reizbildungsstörungen zu unterscheiden. Erregungsleitungsstörungen werden in sinuatriale, intraatriale, atrioventrikuläre oder intraventrikuläre Störungen eingeteilt. Sie sind anhand spezifischer Deformationen des PQRST-Komplexes zu identifizieren. Genaueres dazu wird im Kapitel 6, Herzrhythmusstörungen, aufgeführt.

4.1.4 Ableitungen

Beim Pferd werden Gliedmaßenableitungen (nach Einthoven oder Goldberger) und Brustwandableitungen (nach Wilson) unterschieden. Die Gliedmaßenableitungen werden beim Pferd analog zum Menschen oder zu anderen Tierarten angefertigt. Die Brustwandableitungen sind beim Pferd modifiziert. Jedoch wird den einzelnen Ableitungen weit weniger Bedeutung beigemessen als in der Humanmedizin.

Bei den Extremitätenableitungen werden die Elektroden an den beiden Vordergliedmaßen (Vorderseite des Oberarms) und an einer Hintergliedmaße (Kniefalte) befestigt. Beim Anlegen der Elektroden orientiert man sich an den Farben der Elektrodenkabel (Tab. 4.1). Bei europäischen EKG-Geräten werden sie, vorne rechts beginnend, entsprechend den Ampelfarben rot, gelb, grün positioniert (Abb. 4.6).

Geräte mit Stromanschluss haben zusätzlich eine Neutralelektrode, um das Gerät zu erden. Diese schwarze Erdungselektrode wird üblicherweise am linken Schulterblatt fixiert.

Je nach Verschaltung der Elektroden innerhalb des EKG-Gerätes erhält man die bipolare Standard-Ableitung nach Einthoven, bei der sich während eines Herzschlages an beiden Elektroden einer Ableitung das Potential verändert, oder die unipolare Ableitung nach Goldberger, bei der je zwei Extremitätenelektroden über Widerstände miteinander zu einer Sammelelektrode verbunden werden.

Ableitungen nach Einthoven

Die drei Ableitungen nach Einthoven werden mit den römischen Ziffern I bis III gekennzeichnet (Tab. 4.2, Abb. 4.6). In der Praxis wird meist die Ableitung II gewählt.

Ableitungen nach Goldberger

Die drei monopolaren Extremitätenableitungen nach Goldberger liegen »zwischen« den Einthoven-Ableitungen (Verschaltung von zwei Elektroden als Referenz zu einer dritten, positiven Elektrode) und haben meist etwas größere Ausschläge, was jedoch kein Zeichen einer größeren elektrischen Aktivität ist. Daher auch die Namen für diese Ableitungen aVR, aVL und aVF (aV = *augmented Voltage* = verstärkte Spannung), wobei der letzte Buchstabe den Ort der positiven Elektrode kennzeichnet (Tab. 4.3).

Tabelle 4.2: Extremitätenableitungen nach Einthoven

Ableitung	Gemessener Spannungsunterschied
I	Zwischen rechter Vordergliedmaße (negative, rote Elektrode) und linker Vordergliedmaße (positive, gelbe Elektrode)
II	Zwischen rechter Vordergliedmaße (negative, rote Elektrode) und linker Hintergliedmaße (positive, grüne Elektrode)
III	Zwischen linker Vordergliedmaße (negative, gelbe Elektrode) und linker Hintergliedmaße (positive, grüne Elektrode)

Tabelle 4.3: Extremitätenableitungen nach Goldberger

Ableitung	Gemessener Spannungsunterschied
aVR	Zwischen rechtem Vorderbein (differente, rote Elektrode) und linker Vorder- und Hintergliedmaße (indifferente Elektrode)
aVL	Zwischen linkem Vorderbein (differente, gelbe Elektrode) und rechter Vorder- und linker Hintergliedmaße (indifferente Elektrode)
aVF	Zwischen linkem Fuß (differente, grüne Elektrode) und linker und rechter Vordergliedmaße (indifferente Elektrode)

4

Ableitungen nach Wilson

Bei den vier monopolaren Brustwandableitungen nach Wilson werden drei Extremitätenelektroden unter Zwischenschaltung von Widerständen zu einer Sammelelektrode (Nullpunktelektrode, indifferente oder Wilson-Elektrode) mit nahezu konstantem Potential vereinigt. Die auf der Brustwand platzierten Elektroden (differente Elektroden) bestimmen dann praktisch alleine die EKG Form, da ihr Potential bei der Herzaktion stark schwankt. Beim Pferd wird diese Ableitung in der Praxis nicht durchgeführt.

Herzbasis-Herzspitzen-Ableitung

Dagegen wird beim Pferd in der Praxis häufig die Herzbasis-Herzspitzen-Ableitung (*base-apex*) als modifizierte bipolare Brustwandableitung zur Rhythmusdiagnostik durchgeführt. Hierfür wird eine Elektrode (grün oder gelb, d. h. VL oder HL) in der Herzspitzengegend (am Sternum oder auf Höhe des linken Ellenbogenhöckers) und eine Elektrode (rot, d. h. VR) an der rechten Halsseite platziert. Die Nullpunktelektrode (indifferente Elektrode: gelb oder schwarz) wird ebenfalls im Halsbereich fixiert (Abb. 4.7).

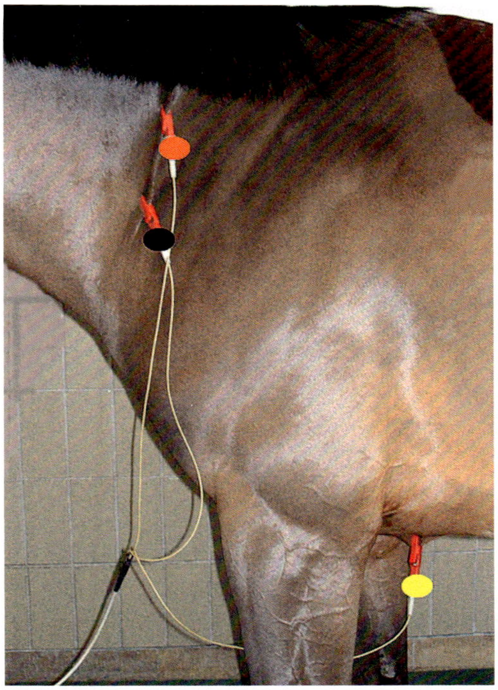

Abb. 4.7:
Position der EKG-Elektroden bei der modifizierten Herzbasis-Herzspitzen-Brustwandableitung. Die rote Elektrode wird zusammen mit der Neutralelektrode an der Halsseite fixiert. Die grüne oder gelbe Elektrode (eine der beiden reicht aus) befindet sich am Sternum zwischen den Vordergliedmaßen.

Langzeit- oder Belastungs-EKG

Für ein Langzeit- oder Belastungs-EKG ist es erforderlich, die Elektroden und den Empfänger / Sender ausreichend zu fixieren. Dies wird optimalerweise mit einem Gurt durchgeführt. Die Elektroden werden dann so verschoben, dass sie unter dem Gurt zu liegen kommen (Abb. 4.8a–c; Tab. 4.4).

4.1.5 Auswertung des EKGs

Um ein EKG aufzuzeichnen, sollte Millimeterpapier verwendet werden. Zusätzlich sollten die Papiergeschwindigkeit und die Spannungsverstärkung bekannt sein. Meist wird eine Papiergeschwindigkeit von 25 oder 50 mm/s gewählt, dabei entspricht 1 mm auf dem Papier 0,02 Sekunden. Die Spannungsverstärkung, erkennbar als Eichzacke am Anfang des EKGs, liegt meist bei 10 mm/mV. Als Hilfsmittel dienen zusätzlich ein Lineal, ein Zirkel und ein Taschenrechner zur Bestimmung der Herzfrequenz und zur Vermessung der Breite und Höhe der Ausschläge sowie der Abstände und Strecken im EKG (P-P-, R-R-, T-T-Abstände und P-Q-, S-T-Strecken).

Tabelle 4.4: Lage der Elektroden für ein Langzeit- oder Belastungs-EKG

Elektrodenfarbe	Position
Rot	Linke Thoraxseite, 6. Interkostalraum, oberes Thoraxdrittel
Gelb	Rechte Thoraxseite, 5. Interkostalraum, neben dem Widerrist Die gelbe Elektrode ist nicht unbedingt erforderlich und kann gegebenenfalls weggelassen werden.
Grün	Auf Höhe des Sternums oder rechte Thoraxseite, 5. Interkostalraum, hinter dem Ellenbogen (Gurtlage)
Schwarz	Irgendwo in der Gurtlage

Der Grundrhythmus wird durch Beurteilung der Beziehung von P-Zacke zu QRS-Komplex zueinander und der Regelmäßigkeit der Herzaktionen bestimmt. Artefakte durch Bewegung, Muskelzucken, Atmung usw. müssen von pathologischen Befunden abgegrenzt werden. Nach Auswertung des EKGs sollten alle abweichenden Befunde zusammengefasst und interpretiert werden. Eine EKG-Interpretation sollte immer auch die Ergebnisse der klinischen Untersuchung berücksichtigen.

Ein normales EKG schließt eine Herzerkrankung nicht aus. Deshalb sollten bei Verdacht auf eine Herzerkrankung und einem unauffälligen EKG stets weiterführende Untersuchungen (z. B. eine Echokardiographie) angestrebt werden.

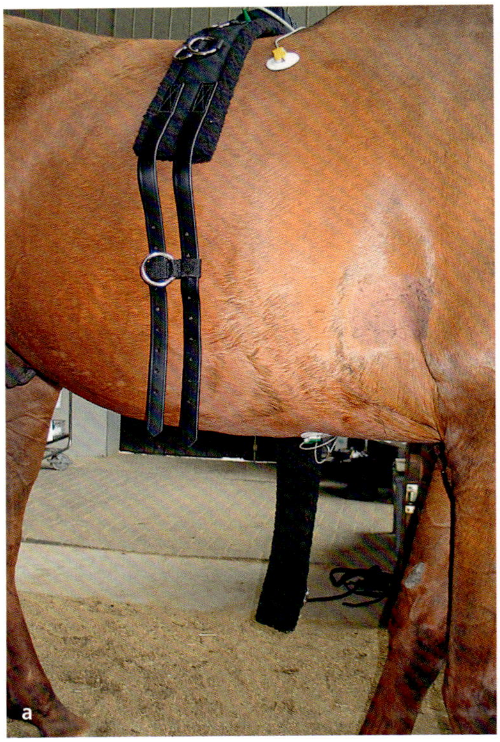

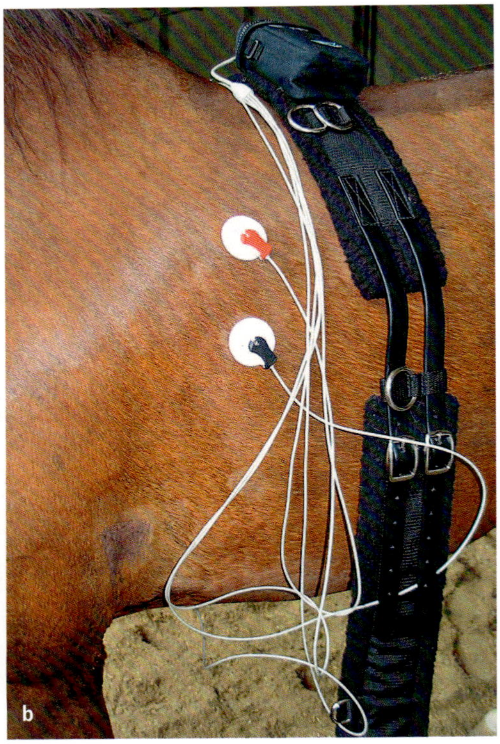

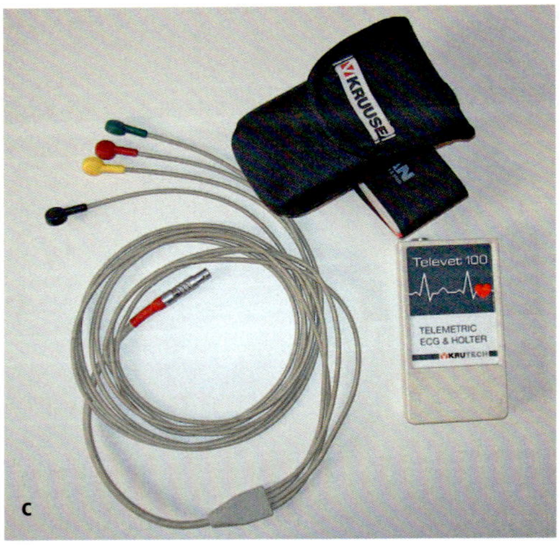

Abb. 4.8a–c:
Position der Elektroden für die Brustwandableitung beim Belastungs- oder Langzeit-EKG.
a Rechte Thoraxseite: gelbe Elektrode im Bereich der Sattellage, grüne Elektrode im Bereich des Sternums.
b Linke Thoraxseite: rote Elektrode im oberen Drittel der Brustwand, schwarze Elektrode kurz darunter. Alle Elektroden werden so positioniert, dass sie zusätzlich mit einem Gurt am Pferd fixiert werden können. Beim Langzeit-EKG sollte zusätzlich eine Decke aufgebracht werden, um ein Anfressen der EKG-Kabel zu vermeiden. Das Sende-/Empfangsgerät sollte in einer bruchfesten Hülle am Gurt fixiert werden.
c Telemetrie oder Holter-EKG zur Anfertigung von Langzeit- oder Belastungs-EKGs.

Besonderheiten der einzelnen Ausschläge im EKG des Pferdes

P-Zacke

Als Besonderheit tritt beim Pferd physiologisch eine zweigeteilte P-Zacke (P1 und P2) auf (Abb. 4.9). Eine stark erhöhte P2-Zacke kann auf eine Vorhofdilatation hindeuten. Jedoch korrelieren solche Voltageänderungen beim Pferd sehr schlecht mit kardialen Dimensionsveränderungen. Die P-Zacke kann jedoch auch einzackig sein oder einen zunächst negativen und dann positiven Ausschlag haben. Aufgrund der beim Pferd häufig auftretenden vagal bedingten AV-Blöcke, variiert die PR-Strecke beim Pferd physiologisch sehr häufig. Ist das PR-Intervall größer als 0,5 Sekunden, kann ein pathologischer Befund vorliegen. Die Dauer der einzelnen EKG-Abschnitte beim gesunden Pferd ist in Tabelle 4.5 aufgeführt.

QRS-Komplex

Die Q-Zacke (negativer Ausschlag am Ende der PQ-Strecke) fehlt häufig im EKG des Pferdes, was jedoch nicht pathologisch ist. Häufig ist die Amplitude (Ausschlag des QRS-Komplexes ausgehend von der Nulllinie) beim Pferd sehr niedrig (Nieder-

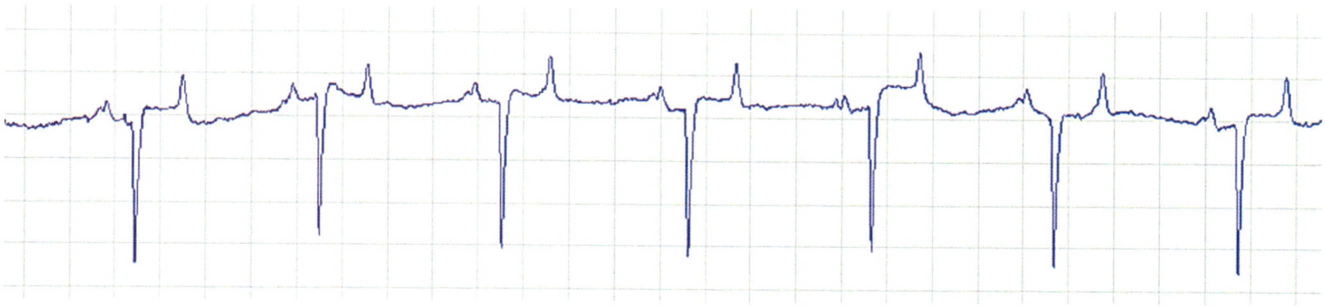

Abb. 4.9:
Normales EKG. Die P-Wellen sind zweigipfelig, als Zeichen der biphasischen Vorhofkontraktion.

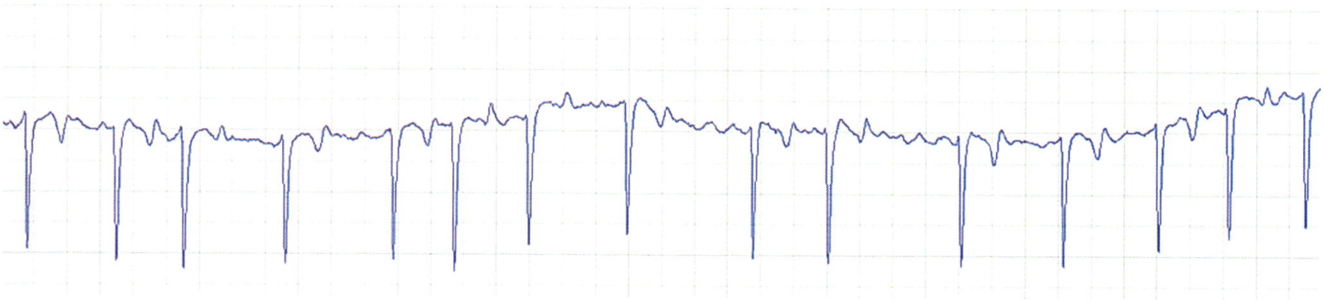

Abb. 4.10:
EKG eines Pferdes mit Vorhofflimmern (ungleiche Abstände der QRS-Komplexe, fehlende P-Welle, Undulieren der Nulllinie). Zu Beginn der Chinidinsulfattherapie wird bei Wirkungseintritt am Herzen eine T-Wellen-Konversion sichtbar.

voltage). Ursache dafür kann ein zu großer Abstand zwischen den Elektroden und dem elektrischen Herzfeld sein (z. B. sehr große oder fette Pferde). Ödeme oder ein Perikarderguss können die Amplitude ebenfalls verringern. Je näher die Elektroden an der anatomischen Herzspitze liegen, desto größer ist die R-Zacke. Als Besonderheit wird beim Pferd gelegentlich eine Hoch- oder Niedervoltage einzelner QRS-Komplexe sichtbar. Dies tritt insbesondere in der Beruhigungsphase nach Belastung auf und ist nicht pathologisch.

Aufgrund der größeren Muskelmasse kann es bei einer Herzhypertrophie zu einer Amplitudenzunahme des QRS-Komplexes kommen. Eine große QRS-Amplitude muss jedoch nicht zwangsläufig auf eine Herzhypertrophie hindeuten. Auch ein breiter QRS-Komplex kann Anzeichen einer Ventrikelhypertrophie sein. Das Ende des QRS-Komplexes stellt den Beginn der Repolarisation dar (J-Punkt), die bis zum Ende der T-Welle dauert.

In der Leistungsphysiologie wird die Dauer des QRS-Komplexes beim Pferd in Millisekunden als *heart score* bezeichnet. Dieser *heart score* hat eine signifikante Korrelation zum Gewicht und zur Größe des Herzens (großes Herz = viel Muskelmasse = längere Depolarisationsdauer). Verschiedene Studien bei Rennpferden haben auch eine Korrelation des *heart scores* zur Leistungsfähigkeit und zur Erfolgsquote der Rennpferde feststellen können.

ST-Strecke

Veränderungen der ST-Strecke können eine ST-Strecken-Hebung (Verlauf oberhalb der Nulllinie, z. B. bei Hypertrophie, Myokardinfarkt, Myokarditis) oder eine ST-Strecken-Senkung (Verlauf unterhalb der Nulllinie, z. B. Digitaliswirkung, Hypertrophie) sein. Im Endstadium einer hypertrophen Herzerkrankung kann es zu einer Veränderung der ST-Strecke und der T-Welle kommen.

T-Welle

Eine Abflachung der T-Welle oder ein negativer Ausschlag kann auf eine akute oder chronische Schädigung des Herzmuskels hindeuten. Die T-Welle kann sich unter Medikamentenwirkung verändern, z. B. unter Chinidinsulfat bei der Therapie des Vorhofflimmerns. Beim Eintreten der Chinidinsulfatwirkung am Herzen wird eine T-Wellen-Umkehr (Voltageumkehr bzw. T-Wellen-Konversion, Abb. 4.10) sichtbar und die Höhe der T-Welle nimmt deutlich zu (s. Kap. 7).

Als Besonderheit kann bei der Hypokaliämie neben einer T-Wellen-Abflachung auch nach der T-Welle noch eine leichte Welle im EKG auftreten, die so genannte U-Welle. Eine asymmetrische, hohe T-Welle ist nicht pathologisch und bei vielen Pferden zu finden.

4

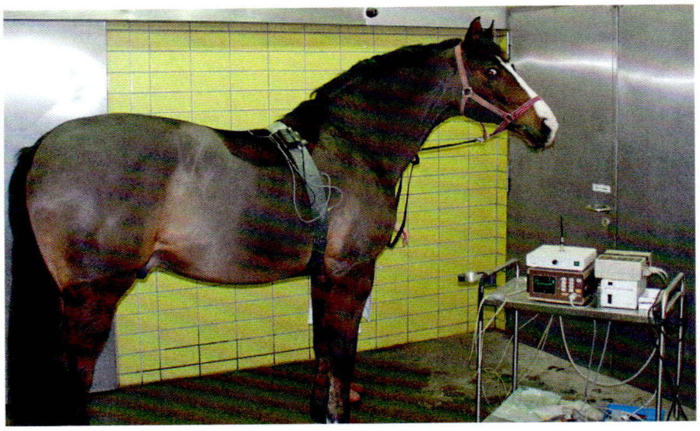

Abb. 4.11:
Für ein Belastungs-EKG vorbereitetes Pferd. Die Elektroden sind mit einem Gurtsystem am Pferd fixiert. Zusätzlich ist ein Sender am Gurt angebracht. Die EKG-Überwachung während der Belastung erfolgt am Monitor, der mit einem Empfänger verbunden ist.

4.1.6 Belastungs-EKG

Herzkrankheiten lassen sich unter Belastung besser beurteilen, da in Ruhe große kardiale Leistungsreserven vorhanden sind. Erst wenn diese vollständig aufgebraucht sind, werden Beschwerden bereits in Ruhe sichtbar. Die häufigsten kardialen Gründe für eine Leistungsinsuffizienz sind beim Pferd Herzarrhythmien. Deshalb ist es im Rahmen der weiterführenden kardiologischen Untersuchung häufig unverzichtbar, ein Belastungs-EKG anzufertigen.

Beim Pferd erhält man durch das Belastungs-EKG Informationen über den Herzfrequenzverlauf während und nach Belastung, über die Herzfrequenzvariabilität, über die Qualität und die Verteilung von Arrhythmien sowie über den Erholungspuls (HRR = *heart rate recovery*).

Eine elektrokardiographische Untersuchung während und unmittelbar nach einer mittleren Longenbelastung (z.B. 10 min Arbeitstrab, 5 min Mittelgalopp) liefert als weiterführende Untersuchung bereits wichtige Informationen zur Abgrenzung physiologischer (z.B. AV-Block I. und II. Grades) von pathologischen Herzarrhythmien (z.B. ventrikuläre Extrasystolen) sowie zur Diagnose pathologischer Arrhythmien, die nur während bzw. unmittelbar nach Belastung in der Beruhigungsphase auftreten können. Zusätzlich kann geklärt werden, ob eine in Ruhe festgestellte Arrhythmie auch bei hoher Herzfrequenz bestehen bleibt bzw. bei Belastung verstärkt auftritt.

Tabelle 4.5: Durchschnittliche Zeitdauer der einzelnen Abschnitte bzw. Ausschläge im EKG beim Pferd

Ausschlag im EKG	Dauer (s)
P-Zacke	0,12–0,14
PQ-Strecke	0,35–0,55
QRS-Komplex	0,1–0,15
QT-Strecke	0,6

Bei Sportpferden (z.B. Rennpferden) und bei gezielten Fragestellungen (z.B. Leistungsabfall nur bei starker Belastung) kann auch eine elektrokardiographische Untersuchung während und nach einer Laufbandbelastung hilfreich sein, um abzuklären, ob pathologische Herzbefunde, eine andere Grunderkrankung oder ein Konditionsproblem vorliegen. Durch eine stufenweise Erhöhung der Geschwindigkeit und Steigung des Laufbandes wird eine individuelle, maximale Belastung des Pferdes ermöglicht, bis hin zum Auftreten von Erschöpfungssymptomen bzw. dem möglichen Auftreten pathologischer Herzbefunde bei Maximalbelastung.

Das EKG wird bei Belastungsuntersuchungen, wie auch das Langzeit-EKG, mit Klebeelektroden und einem Gurtsystem angebracht und mit einem Sender verbunden (Abb. 4.11). Der Empfang und die Auswertung erfolgen live mit einem Laptop oder einem Monitor.

Beurteilung

Vagal bedingte Ruhearrhythmien (z.B. Sinusarrhythmien, AV-Blöcke II. Grades), die durch Belastung aufgehoben werden, beeinflussen das Leistungsvermögen in der Regel nicht. Vereinzelte Vorhofextrasystolen (bis ca. insgesamt fünf) in der Beruhigungsphase nach Belastung werden als unbedeutend angesehen, wenn im Rahmen von weiterführenden Untersuchungen wie der Echokardiographie keine weiteren pathologischen Befunde am Herzen erhoben werden können, wie etwa myokardiale Wandbewegungsstörungen. Vorhofextrasystolen sind jedoch bedeutsam, wenn sie während der Maximalbelastung oder als multiple Paare (> 5) bzw. anfallsweise auftreten. Ventrikuläre Extrasystolen oder paroxysmale Tachykardien sind bedeutend und können auf eine Myokardschädigung hinweisen.

Weitere Untersuchungsparameter

Erholungspuls (*heart rate recovery*)

Die *heart rate recovery* (HRR) oder der Erholungspuls ist ein Parameter, der sich aus dem Belastungs-EKG ermitteln lässt. Er beschreibt den Abfall der Herzfrequenz direkt nach der Belastung und stellt einen Index der parasympathischen Aktivität in der Beruhigungsphase dar.

Die Überwachung der Herzfrequenz während und nach der Belastung wird zur Ermittlung von kardiovaskulären Erkrankungen und zur Bewertung der Fitness genutzt. Ein gut konditioniertes und gesundes Pferd sollte innerhalb von 4–5 Minuten nach Belastung eine Herzfrequenz von unter 100 Schlägen pro Minute erreicht haben. Eine verzögerte Beruhigung kann auf eine kardiologische Erkrankung hindeuten, wobei aber an-

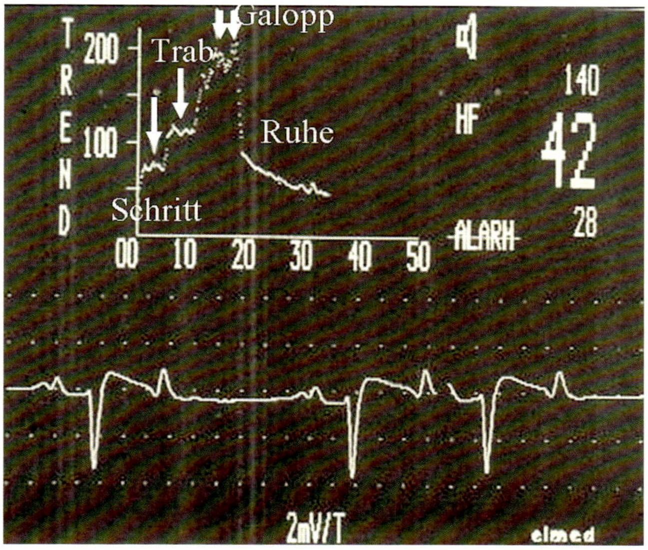

Abb. 4.12:
Verlauf der Herzfrequenzberuhigung nach standardisierter Longenbelastung.

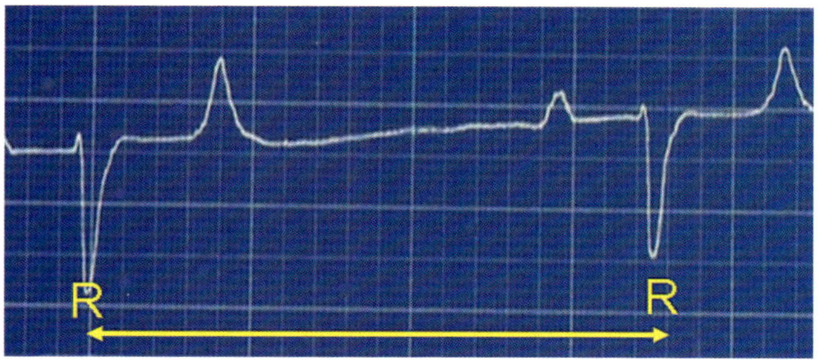

Abb. 4.13:
EKG mit markiertem R-R-Intervall zur Beurteilung der Herzfrequenzvariabilität (HRV).

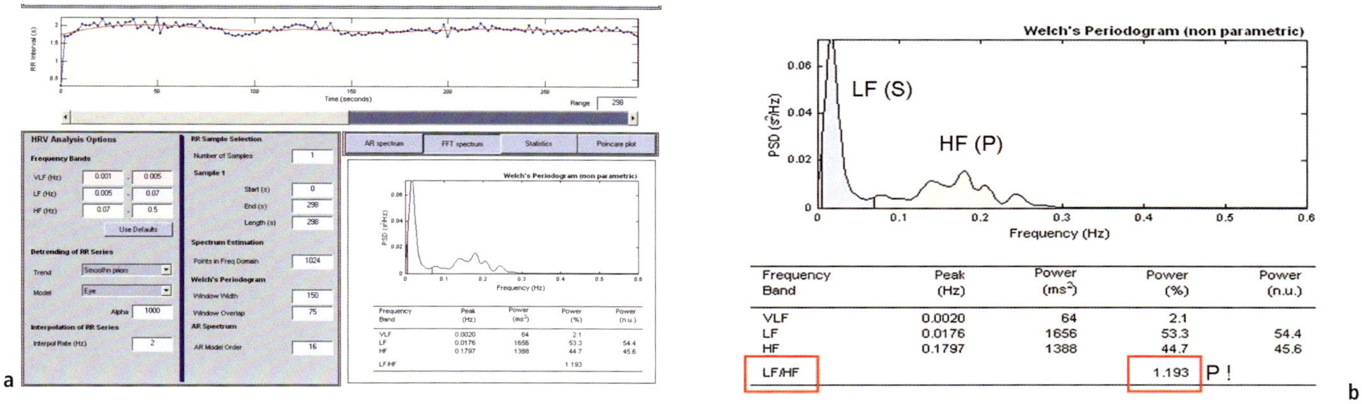

Abb. 4.14a, b:
Software zur Berechnung der Herzfrequenzvariabilität. **b** Ausschnittsvergrößerung der Abbildung a. Graphische Darstellung der Verteilung der sympathischen (Bereiche niedriger Frequenz = LF) und parasympathischen Aktivität (Bereiche hoher Frequenz = HF). Der Quotient von LF/HF ist im vorliegenden Fall < 1,5 was auf eine verstärkte Parasympathikusaktivität hinweist.

dere Faktoren, wie Schmerzen und respiratorische oder orthopädische Erkrankungen, ausgeschlossen werden müssen. Auch psychische Faktoren können die Erholungsherzfrequenz beeinflussen. Die Beruhigung der Herzfrequenz nach Belastung erfolgt in 2 Phasen. In den ersten Minuten nach Belastung beruhigt sich die Herzfrequenz sehr schnell (starker Parasympathikustonus, niedriger Sympathikustonus), um sich dann eher langsam dem Ruhewert anzunähern (Abb. 4.12).

Die HRR berechnet sich aus der Differenz zwischen dem maximalen Belastungspuls und der Pulsfrequenz eine Minute nach Belastung. Studien haben gezeigt, dass Training die Beruhigung der Herzfrequenz durch eine Verbesserung der parasympathischen Funktion beschleunigt.

Herzfrequenzvariabilität

Unter Herzfrequenzvariabilität (HRV = *heart rate variability*) versteht man Abweichungen der R-R-Intervalle um mehr als 15 % vom vorherigen bzw. zum nachfolgenden, Abb. 4.13) über einen kürzeren (Minuten) oder längeren Zeitraum (24 Stunden). Diese Schwankungen sind minimal und im EKG mit bloßem Auge nicht sichtbar, aber sehr viel sensitiver als die Herzfrequenz. Mithilfe spezieller EKG-Software (z. B. Televet 100®) kann die R-R-Schwankung mit Markern sichtbar gemacht werden.

Mithilfe der HRV-Analyse-Software (z. B. Biomedical Signal Analysis Group, University of Kuopio, Finnland) kann der sympathische und parasympathische Einfluss auf das Herz zusätzlich differenziert werden (Abb. 4.14a, b). Somit können

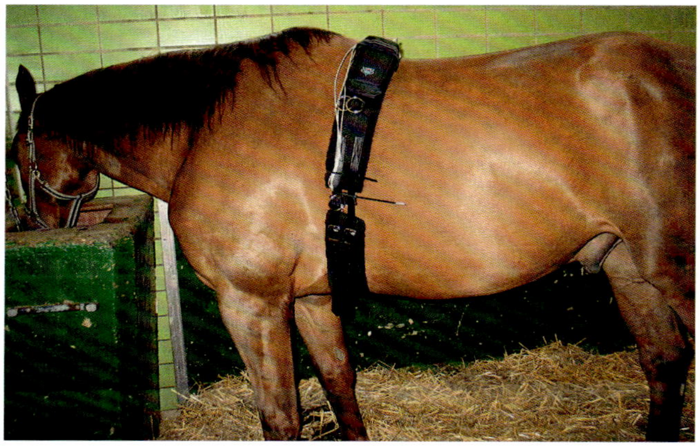

Abb. 4.15:
Pferd mit Langzeit-EKG. Um eine Beschädigung der EKG-Kabel zu verhindern, sollte das Tier zusätzlich eine Decke tragen.

Schwankungen autonomer Einflüsse auf den Sinusknoten bzw. Veränderungen der neurovegetativen Herzregulation aufgedeckt werden. Neben der durchschnittlichen Herzfrequenz und der durchschnittlichen Länge der R-R-Intervalle wird auch die durchschnittliche R-R-Differenz erfasst. Diese zeitbezogenen Parameter werden in frequenzbezogene Parameter umgerechnet (Fast-Fourrier-Transformation und Spektralanalyse). Die graphische Darstellung der Frequenzen erfolgt in Diagrammform. Dabei werden Bereiche hoher Frequenz (HF = *high frequency*) von Bereichen niedriger Frequenz (LF = *low frequency*) differenziert. Hohe Frequenzbereiche zeigen eine verstärkte Parasympathikusaktivität an, niedrige Frequenzbereiche eine verstärkte Sympathikusaktivität. Der Quotient aus LF/HF ist beim Pferd normalerweise 1,5. Ist er kleiner, liegt eine verstärkte Parasympathikusaktivität vor (Abb. 4.14b).

Die klinische Relevanz der HRV wurde erkannt, als auffiel, dass die HRV ein starker und unabhängiger Prädiktor für die Mortalität nach akutem Myokardinfarkt beim Menschen ist. Im Bereich des Pferdesports und der Trainingsphysiologie des Pferdes wird die HRV-Analyse eingesetzt, um durch Training oder Belastung induzierte Effekte auf das autonome Nervensystem qualitativ und quantitativ zu beurteilen.

4.1.7 Langzeit-EKG (24-Stunden EKG)

Verschiedene Studien beim Pferd haben gezeigt, dass das Langzeit-EKG gegenüber dem 1- oder 3-minütigen Standard-EKG und auch gegenüber dem Belastungs-EKG deutliche Vorteile hat. Pferde, die im Standard- und Belastungs-EKG unauffällig sind, können im Langzeit-EKG z. T. deutliche pathologische Befunde zeigen, vor allem gehäufte Vorhofextrasystolen, die ohne diese Untersuchung unentdeckt bleiben. Bei Verdacht auf herzbedingte Synkopen (Ohnmachtsanfälle) oder einen Herz-Kreislauf-Kollaps sollte ein Langzeit-EKG zur Diagnosefindung angefertigt werden. Hinweise für herzbedingte Synkopen sind beispielsweise Verletzungen im Kopfbereich, am Vorderfußwurzelgelenk oder an den Fesselköpfen. Teilweise wird auch ein Sturz oder ein Niedergehen des Pferdes in der Box oder auf der Weide beobachtet. Sehr selten, dann aber meist dramatisch, können die Stürze auch unter dem Reiter auftreten.

Fixiert wird das Langzeit-EKG, wie auch das Belastungs-EKG, mit einem Gurt und Klebeelektroden, die mit einem Sender verbunden sind (Abb. 4.15). Beim Langzeit-EKG sollte zusätzlich eine Decke aufgelegt werden, um ein Anfressen der EKG-Kabel zu vermeiden. Das Sende- und Empfangsgerät sollte in einer bruchfesten Hülle am Gurt fixiert werden.

Die Aufzeichnung des EKGs erfolgt wie beim Belastungs-EKG live mit einem Laptop (Verbindung z. B. über Bluetooth) oder per Speicherkarte (z. B. SD-Karte). Die Auswertung des Langzeit-EKGs erfolgt manuell (Abb. 4.16) oder mithilfe einer speziellen Software, die Markierungen bei abweichenden Herzrhythmen setzt und das Langzeit-EKG nach Art und Häufigkeit verschiedener Arrhythmien auswertet (Abb. 4.17). Zusätzlich kann, wie auch im Belastungs-EKG, die Herzfrequenzvariabilität (HRV) zu verschiedenen Zeitpunkten bestimmt werden (s. Kap. 4.1.6).

Beurteilung

Im Rahmen des 24-Stunden-EKGs können phasenweise auftretende, pathologische Herzarrhythmien wie z. B. pathologisch gehäufte AV-Blöcke II. Grades, paroxysmale ventrikuläre Tachykardien oder paroxysmales Vorhofflimmern/-flattern diagnostiziert werden. Bis zu 5 Vorhofextrasystolen pro Stunde sind bei sonst ungestörtem Allgemeinbefinden als nicht zwangsläufig pathologisch einzustufen. Es sollten in diesen Fällen weiterführende echokardiographische Untersuchungen empfohlen werden.

Das Auftreten von Ventrikelextrasystolen, auch vereinzelt, sollte jedoch als Hinweis auf eine eventuelle Myokardschädigung gesehen werden.

Für die prognostische Einschätzung pathologischer Herzarrhythmien sowie für die Überwachung von Therapieverläufen, z. B. während und nach einer Chinidinsulfat-Behandlung bei Pferden mit Vorhofflimmern, bietet das 24-Stunden-EKG wertvolle Hilfe. Bei der Untersuchung von kardiovertierten paroxysmalen oder chronischen Vorhofflimmerern mittels 24-Stunden-EKG konnten bei eigenen Untersuchungen mehrere Tiere mit Vorhofextrasystolen oder anfallsweiser atrialer Tachykardie aufgedeckt werden. Eine Therapie, die diese Arrhythmien eliminiert oder reduziert (z. B. Propafenon, s. Kap. 7) ist bei diesen Tieren indiziert, um einem Rezidiv des Vorhofflimmerns vorzubeugen.

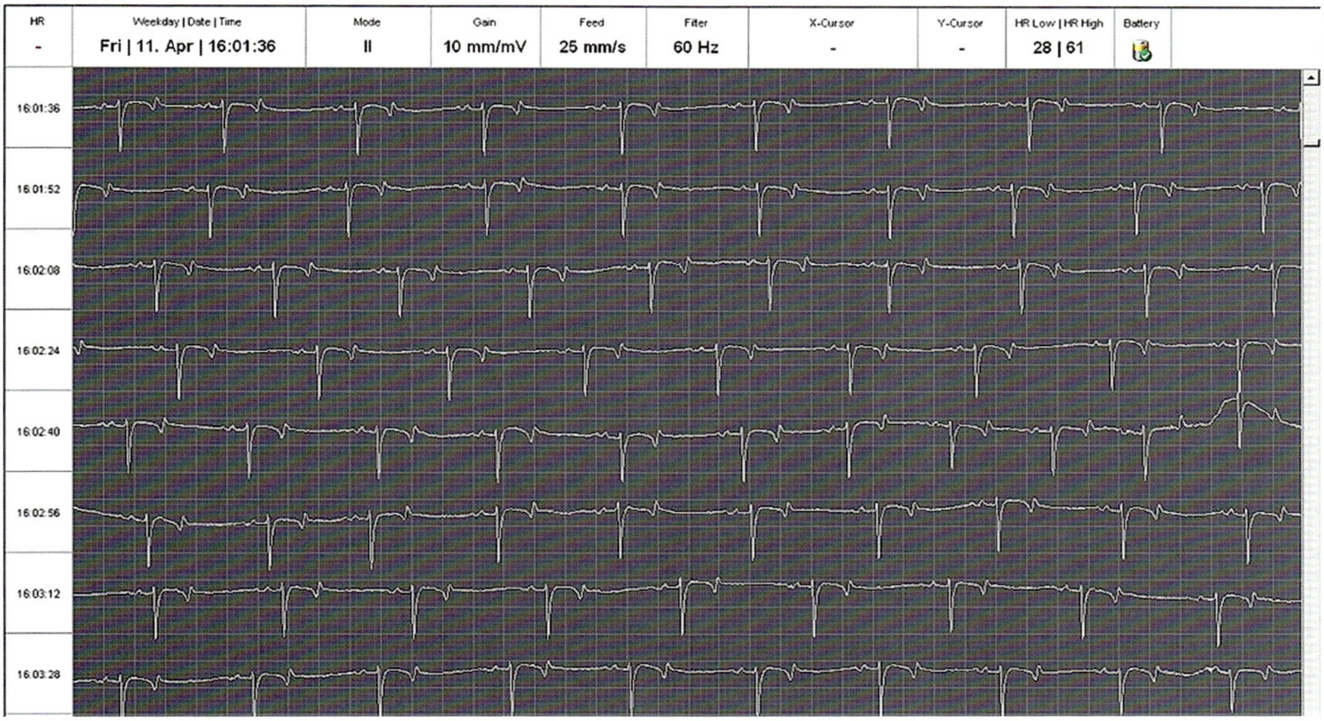

Abb. 4.16:
Langzeit-Ruhe-EKG-Aufzeichnung ohne pathologische Befunde. Ausschnitt über 3,5 Minuten.

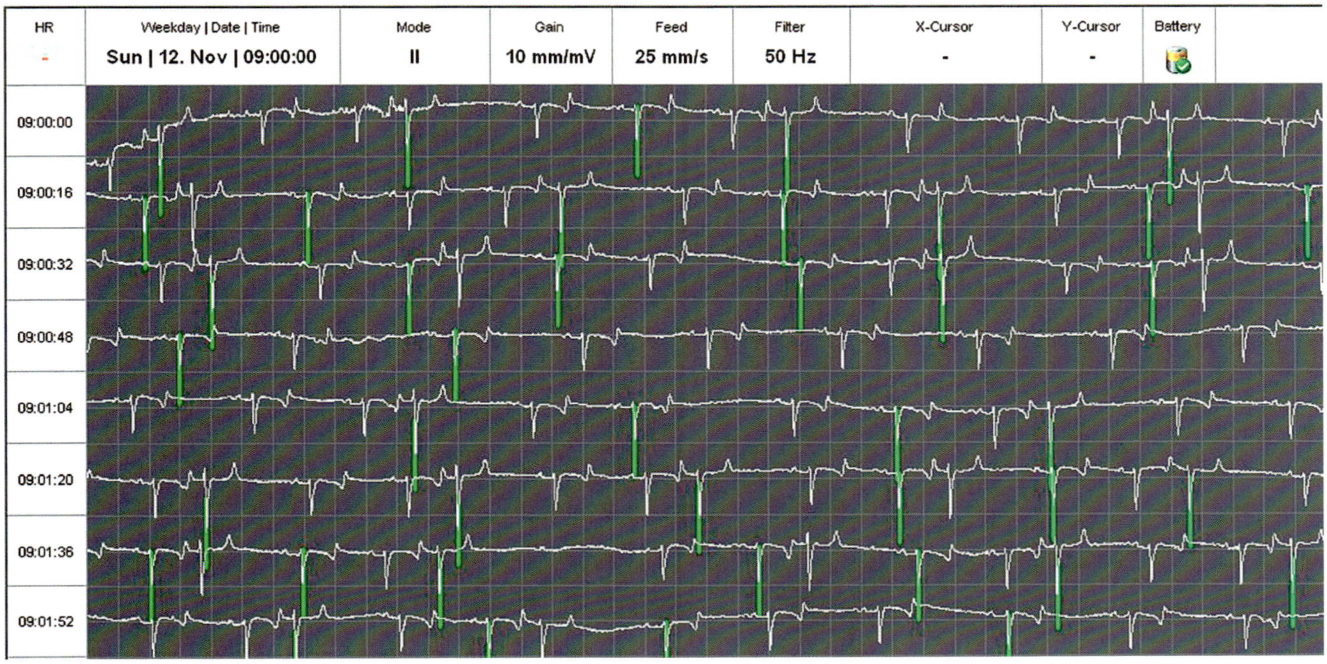

Abb. 4.17:
Langzeit-EKG mit gehäuft auftretenden Vorhofextrasystolen. Abweichende R-R-Intervalle sind durch grüne Striche markiert.

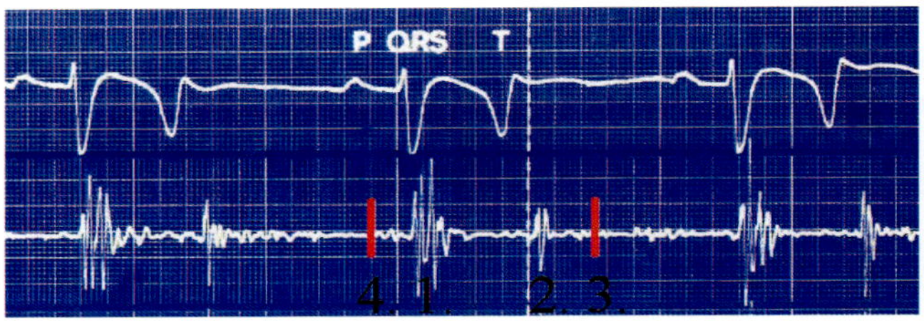

Abb. 4.18:
Parallele Aufzeichnung von EKG und Phonokardiogramm der vier Herztöne.

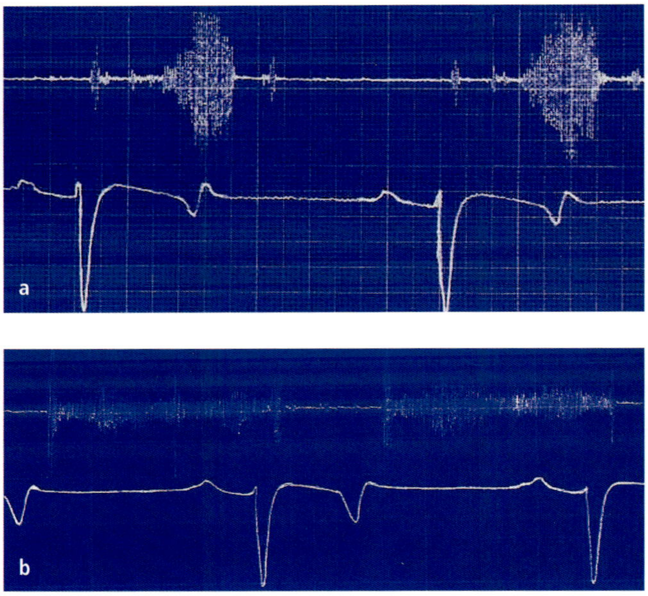

Abb. 4.19a, b:
Parallele Aufzeichnung von EKG und Phonokardiogramm.
a Bei einem spätsystolischen Herzgeräusch 2. Grades (PM linke Thoraxseite, 5. Interkostalraum) aufgrund einer Mitralklappeninsuffizienz.
b Bei einem holodiastolischen Herzgeräusch 3. Grades (PM linke Thoraxseite, 4. Interkostalraum) aufgrund einer Aortenklappeninsuffizienz.

4.1.8 Phonokardiographie

Bei der Phonokardiographie werden Herztöne (Abb. 4.18) und -geräusche, meist parallel zum EKG, graphisch dargestellt. Dies kann zur Beurteilung eines Herzgeräusches bezüglich der Herzphase und der Geräuschqualität hilfreich sein (Abb. 4.19a, b). In der Praxis findet diese Untersuchungsmethode jedoch kaum Anwendung.

4.1.9 Fetales EKG

Bei gezielten Fragestellungen kann es interessant sein, ein fetales EKG anzufertigen, um sicherzustellen, dass der Fetus lebt und vital ist. Zur Anfertigung eines fetalen EKGs wird die grüne Elektrode im Bereich des linken Schulterblattes vor dem Widerrist platziert, oder im kaudalen Bereich der seitlichen Bauchwand. Die schwarze Neutralelektrode kann beliebig platziert werden. Die rote Elektrode wird im Bereich der Liniea alba im kaudalen Drittel des Abdomens angebracht (Voreuterregion), die gelbe Elektrode auf der linke Seite im 17. Interkostalraum ca. 10 cm unterhalb der Wirbelsäule platziert (Abb. 4.20a, b). Das maternale EKG wird zwischen der grünen und roten Elektrode abgeleitet, das fetale EKG zwischen der roten und der gelben Elektrode. Je nach Lage des Fetus muss die Position dieser beiden Elektroden variiert werden.

Es werden dabei stets das maternale und das fetale EKG gleichzeitig abgeleitet. Die EKG-Ausschläge der Mutter sind dabei größer, die des Fetus kleiner und deutlich höherfrequenter. Mithilfe spezieller Software (z. B. Televet 100®) kann das maternale vom fetalen Signal getrennt aufgezeichnet werden (Abb. 4.21a, b).

Bei einem vitalen Fetus sollte die Herzfrequenz um 100–120 Schläge pro Minute betragen. Bei Pony-Feten kann die Herzfrequenz etwas niedriger liegen (80–100 Schläge pro Minute).

Literatur

DARKE, P., J. D. BONAGURA, D. F. KELLY (1996): Colour Atlas of Veterinary Cardiology. Mosby Wolfe, London. 52–65.

DEEGEN, E (1976): Diagnostik und Bedeutung der Reizbildungsstörungen beim Pferd. Dtsch Tierärztl Wochenschr. 83, 483–489.

PATTESON, M. (1996): Equine Cardiology. Blackwell Wissenschaftsverlag, Berlin.

BROWN, C. M. (1985): Aquired Cardiovascular Disease. Vet Clin North Am (Equine Practice). 1: 371–382.

BLISSITT, K. J. (1999): Auscultation. In: C. M. MARR: Cardiology of the Horse. W. B. Saunders, London. 71–92.

REEF, V. B. (1999): Arrhythmias. In: C. MARR (Hrsg.): Cardiology of the Horse. W. B. Saunders, London. 179–209.

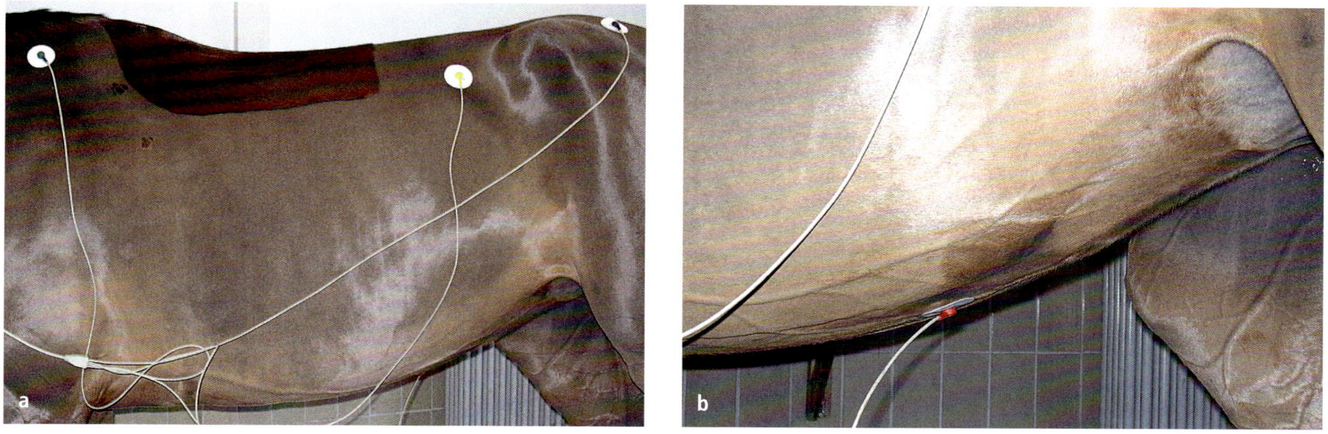

Abb. 4.20a, b:
Position der Elektroden zur Anfertigung eines fetalen EKGs.

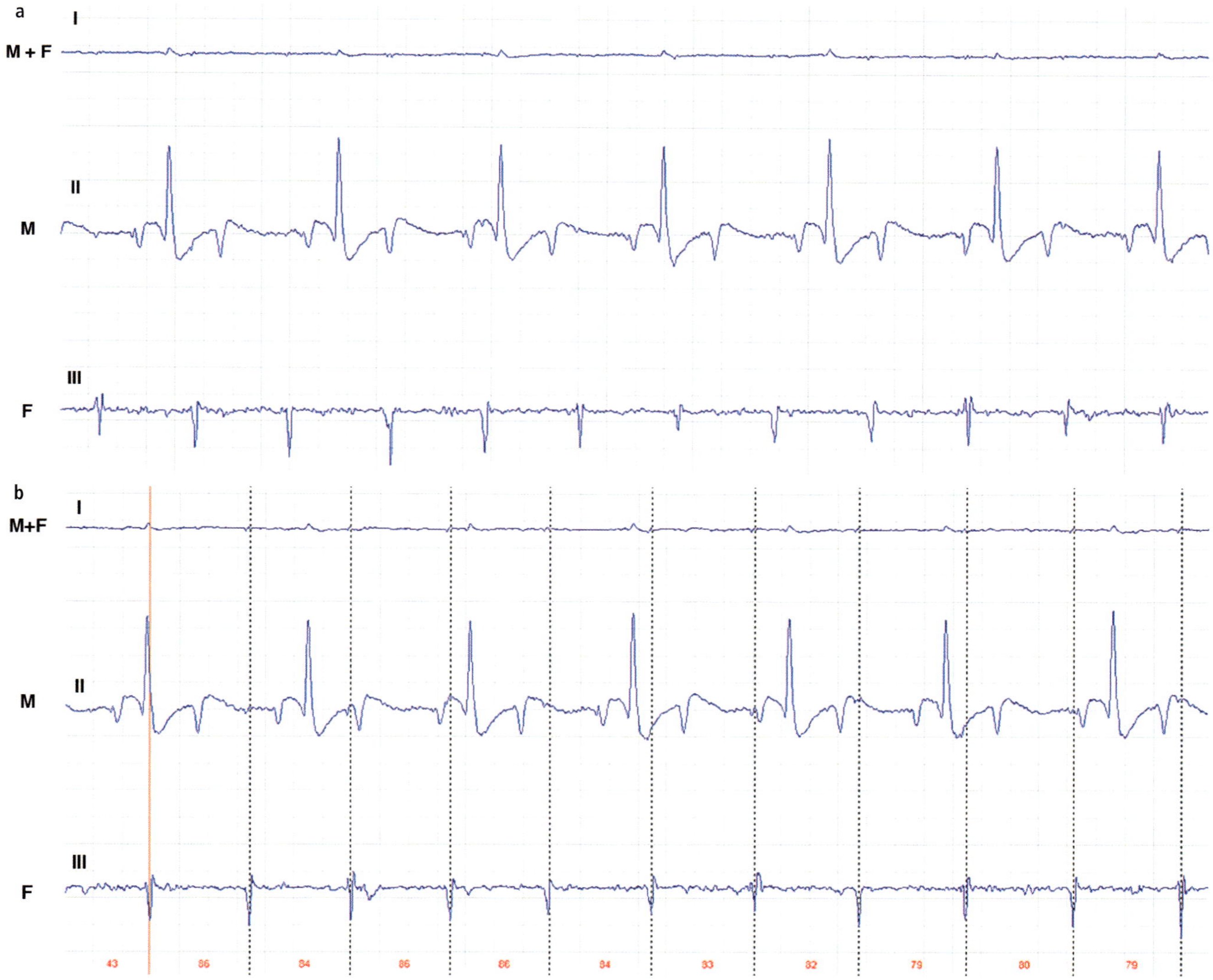

Abb. 4.21a, b:
Physiologisches, gemeinsam aufgezeichnetes fetales (F) und maternales (M) EKG (M+F, Ableitung I) und graphisch getrennte Darstellung der maternalen (M, Ableitung II) und fetalen (F, Ableitung III) Signale. Die fetale Herzfrequenz kann zusätzlich mit Hilfe von Markern hervorgehoben werden (**b**).

4

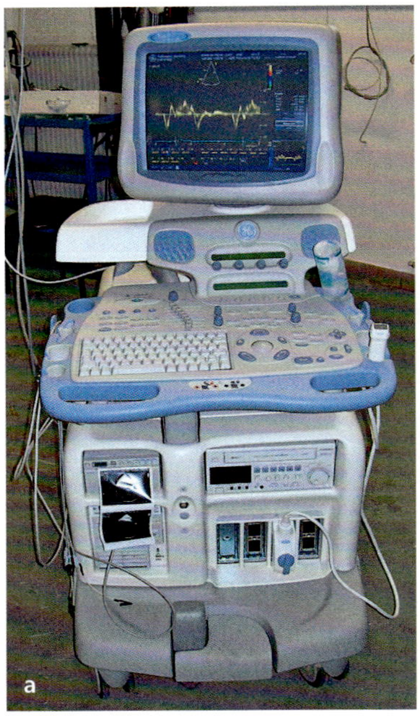

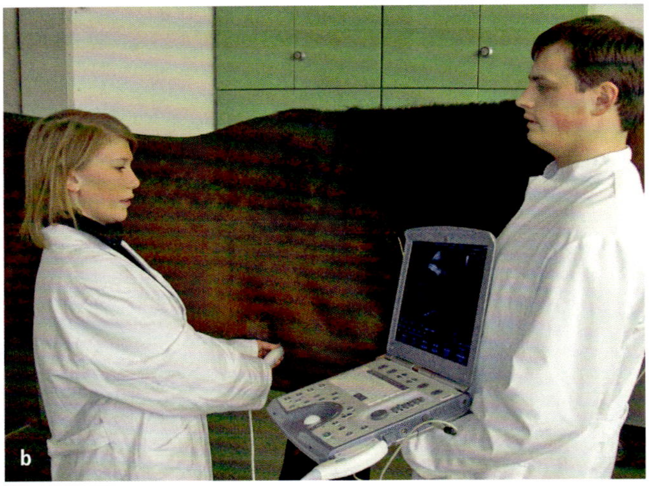

Abb. 4.22a, b:
Echokardiographische Geräte.
a Stationäres Großgerät (Vivid 7, Firma GE, Deutschland).
b Mobiles Kleingerät z. B. zur Durchführung echokardiographischer Untersuchungen im Stall (Vivid I, Firma GE, Deutschland).

4.2 Ultraschalluntersuchung des Herzens

Heidrun Gehlen,
Cordula Poulsen Nautrup,
Peter Stadler

Die bildliche Darstellung des Herzens mithilfe von Ultraschallwellen (Echokardiographie) zählt seit Beginn der 80er Jahre neben der Auskultation zum wichtigsten bildgebenden Diagnostikum in der Pferdekardiologie, da im Gegensatz zum Kleintier und zum Menschen die Röntgendiagnostik am Pferdeherzen kaum Informationen liefert. Die Echokardiographie ist die wichtigste weiterführende Untersuchungsmethode insbesondere zur:

- Evaluierung kardiologisch bedingter Leistungsdepressionen beim Sportpferd
- Detektion der Ursache von Herzgeräuschen
- Abklärung der Ursache von Herzarrhythmien und Tachykardien
- Aufdeckung eines angeborenen Herzdefektes oder eines erworbenen Myokard- bzw. Endokarddefektes

Sie dient darüber hinaus der Beurteilung der Herzfunktion, ermöglicht die Einschätzung des Schweregrades einer Herzerkrankung und gibt Hinweise auf bereits vorhandene hämodynamische Folgen am Herzen (z. B. Myokardhypertrophie, Herzdilatation, Kontraktionsstörungen usw.).

Bei der Echokardiographie des Pferdes werden routinemäßig verschiedene sonographische Techniken zur Vermessung des Herzens eingesetzt, wie die zweidimensionale B-Mode- und die M-Mode-Technik. Konventionelle und farbkodierte Dopplerechokardiographie ermöglichen durch die genaue Darstellung von Blutströmungen die exakte Diagnostik von Klappeninsuffizienzen sowie eine Schweregradbestimmung von Herzdefekten. Seit neuestem wird das Gewebedoppler-Verfahren zur Evaluierung der Wandbewegungen und zur Einschätzung von lokalen Dyskinesien (Wandbewegungsstörungen) eingesetzt. Alle nachfolgend aufgeführten nicht invasiven Ultraschalltechniken dienen dazu, eine Prognose für den Patienten zu erstellen sowie Krankheitsverläufe und Therapieerfolge zu beobachten. Für den Tierarzt stehen dabei sowohl stationäre Großgeräte (Abb. 4.22a) als auch tragbare Geräte im Laptopformat (Abb. 4.22b) zur Verfügung.

In diesem Kapitel werden die Grundlagen der Ultraschalltechnik, ihre Anwendung zur bildlichen Darstellung des Herzens und beim Pferd bereits routinemäßig eingesetzte Untersuchungsverfahren und Bewertungsmethoden beschrieben.

4.2.1 Physikalische Grundlagen

Der Ultraschall ist ein vom Menschen nicht mehr hörbarer Schall mit einer Frequenz oberhalb von 20 kHz (20000 Schwingungen/Sekunde). Er entsteht aufgrund von Schallwellen, die physikalisch determiniert werden durch:

- die Wellenlänge: räumliche Ausdehnung der Periode (m)
- die Frequenz: Anzahl der Perioden pro Sekunde (Hz)
- die Periode der Schwingungsdauer (s)

In der medizinischen Ultraschalldiagnostik wird der Bereich zwischen 1 und 10 MHz, also 1 bis 10 Mio. Schwingungen pro Sekunde, verwendet.

Die Schallgeschwindigkeit als Produkt aus Wellenlänge und Frequenz ist in festen Medien höher als in gasförmigen und liegt im menschlichen Körper im Mittel bei 1540 m/s. Die akustische Impedanz (Schallleitfähigkeit) bezeichnet das Produkt aus Schallgeschwindigkeit und Dichte des Mediums.

Ein Maß für die Durchlässigkeit von Gewebe für Ultraschall ist der Halbenergieabstand. Dieser bezeichnet die Entfernung, bei der die Energie des Ultraschallstrahles in einem gewissen Medium auf die Hälfte des Ausgangswertes reduziert wird. Er beträgt bei 2 MHz für Wasser 38 cm, Blut 15 cm, Muskulatur 0,6–1 cm und Luft 0,08 cm.

Beim Auftreffen von Schallwellen auf Grenzflächen unterschiedlicher Impedanz kommt es zur Attenuation (Abschwächung), Reflexion (Spiegelung), Refraktion (Brechung) oder Streuung. Ein Teil der reflektierten und gestreuten Schallwellen wird senkrecht zum Schallkopf zurückgeworfen. Dort werden die Schallwellen als Signal umgewandelt, wobei der Anteil der reflektierten Energie proportional zur Differenz der Impedanzen ist.

Entstehung der Ultraschallwellen

Die Schallwellen entstehen am Schallkopf durch Verformung piezoelektrischer Kristalle, die mittels hochfrequenter Wechselspannung durch Ionenverschiebungen zum Schwingen gebracht werden (sog. inverser piezoelektrischer Effekt). Diese druckempfindlichen Kristalle im Schallkopf (Transducer) dienen nicht nur als Sender, sondern gleichzeitig auch als Empfänger und setzen den auftreffenden Schalldruck durch den piezoelektrischen Effekt in elektrische Information um, welche über einen Ladungsverstärker auf dem Bildschirm durch Bildpunkte sichtbar gemacht werden kann. Durch die Eichung der Ultraschallgeräte auf die bekannte Schallgeschwindigkeit im menschlichen Gewebe ist eine Abstandsbestimmung einer reflektierenden Struktur von der Schallquelle möglich. Je nach Laufzeit der zurückkehrenden Echos werden die Leuchtpunkte auf dem Bildschirm von oben nach unten verteilt, sodass eine schallkopfnahe Struktur mit kurzer Echolaufzeit am oberen Bildschirmrand dargestellt wird. Die Ortsauflösung und die Signaldämpfung (und damit die Eindringtiefe) werden von der Wellenlänge determiniert. Bei der

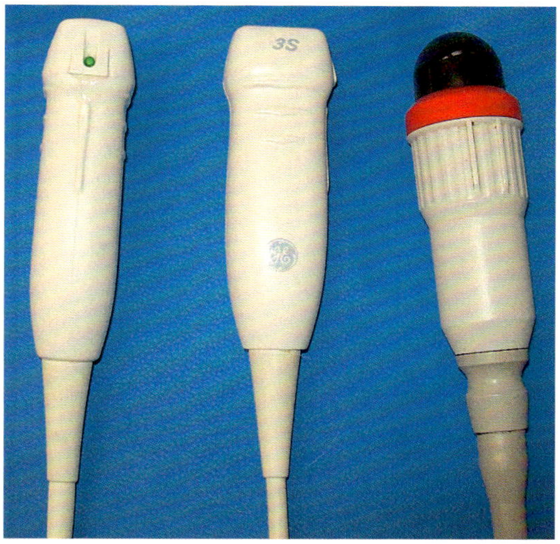

Abb. 4.23:
Verschiedene echokardiographische Sektorschallköpfe (2,5–3,5 MHz).

Echokardiographie des Menschen werden Schallfrequenzen zwischen 2,5 und 7,5 MHz verwendet, wobei hohe Frequenzen (5 bis 7,5 MHz) eine hohe Auflösung bei geringer Eindringtiefe und niedrige Frequenzen (2,5 bis 5 MHz) eine geringere Detailauflösung bei höherer Eindringtiefe ermöglichen. Aufgrund der benötigten Eindringtiefe von 25 bis 30 cm werden beim Pferdeherzen meist Schallköpfe von 2 bis 3 MHz verwendet. In der Kardiologie findet der sog. Sektorscanner Anwendung (Abb. 4.23), da aufgrund der Rippen nur ein kleines Schallfenster zur Verfügung steht. Die Schallkristalle sind dabei auf einem beweglichen Schallkopf angeordnet, welcher mehrmals in der Sekunde fächerförmig das Gewebe scannt. Nach Aussendung ultrakurzer Schallimpulse (ca. 1 µs) wird der Sender zum Empfänger, welcher das Schallsignal zu elektrischen Signalen weiterverarbeitet.

Grundsätzlich unterscheidet man zwischen zwei Kategorien von Ultraschallköpfen (Schallwandlern). Einerseits bestehen elektronische Systeme aus mehreren piezoelektrischen Elementen, die zu einer Reihe (*phased array*) gekoppelt sind und nacheinander angeregt werden. Die Bündelung der Strahlen bei diesen elektronischen Schallwandlern gestaltet sich schwieriger; von Vorteil ist jedoch, dass durch Ansteuerung verschiedener Elemente der Bildfokus in der Tiefe variierbar ist. Bei diesen elektronischen Systemen gibt es Schallköpfe mit linear (z. B. Gynäkologie) und sektorförmig (z. B. Kardiologie) angeordneten Elementen. Andererseits gibt es mechanische Systeme, in denen ein piezoelektrischer Kristall durch einen mechanischen Antrieb geschwenkt oder rotiert wird, um einen Sektor abzutasten; dabei ist der Fokus nicht zu verstellen. Die Vorteile beider Systeme werden bei kombinierten Schallköpfen, in denen mehrere piezoelektrische Elemente mechanisch gekippt werden, so genannte *annular phased array transducer*, vereint.

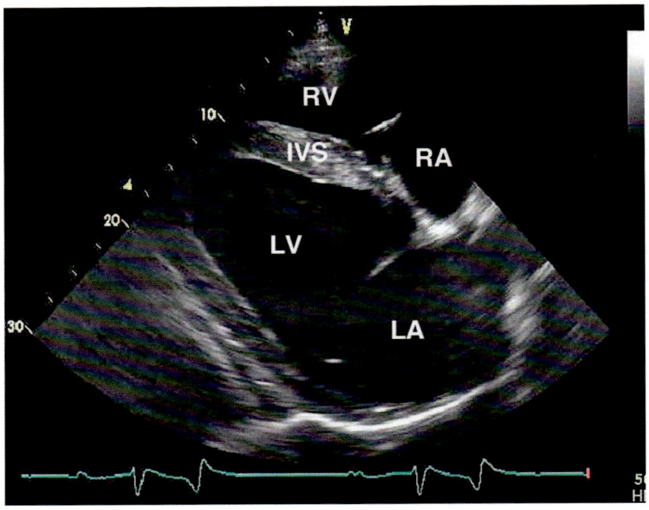

Abb. 4.24:
Ultrasonographisches B- Mode-Bild eines gesunden Pferdeherzens im Längsschnitt, geschallt von der rechten Thoraxseite im 4. Interkostalraum (»Vierkammerblick«). Es sind die Herzvorhöfe (RA = rechter Vorhof, LA = linker Vorhof) und beide Herzkammern (LV = linker Ventrikel, RV = rechter Ventrikel) sowie die Herzscheidewand (IVS) sichtbar.

Reflexion und Brechung

An Grenzflächen zwischen Geweben mit unterschiedlichen akustischen Eigenschaften kommt es zu einer Reflexion oder Brechung, die in ihrem Ausmaß positiv korreliert ist zur unterschiedlichen Schallleitfähigkeit (akustischen Impedanz) der Gewebe. Ein deutlicher Impedanzsprung findet an der Grenze zwischen Blut und Gewebe statt, wodurch eine gute Darstellung des Endokards und der Herzklappen möglich ist.

Bei Luft und Knochen ist im Vergleich zu anderen Geweben eine nahezu 100 %ige Reflexion vorhanden, sodass keine Informationen jenseits der Grenzfläche zum Schallkopf gelangen, mit dem Resultat eines dorsalen Schallschattens. Damit es nicht bereits an der Kontaktfläche Haut / Schallkopf zur Reflexion kommt, ist beim Pferd eine gründliche Vorbereitung der Schallfelder mit Rasur, Alkoholentfettung und Kontaktgel erforderlich (s. Kap. 4.2.5).

Streuung und Divergenz

Treffen Schallwellen auf eine Struktur, die kleiner ist als ihre Wellenlänge, werden sie gestreut. Die resultierenden ungerichteten Schallechos führen zu einem weißlich-trüben, wenig kontrastreichen Sonobild.

Für einen ähnlichen Effekt ist die Divergenz der Schallwellen verantwortlich, die sich mit zunehmender Entfernung vom Schallkopf verstärkt.

4.2.2 Echokardiographische Untersuchungstechniken

Die vom Gewebe reflektierten Schallwellen werden vom Schallwandler wieder empfangen und als elektrische Impulse zum Echographen weitergeleitet. Es gibt verschiedene Möglichkeiten, die elektrischen Impulse auf der Kathodenstrahlröhre des Echographen zu einem Bild zusammenzusetzen. Zu den Standardmethoden in der Echokardiographie des Pferdes zählen heutzutage die zweidimensionale B-Mode- und die M-Mode-Untersuchung des Herzens. Zusätzlich kann zur Charakterisierung von bewegten Objekten (z. B. Blut und Herzwänden) die Doppler-Technik herangezogen werden.

Zweidimensionale B-Mode-Technik

Der zweidimensionale B-Mode stellt die wichtigste Untersuchungstechnik am Pferdeherzen dar. Allgemein wird beim B-Mode (B = *brightness*) die Intensität des Echos als Helligkeitsgrad eines Bildpunktes in Graustufen umgesetzt. Beim zweidimensionalen B-Bild-Verfahren wird, durch Bewegung des Schallstrahles in einem Winkel zwischen 60° und 90°, eine Vielzahl von Bildzeilen nebeneinander abgebildet. Da der Bildaufbau in einer für das menschliche Auge nicht mehr wahrnehmbaren Frequenz erfolgt, werden die Bewegungen der angeloteten Herzstrukturen in Echtzeit (*real time*) mit ca. 30 bis 60 Einzelbildern pro Sekunde wiedergegeben. Eine gute Einstellung dieser zweidimensionalen Schnittbildebenen bildet die Grundvoraussetzung für die M-Mode- und Doppler-Untersuchungen (siehe unten). Beim zweidimensionalen B-Mode werden im Gegensatz zum M-Mode die Herzstrukturen weitgehend »anatomisch« dargestellt (Abb. 4.24), jedoch muss eine eingeschränkte zeitliche Auflösung (30 bis 60 Hz) in Kauf genommen werden. Somit sind im zweidimensionalen B-Mode die Erfassung morphologischer Veränderungen, z. B. eine linksventrikuläre Dilatation oder eine Myokardhypertrophie, sowie funktionelle Untersuchungen, z. B. die Beurteilung der Wandbewegungen oder die Bestimmung der Ejektionsfraktion, möglich.

M-Mode-Technik

Beim M-Mode-Verfahren (M = *motion*) werden die empfangenen Signale als Leuchtpunkte in einer Zeile (eindimensional) als Funktion der Zeit auf dem Bildschirm abgebildet. Somit ist die M-Mode-Technik für die Darstellung von Bewegungsabläufen hintereinander liegender Strukturen, wie z. B. Erschlaffung und Kontraktion der Herzmuskelwände und Öffnung und Schluss der Herzklappen, gut geeignet. Im Unterschied zum zweidimensionalen B-Bild beobachtet man keine »Schnittfläche«, sondern eine »Linie«, auf der die zeitliche Positionsänderung der reflektierten Strukturen registriert wird.

Die eindimensionale Darstellung von Grenzflächen akustischen Widerstandes in Abhängigkeit von der Zeit erfolgt mithilfe eines kontinuierlich ausgesandten Schallstrahles auf einer im B-Bild positionierten Ebene (Abb. 4.25). Der Bildaufbau erfolgt dabei in horizontaler Richtung, wobei vergangene Bildinformationen gespeichert werden. Daher entsteht durch die Systole und die Diastole bei Herzmuskelkontraktionen ein wellenförmiges Bild. Ein Vorteil dieses Verfahrens ist das hohe zeitliche Auflösungsvermögen, (etwa 2000 Linien pro Sekunde) auch bei hohen Herzfrequenzen. Somit bestehen die Stärken der M-Mode-Echokardiographie in der graphischen Darstellung kardialer Bewegungen und der Erfassung bestimmter Messwerte (z. B. der prozentualen systolischen Verkürzungsfraktion und der Ejektionszeit) nicht nur in Ruhe, sondern insbesondere auch unter Belastung (siehe Stressechokardiographie).

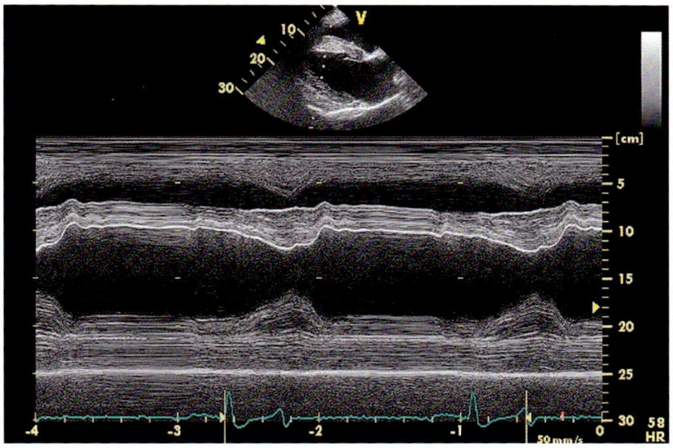

Abb. 4.25:
Ultrasonographisches M-Mode-Bild eines gesunden Pferdeherzens, erhoben aus dem Längsschnitt, rechte Thoraxseite. Im oberen Bildabschnitt ist das B-Mode-Bild sichtbar sowie die Lokalisation der Schnittebene (weiße Punkt-Linie) für den unten abgebildeten M-Mode.

Doppler-Echokardiographie

Konventioneller Doppler

Bei der herkömmlichen Dopplerechokardiographie werden die Schallwellen von Erythrozyten reflektiert. Dadurch werden die relativen Blutflussgeschwindigkeiten entlang des Schallstrahles, das heißt auf den Schallkopf zu oder vom Schallkopf weg, gemessen. Aus diesem Grunde ist es wichtig, dass der Winkel zwischen Schallstrahl und Blutfluss möglichst klein ist. Charakteristisch für die reflektierten Ultraschallwellen sind hohe Geschwindigkeiten (im Bereich von Metern pro Sekunde) und eine geringe Signalintensität.

Zu der so genannten konventionellen Doppler-Technik zählen der kontinuierliche (CW = *continuous wave*) und der gepulste (PW = *pulsed wave*) Doppler. Beide Doppler-Verfahren haben ihre besonderen Stärken und Schwächen, wodurch in bestimmten Situationen die eine der anderen Anwendung überlegen ist.

Beim **PW-Doppler** arbeitet der Ultraschalltransducer im Pulsverfahren, d. h. Signale werden abwechselnd kurz ausgesendet und eine längere Zeit empfangen. Der PW-Doppler erfasst Strömungen örtlich selektiv mithilfe des Messvolumens (*sample volume*), das in Lage, Größe und Winkel veränderbar ist. Die maximal messbare Blutflussgeschwindigkeit beim PW-Doppler liegt in Abhängigkeit von der Schallfrequenz und der Entfernung zwischen Schallquelle und Messvolumen bei 1,5 bis 2 m/s. Dadurch können alle physiologischen Blutströmungen im Herzen, wie z. B. Ausflussgeschwindigkeiten an der Pulmonalarterie (Abb. 4.26a) oder an der Aorta (Abb. 4.26b), bis zur so genannten Nyquistgrenze erfasst werden. Bei schnelleren Strömungen jenseits der Nyquistgrenze, beispielsweise bei Regurgitationen durch Klappeninsuffizienzen, kommt es zum so genannten Aliasing-Phänomen. Dabei wird im Geschwindigkeits-Zeit-Diagramm die Geschwindigkeitskurve auf der anderen Seite der Basislinie angefügt (Abb. 4.26c). In diesen Fällen muss die Nulllinie verschoben oder auf den für schnellere Geschwindigkeiten geeigneten CW-Doppler gewechselt werden.

Beim **CW-Doppler** erzeugen Sendekristalle kontinuierlich Schallwellen, die dann von benachbarten Kristallen ununterbrochen empfangen und in elektrische Signale transformiert werden. Der CW-Doppler dient der Erfassung von schnellen, pathologischen Blutflussgeschwindigkeiten, z. B. Rückflussgeschwindigkeiten bei Klappeninsuffizienzen (Abb. 4.27a, b). Im Fluss-Zeit-Diagramm (siehe unten) wird dann die maximale Geschwindigkeit entlang dieser Linie aufgezeichnet.

Die bildliche Darstellung des Rückstromes erfolgt bei beiden Verfahren in Abhängigkeit zur Zeit (Fluss-Zeit-Diagramm), wobei die Ordinate die relative Blutflussgeschwindigkeit in Metern pro Sekunde darstellt. Ein Blutfluss in Richtung Schallkopf wird oberhalb, ein Fluss vom Schallkopf weg unterhalb der Nulllinie abgebildet, sodass nicht nur die Strömungsgeschwindigkeit, sondern auch die Strömungsrichtung bestimmt werden kann (Abb. 4.27a, b). Durch manuelles Umfahren des dopplerechokardiographisch dargestellten Flusses kann das Geschwindigkeits-Zeit-Integral (*velocity time integral* = VTI) vom Ultraschallgerät errechnet werden. Mit diesem Parameter können physiologische Flussvolumina wie das Schlagvolumen und pathologische Flussvolumina, z. B. Shuntvolumen oder Insuffizienzvolumen, berechnet werden (siehe unten).

Eine Zuordnung zur Herzzyklusphase wird durch eine EKG-getriggerte Darstellung ermöglicht.

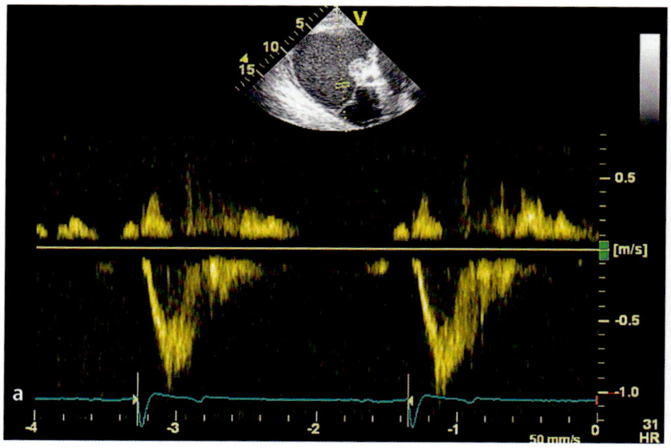

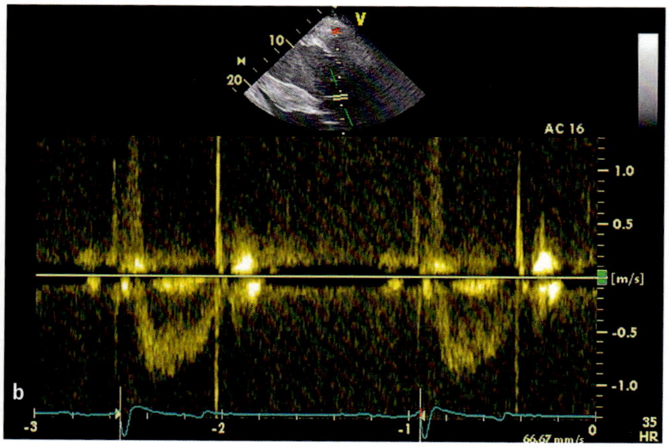

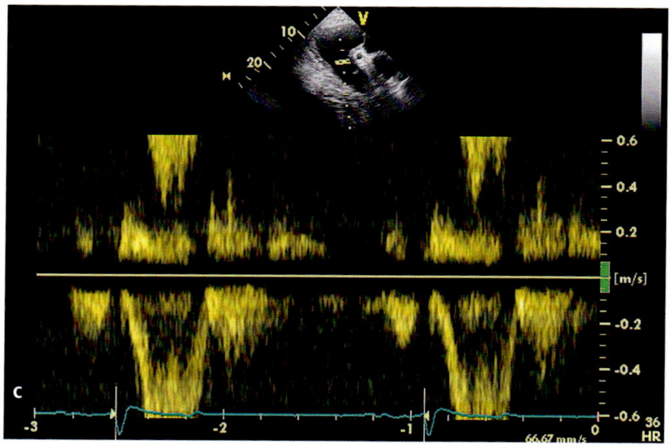

Abb. 4.26a–c:
PW-Doppler-Messung physiologischer Blutflüsse. Die Schallposition im B-Mode sowie die Position des Messtores sind im oberen Bildabschnitt dargestellt.
a Vom rechten Ventrikel in die Pulmonalarterie (rechtsventrikulärer Ausflusstrakt, rechte kraniale Herzachse).
b Vom linken Ventrikel in die Aorta (linksventrikulärer Ausflusstrakt, linke lange Herzachse mit Aorta).
c Messung des physiologischen systolischen Ausstromes an der Pulmonalklappe. Ist die Geschwindigkeit schneller als auf der Skala angegeben, wird ein Teil des Flusses abgeschnitten und erscheint oben im Bildrand = Aliasing-Phänomen.

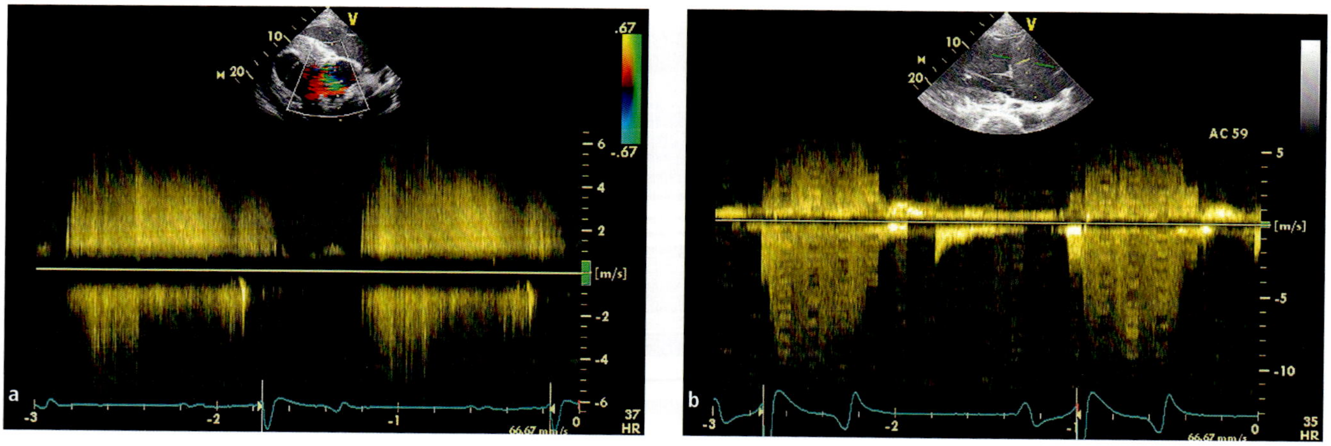

Abb. 4.27a, b:
CW-Doppler-Messung pathologischer Blutflüsse mit hohen Geschwindigkeiten.
a Holodiastolischer Blutfluss von der Aorta in den linken Ventrikel (Aortenklappeninsuffizienz).
b Holosystolischer Blutfluss vom linken Ventrikel in den linken Vorhof bei einer Mitralklappeninsuffizienz.

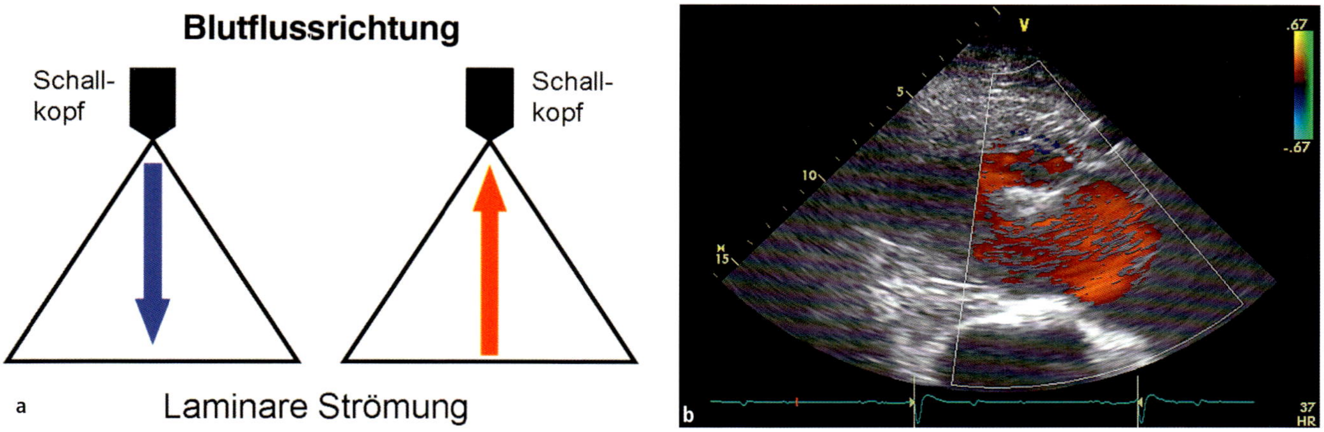

Abb. 4.28a, b:
Flussmessungen mit dem Farbdoppler.
a Schematische Darstellung der Schallinformationen im Farbdoppler: laminare Flussbewegungen in Richtung Schallkopf werden rot, Bewegungen vom Schallkopf weg blau dargestellt.
b Physiologischer, im Farbdoppler rot kodierter Blutfluss vom rechten Vorhof in den rechten Ventrikel während der Diastole.

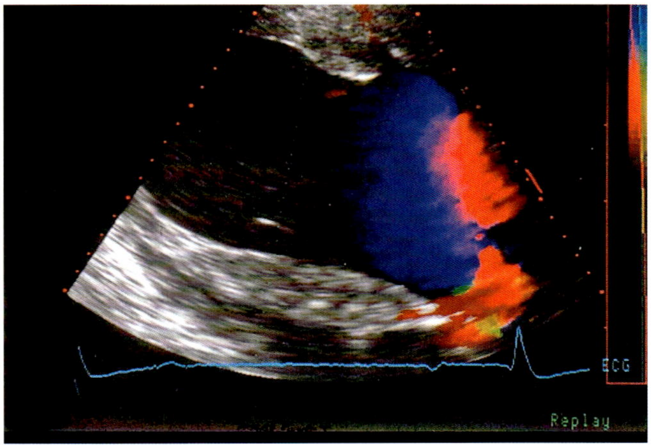

Abb. 4.29:
Aliasing im Farbdoppler. Dargestellt ist ein pathologischer Rückstrom an der Mitralklappe. Durch Beschleunigung des Blutflusses in Richtung der Insuffizienzöffnung kommt es im linken Ventrikel vor der Mitralklappe zum Farbumschlag von blau nach rot. Dieses Phänomen wird auch als PISA-Phänomen (*proximal isovelocity surface areas*) bezeichnet und zur Berechnung von Rückflussvolumina herangezogen.

Farbdoppler

Die Farbdoppler-Technik ist eine Modifikation und Erweiterung der gepulsten Doppler-Technik in zweidimensionaler Anwendung. Hierbei erfolgt die Flussmessung nicht nur an einer Stelle, sondern flächenhaft an vielen Punkten. Die Schallinformationen werden in Farbtönen wiedergegeben, wobei es allgemein üblich ist, dass laminare Flussbewegungen in Richtung Schallkopf rot und vom Schallkopf weg blau kodiert dargestellt werden (Abb. 4.28a). So wird beispielsweise der diastolische Blutausstrom vom rechten Vorhof in den rechten Ventrikel rot kodiert dargestellt, da er auf den Schallkopf zugerichtet ist (Abb. 4.28b).

Die Bildrate im Farbdoppler ist deutlich geringer (etwa 12 bis 25 Hz) als im zweidimensionalen B-Mode und verhält sich umgekehrt proportional zur Bildauflösung (Schallfrequenz), zur Breite des Farbsektors und zu seiner Entfernung vom Schallkopf, d. h. es sollte bei möglichst niedriger Sendefrequenz ein kleiner Farbsektor ausgewählt werden, um eine noch annehmbare Bildrate zu erhalten.

Mit der Farbdoppler-Technik sind somit Informationen über Blutströmungsrichtungen, ungefähre Blutflussgeschwindigkeiten und über die Lokalisationen von Turbulenzen erhältlich.

Bei hohen Geschwindigkeiten kann es auch hier zum Aliasing kommen, dass sich dann als Farbumschlag von rot nach blau oder von blau nach rot darstellt (Abb. 4.29). Außer der Aufzeichnung laminarer Blutflüsse in roter und blauer Farbe

4

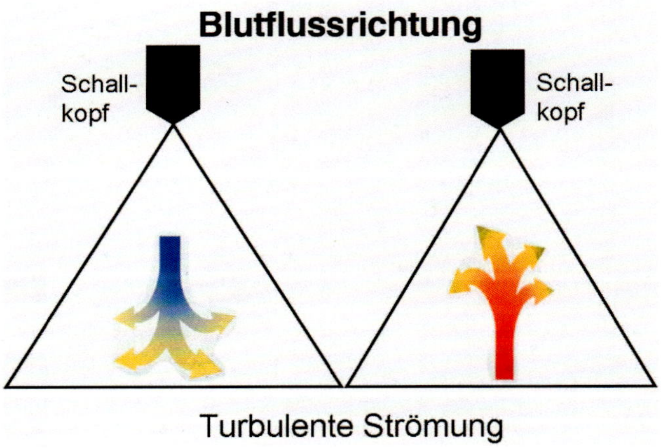

Abb. 4.30:
Schematische Darstellung zur Wiedergabe der Schallinformationen im Farbdoppler. Turbulente Strömungen (z. B. Blutverwirbelungen bei Insuffizienzen) werden gelb oder grün kodiert dargestellt.

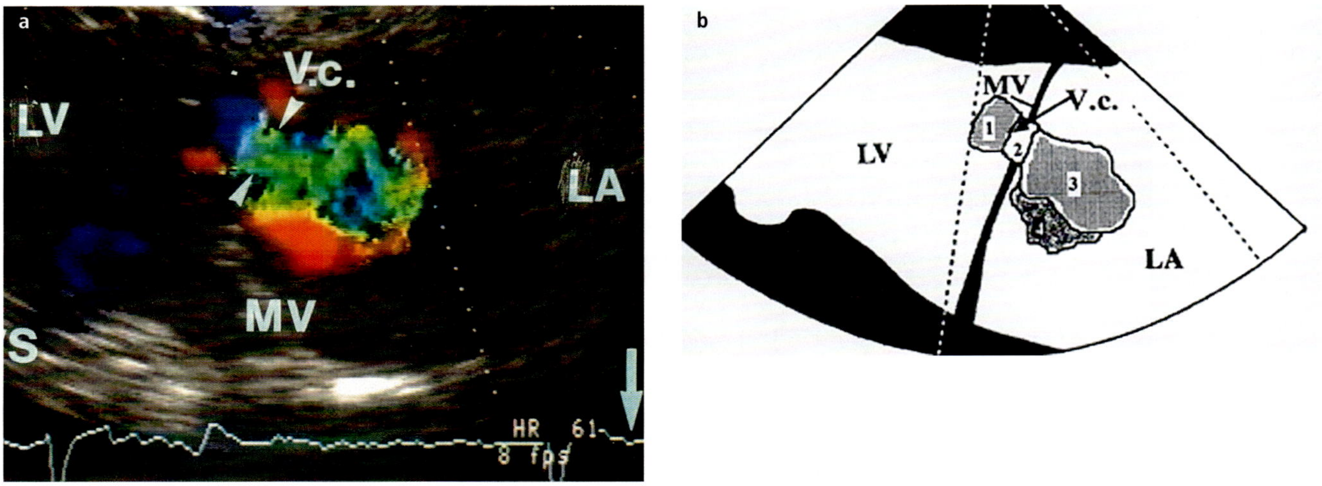

Abb. 4.31a, b:
Farbdopplerechokardiographische Darstellung eines pathologischen Rückflusses an der Mitralklappe in der Systole (Mitralklappeninsuffizienz). Sichtbar ist der farblich dargestellte Durchtritt (V.c. = Vena contracta) durch die defekte Klappe. Die Vermessung der Vena contracta dient der Berechnung von Rückflussvolumina.

können turbulente Strömungen (z.B. Blutverwirbelungen bei Insuffizienzen) in einer dritten Farbe, gelb oder grün kodiert, dargestellt werden (Abb. 4.30). Auch bei dieser Dopplermethode sollte, ebenso wie bei den konventionellen Dopplerverfahren, die Winkeldifferenz zwischen ausgesandten Schallwellen und Blutströmung möglichst gering sein.

Die Farbdoppler-Untersuchung wird beim Pferd in erster Linie zur Aufdeckung und Beurteilung pathologischer Blutflüsse verwendet. Mithilfe dieser Technik ist es möglich, Klappeninsuffizienzen und Shuntvitien direkt nachzuweisen. Das pathologische Flussvolumen wird dann als bunte Farbwolke dargestellt. Zur Beurteilung des Schweregrades einer Klappeninsuffizienz hat sich jedoch die Größe der farblich dargestellten Rückflusswolke nicht bewährt. Genauer ist die Vermessung der schmalsten Stelle des pathologischen Rückflusses. Diese so genannte Vena contracta liegt etwas unterhalb, d.h. vorhofwärts, der undichten Klappe und entspricht der Größe der tatsächlichen Regurgitationöffnung (Abb. 4.31a, b).

Gewebedoppler

Der Gewebedoppler ermöglicht die zeitlich hochauflösende und sensitive Erfassung von regionalen und globalen Myokardgeschwindigkeiten, wodurch Bewegungsstörungen des Myokards aufgedeckt werden können. Er basiert auf der herkömmlichen Doppler-Technik. Durch unterschiedliche Filtereinstellungen können die Gewebesignale und die Bluttflusssignale getrennt voneinander dargestellt werden.

Bei der Gewebedoppler-Echokardiographie werden vom Gewebe reflektierte Dopplersignale mit niedriger Geschwin-

4

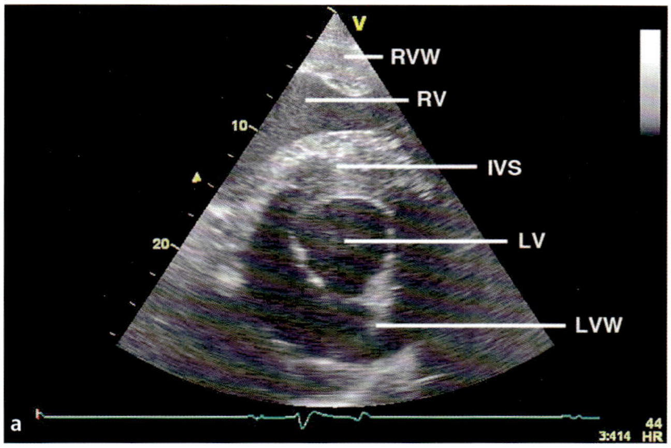

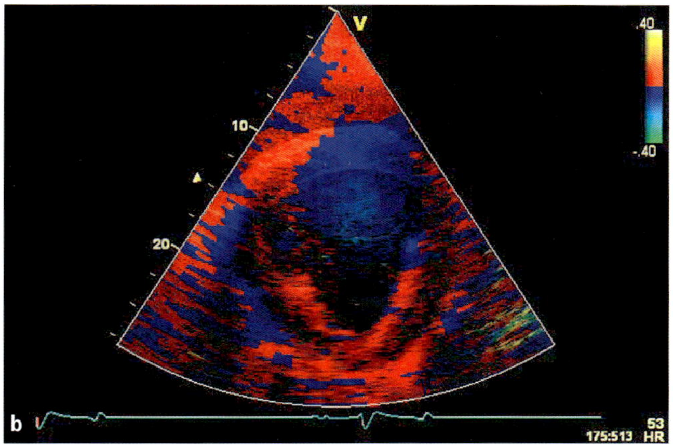

Abb. 4.32a, b:
Untersuchung des linken Ventrikels im Querschnitt mit B-Mode und Farbgewebedoppler. RVW = rechte Ventrikelwand, RV = rechter Ventrikel, LV = linker Ventrikel, LVW = linke Ventrikelhinterwand, IVS = interventrikuläres Septum.
a B-Mode von rechts kaudal in der kurzen Herzachse.
b Farbgewebedoppler-Modus: blau = Bewegungen vom Schallkopf weg; rot = Bewegungen auf den Schallkopf zu.

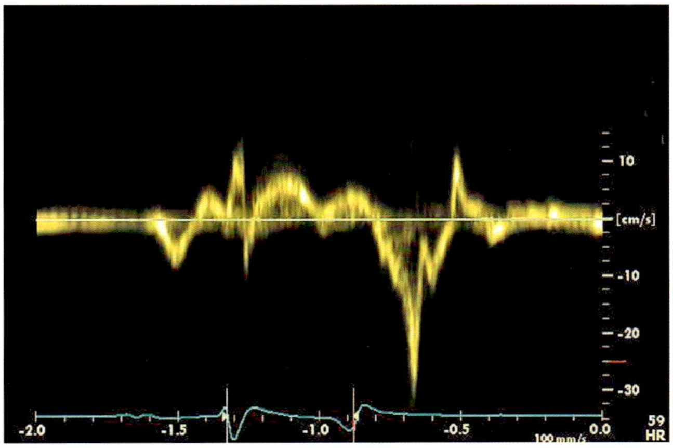

Abb. 4.33:
PW-Gewebedopplerkurve eines Myokardsegmentes der linksventrikulären Hinterwand.

digkeit (im Bereich von cm/s) und hoher Signalintensität dargestellt. Wie bei der konventionellen Doppler-Technik werden aber nur relative Geschwindigkeiten im Verhältnis zu den ausgesendeten Schallwellen bestimmt. Deshalb ist es wichtig, dass der Winkel zwischen der Bewegungsrichtung des zu untersuchenden Myokardbereiches und dem ausgesendeten Ultraschallstrahl 20° nicht übersteigt. Für die exakte und detaillierte Aufzeichnung der Wandgeschwindigkeiten ist darüber hinaus auch eine hohe Bildrate entscheidend. Um die niedrigen Myokardgeschwindigkeiten durch eine möglichst hohe Bildrate optimal zu erfassen, sollte der Bildwinkel des zu untersuchenden Myokardbereiches deshalb so schmal wie möglich sein.

Es werden beim Gewebedoppler zwei Darstellungstechniken unterschieden, der gepulste oder Spektralgewebedoppler und der Farbgewebedoppler, die jeweils ein unterschiedliches Spektrum an Messparametern ermöglichen. Der Farbgewebedoppler stellt die Myokardgeschwindigkeiten farblich kodiert dar (rot = Myokardbewegung auf den Schallkopf zu, blau = Myokardbewegung vom Schallkopf weg, Abb. 4.32a, b). Mit dieser Methode lassen sich Durchschnittsgeschwindigkeiten des Myokards für das gesamte Ultraschallbild berechnen. Der gepulste Spektralgewebedoppler erfasst Maximalgeschwindigkeiten in kleinen Myokardbereichen zu einem bestimmten Zeitpunkt (Abb. 4.33).

Zusätzliche Messparameter, die mithilfe bestimmter Software (z. B. EchoPac®) offline errechnet werden können, sind die *strain* und die *strain rate*. Die *strain* (elastische Verformung) beschreibt die prozentuale lokale Deformation der Herzmuskelwand an einem beliebig gesetzten Punkt im Myokard. Die

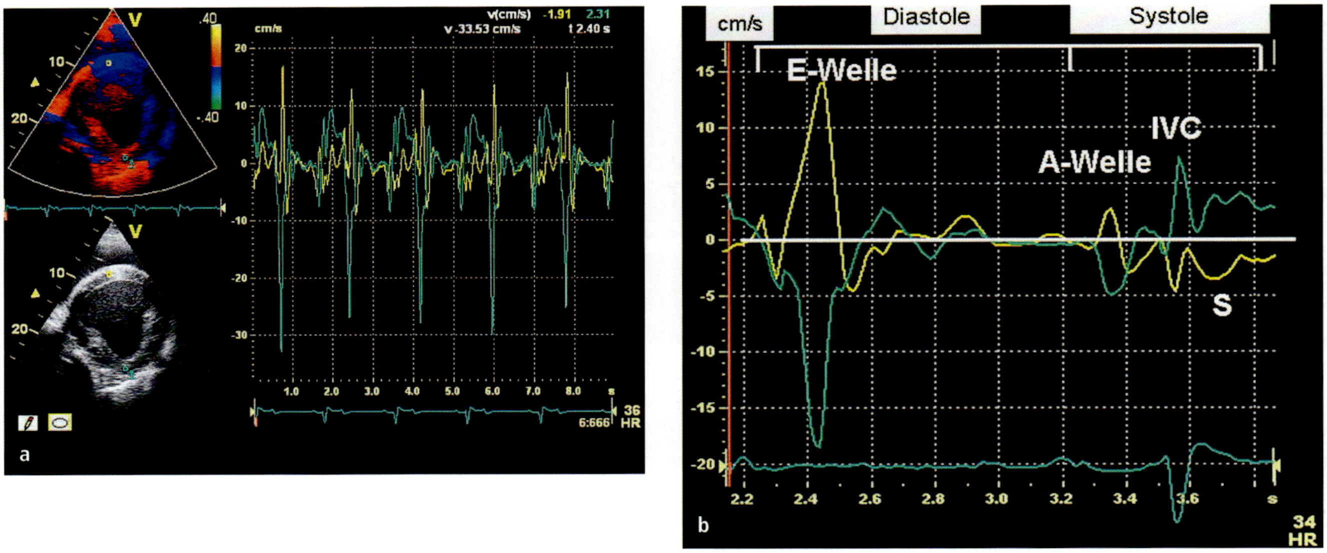

Abb. 4.34a, b:
Offline-Analyse der Farbgewebedopplerdaten.
a Unten links (1) ist das B-Mode-Bild des linken Ventrikels im Querschnitt dargestellt, in dem das zu untersuchendn Myokardsegment (ROI = *region of interest*) festgelegt wird. Die ROI (kleiner gelber Kreis) ist in der linksventrikulären Hinterwand positioniert. Links oben ist das B-Mode-Bild mit dem Farbgewebedoppler-Modus (TVI) überlagert. Auf der rechten Seite ist die Geschwindigkeitskurve des Myokards am Ort der ROI dargestellt.
b Ausschnittsvergrößerung. Geschwindigkeitskurve des Myokards über einen Herzzyklus (E-Welle = Wandbewegung zum Zeitpunkt des schnellen diastolischen Einstroms, A-Welle = Wandbewegung bedingt durch die Füllung des Ventrikels durch die aktive Vorhofkontraktion, IVC = isovolumetrische Kontraktion, S = systolische Kontraktion).

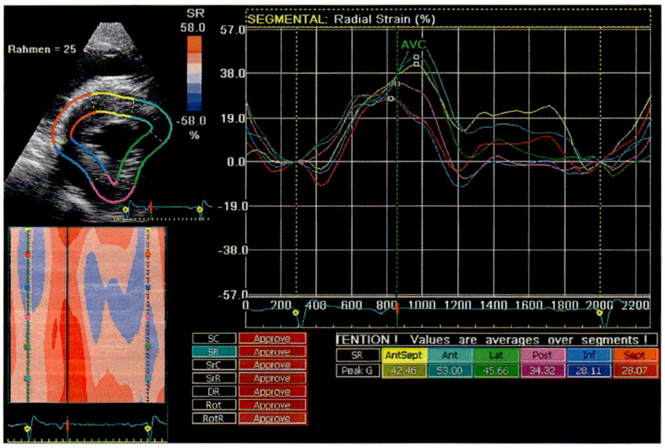

Abb. 4.35:
Darstellung des linken Ventrikels im Querschnitt (B-Mode) mit markierten Myokardbereichen (oberes Bild) und Darstellung der systolischen Spitzengeschwindigkeit der radialen *strain* (%) der verschiedenen Segmente des linken Ventrikels. Die verschiedenen Segmente sind farblich unterteilt (links oben im Bild), während die Verformungskurve rechts im Bild zu sehen ist. Links unten ist gleichzeitig die farbige M-Mode-Analyse der ausgewählten Myokardsegmente dargestellt.

zeitliche Ableitung der Verformung ist die Verformungsrate oder *strain rate*. Sie drückt die Verkürzungsgeschwindigkeit pro Faserlänge zwischen zwei Punkten im Myokard aus (Abb. 4.34a, b). Alle zu erhebenden Parameter der Verformung des Myokards mittels Gewebedoppler beruhen dabei auf der Verkürzung der Sarkomere durch die elektromechanische Erregung während der Systole (Abb. 4.35).

Durch Erfassung der Myokardgeschwindigkeiten ist neben einer Aussage zur lokalen und globalen kardialen Funktion auch eine Zuordnung der Funktionsstörung zur Herzphase möglich. Insbesondere diastolische Funktionsstörungen werden eher und sicherer diagnostiziert als mit den B-Bild-Verfahren und den Blutfluss-Dopplerverfahren. Somit steht mit dieser Methode eine objektive und verfeinerte Analysemethode zur Darstellung und Beurteilung der Myokardbewegung zur Verfügung, die sich als Ergänzung zu den herkömmlichen Untersuchungsverfahren im B- und M-Mode anbietet. Insbesondere im Rahmen von stressechokardiographischen Untersuchungen scheint diese Methode wertvolle zusätzliche Informationen liefern zu können.

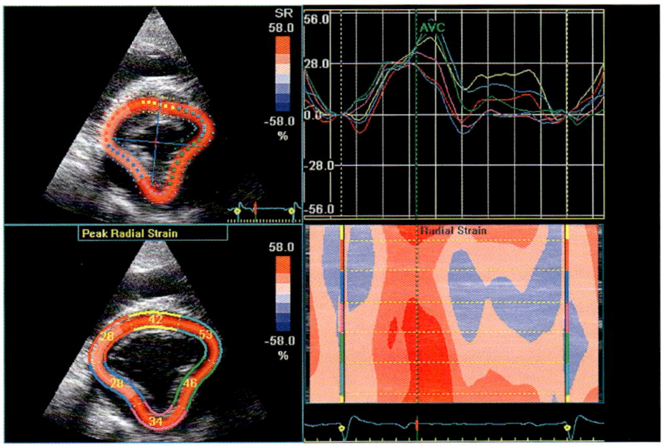

Abb. 4.36:
Speckle tracking. Die Veränderung der markierten Graupixel im Bild zueinander (= *speckle tracking*, 2-D-Strain-Imaging) trifft eine Aussage über die Funktion der untersuchten Myokardregion.

4.2.3 Speckle Tracking

Speckles (fleckige Bereiche, Graupixel) stellen natürliche akustische Marker im 2-D-Graubild dar, die im Folgebild erneut via Radiofrequenzdaten aufgesucht werden können (*tracking*). Die Veränderung der markierten Graupixel im Bild zueinander (*speckle tracking*, 2-D-*strain-imaging*) trifft eine Aussage über die Funktion der untersuchten Myokardregion (Abb. 4.36). Hierbei spielt die parallele Anschallbarkeit der Messpunkte im Gegensatz zu *strain-* und *strain-rate*-Bestimmung keine Rolle (winkelunabhängig).

4.2.4 Datenarchivierung

Die Echokardiographie gehört als bildgebendes Verfahren zu den wichtigsten Untersuchungsverfahren in der Kardiologie des Pferdes. Das Archivieren der Befunde sollte deshalb in Form von Bildern (M-Mode, CW-/PW-Doppler) und Videosequenzen (zweidimensionaler B-Mode, Farb- und Gewebedoppler) dokumentiert und archiviert werden. Dabei bietet die digitale Archivierung im Vergleich zur Videotechnik deutliche Vorteile, da sie ein verlustfreies Erstellen beliebig vieler Kopien, eine einfache Versendung per Internet und bei vorhandener Software eine nachträgliche Bildverarbeitung der Rohdaten erlaubt (Archivierung im DICOM-Format erforderlich). Außerdem können bei mehrfachen Untersuchungen die echokardiographischen Befunde direkt während der Untersuchung verglichen werden.

4.2.5 Durchführung einer echokardiographischen Untersuchung beim Pferd

Die transthorakale Echokardiographie ist die beim Pferd übliche und verbreitete Untersuchungsmethode und wird auf beiden Thoraxseiten durchgeführt.

Technische Voraussetzungen

Für die sonographische Untersuchung des Pferdeherzens wird eine maximale Eindringtiefe von 30 cm benötigt. Deshalb werden Sektorschallköpfe mit einer Sendefrequenz von 2,5–3,5 MHz verwendet. Bei Fohlen und Ponies ist ein mittelfrequenter 5-MHz-Schallkopf ausreichend.

Das Ultraschallgerät sollte neben der zweidimensionalen B-Bild-Technik und dem M-Mode auch über einen PW-/CW-Doppler zur Messung der Flussgeschwindigkeiten und einen Farbdoppler zur Darstellung von Insuffizienzflüssen verfügen. Ein integriertes EKG als Zeitgeber ist obligatorisch.

Zusätzliche Geräteoptionen wie beispielsweise die verschiedenen Gewebedoppler-Verfahren, *speckle tracking* oder 3D-/4D-Echokardiographie sind häufig mit stark erhöhten Gerätekosten und der Anschaffung zusätzlicher Auswertungssoftware verbunden.

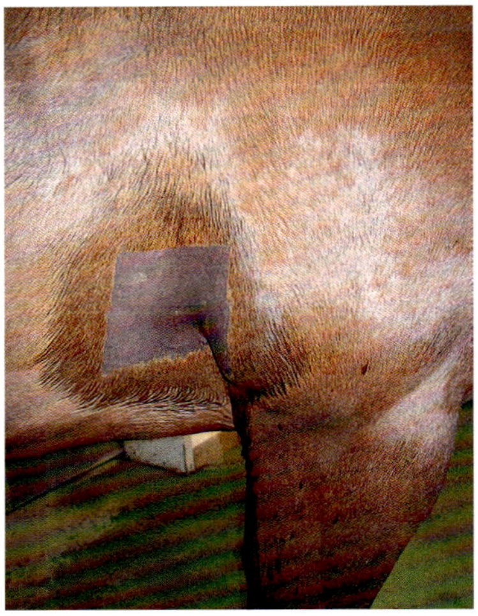

Abb. 4.37:
Vorbereitetes Schallfeld für die echokardiographische Untersuchung von der rechten Thoraxseite.

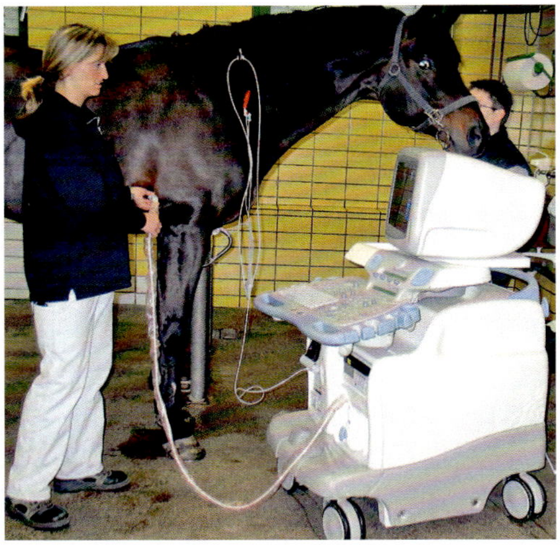

Abb. 4.38:
Durchführung der sonographischen Untersuchung des Herzens auf der rechten Thoraxseite.

Vorbereitung des Patienten

Die echokardiographische Untersuchung sollte stets erst im Anschluss an die klinische Untersuchung des Herzens durchgeführt werden. Für die Echokardiographie werden die Pferde auf der linken und rechten Thoraxseite im Bereich des dritten und vierten Interkostalraumes auf Höhe des Olekranons in einem etwa handtellergroßen Bereich rasiert (Abb. 4.37). Die rasierte Haut wird vor dem Auftragen von Ultraschall-Kontaktgel mit Alkohol gereinigt und entfettet, um eine optimale Ankopplung zu erzielen.

Die Untersuchung sollte in einer ruhigen, für das Pferd gewohnten Umgebung durchgeführt werden, um stressbedingte Tachykardien oder Bewegungsunruhe zu vermeiden. In Kliniken bietet es sich an, die Pferde für diese Untersuchung mindestens eine Nacht zuvor aufzustallen, um die Tiere an die Umgebung zu adaptieren und den Stress für Pferd und Untersucher zu minimieren.

Für die Durchführung einer echokardiographischen Untersuchung sind mindestens zwei Personen (Pferdehalter und Untersucher) erforderlich (Abb. 4.38). Eine Sedierung der Pferde für die Untersuchung sollte aufgrund der kardiovaskulären Effekte der Sedativa nach Möglichkeit vermieden werden.

Untersuchung im zweidimensionalen B-Mode

Darstellung des Herzens im Längsschnitt, rechte Thoraxseite

Die Untersuchung sollte auf der rechten Thoraxseite im 4. Interkostalraum beginnen, da auf dieser Seite alle vier Herzhöhlen darstellbar sind. Dieser »Vierkammerblick«, bzw. die rechte kaudale lange Achse (RKDLA), erleichtert die anatomische Orientierung (Abb. 4.39a, b).

Nach der anatomischen Orientierung sollten die sichtbaren Strukturen (Mitral- und Trikuspidalklappen, Myokard, Sehnenfäden, Herzdimensionen usw.) hinsichtlich Veränderungen (z. B. entzündliche Klappenauflagerungen, Klappenprolaps, Abriss eines Sehnenfadens, Dilatationen der Herzhöhlen) beurteilt und die Herzdimensionen vermessen werden.

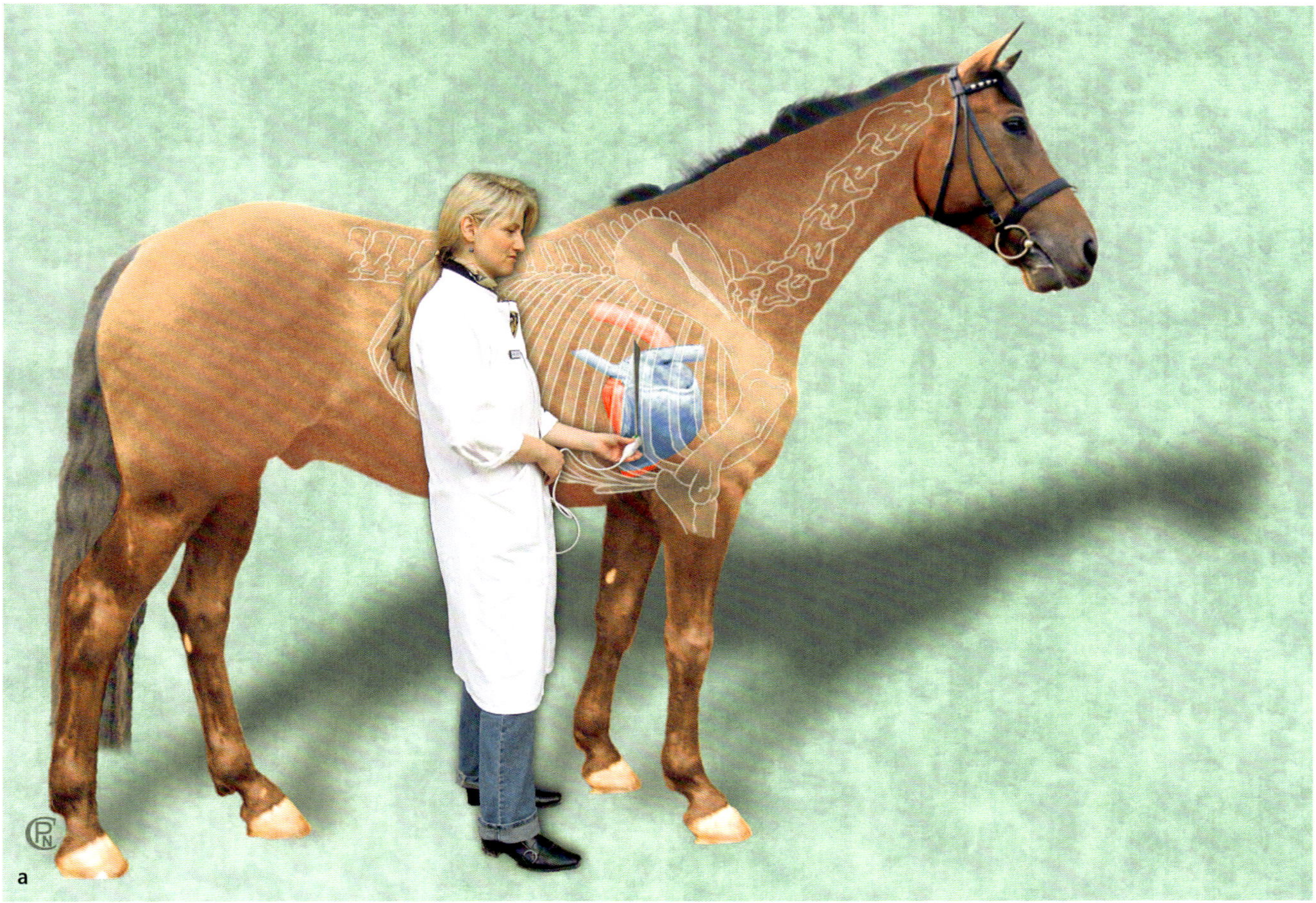

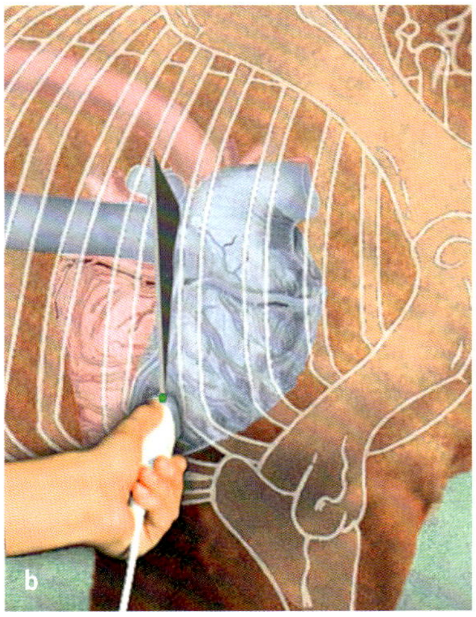

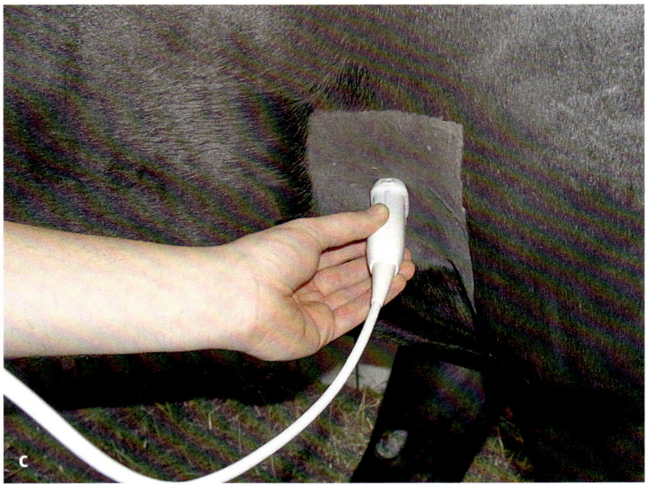

Abb. 4.39a–c:
Darstellung der echokardiographischen Untersuchung auf der rechten Thoraxseite im 4. Interkostalraum. Für die Schallposition der »rechten kaudalen langen Herzachse« (RKDLA) wird der Schallkopf unmittelbar hinter den Ellenbogen platziert (a, c). Die Orientierungsmarke am Schallkopf ist dabei nach oben (12 Uhr) gerichtet (b: Ausschnittsvergrößerung aus a).

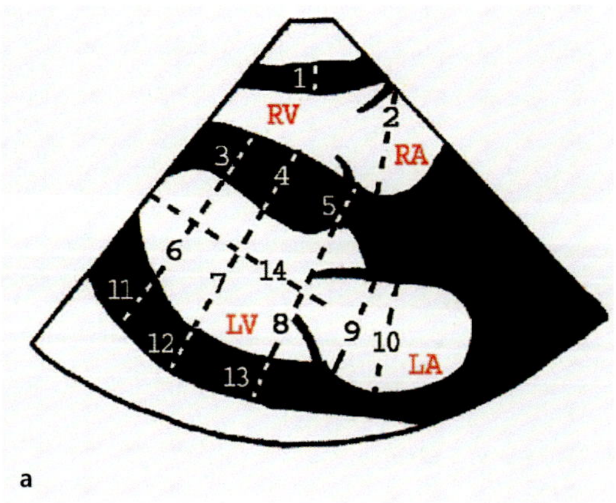

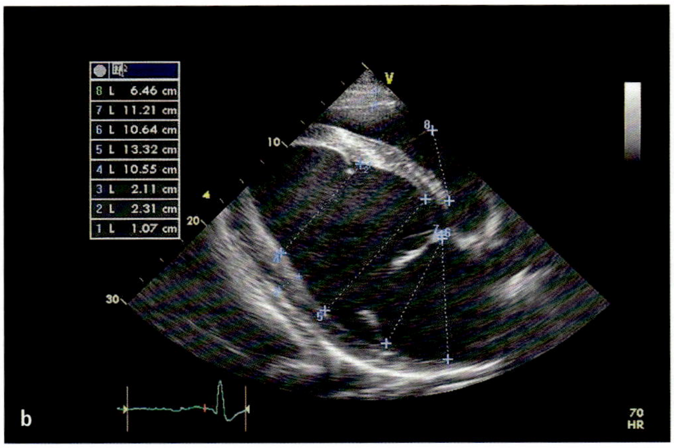

Abb. 4.40a,b:
B-Mode-Bild der rechten kaudalen langen Herzachse (RKDLA oder Vierkammerblick) einschließlich der verschiedenen Messlokalisationen von Myokard- und Herzinnendurchmessern.
b Gesundes Pferdeherz. Die Herzspitze ist links im Bild lokalisiert, die Herzbasis rechts im Bild. Es sind die Herzvorhöfe (RA = rechter Vorhof, LA = linker Vorhof) und beide Herzkammern (LV = linker Ventrikel, RV = rechter Ventrikel) sowie die Herzscheidewand (IVS) sichtbar.

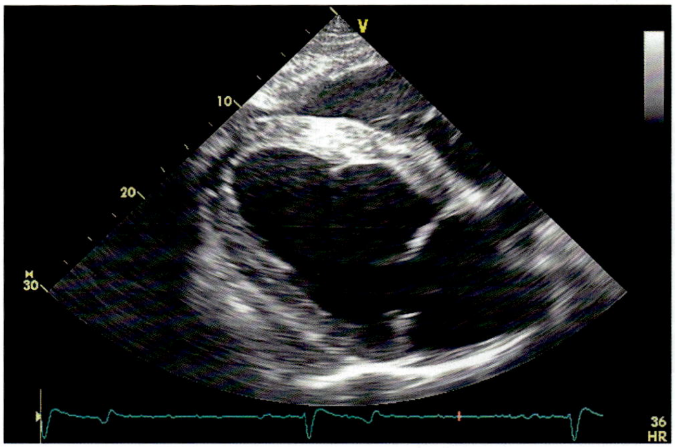

Abb. 4.41:
B-Mode-Bild der rechten kaudalen langen Herzachse (RKDLA oder Vierkammerblick), geschallt von der rechten Thoraxseite im 4. Interkostalraum.

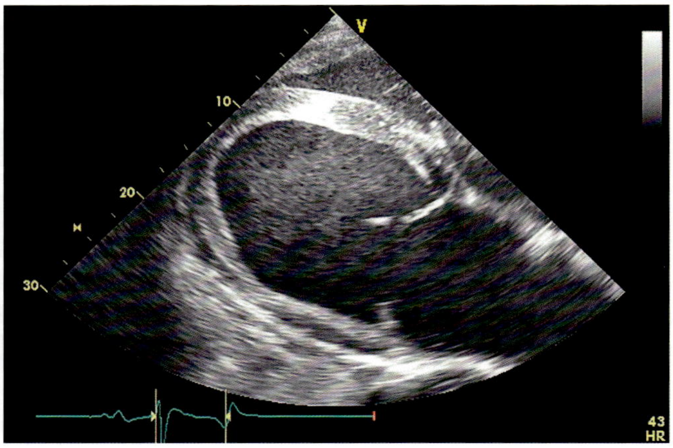

Abb. 4.42:
B-Mode-Bild im Längsschnitt, geschallt von der rechten Thoraxseite im 4. Interkostalraum (Vierkammerblick). Es ist eine deutliche Vergrößerung der linken Herzseite (LA = linker Vorhof, LV = linker Ventrikel) mit abgerundeter Herzform sichtbar (12-jähriger Hannoveraner Wallach mit Mitralklappeninsuffizienz).

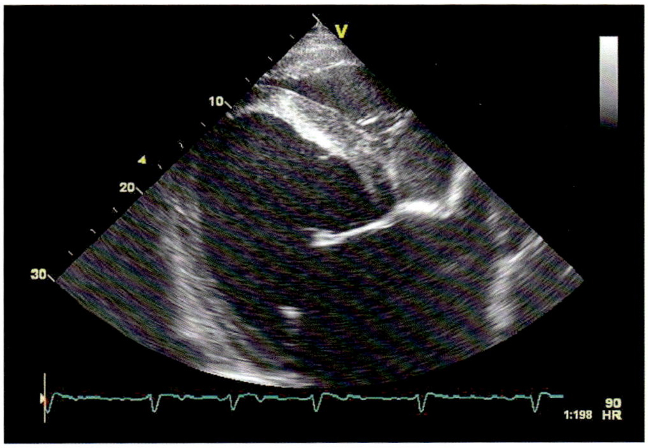

Abb. 4.43:
B-Mode-Bild im Längsschnitt, geschallt von der rechten Thoraxseite im 4. Interkostalraum (Vierkammerblick). Es ist eine hochgradige Vergrößerung der linken Herzseite mit sonographisch nicht mehr abgrenzbarem linkem Vorhof sichtbar.

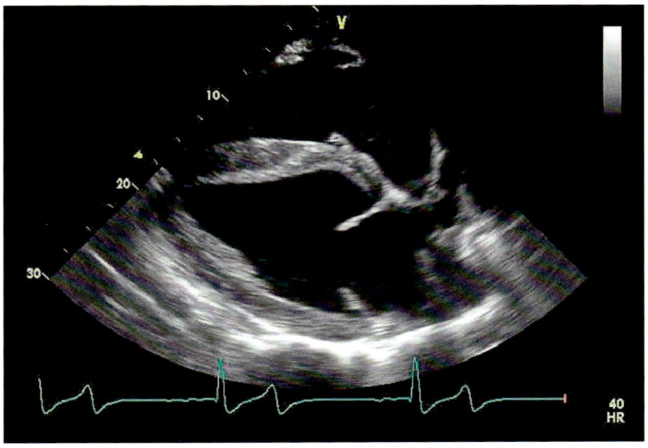

Abb. 4.44:
B-Mode-Bild im Längsschnitt, geschallt von der rechten Thoraxseite im 4. Interkostalraum (Vierkammerblick). Es ist eine deutliche Vergrößerung der rechten Herzseite vorhanden (3-jähriger Vollbluthengst mit Ventrikelseptumdefekt).

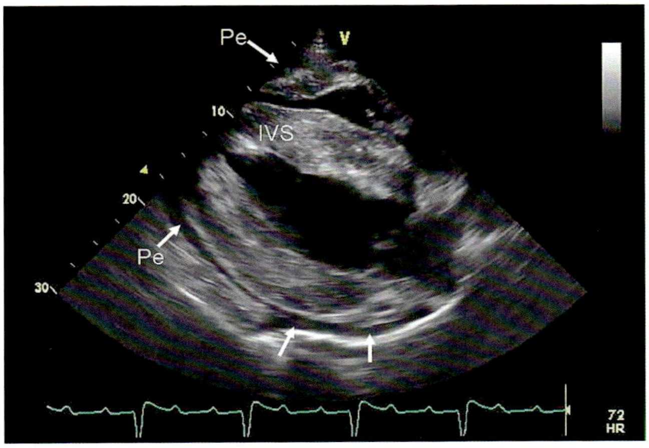

Abb. 4.45:
B-Mode-Bild im Längsschnitt, geschallt von der rechten Thoraxseite im 4. Interkostalraum (Vierkammerblick). Es sind ein Perikarderguss (Pe, Pfeile) und eine Myokardhypertrophie mit fleckiger Verfärbung des Myokards (Einblutungen) sichtbar. Im bewegten Bild traten zusätzlich Wandbewegungsstörungen auf (6-jährige Haflinger Stute mit akuter Myokarditis nach Virusinfektion).

In diesem Schnittbild des Herzens werden enddiastolisch und endsystolisch die Durchmesser von rechtem und linkem Vorhof und Ventrikel, von der Mitralklappenebene, vom Interventrikularseptum sowie von der linksventrikulären Muskelwand ermittelt (Abb. 4.40a, b; Abb. 4.41).

Typischerweise hat das gesunde Herz eine spitzkegelige Form. Deutlich sichtbare Abrundungen der Ventrikel sprechen für eine Herzdilatation (Abb. 4.42).

Beim ausgewachsenen Pferd sollte bei einer Eindringtiefe von 30 cm das gesamte Herz sichtbar sein. Sind Bereiche der linken Herzseite nicht abgrenzbar, deutet dies auf eine gravierende Dilatation hin (Abb. 4.43). Bei adipösen Pferden kann es vorteilhaft sein, den Schallkopf leicht nach kaudal zu kippen.

Der im zweidimensionalen B-Mode-Längsschnitt von der rechten Thoraxseite gemessene linksventrikuläre Durchmesser ist beim adulten Pferd stets größer als der rechtsventrikuläre (echokardiographisches Verhältnis von rechtem zu linkem Ventrikel ca. 1:3) und das Myokard der rechten Kammer ist dünner als das der linken. Haben beide Ventrikel eine annähernd gleiche Größe und/oder Myokarddicke, deutet dies ebenfalls auf einen gravierenden Herzbefund hin (Abb. 4.44).

Beim Fohlen sind die im zweidimensionalen B-Mode-Längsschnitt von der rechten Thoraxseite gemessenen linksventrikulären Durchmesser und die Myokarddicken des rechten und linken Ventrikels dagegen physiologischerweise annähernd gleich groß.

Ein eventueller Perikarderguss (Abb. 4.45) oder ein Hämoperikard können in diesem Schnitt gut dargestellt werden.

4

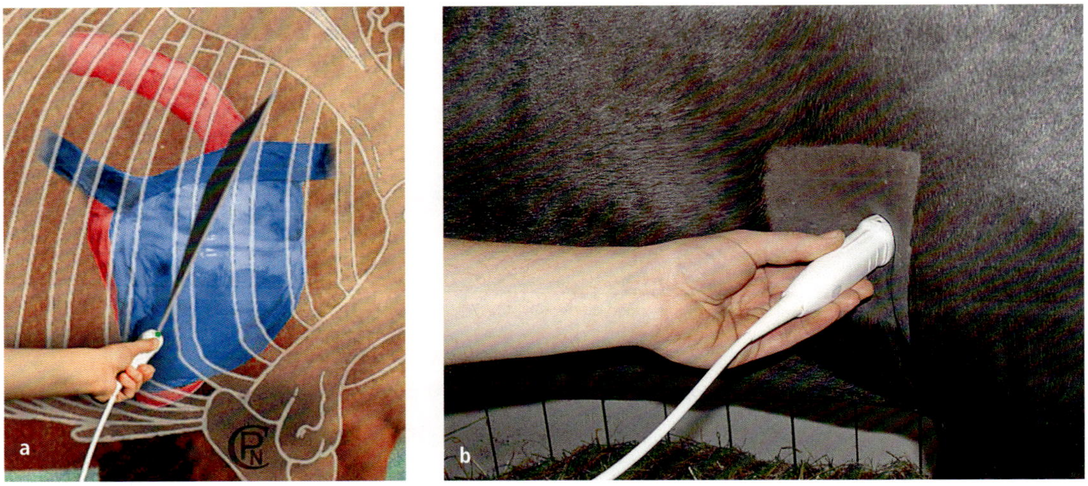

Abb. 4.46a, b:
Zur Darstellung der Aorta im Längsschnitt des Herzens wird der Schallkopf nach rechts (Orientierungsmarke auf ca. 1 Uhr) gedreht. Untersuchung auf der rechten Thoraxseite im 4. Interkostalraum.

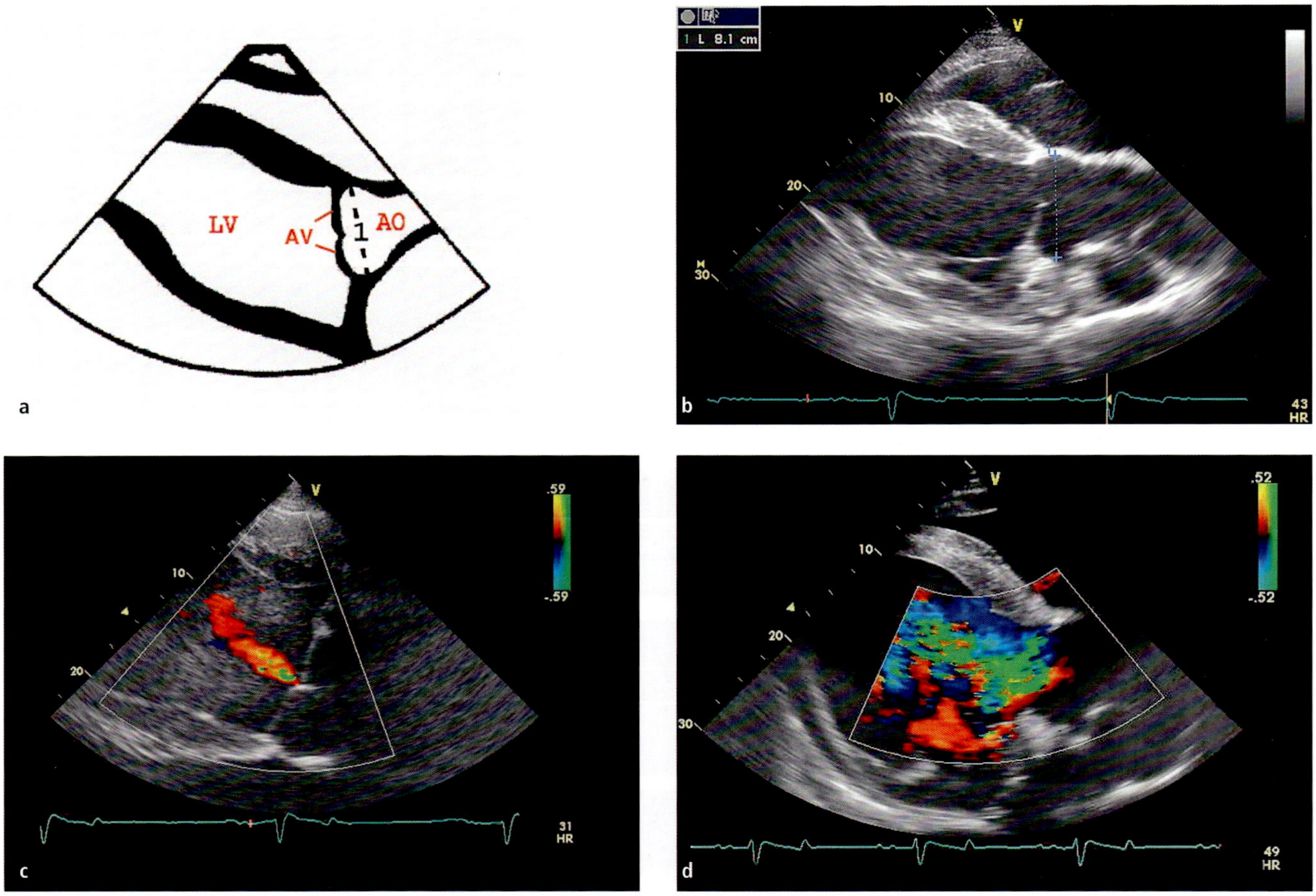

Abb. 4.47a, b:
B-Mode-Bild im Längsschnitt mit eingedrehter Aorta, geschallt von der rechten Thoraxseite im 4. Interkostalraum (LV = linker Ventrikel, AV = Aortenklappe, AO = Aorta).
a Schematische Darstellung der Aorta und der Aortenklappensegel sowie der Messposition im Anfangsteil der Aorta.
b Gesundes Pferdeherz im B-Mode.
c Geringgradige Aortenklappeninsuffizienz im Farbdoppler.
d Mittelgradige Aortenklappeninsuffizienz im Farbdoppler.

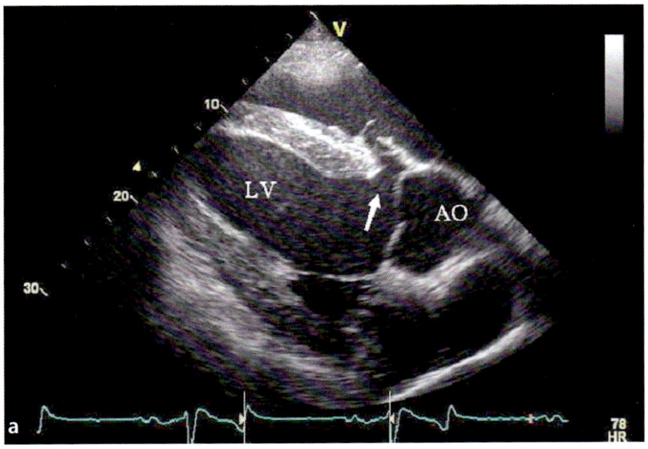

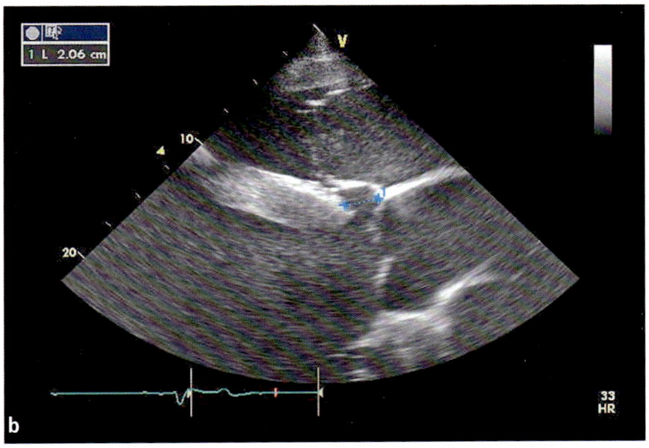

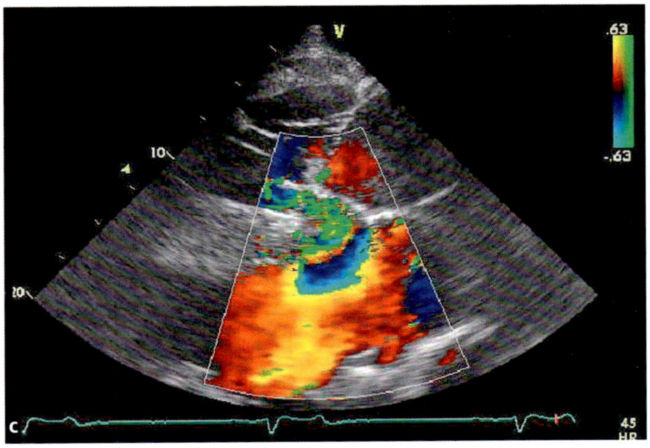

Abb. 4.48a, b:
B-Mode-Bild im Längsschnitt mit eingedrehter Aorta, geschallt von der rechten Thoraxseite im 4. Interkostalraum (LV = linker Ventrikel, AO = Aorta).
a Unterhalb der Klappenebene ist bereits im B-Mode der Ventrikelseptumdefekt (VSD) als Schallauslöschung (anechogener Bereich) sichtbar.
b Mit der Farbdoppler-Technik ist der Blutfluss vom linken in den rechten Ventrikel durch den Ventrikelseptumdefekt (VSD) deutlich sichtbar.
c Messung des VSD im B-Mode.

Darstellung der Aorta im Längsschnitt, rechte Thoraxseite (linksventrikulärer Ausflusstrakt)

Durch leichtes Drehen des Schallkopfes nach rechts (Orientierungsmarke auf ca. 1 Uhr) gelingt die zusätzliche Darstellung der Aortenklappensegel und der Aorta (Abb. 4.46a, b, Abb. 4.47a, b). Der linke Vorhof ist dann meist nicht mehr sichtbar. In diesem Schnitt (rechte kaudale lange Achse mit Aorta = RKDLA-AO) erfolgt die Vermessung des Aortendurchmessers im Sinus aortae unmittelbar hinter den Aortensegeln (Sinus valsalve).

Ein Ventrikelseptumdefekt ist häufig direkt subaortal lokalisiert und kann somit in diesem Schnitt als anechogener Bereich im Interventrikularseptum gut dargestellt und vermessen werden (Abb. 4.48a). Besser noch gelingt die Darstellung des Ventrikelseptumdefektes mit der Farbdoppler-Technik, bei der der pathologische Blutfluss vom linken in den rechten Ventrikel direkt dargestellt wird (Abb. 4.48b).

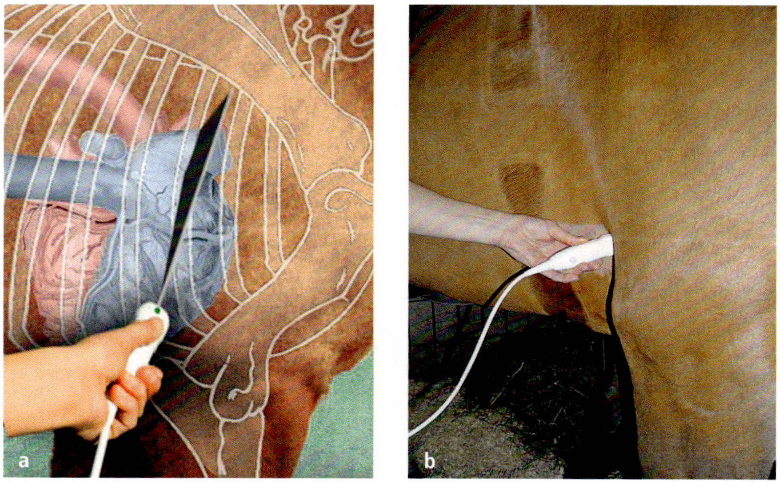

Abb. 4.49a, b:
Darstellung der echokardiographischen Untersuchung auf der rechten Thoraxseite im 3. Interkostalraum. Zur Darstellung des rechtsventrikulären Ausflusstraktes (kraniale Herzachse) wird schräg nach kranial in Richtung auf das gegenüberliegende Schultergelenk geschallt.

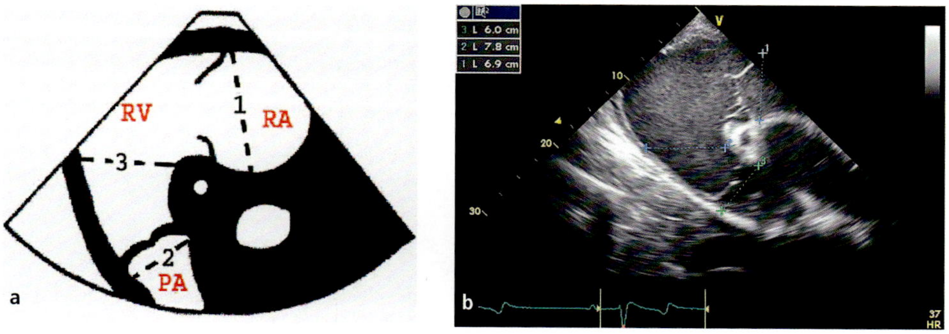

Abb. 4.50a, b:
B-Mode-Bild in der kranialen Herzachse, geschallt von der rechten Thoraxseite im 3. Interkostalraum (RV = rechter Ventrikel, PV = Pulmonalklappen, Ko = Koronargefäß).
a Schematische Darstellung der kranialen Herzachse sowie der Messpositionen im rechten Vorhof, rechten Ventrikel und unterhalb der Pulmonalklappe.
b Gesundes Pferdeherz.

Darstellung der Pulmonalklappe im Längsschnitt, rechte Thoraxseite (rechtsventrikulärer Ausflusstrakt)

Indem man den Schallkopf um einen Interkostalraum nach kranial versetzt und schräg kranial in Richtung auf das gegenüberliegende Schultergelenk schallt (Abb. 4.49a, b), gelingt die Darstellung der so genannten kranialen Achse, d. h. des rechten Herzens, bestehend aus rechtem Vorhof, rechter Kammer, Pulmonalklappe und Pulmonalarterie (Abb. 4.50a, b). Leichtes Drehen des Schallkopfes auf ca. 1 Uhr kann die Darstellung erleichtern. In diesem Schnitt (rechte kraniale lange Achse = RKRLA) erfolgt u. a. die Vermessung des Truncus pulmonalis. Ist dieser im Durchmesser größer als der Aortendurchmesser, kann dies auf eine erhöhte Druck- und Volumenbelastung der rechten Herzseite hindeuten.

Mithilfe der Farbdoppler-Technik können sowohl der physiologische systolische Blutausstrom vom rechten Ventrikel in die Pulmonalarterie (Abb. 4.51a), als auch ein pathologischer diastolischer Rückfluss von der Pulmonalarterie in den rechten Ventrikel bei einer Pulmonalklappeninsuffizienz, dargestellt werden (Abb. 4.51b).

In diesem Schnitt gelingt häufig auch die Darstellung der Aorta im Querschnitt, wobei auf Klappenebene alle drei Aortenklappensegel sichtbar sind (Kleeblattformation, Abb. 4.52a–d).

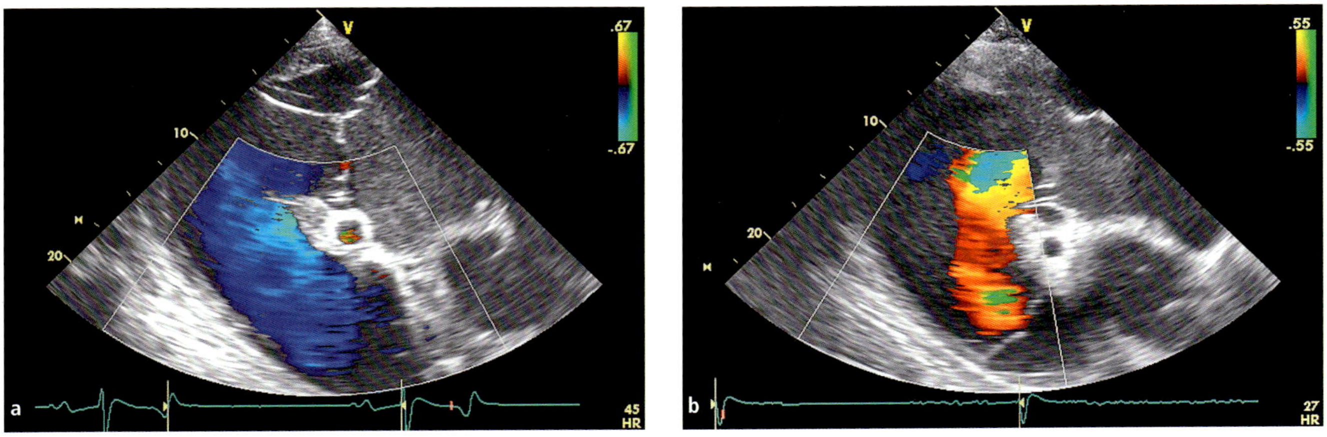

Abb. 4.51a, b:
Mithilfe der Farbdoppler-Technik können sowohl der physiologische systolische Blutausstrom vom rechten Ventrikel in die Pulmonalarterie (**a**), als auch ein pathologischer diastolischer Rückfluss von der Pulmonalarterie in den rechten Ventrikel bei einer Pulmonalklappeninsuffizienz dargestellt werden (**b**).

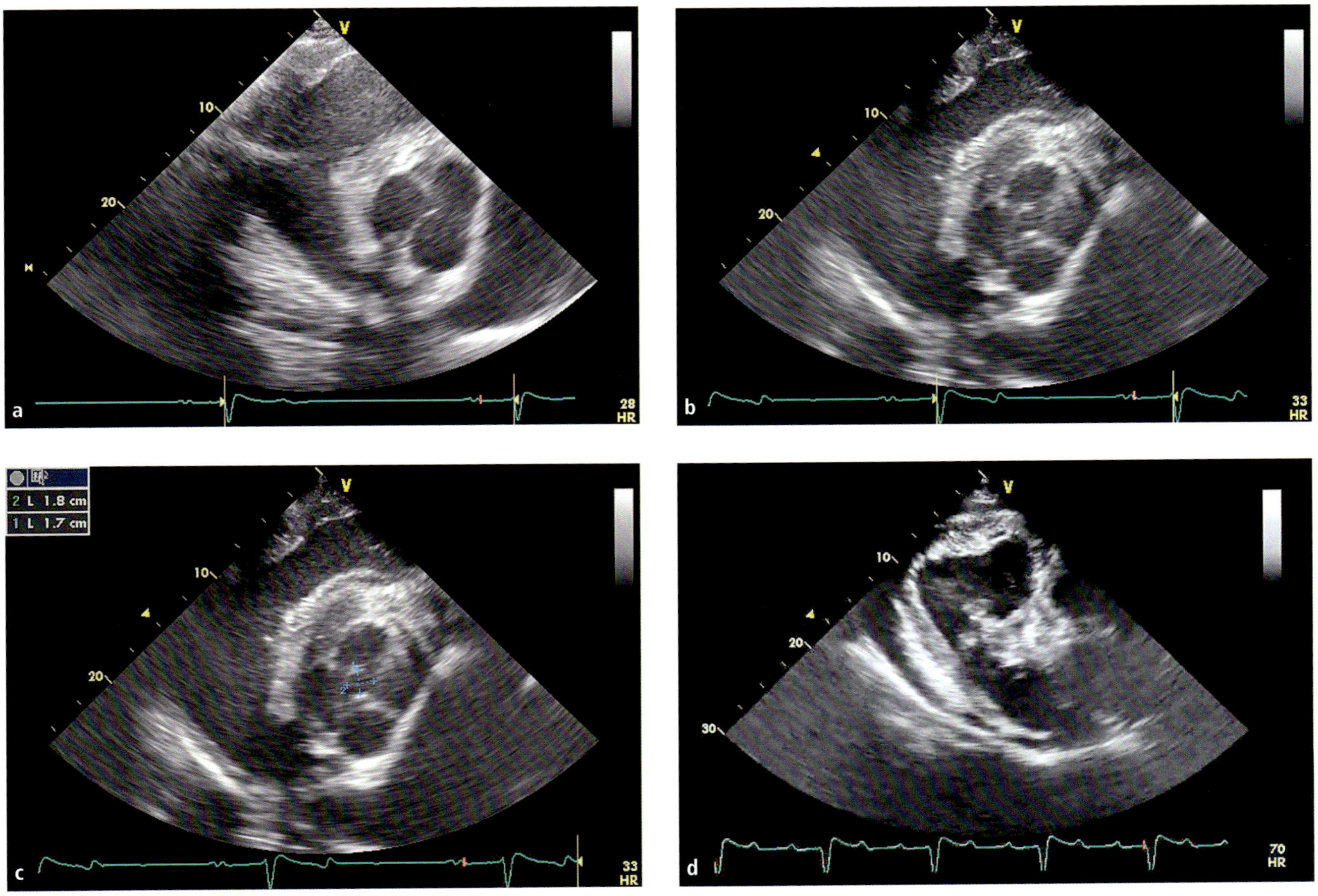

Abb. 4.52a–d:
Darstellung der Aorta im Querschnitt auf Höhe des Aortenklappensegels (B-Mode, kraniale Herzachse).
a Gesundes Pferdeherz.
b Aortenklappeninsuffizienz mit sichtbarem Ostium der Regurgitation.
c Vermessung des Regurgitationsostiums.
d Pferd mit Myokarditis und Perikarderguss.

4

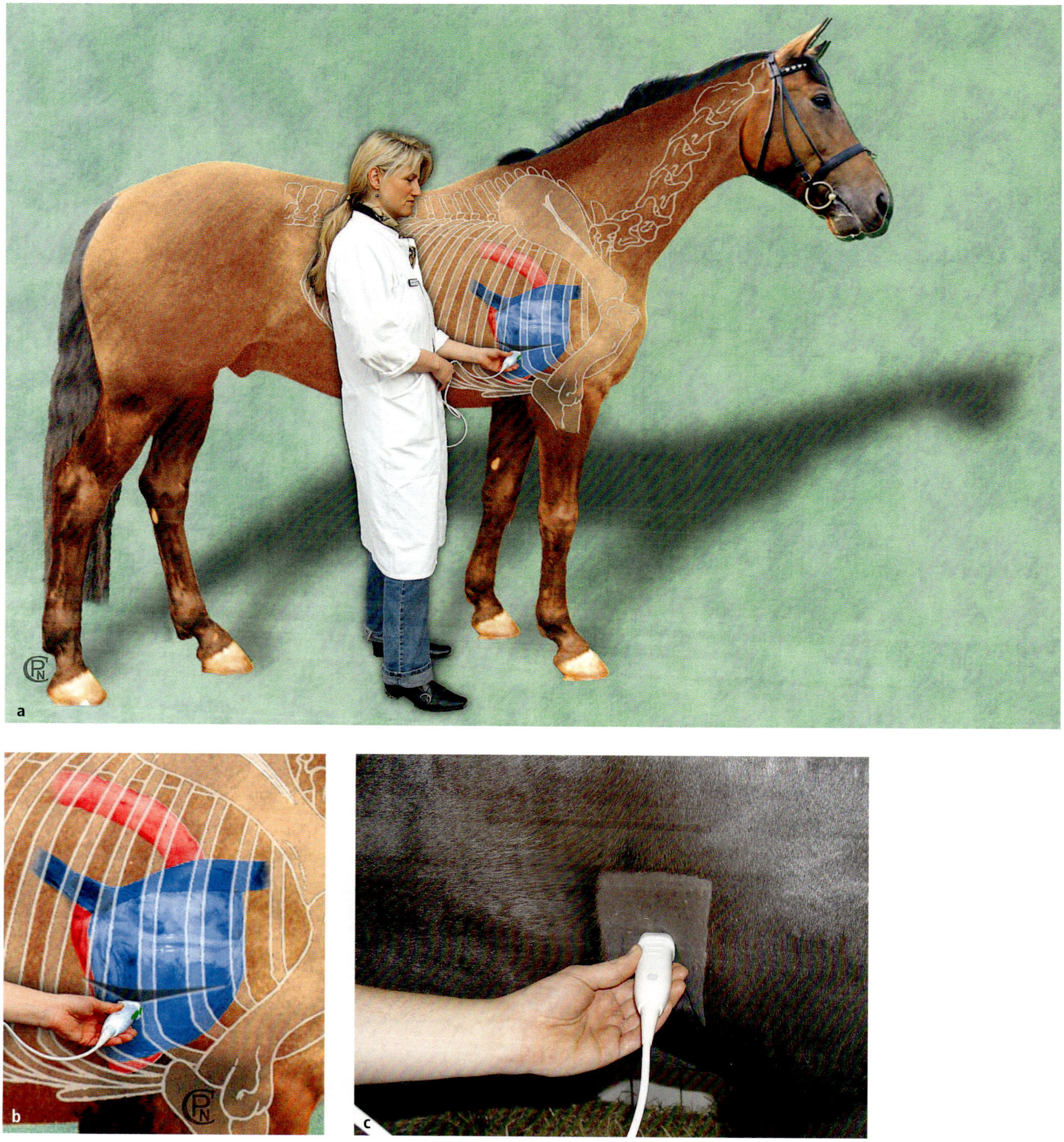

Abb. 4.53a–c:
Darstellung der echokardiographischen Untersuchung auf der rechten Thoraxseite im 4. Interkostalraum. Zur Darstellung des Herzquerschnittes (kurze Herzachse) wird der Schallkopf um 90 Grad nach vorne oder nach hinten gedreht.

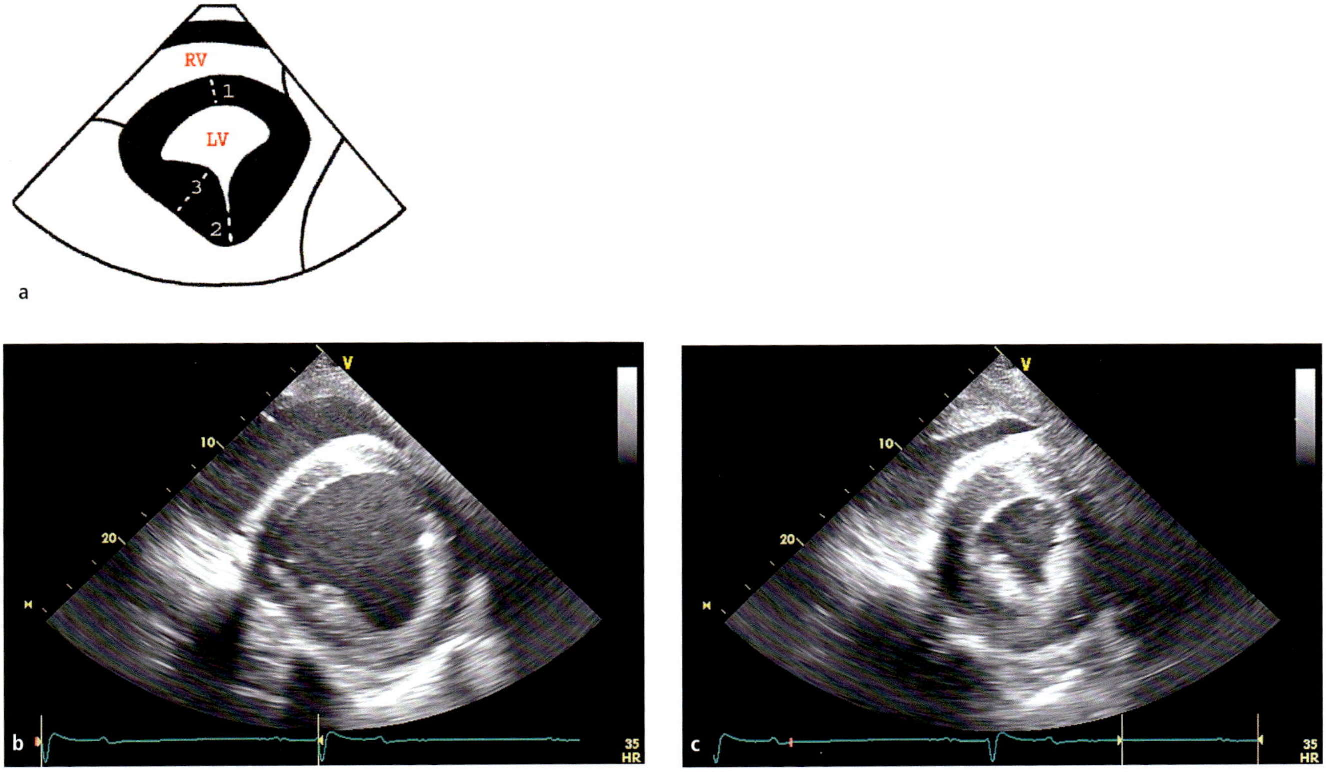

Abb. 4.54a–c:
B-Mode-Bild im Querschnitt unterhalb der Mitralklappenebene, geschallt von der rechten Thoraxseite im 4. Interkostalraum.
a Schematische Darstellung der kurzen Herzachse sowie der Messposition des linksventrikulären Myokards auf Höhe der Papillarmuskulatur.
b Gesundes Pferdeherz in der Diastole.
c Gesundes Pferdeherzens in der Systole.

Darstellung des Herzens im Querschnitt, rechte Thoraxseite

Im Anschluss an die Untersuchung im Längsschnitt erfolgt die Darstellung des Herzens im Querschnitt (rechte kaudale kurze Herzachse = RKDKA). Dazu wird die Schallkopfmarkierung um ca. 90 Grad nach kranial oder kaudal gedreht (3 oder 9 Uhr, Abb. 4.53a, b). In dieser Schallposition erfolgt die Vermessung der Papillarmuskulatur systolisch und diastolisch (Abb. 4.54a–c).

Zusätzlich kann der Schallkopf vorsichtig nach ventral (Richtung Herzspitze) und nach dorsal (Richtung Herzbasis) bewegt werden. Dadurch gelingt es, neben der Mitralklappenebene auch die linksventrikulären Papillarmuskeln vollständig darzustellen.

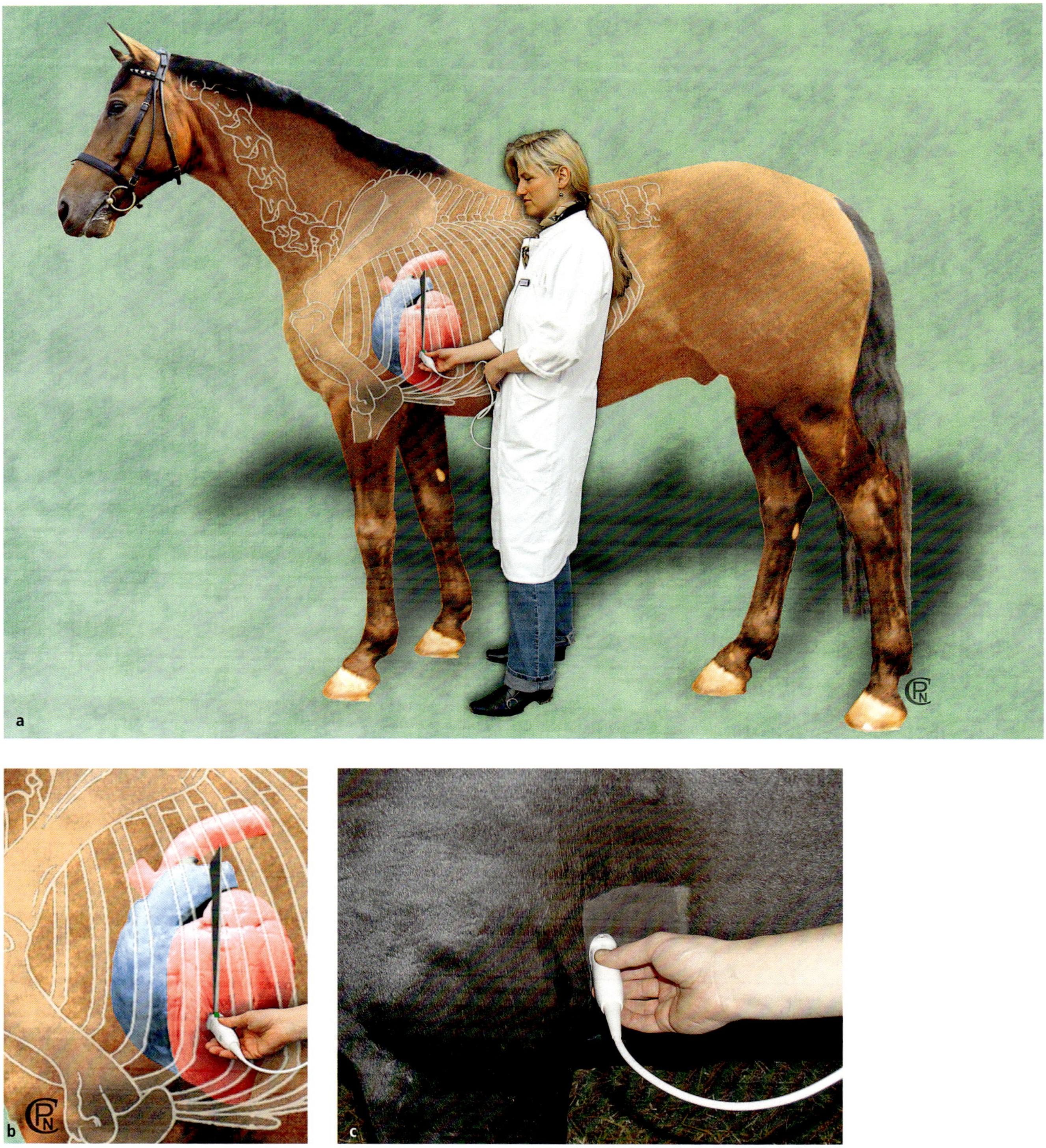

Abb. 4.55a–c:
Darstellung der echokardiographischen Untersuchung auf der linken Thoraxseite im 4. Interkostalraum. Zur Darstellung des Herzlängsschnittes (linke kaudale lange Herzachse = LKDLA) wird der Schallkopf hinter dem Ellenbogen platziert. Die Nullmarke des Schallkopfes zeigt nach oben (12 Uhr).

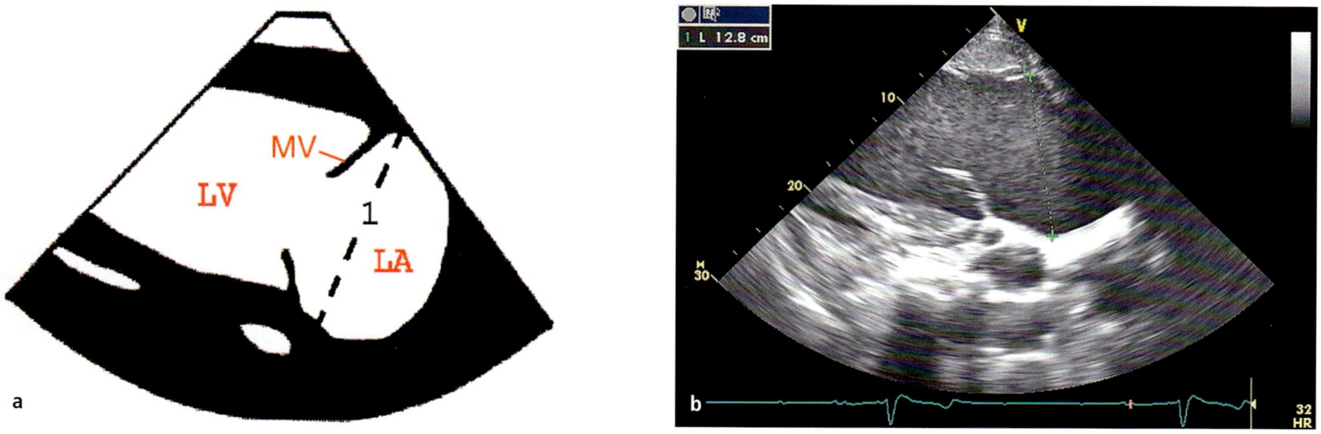

Abb. 4.56a, b:
B-Mode-Bild im Längsschnitt, geschallt von der linken Thoraxseite im 4. Interkostalraum. Es sind der linke Herzvorhof (LA = linker Vorhof) und die linke Herzkammer (LV = linker Ventrikel) sowie die Mitralsegel (MV) sichtbar.
a Schematische Darstellung der linken langen Herzachse sowie der Messposition zur Vermessung des linken Vorhofes.
b Gesundes Pferdeherz.

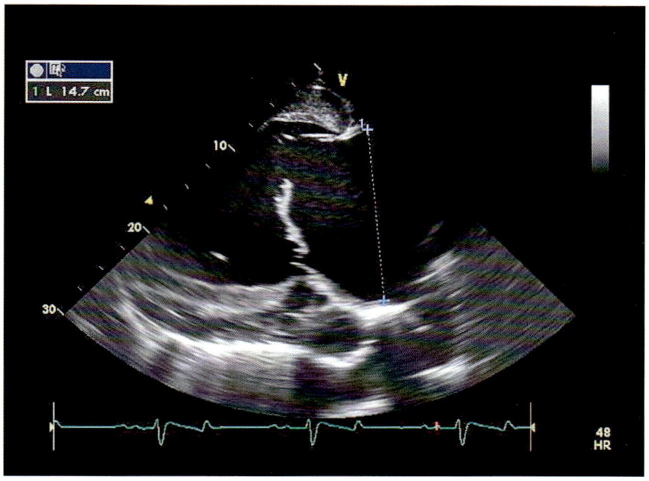

Abb. 4.57:
B-Mode-Bild im Längsschnitt, geschallt von der linken Thoraxseite im 4. Interkostalraum. Messung des linksatrialen Durchmessers. Der linke Vorhof ist deutlich dilatiert und die Mitralklappensegel zeigen eine ggr. hyperechogene Verdickung (8-jähriges Pferd mit Mitralklappeninsuffizienz).

Darstellung des Herzens im Längsschnitt, linke Thoraxseite

Auf der linken Thoraxseite wird ebenfalls im 4. Interkostalraum kaudal des Ellenbogens geschallt (linke kaudale lange Achse = LKDLA). Dabei sollte sich die Orientierungsmarke des Schallkopfes zunächst auf 12 Uhr befinden (Abb. 4.55a–c). Auf dem Monitor wird der linke Vorhof dann rechts oben im Bild und der linke Ventrikel links oben im Bild dargestellt (Abb. 4.56a, b). Die rechte Herzseite ist häufig von der linken Thoraxseite aus nicht oder nur partiell einsehbar. In diesem Schnitt gelingen eine gute Auflösung der Mitralklappe und eine akkurate Messung des linken Vorhofes (Abb. 4.57).

Farbdoppler-Untersuchungen der Mitralklappe sollten stets von der linken Thoraxseite aus durchgeführt werden, da so meist bessere Flusssignale erreicht werden (Abb. 4.58a–c).

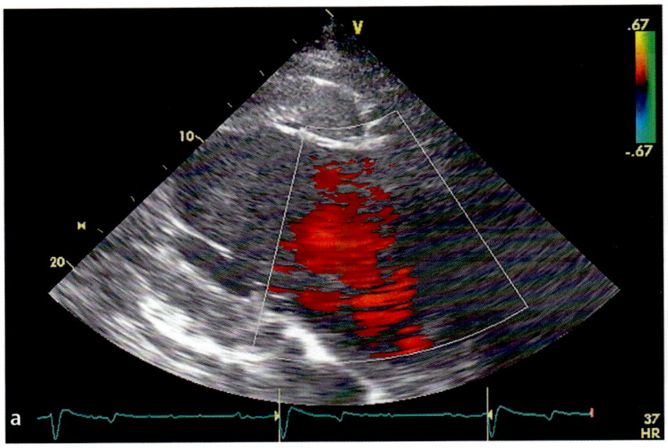

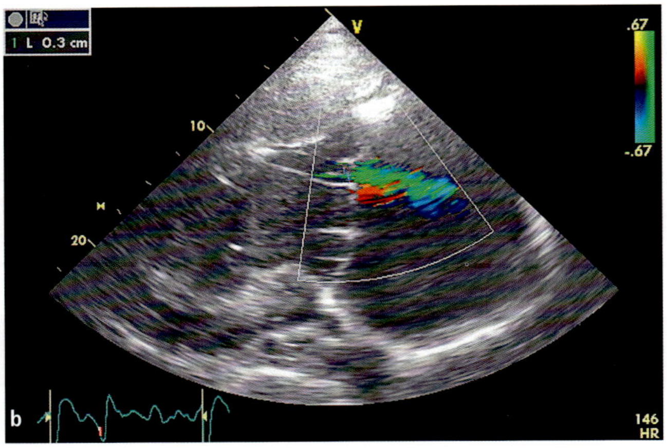

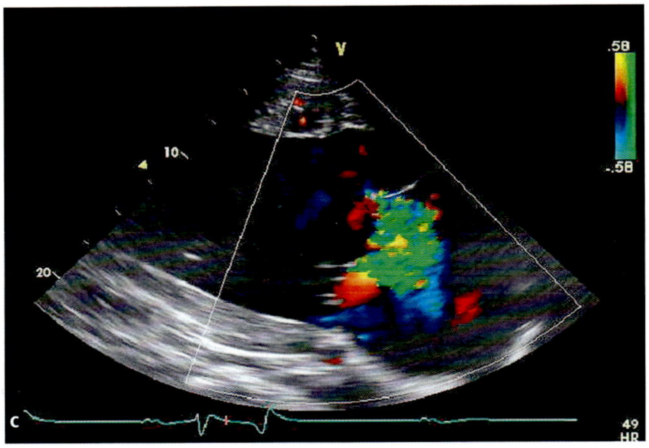

Abb. 4.58a–c:
B-Mode-Bild im Längsschnitt, geschallt von der linken Thoraxseite im 4. Interkostalraum.
a Mit der Farbdoppler-Technik ist der physiologische Bluteinstrom vom linken Vorhof in den linken Ventrikel in der Diastole sichtbar.
b, c Ebenso sind im Farbdoppler pathologische Rückflüsse in der Systole vom linken Ventrikel in den linken Vorhof (Insuffizienz = grünliche Farbwolke) an der Mitralklappe sichtbar (**b** 8-jähriges Pferd mit geringgradiger Mitralklappeninsuffizienz; **c** 6-jährige Stute mit gering- bis mittelgradiger Mitralklappeninsuffizienz).

Darstellung der Aorta im Längsschnitt, linke Thoraxseite

Durch eine leichte Drehbewegung des Schallkopfes nach links und gleichzeitiges Ausrichten des Schallkopfes nach kranial (Abb. 4.59a, b) wird auf der linken Seite ebenfalls die Aortenklappe sichtbar (Abb. 4.60a–c). Häufig gelingt die Farbdoppler-Untersuchung der Aortenklappe aus dieser Schnittposition besser als von der rechten Thoraxseite aus (Abb. 4.61a–c).

Die verschiedenen Schallpositionen im B-Mode sind in Tabelle 4.6 aufgeführt. Die echokardiographischen Normwerte für gesunde Warmblutpferde in Tabelle 4.7.

Tabelle 4.6: Anschallpositionen im B-Mode

Abkürzung	Anschallposition	Untersuchte Strukturen
RKDLA	Rechte kaudale lange Achse: Vierkammerblick	Enddiastolische Durchmesser des rechten und linken Vorhofes, des interventrikulären Septums und des linken Ventrikels sowie die Myokarddicke des rechten und linken Ventrikels
RKDLA-AO	Rechte kaudale lange Achse mit Aorta: Vierkammerblick mit Aorta	Durchmesser der Aorta auf der Klappenebene
RKRLA	Rechte kraniale lange Achse	Rechter Vorhof, rechter Ventrikel und Durchmesser des Pulmonalklappenringes
RKDKA	Rechte kaudale kurze Achse	Messung der Myokarddicke des linken Ventrikels auf Höhe der Papillarmuskulatur sowohl systolisch als auch diastolisch
LKDLA	Linke kaudale lange Achse	Enddiastolische Messung des linken Vorhofes in seiner größten Ausdehnung

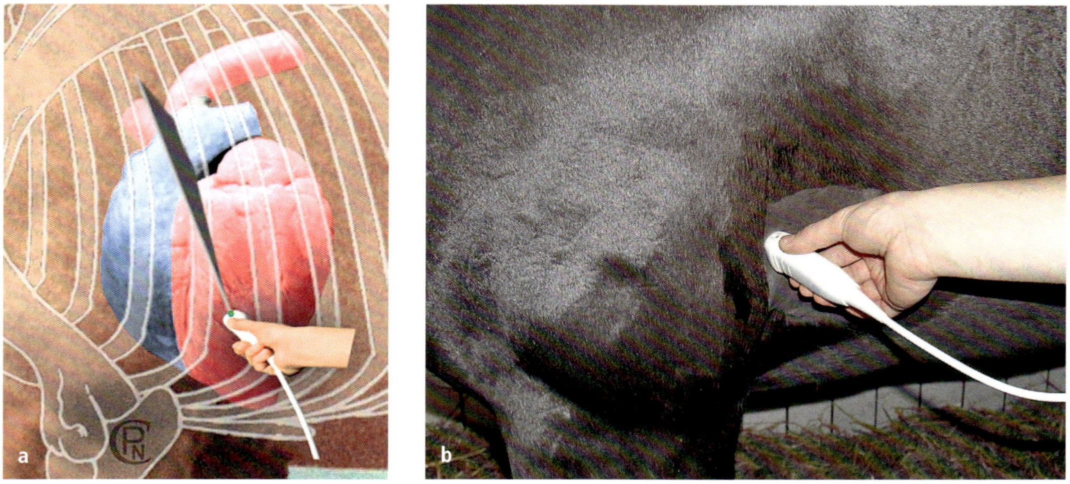

Abb. 4.59a, b:
Darstellung der echokardiographischen Untersuchung auf der linken Thoraxseite im 4. Interkostalraum. Zur Darstellung der Aorta auf der linken Seite wird der Schallkopf hinter dem Ellenbogen platziert und wenige Grade nach links gedreht sowie gleichzeitig etwas nach kranial ausgerichtet. Die Nullmarke des Schallkopfes zeigt nach links (ca. 11 Uhr).

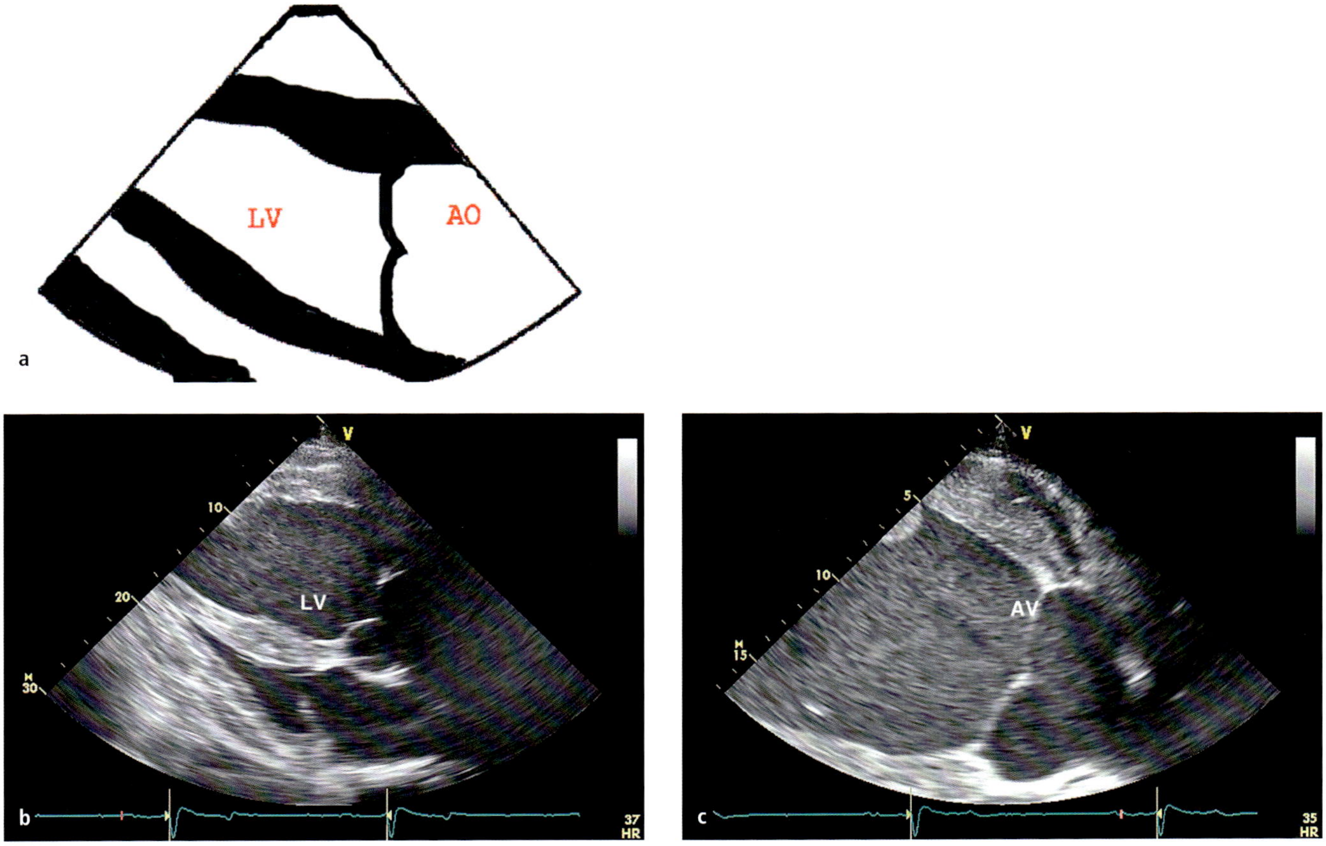

Abb. 4.60a–c:
B-Mode-Bild im Längsschnitt, geschallt von der linken Thoraxseite im 4. Interkostalraum.
a Schematische Darstellung der linken langen Herzachse mit Aorta (AO).
b Gesundes Pferdeherz. Es sind die linke Herzkammer (LV = linker Ventrikel) sowie die Aortenklappensegel (AV) sichtbar.
c Vergrößerung von b.

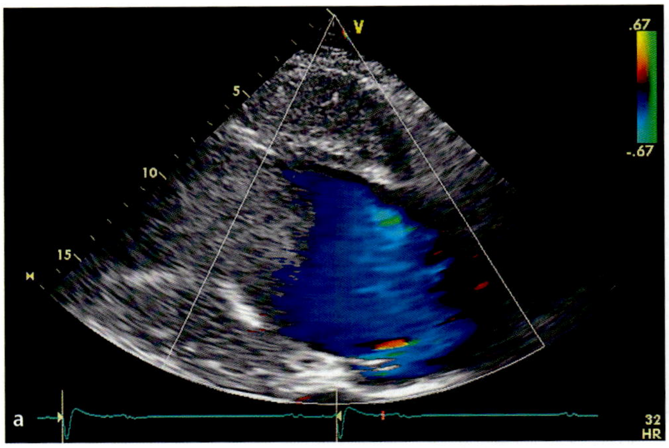

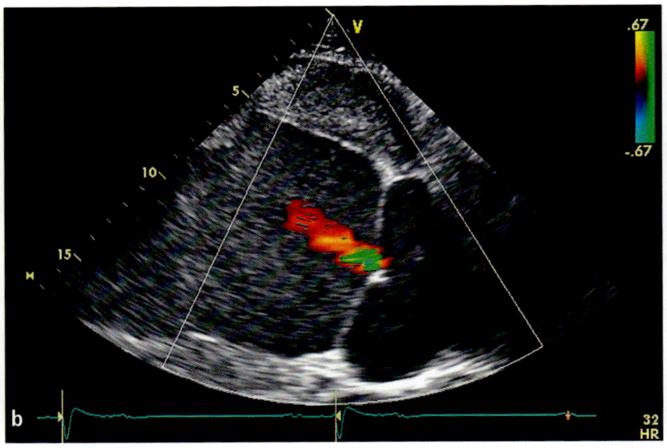

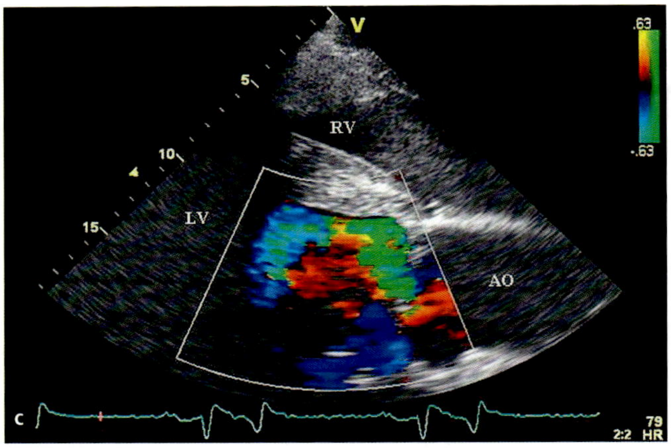

Abb. 4.61a–c:
B-Mode-Bild im Längsschnitt, geschallt von der linken Thoraxseite im 4. Interkostalraum.
a Mit der Farbdoppler-Technik ist der systolische, physiologische Blutstrom vom linken Ventrikel in die Aorta blau kodiert dargestellt.
b 12-jähriges Pferd mit Aortenklappenregurgitation.
c 18-jähriges Pferd mit Aortenklappeninsuffizienz.

Tabelle 4.7: Echokardiographische Normwerte gesunder Warmblutpferde, gemessen in cm

Anschallposition	Messung	Warmblut
RKDLA	RVW	1,5 ± 0,2
	RA	6,7 ± 0,8
	IVS *PPM*	3,4 ± 0,6
	LV *PPM*	9,3 ± 1,1
	LV *uMV*	12,8 ± 0,7
	LVW *PPM*	3,2 ± 0,6
	LA	10,5 ± 1,2
	MV	10,0 ± 0,9
	AO	8,0 ± 0,4
RKDKA	s	5,3 ± 0,3
	d	3,7 ± 0,6
RKRLA	RA	7,1 ± 1,1
	RV	7,4 ± 0,9
	PULM	5,6 ± 0,7
LKDLA	LA	≤ 13,5

Untersuchung im M-Mode

Die M-Mode-Untersuchungen des Herzens beschränken sich in der Regel auf den linken Ventrikel. Sie werden auf der rechten Thoraxseite durchgeführt. Im Querschnitt (RKDKA) wird kurz unterhalb der Mitralklappenebene die M-Mode-Linie mittig und senkrecht zum Interventrikularseptum positioniert und auf den M-Mode umgeschaltet. Das Bewegungsmuster der Muskulatur wird nun als eindimensionale Darstellung im zeitlichen Verlauf sichtbar (Abb. 4.62a–c). Messungen erfolgen bei der M-Mode-Untersuchung des Pferdes üblicherweise an folgenden Strukturen (so genannte modifizierte Teichholzmessung, Abb. 4.62d):

1. Durchmesser des linken Ventrikels endsystolisch (LVESD = linksventrikulärer endsystolischer Durchmesser)
2. Durchmesser des linken Ventrikels enddiastolisch (LVEDD = linksventrikulärer enddiastolischer Durchmesser)
3. Dicke des interventrikulären Septums endsystolisch
4. Dicke des interventrikulären Septums enddiastolisch
5. Dicke der linksventrikulären Hinterwand endsystolisch
6. Dicke der linksventrikulären Hinterwand enddiastolisch

Diese im M-Mode erfassten Parameter können zur Berechnung der linksventrikulären Volumina oder zur Bestimmung des Kontraktilitätsverhaltens der linken Kammer (Verkür-

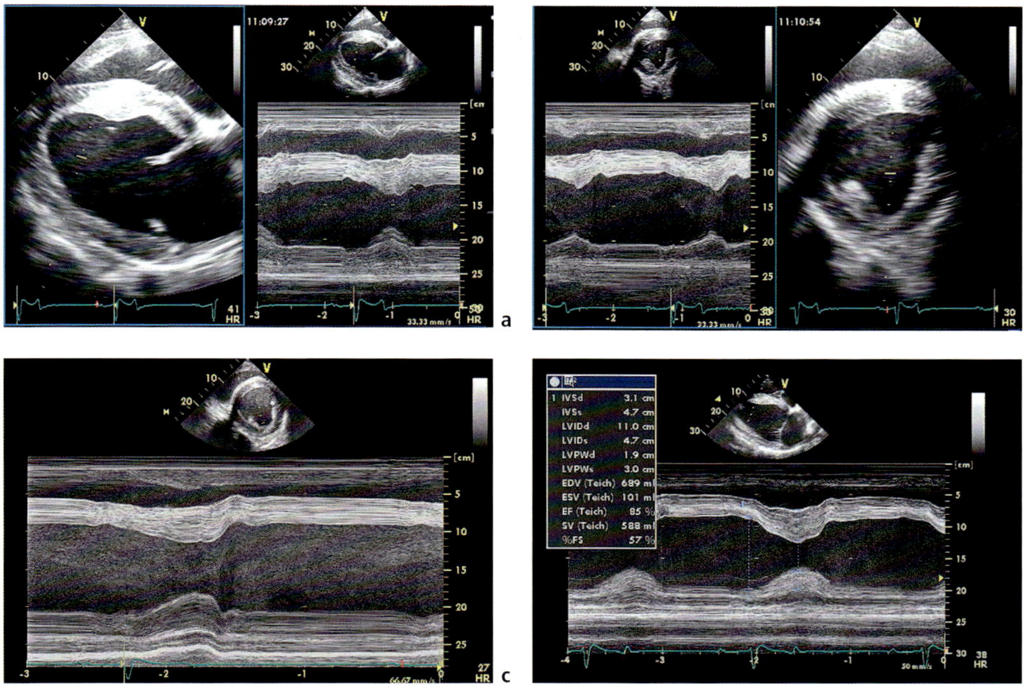

a b c d

Abb. 4.62a–d:
M-Mode-Untersuchung des linken Ventrikels auf der rechten Thoraxseite im 4. Interkostalraum (Schallposition: RKDLA). Im B-Mode-Bild wird der M-Mode-Strahl positioniert. Im oberen Bildbereich ist jeweils der B-Mode mit der Positionierung des M-Mode-Strahles sichtbar. Zur Berechnung der ventrikulären Verkürzungsfraktion (FS %) werden die Durchmesser der Myokarddicke und der Ventrikeldurchmesser systolisch und diastolisch vermessen.
a, b Längsschnitt.
c, d Querschnitt.

zungsfraktion, FS = *fractional shortening*) und somit zur Funktionsanalytik des Herzens herangezogen werden (siehe unten).

Die Darstellung der Mitral- und Aortenklappensegel im M-Mode kann aus dem Längsschnitt des Herzens von der rechten Thoraxseite aus erfolgen. Das Bewegungsmuster des septalen Mitralklappensegels verläuft physiologischerweise M-förmig (Abb. 4.63a–c). Die Kurve des parietalen Klappensegels ist hierzu spiegelbildlich in Form eines »W«.

An der Aortenklappe sind das septale und das linke Taschenklappensegel während der Systole bei geöffneter Klappe getrennt darstellbar, in der Diastole bei geschlossener Klappe ergibt sich dagegen nur ein Echo (Abb. 4.64).

Entzündliche Klappenverdickungen sind im M-Mode gut sichtbar. Auch Bewegungsstörungen der Klappen, z. B. hochfrequentes Flattern des vorderen Mitralklappensegels bei einer Aortenklappeninsuffizienz (Abb. 4.63), können mit dem M-Mode leichter aufgedeckt werden.

Echokardiographische M-Mode-Werte gesunder Pferde unterschiedlicher Rassen sind in Tabelle 4.8 aufgeführt.

Untersuchung mit der PW-Doppler-Technik

Im Anschluss an die zweidimensionale B-Bild- und M-Mode-Untersuchung kann auf der rechten Thoraxseite mit der PW-Doppler-Technik das Schlagvolumen an der Aorten- bzw. Pulmonalklappe bestimmt werden (siehe unten). Das Schlagvolumen über der Aorten- bzw. Pulmonalklappe sollte gleichgroß sein. Abweichungen treten bei Klappeninsuffizienzen oder einem Ventrikelseptumdefekt auf. Durch Vergleich der Schlagvolumina über der Aorten- und Pulmonalklappe kann bei einem Ventrikelseptumdefekt das Shuntvolumen näherungsweise geschätzt werden.

Untersuchung mit der Farbdoppler-Technik

Zusätzlich werden die Herzklappen mit der Farbdoppler-Technik auf Rückflüsse untersucht. Als pathologisch gelten turbulente Blutströmungen, die an den Atrioventrikularklappen während der Systole bzw. an den Semilunarklappen während der Diastole entgegen der physiologischen Flussrichtung auftreten. Auch Blutflüsse im Bereich des Interventrikularseptums sind pathologisch. Im Vergleich zu den so genannten physiologischen Regurgitationen, geringfügigen Blutverwirbelungen bei Klappenschluss, sind pathologische Rückflüsse länger sichtbar (> 1 s) und deutlich schneller, im CW-Dopp-

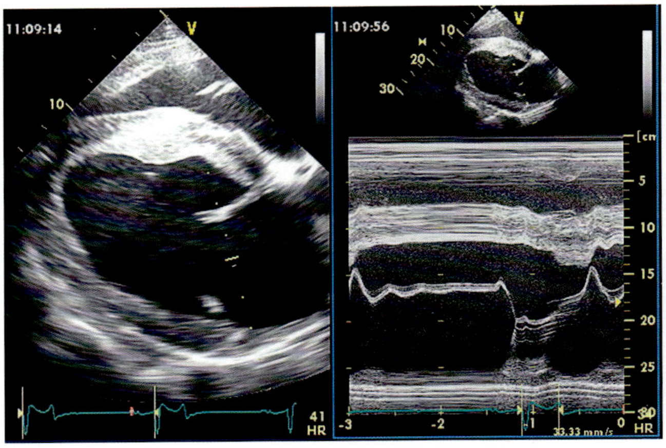

a

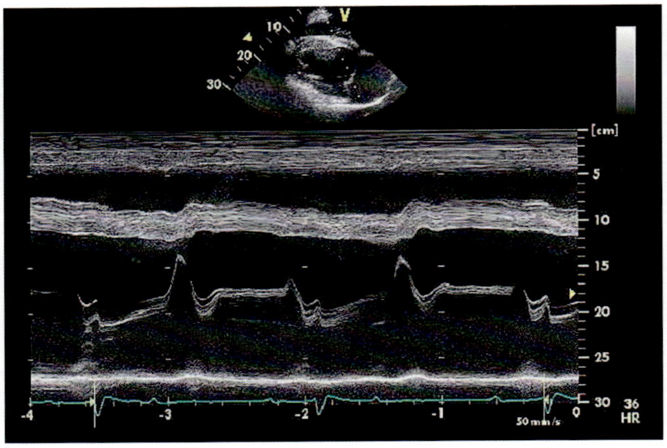

b

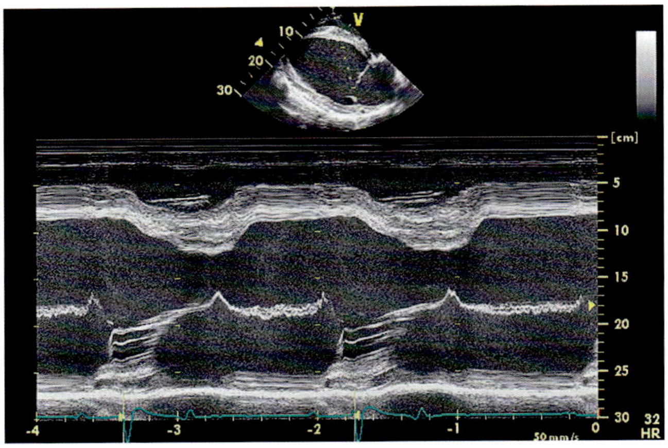

c

Abb. 4.63a–c:
M-Mode-Untersuchung der Mitraklappe im linken Ventrikel auf der rechten Thoraxseite im 4. Interkostalraum (Schallposition: RKDLA).
a Im B-Mode-Bild wird der M-Mode-Strahl positioniert.
b Normales M-förmiges Bewegungsmuster der geöffneten Mitralklappensegel in der Diastole.
c Flattern (Undulieren) des vorderen Mitralklappensegels in der Diastole bei einem Pferd mit Aortenklappeninsuffizienz.

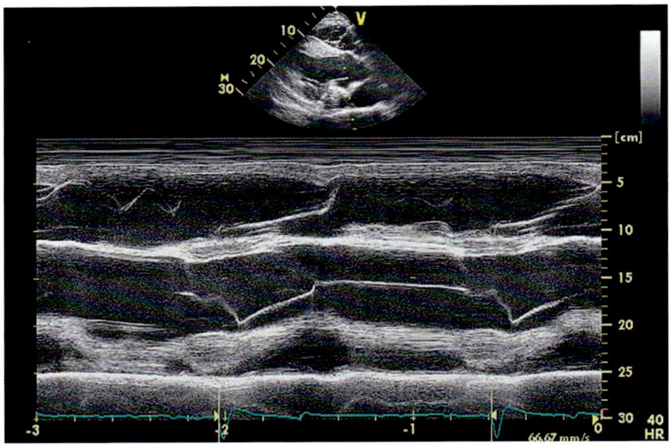

Abb. 4.64:
M-Mode-Bild eines Pferdeherzens auf Höhe der Aortenklappe (rechte Thoraxseite, Schallposition: RKDLA-AO).
Darstellung des trapezförmigen Bewegungsmusters der geöffneten Aortenklappensegel in der Systole, am gesunden Pferdeherz geschallt.

ler schneller als 1,5 m/s. Die Regurgitationsgeschwindigkeiten ergeben sich dabei aus dem Druckgefälle zwischen Kammer und Vorhof.

Bereits im B- oder M-Mode sichtbare Klappenverdickungen können auf eine Endokarditis hinweisen. Bei hochgradigen Klappeninsuffizienzen ist zum Teil bereits im zweidimensionalen B-Mode eine Schlussunfähigkeit (Regurgitationsöffnung = Ostium der Regurgitation) erkennbar.

Für die Farbdoppler-Untersuchung ist eine möglichst parallele Verlaufsrichtung des Schallstrahles zum Blutfluss anzustreben. Die interessierende Strombahn muss vollständig im Bereich des Farbsektors liegen. Jedoch sollte der Farbwinkel nicht zu groß gewählt werden, um eine ausreichend hohe Bildrate zu erhalten.

Die Untersuchung der Trikuspidalklappe mit der Farbdoppler-Technik wird sowohl in der langen Herzachse von rechts kaudal (RKDLA), als auch in der langen Herzachse von rechts kranial (RKRLA) in einer Eindringtiefe von ca. 16 cm

Tabelle 4.8: Echokardiographische Normwerte im M-Mode (cm) bei herzgesunden Ponys, National Hunters und Englischen Vollblütern. Erhebung der Messwerte von der rechten Thoraxseite im Querschnitt (rechte kurze Herzachse). Sowie M-Mode-Normwerte beim Warmblutpferd, gemessen von der rechten Thoraxseite im Längsschnitt (RKDLA) unterhalb der Mitralklappenebene.

Lokalisation	Vollblut	National Hunter	Kleine Ponys 125–306 kg	Große Ponys 274–469 kg	Warmblut
IVSd	2,9 ± 0,3	3,0 ± 0,4	1,7 ± 0,3	2,4 ± 0,2	1,5 ± 2,6
LVd	11,9 ± 0,8	11,9 ±0,7	6,1 ± 1,0	8,9 ± 1,4	7,3 ± 10,0
LVWd	2,3 ± 0,4	Keine Angabe	1,6 ± 0,4	2,2 ± 0,5	1,3 ± 3,0
IVSs	4,2 ± 0,5	4,6 ± 0,6	2,3 ± 0,4	3,8 ± 0,5	Keine Angabe
LVs	7,5 ± 0,6	7,4 ± 0,7	3,8 ± 0,4	5,9 ± 0,9	2,5 ± 4,5
LVWs	3,9 ± 0,4	3,9 ± 0,7	2,2 ± 0,4	2,7 ± 0,8	Keine Angabe
FS %	37,4 ± 3,9	38,8 ± 4,6	–	–	53–71

4

vorgenommen. Darstellung und Untersuchung der Blutströmungen durch die Pulmonalklappe erfolgen ebenfalls in der langen Herzachse von rechts kranial (RKRLA) in einer Eindringtiefe von ca. 20–24 cm. Mitralklappe und Aortenklappe werden in der langen Herzachse von links kaudal (LKDLA) in einer Eindringtiefe von ca. 20–24 cm mit dem Farbdoppler untersucht.

Untersuchung mit der CW-Doppler-Technik

Bei Auftreten pathologischer Blutflüsse im Farbdoppler wird der Messstrahl des CW-Dopplers in das farbkodierte Flusssignal, möglichst im Bereich der Durchtrittsöffnung platziert und maximale Geschwindigkeit, Intensität und Dauer der auffälligen Blutströmung werden bestimmt. Diese Parameter ermöglichen eine Schweregradbeurteilung pathologischer Blutflüsse.

Bei Mitral- oder Aortenklappeninsuffizienzen können häufig pathologische Flussgeschwindigkeiten bis zu 6 m/s beobachtet werden, wohingegen bei Trikuspidal- oder Pulmonalklappeninsuffizienzen Geschwindigkeiten von 3–4 m/s meist nicht überschritten werden.

4.2.6 Spezifische Untersuchungsverfahren zur Beurteilung der globalen und regionalen Herzfunktion

Die Quantifizierung der linksventrikulären Funktion spielt insbesondere zur Objektivierbarkeit von Verlaufsbeobachtungen und zum Effektivitätsnachweis medikamenteller oder intervenierender Maßnahmen eine wesentliche Rolle. Hierbei werden verschiedene Größenmessungen der systolischen und diastolischen Ventrikelfunktion durchgeführt. Man unterscheidet zwischen einer regionalen und einer globalen Funktionsanalyse, die mit M- und B-Mode-Technik erfolgen kann. Beim Pferd steht insbesondere der linke Ventrikel im Untersuchungsfokus.

Globale linksventrikuläre Funktion

Auf der Grundlage der Volumenbestimmung im B-Mode können das linksventrikuläre Volumen, das Schlagvolumen, das Herzminutenvolumen und die systolische Auswurffraktion berechnet werden. Bei diesen Parametern besteht eine starke Abhängigkeit sowohl zu Änderungen der Vorlast (enddiastolische Füllung) als auch der Nachlast (systemischer Blutdruck).

Linksventrikuläres Volumen

Das linksventrikuläre Volumen wird sowohl enddiastolisch als auch endsystolisch mithilfe der Scheibchensummationsmethode nach Simpson für monoplane Anlotung bestimmt.

Der Ventrikel wird dabei durch Umfahren des linksventrikulären Endokards markiert und in 20 zur Längsachse senkrecht stehende Scheiben geteilt. Dicke und Durchmesser dieser Scheiben werden automatisch mithilfe eines im Ultraschallgerät integrierten Messprogramms berechnet (Abb. 4.65) und nach der unten stehenden Formel summiert.

$$\mathrm{Vol} = \sum_{1}^{20} \frac{\Pi \times h \times D}{4} \ [\mathrm{ml}]$$

Vol = linksventrikuläres Volumen
h = Scheibchendicke
D = Scheibchendurchmesser

Schlagvolumen

Das Schlagvolumen pro Herzschlag ergibt sich aus der Differenz von enddiastolischem und endsystolischem Volumen.

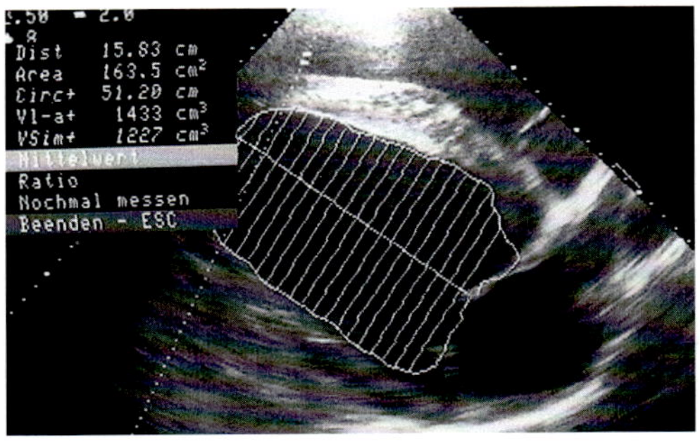

Abb. 4.65:
Volumenberechnung mit der Scheibchensummationsmethode nach Simpson. Der Ventrikel wird dabei durch Umfahren des linksventrikulären Endokards markiert und in 20, zur Längsachse senkrecht stehende Scheiben geteilt. Die Dicke und der Durchmesser dieser Scheiben werden automatisch mithilfe eines im Ultraschallgerät integrierten Messprogrammes berechnet und summiert.

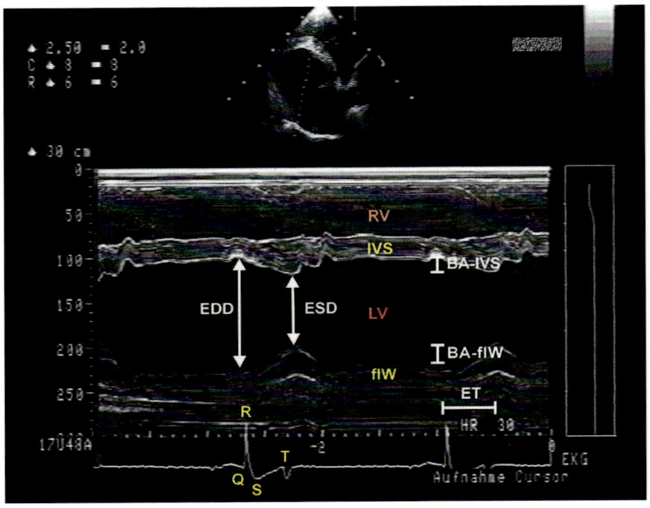

Abb. 4.66:
Die Verkürzungsfraktion (*fractional shortening* = FS) errechnet sich aus der Differenz zwischen dem enddiastolischen und dem endsystolischen Durchmesser, dividiert durch den enddiastolischen Ausgangsdurchmesser.

Die Volumenberechnung kann dabei sowohl mit der Scheibchensummationsmethode als auch mit der Doppler-Technik (siehe unten) durchgeführt werden.

$$SV = EDV - ESV \text{ [ml]}$$

SV = Schlagvolumen
EDV = enddiastolisches Volumen
ESV = endsystolisches Volumen

Ejektionsfraktion

Die Auswurffraktion (EF) ist der wichtigste globale Funktionsparameter und wird aus dem Quotienten des Schlagvolumens (*SV*) und des enddiastolischen Volumens (*EDV*) berechnet:

$$EF = \frac{SV}{EDV} \times 100 \text{ [\%]}$$

EF = Ejektionsfraktion
SV = Schlagvolumen
EDV = enddiastolisches Volumen

Regionale linksventrikuläre Funktion

Regionale Wandbewegungsstörungen können auf eine Myokardschädigung hinweisen (z. B. Ischämie, Entzündung, Einblutung, Fibrosierung, Vernarbung). Sie werden nicht nur durch die Abnahme der Wandexkursion (aufgrund der veränderten Endokardbewegung), sondern auch durch die Abnahme der systolischen Wandverdickung bei abgrenzbarem Endo- und Epikard erkenn- und messbar.

Die Messung der Wandverdickung ist dabei sicherer, da sie von Translationsbewegungen und asynchronem Kontraktionsverhalten unabhängig ist.

Ein wichtiger Parameter der regionalen linksventrikulären Funktion ist die Verkürzungsfraktion, berechnet aus dem M-Mode. Sie beschreibt die linksventrikuläre Durchmesseränderung, die sich zwischen Diastole und Systole abspielt und errechnet sich aus der Differenz zwischen dem enddiastolischen und dem endsystolischen Durchmesser, dividiert durch den enddiastolischen Ausgangsdurchmesser (Abb. 4.66).

$$FS = \frac{(LVEDD - LVESD)}{LVEDD} \times 100 \text{ [\%]}$$

FS = Verkürzungsfraktion
LVEDD = linksventrikulärer enddiastolischer Durchmesser
LVESD = linksventrikulärer endsystolischer Durchmesser

Im Falle einer Unterschreitung des Normbereiches spricht man von einer Hypo-, bei einer Überschreitung von einer Hyperkinetik.

Bei diesem Messwert muss beachtet werden, dass eine Herzerkrankung durch die Verkürzungsfraktion nur dann erfasst werden kann, wenn gerade der Punkt, an dem die Dimensionsänderung gemessen wurde, die eingetretene Myokarddysfunktion repräsentiert.

Beeinflusst wird die systolische Verkürzungsfraktion nicht nur durch die Kontraktilität, also die Verkürzung der Myokardfilamente, sondern deutlicher durch Vor- und Nachlast. Nachgewiesene Einflüsse auf die systolische Verkürzungsfraktion sind die Herzfrequenz, die Kondition und Konstitution des Tieres sowie die Schallposition. Ein entscheidender Vorteil der Verkürzungsfraktion bleibt jedoch die Einfachheit ihrer Bestimmung.

Ejektionszeit

Die Ejektionszeit (ET) kann echokardiographisch im M-Mode-Bild in Kombination mit einem EKG gemessen werden. Sie entspricht der Zeitdauer zwischen den Q-Zacken des EKG und der maximalen Myokardkontraktion. Sie wird neben der ventrikulären Durchmesserveränderung zur Berechnung der mittleren zirkumferenziellen Faserverkürzungsgeschwindigkeit (Vcf) einer Muskelfaser am Endokard verwendet (Einheit: Zirkumferenzen/s).

Linksventrikuläre prozentuale Wandverdickung

Die linksventrikuläre prozentuale Wandverdickung (PWT) wird aus der endsystolischen (WTES) und der enddiastolischen Wanddicke (WTED) ermittelt.

$$PWT = \frac{(WTES - WTED)}{WTED} \times 100\ [\%]$$

PWT = prozentuale Wandverdickung
WTES = endsystolische Wanddicke
WTED = enddiastolische Wanddicke

Mittlere zirkumferenzielle Faserverkürzung

Die mittlere zirkumferenzielle Faserverkürzung einer Muskelfaser am Endokard wird aus dem Durchmesser des Ventrikels berechnet (M-Mode).

$$Vcf = \frac{(LVEDD - LVESD)}{LVEDD \times ET}\ [circ/s]$$

Vcf = zirkumferenzielle Faserverkürzung
LVEDD = linksventrikulärer enddiastolischer Durchmesser
LVESD = linksventrikulärer endsystolischer Durchmesser
ET = Ejektionszeit
circ/s = Zirkumferenzen pro Sekunde

Bestimmung von Flussvolumina mit der Doppler-Technik

Mit der Doppler-Technik besteht beim Pferd die Möglichkeit, das Schlagvolumen des Herzens sowohl über der Aorten-, als auch über der Pulmonalklappe zu bestimmen. Dazu wird zunächst der Durchmesser zwischen den geöffneten Aorten- bzw. Pulmonalklappensegeln im zweidimensionalen B-Mode auf der rechten Thoraxseite vermessen (Abb. 4.67a). Mithilfe der folgenden Formel wird näherungsweise der Durchmesser der Gefäße im Klappendurchtritt bestimmt:

$$A = \pi \times \left(\frac{D}{2}\right)^2$$

A = Fläche des Regurgitationsostiums
π = 3,1415
D = Durchmesser Aorta/Pulmonalarterie

Anschließend wird mithilfe des PW-Dopplers (für Geschwindigkeitsmessungen physiologischer Blutströme ausreichend) auf Höhe der Klappen das Flussprofil dargestellt und durch manuelles Umfahren dieses Flussprofiles das Geschwindigkeits-Zeit-Diagramm (= VTI, Abb. 4.67b, c) berechnet. Durch Einfügen in die Formel

$$SV = A \times VTI\ (ml)$$

SV = Schlagvolumen
A = Fläche
VTI = Flussprofil

ist eine semiquantitative Schlagvolumenberechnung (SV) möglich. Das Schlagvolumen der rechten und linken Herzseite ist, solange keine Klappen- oder Herzwanddefekte vorliegen, gleich groß.

Das Herzminutenvolumen ergibt sich aus der Formel:

$$HMV = SV \times HF\ (ml)$$

HMV = Herzminutenvolumen
SV = Schlagvolumen
HF = Herzfrequenz

Darüber hinaus kann auch der so genannte Herzindex als gewichtsunabhängiger kardialer Parameter berechnet werden:

$$HI = HMV/KGW$$

HI = Herzindex
HMV = Herzminutenvolumen
KGW = Körpergewicht in kg

Durch Kombination von farbkodiertem Doppler und CW-Doppler ist auch eine reproduzierbare, quantitative Beurteilung pathologischer Blutströme möglich. Das regurgitierte

4

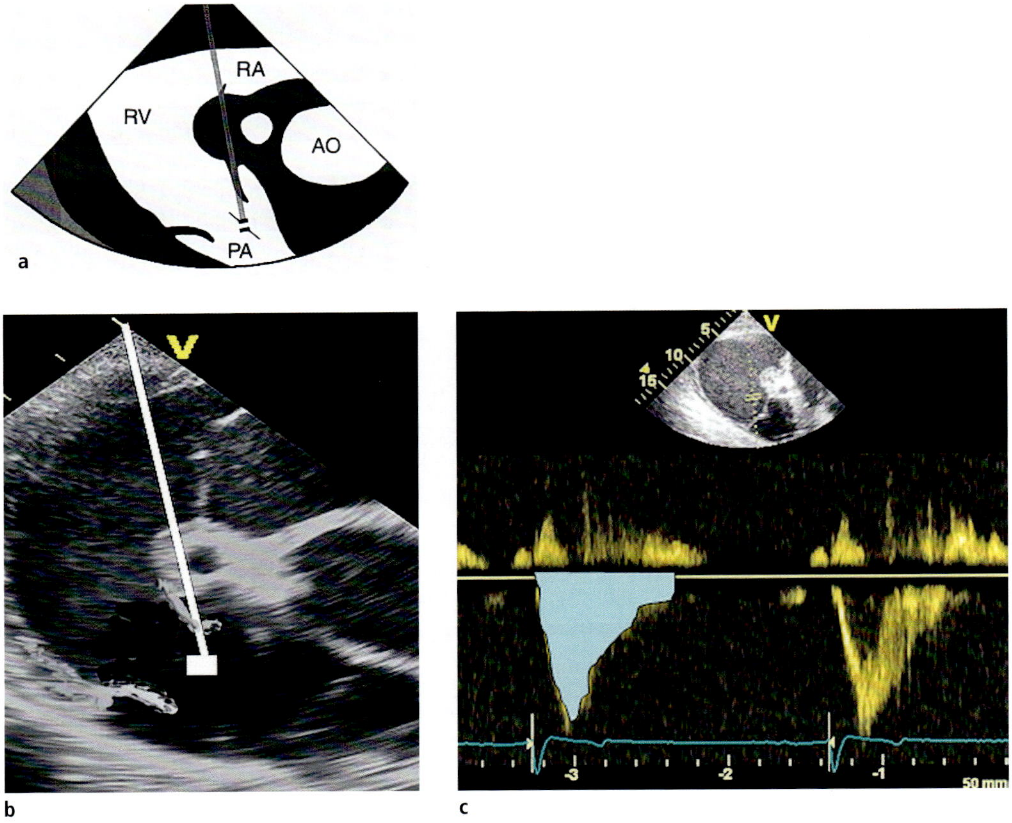

Abb. 4.67a–c:
Bestimmung des Schlagvolumens an der Aortenklappe. Nach Vermessung des Durchmessers zwischen den geöffneten Aortenklappensegeln im zweidimensionalen B-Mode auf der rechten Thoraxseite (**a**) wird mithilfe des PW-Dopplers auf Höhe der Klappen das Flussprofil dargestellt (**b**) und durch manuelles Umfahren dieses Flussprofiles das VTI berechnet (**c**).

Volumen (RV) bei Klappeninsuffizienzen oder das Shuntvolumen beim Ventrikelseptumdefekt wird näherungsweise aus der mit dem Farbdoppler dargestellten Strömungsdurchtrittsfläche (z. B. an der insuffizienten Klappe) und dem VTI (Geschwindigkeits-Zeit-Integral) an dieser Lokalisation ermittelt. Die Größe der valvulären Undichtigkeit (D) oder eines Septumdefektes (D) wird im Farbdoppler vermessen und anschließend das VTI an dieser Lokalisation mit dem CW-Doppler bestimmt. Das Rückfluss- oder Shuntvolumen wird nach folgenden Formeln bestimmt:

$$A = \pi \times \left(\frac{D}{2}\right)^2$$

A = Fläche des Regurgitationsostiums
π = 3,1415
D = Durchmesser des Regurgitationsostiums

$$RV = A \times VTI$$

A = Fläche
RV = Rückflussvolumen
VTI = Flussintegral

Durch die Berechnung des Rückflussvolumens können Aussagen über den hämodynamischen Schweregrad und die Prognose pathologischer Herzbefunde gemacht werden.

Die auf diese Weise berechneten Flussvolumina stellen natürlich keine Absolutwerte, sondern nur Näherungswerte dar. Sie ermöglichen aber eine erste Scheregradeinschätzung pathologischer Befunde, erlauben objektive Verlaufsuntersuchungen und verdeutlichen auch dem Patientenbesitzer das Ausmaß eines Herzbefundes (z. B. durch Vergleich von Schlagvolumina zu Rückflussvolumina).

4.2.7 Untersuchung mit der Gewebedoppler-Technik

Zur Durchführung gewebedopplerechokardiographischer Untersuchungen muss das Ultraschallgerät zur Erhebung und Auswertung dieser Daten ausgerüstet sein. Es können verschiedene Anschallpositionen vorgenommen werden. Zur Untersuchung des linken Ventrikels kann z. B. von der rechten Thoraxseite aus der Querschnitt untersucht werden. Der B-Mode-Winkel sowie die Eindringtiefe werden dabei möglichst minimiert. Über das B-Mode-Bild wird nun der Gewebedoppler projiziert. Nach Aufnahme verschiedener Sequenzen erfolgt die Datenanalyse am Gerät oder *offline* mithilfe spezieller Software (z. B. Echopac®).

4.2.8 Echokardiographie während und nach Belastung (Stress-Echokardiographie)

Viele Herzerkrankungen, die zu einer Leistungsinsuffizienz führen, treten subklinisch auf und können bei einer Ruheuntersuchung nicht diagnostiziert werden. Deshalb ist in einigen Fällen eine zusätzliche echokardiographische Untersuchung während einer passiven oder kurz nach einer aktiven Belastung sinnvoll (Stress-Echokardiographie). Dadurch können myokardiale Abnormalitäten und Defekte unter Belastung aufgedeckt und so möglicherweise eine genauere Prognose bei einer Herzerkrankung erstellt werden.

Insbesondere chronische Myokardschäden können ohne Anzeichen eines Herzgeräusches oder einer Herzarrhythmie vorhanden sein. Eine Stress-Echokardiographie erscheint deshalb immer dann indiziert, wenn die linksventrikulären Funktionsparameter in Ruhe entweder gerade noch im Normalbereich liegen oder nur leicht verändert sind, das Pferd aber leistungsinsuffizient ist.

Eine Lungenerkrankung oder orthopädische Problematik als mögliche Ursache für die Leistungsinsuffizienz sollte zuvor ausgeschlossen werden.

Stressinduktionsmethoden

Aufgrund der Position des Schallkopfes unmittelbar hinter dem Ellenbogen kann das Pferd, auch bei Belastung auf dem Laufband, nicht während der aktiven Belastung echokardiographisch untersucht werden. Deshalb muss die echokardiographische Untersuchung unmittelbar nach der Belastung durchgeführt werden. Art und Dauer der Belastung (Longe, Laufband, Rennbahn) sind vom Ausbildungsstand und der Kondition des Pferdes sowie von den örtlichen Möglichkeiten abhängig (Abb. 4.68a).

Da eine Stress-Echokardiographie nur bei Herzfrequenzen über 100 Schlägen sinnvoll ist, verbleiben, nach individueller Beruhigungszeit des Pferdes, für die Untersuchung meist nur ein bis zwei Minuten, sodass die Belastung je nach Fragestellung, Untersuchungsdauer und Erfahrung des Untersuchers mehrfach wiederholt werden muss.

Neben der aktiven körperlichen Belastung kann beim Pferd auch eine passive medikamentelle Stressinduktion durchgeführt werden (Abb. 4.68b, c). Dazu hat sich das Sympathomimetikum Dobutamin (7,5 mg/kg/min) in Kombination mit dem Parasympatholytikum Atropin (5 mg/kg) bewährt (Antidot: β-Blocker, z. B. Propranolol). Vorteil dieser Untersuchungsmethode ist, dass die Pferde während der Belastung echokardiographisch untersucht werden können und die Untersuchung somit unter deutlich höheren Herzfrequenzen möglich ist (Abb. 4.69). Auch bei Pferden mit orthopädischen Problemen kann diese Methode der kardialen Stressinduktion bei gezielter Fragestellung eingesetzt werden.

Echokardiographische Untersuchungstechniken

Die Untersuchungtechniken nach Belastung entsprechen denen der Ruheuntersuchung (zweidimensionales B-Mode, M-Mode, Gewebedoppler usw.). Analog zur Humankardiologie können dann beim Pferd Lokalisation und Ausdehnung myokardialer Wandbewegungsstörungen dokumentiert werden. Interessant ist dabei vor allem der linke Ventrikel. Zur genaueren Lokalisation der Wandbewegungsstörung ist es üblich, die linksventrikuläre Wand in verschiedene Segmente einzuteilen (Abb. 4.70).

Ergänzend zur topographischen Zuordnung wird die Wandbewegungsstörung beschrieben (hyper-, hypo-, dys- oder akinetisch) und ihr Schweregrad abgeschätzt (Abb. 4.71a–d). Dazu kann es hilfreich sein, das Endokard systolisch und diastolisch mithilfe des Trackballs zu umfahren und durch ein Übereinanderlegen beider Linien Abweichungen der physiologischen, symmetrischen Myokardkontraktion aufzudecken (Abb. 4.72a–c). Diese semiquantitative »Trackball-Methode« ist wesentlich präziser als die »Eyeball-Methode«, also die rein qualitative und subjektive Beurteilung

Weitere kardiale Untersuchungen wie z. B. Stress-M-Mode (Abb. 4.73), Bestimmung des Schlagvolumens usw. können ergänzend erfasst und ausgewertet werden. Die echokardiographischen Befunde werden dann in Relation zur Belastungsstufe und zur Herzfrequenz beurteilt.

4

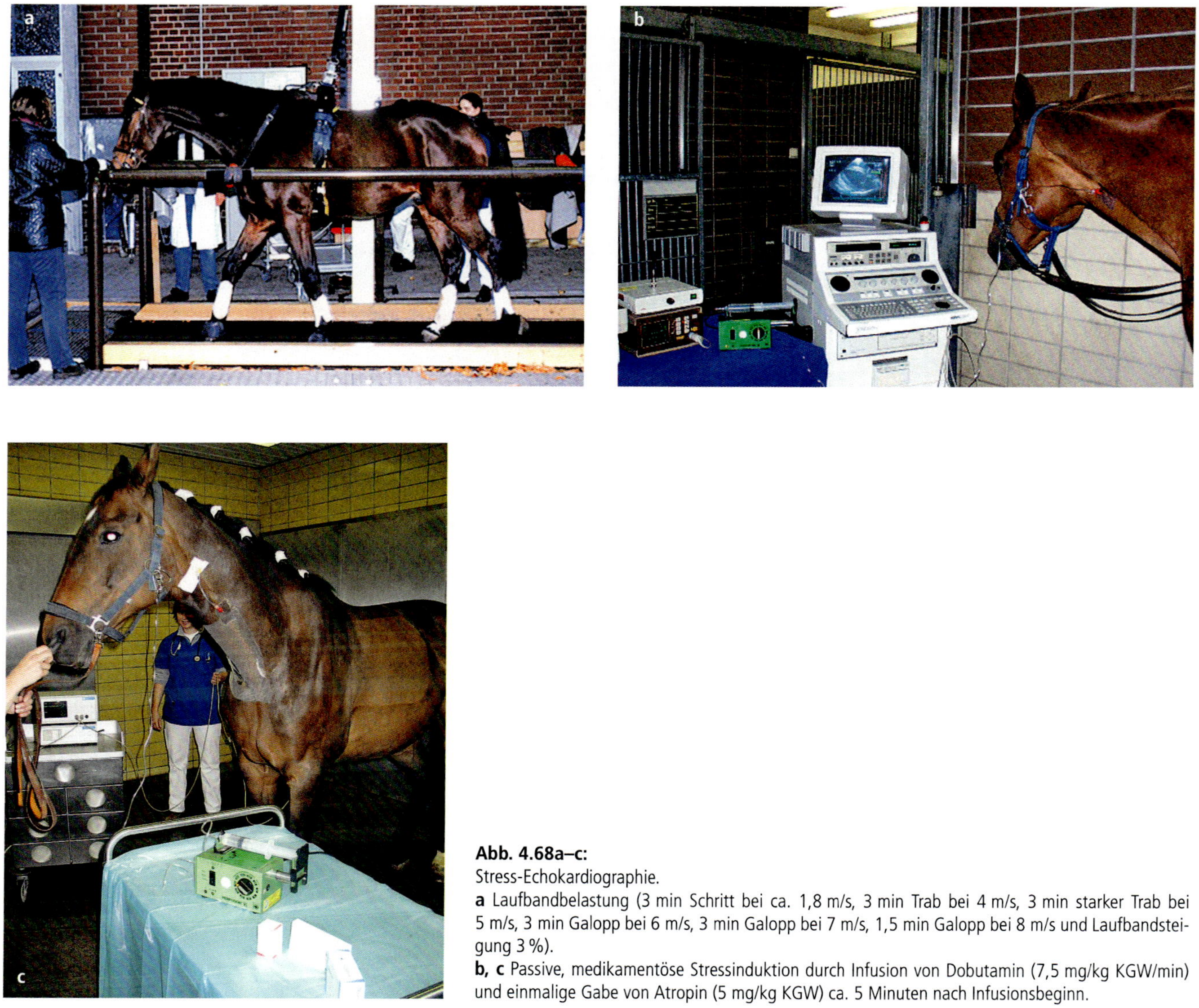

Abb. 4.68a–c:
Stress-Echokardiographie.
a Laufbandbelastung (3 min Schritt bei ca. 1,8 m/s, 3 min Trab bei 4 m/s, 3 min starker Trab bei 5 m/s, 3 min Galopp bei 6 m/s, 3 min Galopp bei 7 m/s, 1,5 min Galopp bei 8 m/s und Laufbandsteigung 3 %).
b, c Passive, medikamentöse Stressinduktion durch Infusion von Dobutamin (7,5 mg/kg KGW/min) und einmalige Gabe von Atropin (5 mg/kg KGW) ca. 5 Minuten nach Infusionsbeginn.

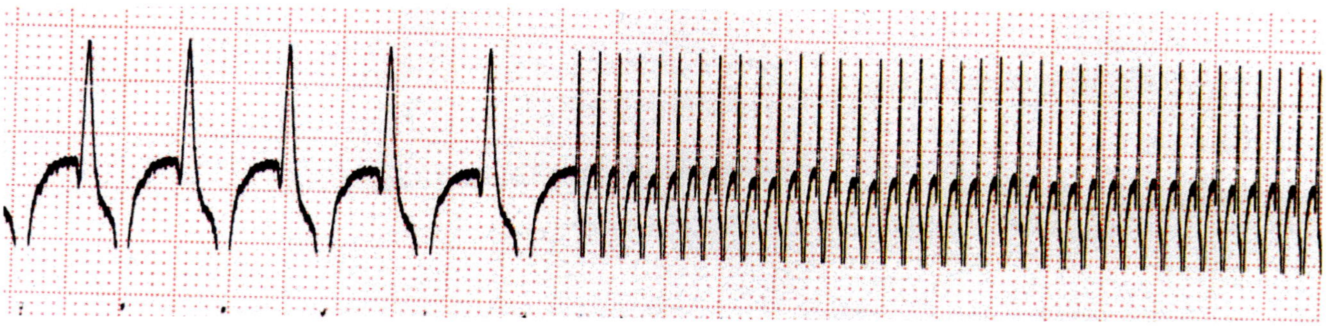

Abb. 4.69:
EKG während einer passiven Stressinduktion mithilfe einer Dobutamininfusion. Die Herzfrequenzsteigerung auf 160 Schläge pro Minute nach Atropinapplikation ist deutlich sichtbar.

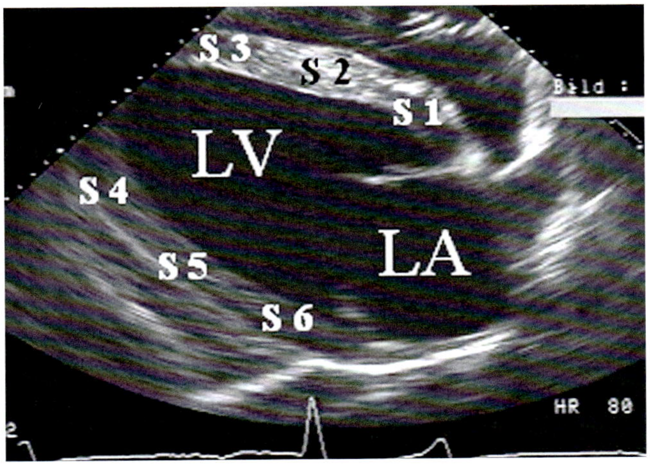

Abb. 4.70:
Einteilung des linken Ventrikels in verschiedene Segmente (Interventrikularseptum: S1–S3, linksventrikuläre Hinterwand: S4–S6) zur Durchführung einer segmentalen Wandbewegungsanalyse.

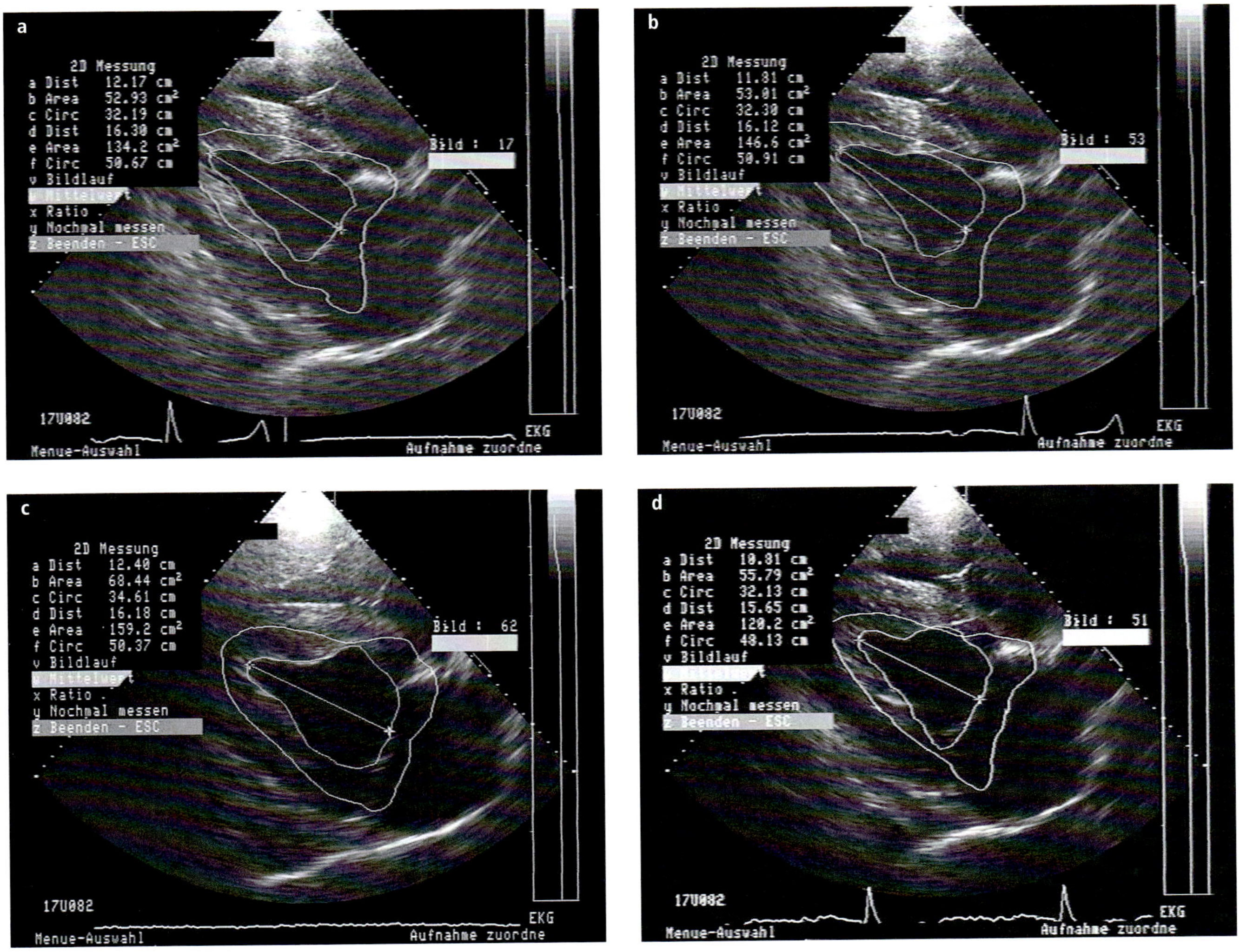

Abb. 4.71a–d:
B-Mode-Bilder des Herzens im Längsschnitt, geschallt von der rechten Thoraxseite im 4. Interkostalraum (Vierkammerblick). Durch eingezeichnete Linien wird die systolische und diastolische Endokardbewegung sichtbar.

a Ein normokinetischer linker Ventrikel (symmetrische, systolische Einwärtsbewegung des Myokards)

b–d Verschiedene lokale Wandbewegungsstörungen in einem Myokardsegment des Interventrikularseptums (S2): **b** Hypokinesie (reduzierte, systolische Wanddickenzunahme und Einwärtsbewegung des Myokards), **c** Akinesie (fehlende, systolische Wanddickenzunahme und Einwärtsbewegung des Myokards), **d** Dyskinesie (asymmetrische systolische Wanddickenzunahme und Einwärtsbewegung des Myokards).

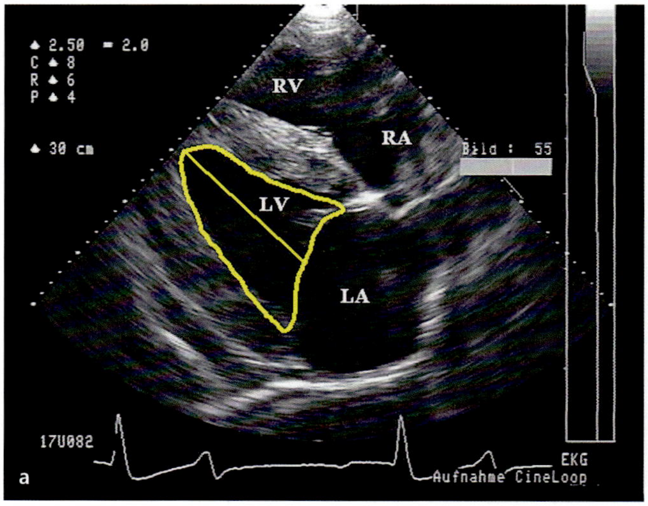

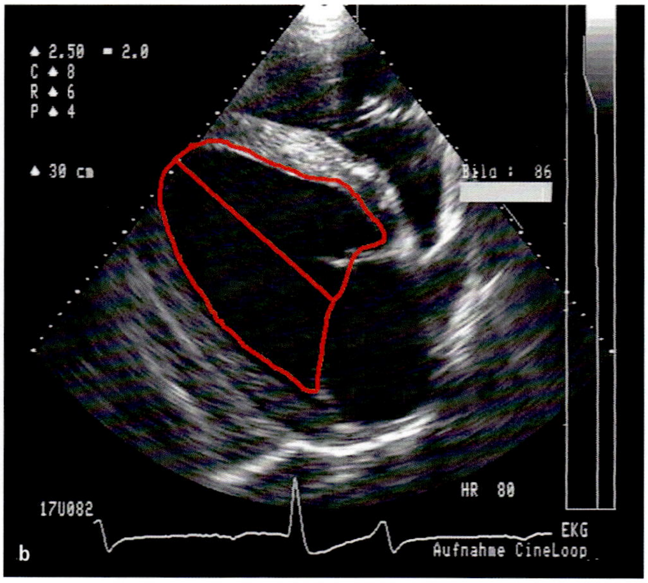

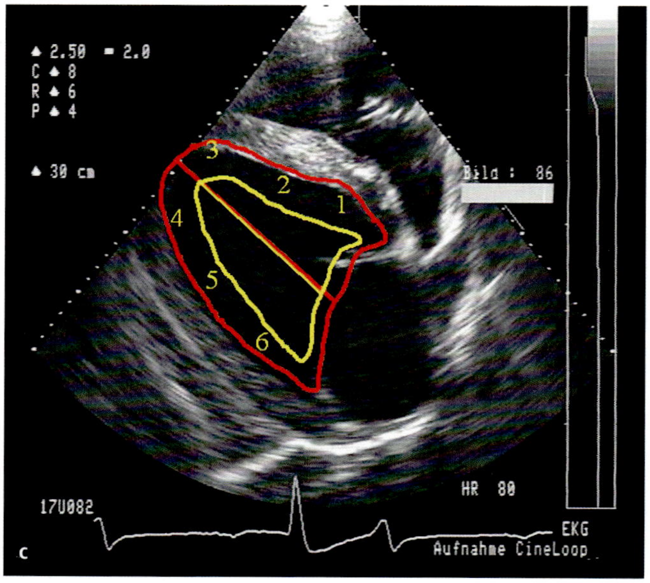

Abb. 4.72a–c:
B-Mode-Bilder des Herzens im Längsschnitt, geschallt von der rechten Thoraxseite im 4. Interkostalraum (Vierkammerblick). Durch eingezeichnete Linien wird die systolische (gelb, **a**) und diastolische (rot, **b**) Endokardbewegung sichtbar. Ein Übereinanderlegen der Endokardlinien (**c**) erleichtert die Aufdeckung regionaler Wandbewegungsstörungen.

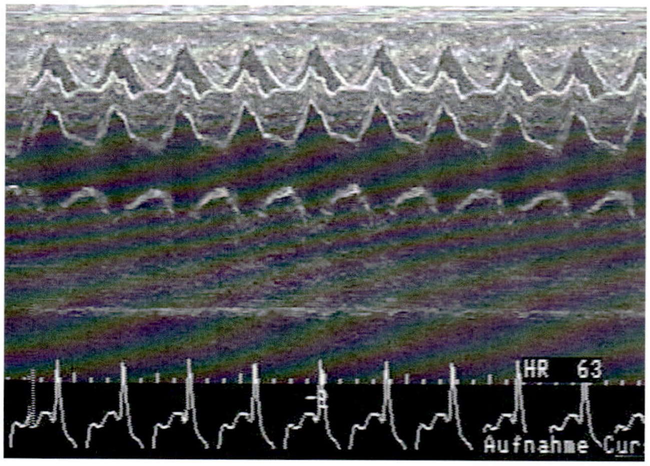

Abb. 4.73:
M-Mode-Untersuchung des linken Ventrikels bei hoher Herzfrequenz unter Belastung.

4.2.9 Einfluss von Training auf die Herzdimensionen

Die Echokardiographie führt als eine einfache, sichere und nicht invasive Methode zur Beurteilung der Leistungsfähigkeit des Herzens insbesondere beim Pferd zu einem verbesserten Verständnis der spezifischen Anpassung des Herzens an das Training im Sport.

Eine Veränderung der kardialen hämodynamischen Verhältnisse durch Training oder pathologische Gegebenheiten führt zu einer ventrikulären Hypertrophie, die nach der Anordnung der Myofibrillen differenziert wird. Die zugebildeten Myofibrillen werden entweder in Reihe angeordnet, wodurch das Kammervolumen zunimmt, oder parallel, sodass die Wanddicke zunimmt. Erhöhte Vorlast regt das serielle myofibrilläre Wachstum an, während die parallele Hypertrophie durch eine erhöhte Nachlast gefördert wird. Langandauernde Belastungen mit hohem Herzminutenvolumen und relativ gleich bleibendem Blutdruck, wie sie bei Distanztraining und -ritten üblich sind, haben eine zunehmende diastolische Last mit kompensatorischer Vergrößerung der Herzkammern zurfolge. Ein größerer enddiastolischer Durchmesser des linken Ventrikels wurde sowohl für Ausdauersportler als auch für Springpferde, deren vermehrte Galopparbeit in höherem Tempo als Ausdauertraining angesehen wird, nachgewiesen. Kurze Trainingseinheiten mit erhöhtem arteriellen Blutdruck und erhöhter kardialer Nachlast hingegen führen zu einer Zunahme der Wanddicke des linken Ventrikels durch kompensatorische konzentrische Umstrukturierung des Myokards.

Beim Vollblutpferd ist eine Steigerung des relativen Herzgewichtes von 0,9 % auf bis zu 1,1 % des Körpergewichtes möglich. Bei diesem »Wachstum« des Herzens sind alle Strukturen des Herzens beteiligt, die Verhältnisse der Strukturen zueinander verändern sich nur unwesentlich.

4

Literatur

BONAGURA, J. D. (1990): Clinical evaluation and management of heart disease. Equine Vet. Educ. 2, 31–37.

BOON, J. A. (1998): Manual of veterinary echocardiography. Williams und Wilkins. Baltimore, Philadelphia, London, Paris.

BLISSITT, K. J., J. D. BONAGURA (1995a): Pulsed wave Doppler echocardiography in normal horses. Equine vet J. Suppl. 19: 38–46.

BLISSITT, K. J., J. D. BONAGURA (1995b): Color flow Doppler echocardiography in normal horses. Equine vet J. Suppl. 19: 47–55.

BONAGURA, J. D., K. J. BLISSITT (1995): Review Article: Echocardiography. Equine vet J. Suppl. 19: 5–17.

CARLSTEN, J. C. (1987): Two-dimensional, Real-Time Echocardiography in the Horse. Vet Radiol. 28: 76–87.

FEHSKE, W. (1988): Praxis der konventionellen und farbkodierten Doppler-Echokardiographie. Verlag Huber, Bern, Stuttgart.

FEIGENBAUM, H. (1986): Echokardiographie. 3. Aufl. perimed Fachbuch-Verlagsgesellschaft, Erlangen.

LONG, K. J. (1992): Two-dimensional and M-mode echocardiography. Equine vet Educ. 4: 303–310.

LONG, K. J. (1993): Doppler echocardiography – clinical applications. Equine vet Educ. 5: 161–166.

LONG, K. J., J. D. BONAGURA, P. G. G. DARKE (1992): Standardised imaging technique for guided M-Mode and Doppler echocardiography in the horse. Equine vet J. 24: 226–235.

MARR, C. M., V. B. REEF (1995): Physiological valvular regurgitation in clinically normal young racehorses: prevalence and two-dimensional colour flow Doppler echocardiographic characteristics. Equine vet J. Suppl. 19: 56–62.

MC GLADDERY, A. J., C. M. MARR (1990): Echocardiography for the practitioner. Equine vet Educ. 2: 11–14.

O'CALLAGHAN, M. W. (1985): Comparison of echocardiographic and autopsy measurements of cardiac dimensions in the horse. Equine vet J. 17: 361–368.

PATTESON, M. (1996): Equine Cardiology. Blackwell Wissenschaftsverlag, Berlin.

PATTESON, M., C. GIBBS, P. R. WOTTON, P. J. CRIPPS (1995): Echocardiographic measurements of cardiac dimensions and indices of cardiac function in normal adult Thoroughbred horses. Equine vet J. Suppl. 19: 18–27.

REEF, V. B. (1998): Equine Diagnostic Ultrasonography. WB Saunders, Philadelphia.

REEF, V. B. (1990): Color flow mapping of horses with valvular insufficiency. Proc. 8th ACVIM FORUM, 483–485.

REEF, V. B. (1995a): Heart murmurs in horses: determining their significance with echocardiography. Equine vet J. Suppl. 19: 71–80.

SCHMAILZL, K. J. G. (1994): Kardiale Ultraschalldiagnostik. Handbuch und Atlas. Blackwell Wissenschaftsverlag, Berlin.

STADLER, P., U. D'AGOSTINO, E. DEEGEN (1988): Methodik der Schnittbildechokardiographie beim Pferd. Pferdeheilkunde 4, 161–174.

VÖRÖS, K., J. R. HOLMES, C. GIBBS (1990): Anatomical validitation of two-dimentional echocardiography in the horse. Equine vet J. Suppl. 22: 392–397.

YOUNG, L. E. (1999): Cardiac responses to training in 2-year-old Thoroughbreds: an echocardiographic study. Equine vet J. Suppl. 30: 195–198.

YOUNG, L.E., J. L. N. WOOD (2000): Effect of age and training on murmurs of atrioventricular regurgitation in young Thoroughbreds. Equine vet J. Suppl. 32: 195–199.

4

4.3 Herzkatheteruntersuchung

Heidrun Gehlen, Peter Stadler

Die historische Entwicklung der Herzkatheteruntersuchung begann im Jahre 1929 im Augusta-Victoria-Krankenhaus in Eberswalde bei Berlin. Unter röntgenologischer Kontrolle führte der chirurgische Assistenzarzt Forssmann einen heroischen Selbstversuch durch, in dem er sich selbst über eine Armvene einen Katheter bis ins Herz vorschob. In der Humanmedizin ist die Herzkatheteruntersuchung heutzutage nicht mehr wegzudenken.

Auch beim Pferd wurde diese Untersuchungsmethode in der zweiten Hälfte des 20. Jahrhunderts angewendet. Die Herzkatheterisierung findet dort ihren Einsatz vor allem in der Ursachenforschung bei Lungenerkrankungen (Lungenbluten), zur weiteren Diagnostik bei kongenitalen und erworbenen Erkrankungen von Herz und Kreislaufsystem und zur Bestimmung der Signifikanz kardiovaskulärer Schäden.

Die hämodynamischen Verhältnisse im Herzen spiegeln sich in den intrakardialen Druckschwankungen wider, die sich mit einer Herzkatheteruntersuchung erfassen lassen. Somit ermöglicht die Herzkatheteruntersuchung, als weiterführende diagnostische Methode, das Erkennen geringgradiger Abweichungen von der normalen Herzfunktion auch bei Pferden, die in Ruhe oder bei leichter Arbeit keine kardiologischen Symptome und keine Abweichungen echokardiographischer Untersuchungsparameter zeigen. Darüber hinaus lassen sich Therapieverläufe (z. B. Einsatz drucksenkender Medikamente) mithilfe von Katheteruntersuchungen kontrollieren. Hilfsreich ist die Herzkatheteruntersuchung auch zur Differenzierung kardialer und pulmonaler Hypertonien.

Neben Druckmessungen können mit der Herzkatheteruntersuchung auch Blutgaskonzentrationen in verschiedenen Herzsegmenten (Stufenoxymetrie) oder Kontrastmitteluntersuchungen durchgeführt werden.

4.3.1 Physiologische Füllungsdrücke

Am Anfang des großen Kreislaufes (Aorta) herrscht im Mittel ein etwa fünffach höherer Druck als am Anfang des kleinen Kreislaufes (Pulmonalarterie). Diese Druckdifferenz resultiert aus einem etwa fünffach höheren mittleren Strömungswiderstand dieses Kreislaufsegmentes im Vergleich zum kleinen Kreislauf. Hieraus folgt, dass der linke Ventrikel im Vergleich zum rechten Ventrikel auch eine fünffach höhere Arbeitsleistung zu erbringen hat. Der enddiastolische Druck wird in beiden Ventrikeln von dem myokardialen Funktionszustand (Kontraktionskraft und Compliance) und von der Stärke der Vorhofkontraktion bestimmt.

Unter Belastung kommt es beim Pferd, aufgrund eines starken Anstiegs des Herzminutenvolumens, zu einem hohen Druckanstieg in der Pulmonalarterie und als Folge der Milzkontraktion zu einer erhöhten Blutviskosität. Außerdem steigen der rechtsatriale und rechtsventrikuläre Druck sowie der Pulmonalarteriendruck und der Lungenkapillardruck an. Dabei hat die Intensität der Belastung einen Einfluss auf die Druckverhältnisse, da pulmonale vaskuläre Drücke mit der Intensität der Belastung zunehmen. Der Druckanstieg tritt insbesondere zu Beginn der Belastung auf. Bei Herzkatheteruntersuchungen auf dem Laufband wurde nachgewiesen, dass die pulmonal-vaskulären Drücke bei plötzlichen hohen Belastungen signifikant schneller und höher ansteigen als bei dosierter Steigerung der Belastung, obwohl letztendlich die gleiche Leistung gefordert bzw. die gleiche Geschwindigkeit erreicht wird. Der beim Pferd beobachtete, progressiv mit der Belastungsintensität ansteigende Lungenkapillardruck ist mutmaßlich auf ein erhöhtes pulmonales Blutvolumen, einen erhöhten venösen Tonus (intrinsischer myogener Tonus und neurohormonale Einflüsse) und einen erhöhten nachgeschalteten Druck (*downstream pressure*) zurückzuführen. Da in der ventrikulären Enddiastole ventrikuläre und atriale Drücke identisch sind, ist es der linksventrikuläre enddiastolische Druck, der als nachgeschalteter Druck den pulmonalen venösen Druck beeinflusst.

4.3.2 Technische Ausrüstung

Das für eine Herzkatheteruntersuchung verwendete Equipment richtet sich nach der Art bzw. dem Ziel der Untersuchung. Neben einem Herzkatheter und einer Einführschleuse sind ein Druckwandler und eine Registrieranlage erforderlich (Abb. 4.74).

Zur Durchführung einer Einschwemmkatheteruntersuchung stehen verschiedene Kathetermodelle zur Verfügung. Beim Pferd hat sich der doppellumige Ballon-Einschwemmkatheter nach Swan-Ganz bewährt (Abb. 4.75a). Seine Außenfläche ist mit schwarzen Ringen in Zehn-Zentimeter-Abständen markiert. Das eine Lumen wird mit steriler Kochsalzlösung gefüllt und mit einem Druckwandler verbunden, sodass Druckschwankungen über diese Flüssigkeitssäule gemessen werden können. Über ein zweites Katheterlumen kann Luft oder Kohlendioxid in einen weichen Latexballon an der Katheterspitze eingebracht werden, sodass die harte Katheterspitze umhüllt wird (Abb. 4.75b). Damit verteilen sich die beim Vorführen in rechten Vorhof und Ventrikel auf Endokard und Gefäßwand wirkenden Schleuderkräfte auf eine größere Fläche, sodass es selten zur Auslösung von Extrasystolen kommt. Auch das Risiko einer Traumatisierung des Gewebes ist mit diesem flexiblen Katheter deutlich geringer. Ein wesentlicher Vorteil liegt darin, dass der Katheter optimal mit dem Blutstrom in Ventrikel, Pulmonalarterie und Lungenkapillarbett eingeschwemmt wird und er außerdem bei Lage in einer Pulmonalkapillaraufzweigung das jeweilige Gefäß durch den Ballon an der Katheterspitze gegegen den retrograden Blutstrom abdichtet. So kann eine technisch einwandfreie Pulmonalkapillardruckkurve registriert und aufgezeichnet werden. Auch zur Blutentnahme ist dieser Katheter gut geeignet. Auf diese Weise kann eine Stufenoxymetrie (Sauerstoffpartialdruckmessung in verschiedenen Segmenten zur Aufdeckung kongenitaler Vitien/Shunts) einfach durchgeführt werden.

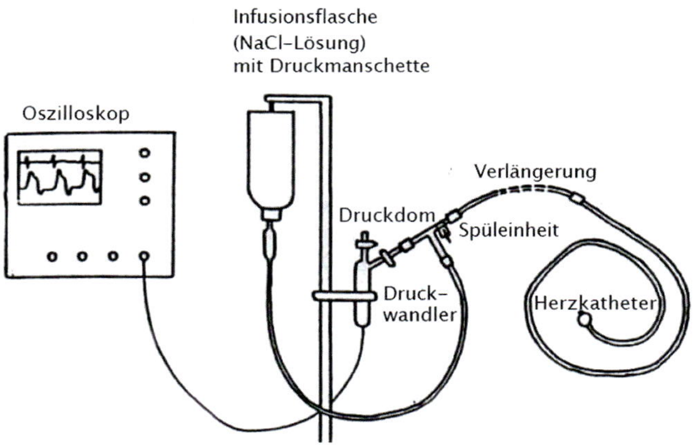

Abb. 4.74:
Schematische Darstellung der Messeinheit aus Registrieranlage, Druckwandler und flüssigkeitsgefülltem Herzkatheter.

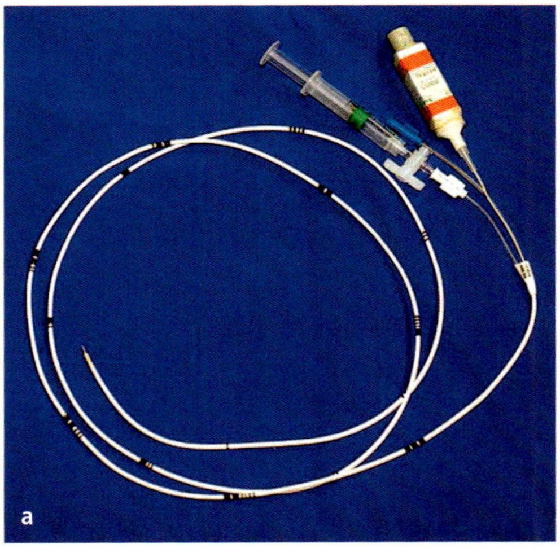
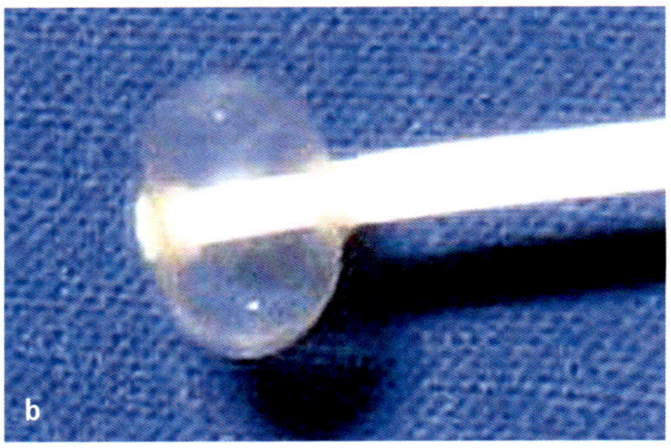

Abb. 4.75a, b:
Swan-Ganz-Ballon-Einschwemmkatheter, Länge 1,6 m. **b** Latexballon an der Katheterspitze zum Einschwemmen in die Pulmonalarterie.

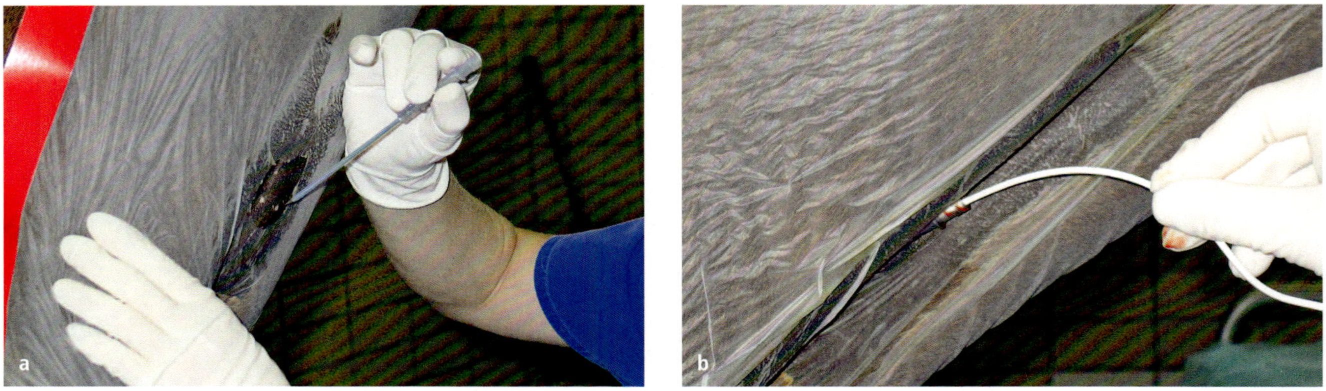

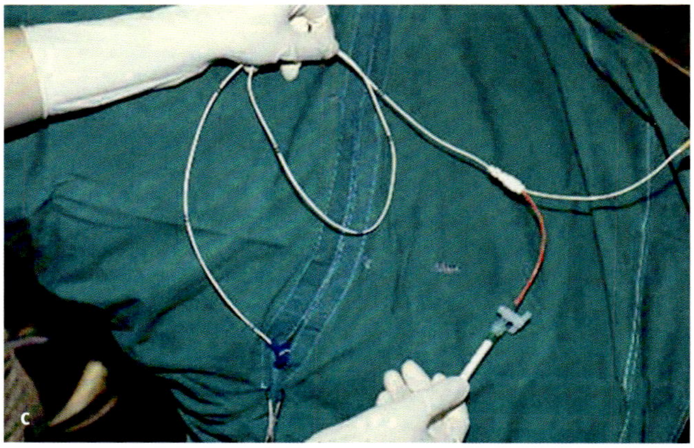

Abb. 4.76a–c:
Katheterisierung der Jugularvene zur Rechtsherzkatheteruntersuchung.
a Einbringen der Einführschleuse (Braunüle) in die Jugularvene.
b Einbringen des Herzkatheters.
c Sterile Abdeckung der Halsseite.

Beim Pferd wird eine Katheterlänge von etwa 150–160 cm benötigt, um bis in das Lungenkapillargebiet zu gelangen. Die Katheterisierung durch die Jugularvene kann unter Verwendung einer während der Untersuchung verbleibenden Einführschleuse erfolgen (Abb. 4.76a, b).

Der Swan-Ganz-Katheter steht auch drei- oder vierlumig zur Verwendung von Schrittmachersonden, Fiberoptik oder Platinelektroden zur Verfügung. Mehrlumige Rechtsherz-Balloneinschwemmkatheter werden z.B. zur elektrischen Defibrillation bei Pferden mit Vorhofflimmern angewendet, um Elektroden im rechten Vorhof und in der Pulmonalarterie zu platzieren. Nachdem die Pferde in Allgemeinanästhesie verbracht wurden, werden dazu elektrische Schockwellen mit einer Maximalenergie von 300 Joule appliziert.

Druckmessungen unter Laufbandbelastung (Abb. 4.77) können mit elektronischen Katheterspitzen-Transducern (*catheter-tip transducer*) durchgeführt werden, um Bewegunsartefakte zu vermeiden. Der elektronische Transducer wird dabei über den Flüssigkeitskanal bis zur Katheterspitze vorgeschoben (Abb. 4.78).

4.3.3 Durchführung

Beim Pferd ist die Rechtsherzkatheterisierung am stehenden, unsedierten Pferd ohne Probleme durchführbar, wohingegen eine Linksherzkatheterisierung durch die A. carotis in der Regel nur am anästhesierten Tier durchzuführen ist. In den meisten Fällen wird der Rechtsherzkatheter durch die Jugularvene in das Herz-Kreislauf-System eingebracht. Besonders wichtig sind die aseptische Vorbereitung der Einstichstelle und eine absolut sterile Durchführung der Untersuchung. Aus diesem Grund sollte die Halsseite, auf der die Katheteruntersuchung durchgeführt wird, nach steriler Vorbereitung der Punktionsstelle an der Jugularvene oberhalb der Apertura thoracis (Rasur, Desinfektion) mit einem sterilen Tuch oder einer sterilen Abdeckfolie versehen werden (Abb. 4.76a–c). Das Arbeiten mit sterilen Handschuhen ist ebenfalls erforderlich. Nach Einbringen der Einführschleuse wird der Katheter zügig bis in den rechten Vorhof bzw. Ventrikel vorgeschoben, was an den typischen systolischen Druckkurven zu überprüfen ist (Abb. 4.79).

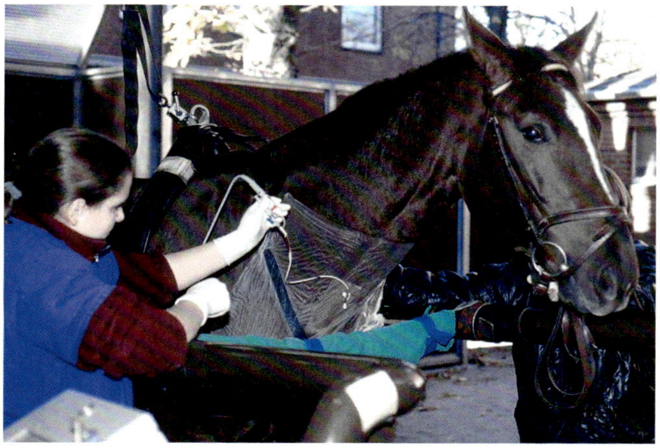

Abb. 4.77:
Rechtsherzkatheteruntersuchung unter Belastung auf dem Laufband.

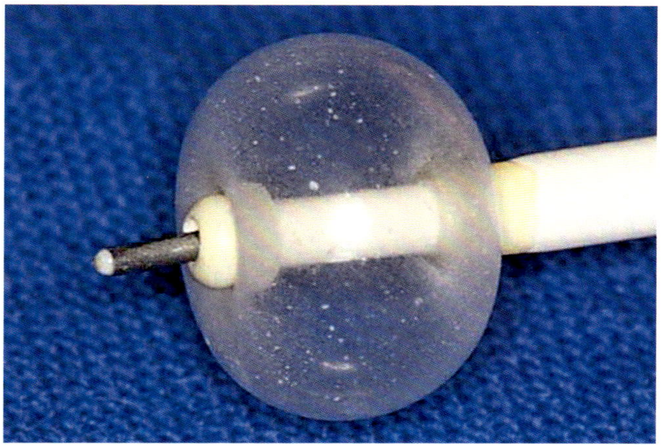

Abb. 4.78:
Mikrotip-Manometer zur Durchführung von Katheteruntersuchung auf dem Laufband.

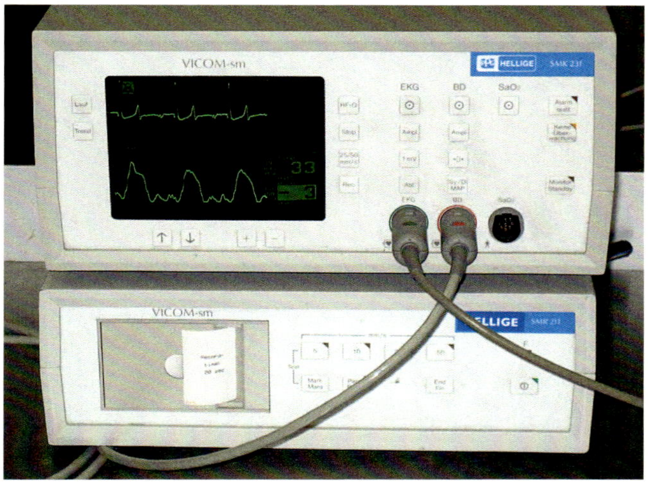

Abb. 4.79:
Registrieranlage mit EKG-Überwachung. Auf dem Monitor sind typische systolische, rechtsventrikuläre Druckkurven sichtbar.

Auch die exakte Kalibrierung der Registrieranlage, vor allem ein exakter Nullabgleich gegen die Atmosphäre, ist notwendige Voraussetzung für eine korrekte Druckaufnahme. Besonders bei niedrigen Druckwerten, wie bei der Druckmessung im rechten Vorhof und im Lungenkapillargebiet, ist die korrekte Nullpunktjustierung von Bedeutung. Eine nur einen Zentimeter zu hohe oder zu niedrige Justierung bewirkt bereits eine Druckverschiebung um 0,73 mmHg. Beim Pferd wird der Nullabgleich auf Höhe der Herzbasis vorgenommen, die auf einer Ebene mit dem Buggelenk angenommen wird. Zur Bestimmung der Katheterposition dient beim Pferd vor allem die Nutzung der durch die intravaskulären Drücke entstehenden Wellenformen der Druckkurven, aber auch die Fluoroskopie und die Echokardiographie können eingesetzt werden. Intrakardiale und intravaskuläre Drücke variieren grundsätzlich mit der Position der Katheterspitze, der Körperhaltung und dem physiologischen Status.

Mit dem Einschwemmkatheter werden nach Passage der Vena jugularis nacheinander der rechte Vorhof, der rechte Ventrikel und schließlich die Pulmonalarterie erreicht. Von hier aus wird der Katheter unter ständiger Beobachtung des Druckpulses vorgeschoben, bis der Pulmonalisdruck plötzlich abfällt und die typische, abgeflachte Pulmonalkapillardruckkurve sichtbar wird und anzeigt, dass sich der Katheter im Lungenkapillargebiet befindet und sich dort verkeilt hat (Abb. 4.80, 4.81a–c). Zum Einschwemmen in die Pulmonalarterie wird der Ballon zuvor im rechten Ventrikel an der Katheterspitze mit Luft gefüllt. Die Normwerte der mit dem Rechtsherzkatheter erhobenen Drücke sind in Tabelle 4.9 aufgeführt.

Tabelle 4.9: Normwerte für die Herzkatheteruntersuchung beim Pferd (in mmHg)

Rechtes Atrium (RA)	Mitteldruck	6,75 ± 3,75
Rechter Ventrikel (RV)	Mitteldruck	18,0 ± 4,5
	Systolischer Druck	44,0 ± 6,3
	Enddiastolischer Druck	17,70 ± 4,22
Pulmonalarterie (PA)	Mitteldruck	27,76 ± 4,5
	Systolischer Druck	41,0 ± 6,36
	Enddiastolischer Druck	17,3 ± 3,17
Lungenkapillardruck (PWP)	Mitteldruck	16,6 ± 2,80

4

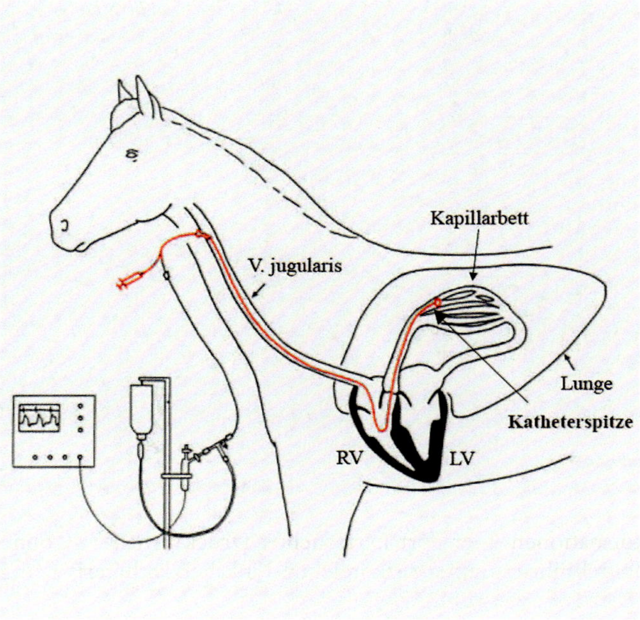

Abb. 4.80:
Schematische Darstellung der Lungenkapillardruckmessung beim Pferd. Positionierung des Rechtsherzkatheters im Lungenkapillargebiet.

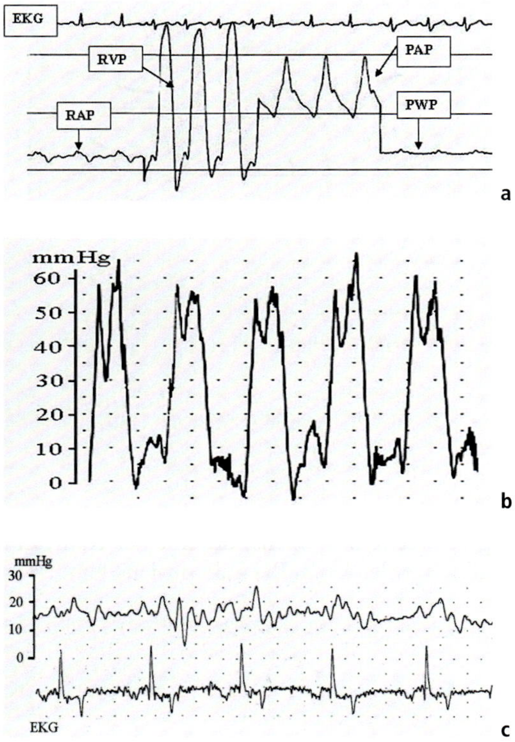

Abb. 4.81a–c:
Druckpulse in verschiedenen Herz- und Gefäßregionen.
a Formcharakteristika der mit dem Einschwemmkatheter registrierbaren Druckkurven im rechten Vorhof (RAP), rechten Ventrikel (RVP), in der Pulmonalarterie (PAP) und im Lungenkapillarbett (PWP).
b Rechtsventrikuläre Druckkurve unter Belastung.
c Lungenkapillardruckmessung unter Belastung.

Wenn der Mitteldruck in der Pulmonalarterie plötzlich deutlich abfällt und in etwa dem diastolischen Pulmonalarteriendruck entspricht, ist die so genannte Wedge-Position erreicht. Dazu wird der Einschwemmkatheter mit aufgeblasenem Ballon so weit in die Pulmonalarterienaufzweigung vorgeschoben, dass der Ballon in das Gefäßlumen eingeklemmt (*wedged*) und das Gefäß gegen antegrade Blutströmungen abgedichtet wird. Die noch über den Ballon geringfügig hinausragende Katheterspitze kann indirekt die Drücke in den Pulmonalkapillaren messen. Da sich die Druckschwankungen des linken Vorhofes retrograd bis in das Lungenkapillarbett fortpflanzen, kann der Lungenkapillardruck (PWP) auch Auskünfte über die Druckverhältnisse im linken Herzen geben.

Wichtig ist es, vor dem Zurückziehen des Katheters die Luft wieder aus dem Ballon abzulassen, da sonst Verletzungen entstehen können.

Die Messung der Drücke erfolgt in der Regel dreimal, um einen repräsentativen Mitteldruck zu erhalten. Die Katheteruntersuchung selbst dauert nur wenige Minuten. Zeitaufwändiger ist die Vorbereitung zur Durchführung dieser Untersuchung. Nach Abschluss der Untersuchung werden Katheter und Einführschleuse entfernt und die Punktionsstelle an der Jugularvene wird für mehrere Minuten mit einem Tupfer fest komprimiert, um Nachblutungen zu vermeiden.

4.3.4 Intrakardiale Druckmessungen bei Herz- und Lungenerkrankungen

Die Förderleistung des Herzens ist abhängig von der diastolischen Ventrikelfüllung (Vorlast), von der Kontraktilität des Myokards und dem Gefäßwiderstand (Nachlast), gegen den das Herz das Blut pumpt. Die Beeinträchtigung des Zusammenspiels dieser Faktoren durch Herzerkrankungen hat meist einen erhöhten enddiastolischen Füllungsdruck im linken

Ventrikel zur Folge. Eine Erhöhung der Vorlast führt dann zu einem Rückstau des Blutes über die Lungenvenen bis ins Lungenkapillarbett. Dieses Phänomen wird als Rückwärtsversagen bezeichnet und tritt in der Regel vor dem Vorwärtsversagen, also dem Abfall des Herzminutenvolumens, auf.

Mithilfe der Herzkatheteruntersuchung können Druckerhöhungen durch chronische Herzerkrankungen und als Vorstufe für Dimensionsveränderungen des Herzens und/oder Ödembildungen der Lunge, frühzeitig erkannt werden. Insbesondere Fehlfunktionen von Herzklappen können zu Veränderungen von Druckverhältnissen im Herzen führen.

Eine Pulmonalklappeninsuffizienz bewirkt z. B. einen enddiastolischen Druckanstieg im rechten Ventrikel. Shuntvitien mit Links-Rechts-Shunt bedingen eine zusätzliche Volumenbelastung des rechten Herzens, auch pulmonale Hypertonien (z. B. durch eine chronische Bronchitis) führen zu einer Druckbelastung des rechten Herzens, die mit der Katheteruntersuchung erfasst werden kann. Bei pulmonalen Stauungen, z. B. durch Flüssigkeitsüberladung oder durch Linksherzinsuffizienz etc., kann der Lungenkapillardruck den kolloidosmotischen Druck übersteigen und so zur Entstehung eines Lungenödems führen. Pferde mit chronisch obstruktiver Bronchitis zeigen gegenüber lungengesunden Pferden grundsätzlich einen signifikant erhöhten Pulmonalarteriendruck. Liegen im Falle einer pulmonalen Hypertonie beim Pferd der enddiastolische und damit auch der mittlere Pulmonalarteriendruck (PAP) über dem Lungenkapillardruck (PWP, *pulmonary wedge pressure*), lässt sich aus der Differenz zwischen dem mittleren Pulmonalarteriendruck und dem mittleren Lungenkapillardruck der *pulmonary driving pressure* (PDP, *driving* = Antrieb) errechnen.

PDP = PAP – PWP

Der PDP ist ein Maß für den effektiven Widerstand im Lungengefäßbett und für die alveoläre Ventilation. Volumenbelastungen werden durch das rechte Herz über einen längeren Zeitraum gut toleriert, dagegen führen Druckbelastungen meist schneller zur Rechtsherzdilatation und -dekompensation.

Auch Herzmuskelerkrankungen verursachen hämodynamische Veränderungen, die mit dem Rechtsherzkatheter messbare Druckveränderungen nach sich ziehen. Beispiele dafür sind erhöhte Füllungsdrücke durch die beeinträchtigte diastolische Dehnbarkeit bei der hypertrophen obstruktiven Kardiomyopathie, steigende Füllungsdrücke im Spätstadium einer dilatativen Kardiomyopathie durch den Verlust an elastischen Kräften, oder eine Erhöhung der enddiastolischen Ventrikeldrücke durch die Rigidität des Myokards bzw. Perikards bei einer Perikarditis mit Erguss.

Für die Ermittlung der Druckverhältnisse im linken Herzen wird der Lungenkapillardruck herangezogen.

Tabelle 4.10: Differenzierung pulmonaler und kardialer Erkrankungen mithilfe der Herzkatheteruntersuchung

Ursache	Pulmonalarteriendruck	Pulmonalkapillardruck	Herzminutenvolumen
Kardiale Erkrankung	↑ ↑	↑ ↑	↓ ↓
Pulmonale Erkrankung	↑ ↑	nicht verändert	(↓)

4

Bedeutung des Lungenkapillardruckes bei Linksherzerkrankungen

Zwischen dem enddiastolischen Druck im linken Ventrikel, dem mittleren Druck im linken Vorhof, dem Pulmonalkapillardruck und dem diastolischen Druck in der A. pulmonalis besteht eine weitgehende Übereinstimmung. Für die Funktionsdiagnostik des linken Ventrikels bedeutet dies, dass Informationen über dort herrschende Druckverhältnisse ohne Durchführung einer risikoreichen Linksherzkatheterisierung gewonnen werden können.

Die Messung des Lungenkapillardruckes ist beim Pferd von besonderem Nutzen für die weitere Abklärung von Mitral- oder Aortenklappeninsuffizienzen. Bei Pferden mit Leistungsinsuffizienz und Erkrankungen des linken Herzens ist der Lungenkapillardruck in Ruhe gegenüber gesunden Pferden signifikant erhöht. Dies ist auch für den Lungenkapillardruck bei Pferden mit Mitralklappeninsuffizienzen unter standardisierter Laufbandbelastung bekannt. Da der Lungenkapillardruck dem linksatrialen Mitteldruck sowie dem enddiastolischen Druck des linken Ventrikels entspricht, erlaubt seine Bestimmung Rückschlüsse auf den Funktionszustand des linken Herzens. Insbesondere aber eröffnet die Messung des Lungenkapillardruckes über den *pulmonary driving pressure* eine Differenzierungsmöglichkeit zwischen pulmonalen und kardialen Erkrankungen (Tab. 4.9, 4.10).

4.3.5 Komplikationen

Zu den lokalen Komplikationen im Rahmen einer Einschwemmkatheteruntersuchung zählen Fehlpunktionen der Gefäße wie die Fehlpunktion der Arteria carotis bei dem Versuch die Jugularvene zu punktieren, venöse Hämatome oder Thrombophlebitiden, die beispielsweise als Folge nicht sterilen Arbeitens oder als Folge des Fremdkörperreizes nach längerer Verweildauer des Katheters in der Vene auftreten.

4

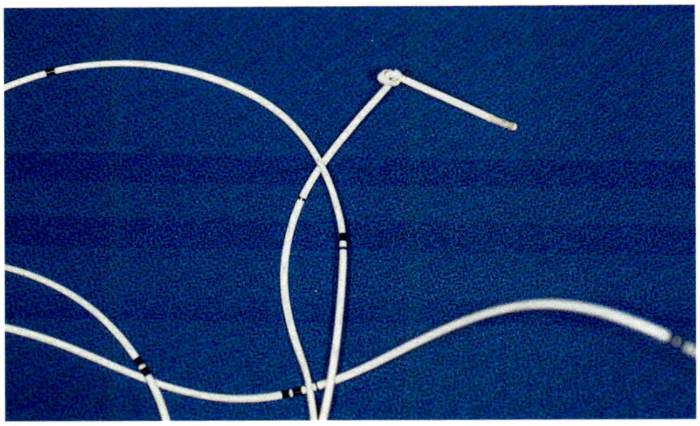

Abb. 4.82:
Komplikation der Katheteruntersuchung: Knotenbildung bei stark dilatiertem Ventrikel und Vorhofflimmern.

Als Katheterkomplikationen treten vor allen Schleifen- und Knotenbildungen auf (Abb. 4.82). Im Herzen können Knotenbildungen im Vorhof, in der Herzkammer und in der Pulmonalarterie auftreten, vor allem dann, wenn diese Herzabschnitte vergrößert sind. Grundsätzlich muss an eine Knoten- oder Schleifenbildung gedacht werden, wenn nach einer bestimmten Katheterlänge die erwarteten Druckkurven nicht registriert werden können. In diesem Falle sollte der Katheter bis in die Nähe der Einführschleuse zurückgezogen und ein neuer Vorschubversuch vorgenommen werden. Auch paradox verzerrte, bizarre oder plötzlich ansteigende Druckkurven weisen auf eine derartige Komplikation hin. Die Katheterballonruptur zählt zu den häufigeren Komplikationen bei der Einschwemmkatheteruntersuchung. Hierbei ist jedoch die Gefahr der Verschleppung von Latexresten wesentlich höher als die Gefahr einer Luftembolie. Sie ist vermeidbar, wenn der Katheter vor Beginn der Untersuchung durch Aufblasen auf Unversehrtheit geprüft wird und der Ballon grundsätzlich nur mit den vom Hersteller empfohlenen Luftmengen gefüllt wird. Vor jedem Katheterrückzug sollte der Ballon rechtzeitig entleert werden.

Bei den kardialen Komplikationen stehen die Herzrhythmusstörungen im Vordergrund. Durch mechanische Reizungen des Endokards können ventrikuläre Rhythmusstörungen, wie z. B. Extrasystolen, auftreten. Auch Vorhofflimmern und vagovasale Reaktionen als Ausdruck einer übersteigerten vegetativen Erregbarkeit mit Bradykardie und Asystolie sowie Erregungsleitungsstörungen müssen einkalkuliert werden. Sie sind jedoch beim Pferd selten und sistieren meist von selbst wieder. Traumatische Herzschädigungen durch die Katheterspitze können Fieberanstiege und die Entwicklung einer Endokarditis zur Folge haben.

Zu den pulmonalen Komplikationen zählen beispielsweise Lungenembolien, Lungenarterienrupturen, ischämische Lungenarterieninfarzierungen, aber auch bakterielle Pneumonien durch Verschleppung von Hautbakterien oder im Rahmen einer bestehenden Bakteriämie. Lungenembolien können durch Ruptur des Katheterballons mit anschließender Verschleppung von Kathetermaterialresten entstehen, die sich in einer Lungenarterienaufzweigung festsetzen und so zum klinischen Bild der Lungenembolie führen. Zur Lungenarterienruptur mit Verblutungsgefahr kann es durch Gefäßzerreissungen bzw. -traumatisierungen durch den Katheterballon kommen, wenn der Ballon entweder in einem kleinlumigen Gefäß (Pulmonalkapillare) aufgeblasen wird, oder in aufgeblasenem Zustand zurückgezogen wird. Auch Drucknekrosen der Gefäßintima durch zu langes Verbleiben in eingekeiltem (*wedged*) Zustand können zu derartigen Komplikationen führen. Als allgemeine Komplikationen gelten Sepsis und anaphylaktische Reaktionen auf das Kathetermaterial. Insgesamt treten die hier aufgezählten Komplikationen bei sachgemäßer Anwendung des Katheters jedoch extrem selten auf.

Literatur

BUBECK, K. (2001): Der Lungenkapillardruck beim herzgesunden und herzkranken Warmblutpferd unter standardisierter Belastung auf dem Laufband. Hannover, Tierärztl. Hochschule, Dissertation.

BUCHWALSKY, R. (1992): Einschwemmkatheter: Technik, Auswertung und praktische Konsequenzen. 3. Aufl., Perimed-spitta, Medizinische Verlagsgemeinschaft, Erlangen.

MANOHAR, M. (1993): Pulmonary artery wedge pressure increases with high intensity exercise in horses. Am J vet Res. 54: 142–146.

STADLER, P., B. FRÜHAUF, E. DEEGEN (1995): Die echokadiographische Bestimmung der diastolischen Herzfunktion und die Ermittlung des Lungenkapillardruckes beim Pferd. Pferdeheilkunde 11, 109–120.

4.4 Blutdruckmessung

Heidrun Gehlen, Beate Egner

Der erste Versuch einer direkten arteriellen Blutdruckmessung wurde 1709 von dem britischen Pfarrer Stephen Hales an einem Pferd durchgeführt, nachdem man zu Beginn des 17. Jahrhunderts den Blutkreislauf entdeckt hatte. Hales stach mit einem Gänsekiel in die Halsarterie eines am Boden fixierten Pferdes, ließ das Blut in ein ca. drei Meter hohes Glasrohr aufsteigen und bestimmte die Höhe der Blutsäule (Abb. 4.83). In weiteren Experimenten erkannte er, dass der Blutdruck in den großen Gefäßen von der Herzleistung und dem peripheren Widerstand abhängig war. So wurde schon sehr früh klar, dass die Blutdruckmessung ein wichtiger Parameter bei der Beurteilung des Herz-Kreislauf-Systemes ist.

Abb. 4.83:
Erste direkte Blutdruckmessung beim Pferd: »Im Dezember ließ ich eine lebende Stute auf den Rücken legen und festbinden. Sie war 14 Hand hoch, ca. 14 Jahre alt, hatte eine Fistel an der Seite und war weder besonders mager noch übermäßig vollblütig. Nachdem ich die linke Kruralarterie ca. 3 Zoll (75 mm) vom Bauch entfernt freigelegt und geöffnet hatte, führte ich ein Metallrohr in dieselbe ein, das ungefähr 1/6 Inch (4,17 mm) Durchmesser hatte, an dem ich mit Hilfe eines genau passenden zweiten Metallrohrs ein Glasrohr von ungefähr demselben Durchmesser aber 9 Fuß (270 cm) Länge befestigte. Sobald ich die Ligatur in der Arterie löste, stieg das Blut im Glasrohr 8 Fuß 3 Inches (240,75 cm) hoch.« (Stephen Hales 1733).

4.4.1 Aussagekraft

Die Blutdruckmessung hat sich beim Pferd im letzten Jahrzehnt als Routineuntersuchung etabliert und spielt insbesondere im Rahmen der Narkoseüberwachung eine entscheidende Rolle (s. Kap. 11).

Wichtig ist, sowohl den systolischen als auch den diastolischen Wert zu ermitteln und zu beurteilen. Dabei ermöglicht der systolische arterielle Druck (SAD) im wesentlichen Aussagen über die kardiale Situation, wohingegen der diastolische arterielle Druck (DAD) wichtige Hinweise über die arterielle Gefäßsituation liefert. Dies ist vor allem darauf zurückzuführen, dass mit jeder Kontraktion des Herzens ein Druck, der SAD, aufgebaut wird, mit dem das Blut dann in den großen Kreislauf gepumpt wird. Erst im arteriellen Gefäßsystem entsteht der DAD. Er wird wesentlich von der Elastizität sowie der Weit- bzw. Engstellung der arteriellen Gefäße beeinflusst, aber auch von der Blutviskosität und -menge (totaler peripherer Widerstand).

Der Blutdruck ist also keine starre Größe, sondern leicht beeinflussbar und mehr oder weniger starken Schwankungen unterlegen. Aus diesem Grund sollten am wachen Tier immer mindestens drei Messungen nacheinander erfolgen und die Ergebnisse gemittelt werden. Der daraus resultierende Blutdruck kann dann zuverlässig beurteilt werden. Eine für das Pferd gewohnte Umgebung minimiert aufregungsbedingte Schwankungen.

Die Indikationen für eine Blutdruckmessung beim Pferd sind sehr unterschiedlich:

- Krankheiten, die zu Blutdruckveränderungen führen können bzw. durch Blutdruckveränderungen bedingt sind (Niereninsuffizienz, Hufrehe, metabolische Imbalanzen, Herzinsuffizienz, Arrhythmien unterschiedlicher Genese, etc.)
- Symptome, die auf Hyper- oder Hypotension hinweisen können (z. B. Nasenbluten, Leistungseinschränkung, häufiges Stolpern, schlechte Performance, schlechte Futteraufnahme, schlechte Deckergebnisse, etc.)
- perioperativ zur Optimierung des Narkose- und Schmerzmanagements, Narkoseüberwachung (insbesondere Vermeidung/Früherkennung von Narkosezwischenfällen)
- Intensiv- und Notfallmedizin
- Therapieentscheidung und Dosisfindung bei Gabe von blutdruckaktiven Substanzen (ACE-Hemmer, β-Blocker, Kalzium-Antagonisten, Hormone, Kortikoide, etc.)
- Gesundheits-/Fitness-Check besonders für Sport- und Rennpferde

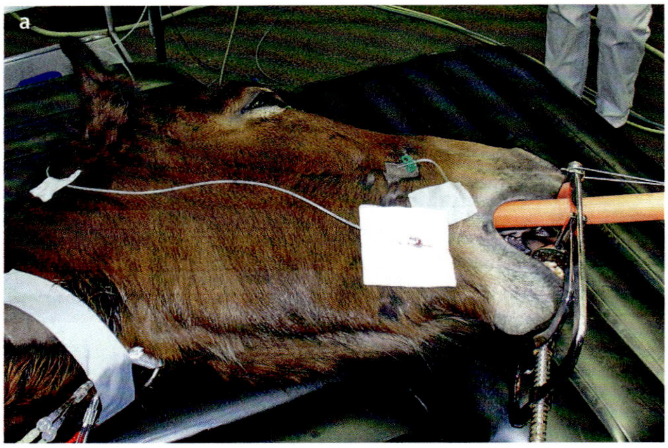

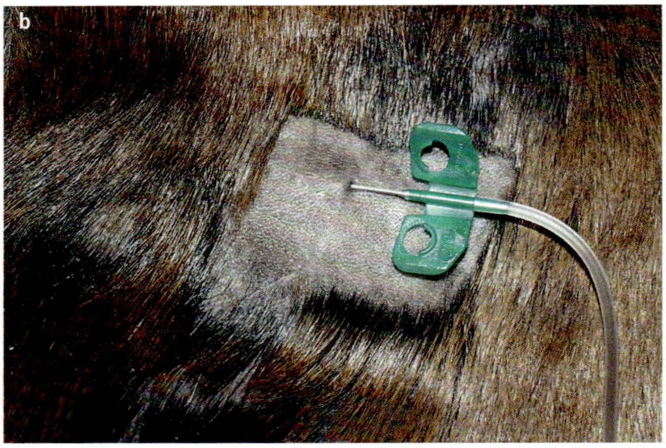

Abb. 4.84a, b:
Direkte, blutige Blutdruckmessung an der A. facialis während der Allgemeinanästhesie.

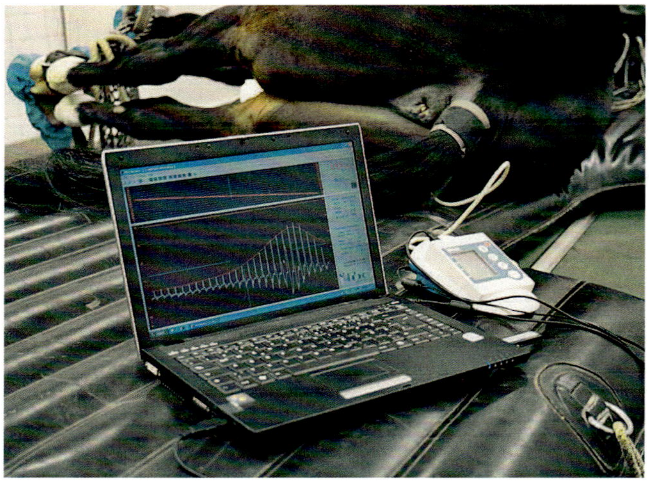

Abb. 4.85:
Indirekte, unblutige Blutdruckmessung mit der Schweifmanschette (HDO = *high definition oscillometry*) bei einem Pferd in Allgemeinanästhesie.

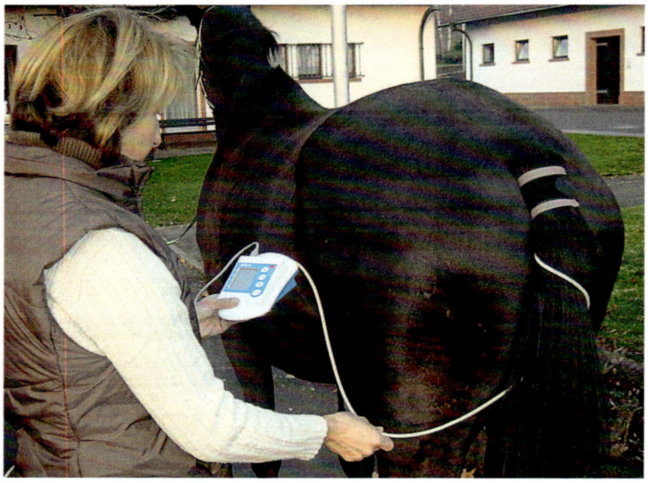

Abb. 4.86:
Indirekte, unblutige Blutdruckmessung mit der Schweifmanschette (HDO) am stehenden Pferd.

4.4.2 Durchführung

Die Blutdruckmessung kann sowohl invasiv (blutig) erfolgen, z.B. an der Arteria facialis (Abb. 4.84a, b) oder der Arteria tibialis, als auch nicht invasiv (unblutig) mit einer Manschette z.B. an der Schweifrübe (Arteria coccygealis). Die nicht invasiv gemessenen Werte können dabei etwas niedriger als der zentrale Arteriendruck sein. Je nach Messposition kann der peripher gemessene Druck unterschiedliche Messergebnisse liefern. Deshalb sollte eine Messung auf Höhe der Herzbasis angestrebt werden. Dies ist an der Schweifrübe (am stehenden oder liegenden Pferd) weitestgehend gegeben (Abb. 4.85, 4.86).

In Ruhe liegt der systolische Blutdruck am stehenden Pferd zwischen 80 und 140 mmHg (112 ± 14 mmHg), der diastolische Blutdruck zwischen 50 und 100 mmHg (70 ± 14 mmHg).

Rasse und Alter haben einen Einfluss auf den Blutdruck. Bei Kaltblutpferden ist der Blutdruck deutlich niedriger als bei Rennpferden. Warmblüter haben einen durchschnittlichen Blutdruck von 116 (systolisch)/74 (diastolisch) ± 12 mmHg (ermittelt an 34 gesunden Warmblutpferden mit 7 Messreihen an unterschiedlichen Tagen und jeweils 5 Einzelmessungen pro Tier).

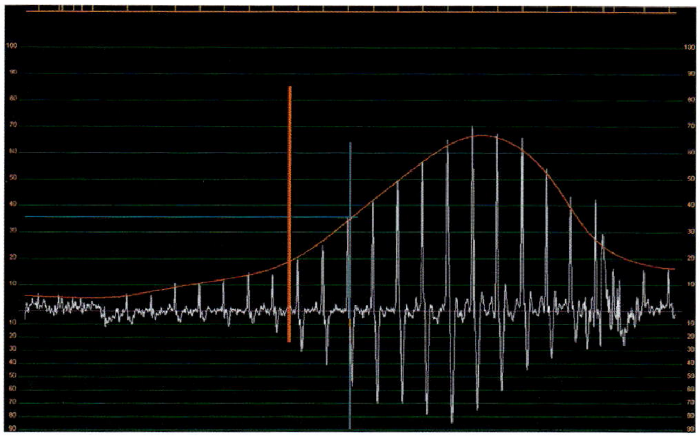

Abb. 4.87:
Darstellung der HDO eines herzgesunden Pferdes. Normale präsystolische Amplituden (niedrig) und folgendes arterielles Öffnungsverhalten (deutlicher Anstieg) weisen auf eine gute arterielle Elastizität hin.

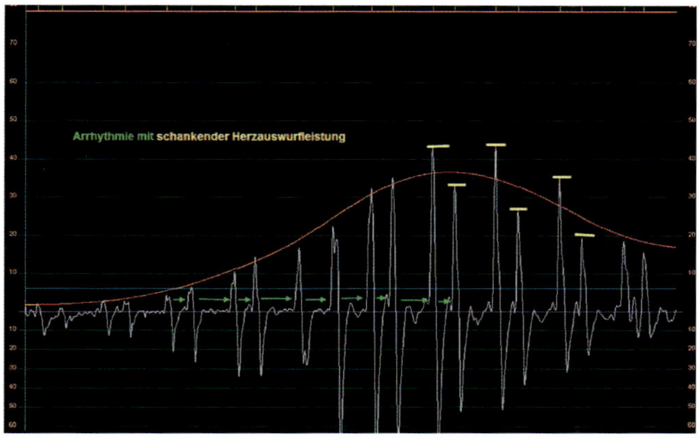

Abb. 4.88:
HDO-Blutdruckmessung. Gute arterielle Elastizität bei hämodynamisch relevanter Arrhythmie. Aufgrund des stabilen Blutdruckwertes jedoch ohne Auswirkung auf die periphere Blutdrucksituation.

Bei neugeborenen Fohlen ist der Blutdruck sehr niedrig und erreicht erst im Verlauf der nächsten Monate normale Werte eines adulten Pferdes.

Mithilfe der *high definition oscillometry* (HDO®, S+B medVET GmbH, Babenhausen) können die arterielle Elastizität und ggf. vorhandene Schwankungen im Herzauswurfvolumen am stehenden Pferd nicht invasiv gemessen und visuell dargestellt werden (Abb. 4.87, 4.88).

4.4.3 Blutdruck unter Belastung

Aufgrund des deutlich ansteigenden Schlagvolumens aber auch der gleichzeitigen Vasokonstriktion unter Belastung, v.a. bei Rennen, steigt der Blutdruck in der Belastung z.T. erheblich an. Dies führt auch zu einem deutlichen Druckanstieg im kleinen Kreislauf, d.h. in der Pulmonalarterie und den Lungenkapillaren. Bei Vollblutpferden können unter maximaler Rennbelastung im Lungenkapillargebiet Drücke bis über 65 mmHg (PWP, *pulmonary wedge pressure*) entstehen (normal in Ruhe < 20 mmHg).

Bei Lungen- und Herzerkrankungen kann es bei Belastung ebenfalls zu unphysiologisch hohen Druckanstiegen und nachfolgenden Zerreißungen der kleinen Lungenkapillaren, also zum Lungenbluten, kommen.

Je nach Trainings- und Gesundheitszustand normalisiert sich der Blutdruck nach der Belastung mehr oder weniger schnell.

Literatur

SPÖRRI, H. (1965): Studies of cardiac dynamics in animals (horses, cattle, sheep, goats). Ann N Y Acad Sci. 127(1): 379–392.

HÖRNICKE, H., W. VON ENGELHARDT, H.J. EHRLEIN (1969): Measurement of blood pressure under stress in racehorses by telemetry. Pflugers Arch. 307(2): 96.

GLEN, J. B. (1970): Indirect blood pressure measurement in anaesthetised animals. Vet Rec. 87(12): 349–354.

MAGDESIAN, K. G. (2004): Monitoring the critically ill equine patient. Vet Clin of North Am. (Equine Practice) 20 (1); .11–39.

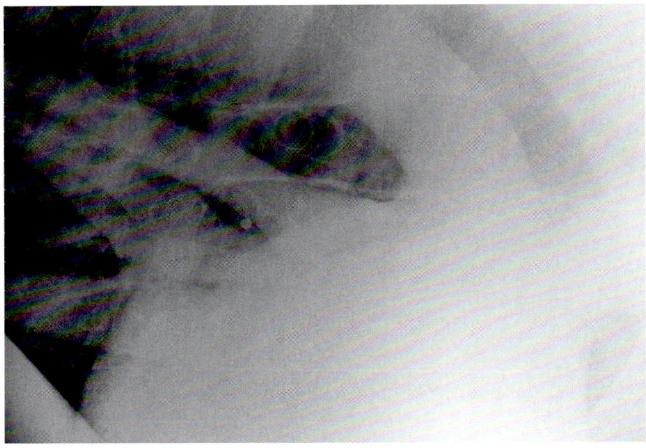

Abb. 4.89:
Latero-laterale Thoraxröntgenaufnahme. Sichtbar sind das Herz sowie die zu- und abführenden großen Gefäße.

4.5 Thorakale Röntgendiagnostik

Heidrun Gehlen

Im Vergleich zum Menschen und zum Kleintier liefert die Röntgendiagnostik beim Pferd wegen seiner Größe in Bezug auf ausschließlich kardiale Erkrankungen keine ausreichenden Informationen. Hier ist die Echokardiographie bei weitem überlegen. Aufgrund des engen anatomischen und physiologisch-funktionellen Zusammenhanges von Herz und Lunge ist es jedoch in vielen Fällen ratsam, bei Herzerkrankungen auch eine Untersuchung der Lunge einschließlich einer Thoraxröntgenaufnahme anzufertigen. Dies gilt insbesondere für Pferde mit Vorhofflimmern, bei denen häufig begleitend Lungenbluten und/oder auslösend eine chronische Pneumopathie vorliegt (siehe Vorhofflimmern, Kap. 6.2.3). Auch bei Pferden mit den Symptomen Leistungsinsuffizienz oder -abfall gilt es zunächst zwischen einer primär kardialen oder pulmonalen Erkrankung abzugrenzen, sodass in der Regel neben einer kardiologischen Untersuchung auch eine Untersuchung des Atmungsapparates einschließlich einer Röntgenaufnahme der Lunge durchgeführt wird.

Röntgenologisch sind beim Pferd zwar die Herzsilhouette und die Kontur der zu- und abführenden Herz- und Lungengefäße sichtbar (Abb. 4.89). Zur Aufdeckung einer gering- bis mittelgradigen Herzvergrößerung ist die Radiologie jedoch, außer eventuell beim Fohlen, wenig geeignet. Bei einer Kardiomegalie oder einem hochgradigen Perikarderguss kann die Herzsilouette deutlich vergrößert sein. In einigen Fällen von Linksherzdilatationen kann eine Dorsalverlagerung der Trachea erkennbar werden. Als so genannte Thoraxübersichtsaufnahme dient die Röntgendiagnostik gegebenenfalls zur Aufdeckung begleitender pulmonaler Erkrankungen, eines Thoraxergusses oder eines kardial bedingten Lungenödems (Kongestionsinsuffizienz) mit deutlich gestauten Lungengefäßen und Verschattungen des Lungengewebes. Gestaute Lungengefäße können auch bei einer ausschließlich pulmonalen Hypertonie (z. B. Lungenfibrose) vorliegen. Auch eine Vergrößerung der rechten Herzseite oder ein Aortenaneurysma können in einigen Fällen röntgenologisch sichtbar sein.

Gerät und Aufnahmetechnik

Zur Anfertigung von Thoraxröntgenaufnahmen wird ein stationäres Hochleistungsröntgengerät mit einer Spannung von 125–150 kV (Kilovolt) und einer Stromstärke von über 300 mA (Milliampere) benötigt. Tragbare Röntgengeräte und weniger leistungsstarke Geräte sind ungeeignet. Angefertigt werden Thoraxaufnahmen beim Pferd im latero-lateralen Strahlengang mit 30 × 40 cm großen Röntgenplatten, die der Thoraxwand angelegt werden (Dosis). Thoraxaufnahmen werden beim Pferd mit hoher Spannung (125–130 kV) und niedriger Ladungsmenge (20–25 mAs) angefertigt. Um die Bewegungsunschärfe zu minimieren wird eine möglichst kurze Belichtungszeit gewählt. Es sollten mindestens zwei Aufnahmen (kaudo-dorsal und kaudo-ventral) angefertigt werden, um das Lungenfeld weitgehend beurteilen zu können, wobei es völlig ausreicht, die Aufnahmen von einer Seite anzufertigen. Bei der kaudo-dorsalen Röntgenaufnahme wird der Zentralstrahl auf einen Schnittpunkt fokussiert, der gebildet wird aus einer horizontalen Linie auf Höhe des Sitzbeinhöckers und einer senkrechten Linie im Bereich der mittleren Sattellage. Bei der kaudo-ventralen Aufnahme wird der Zentralstrahl auf den Schnittpunkt einer horizontalen Linie vom Buggelenk und einer senkrechten Linie gut handflächenbreit hinter dem Ellenbogen fokussiert. Optimalerweise wird die Aufnahme bei maximaler Inspiration angefertigt.

4.6 Labordiagnostik

Heidrun Gehlen

Die Labordiagnostik sollte bei kardialen Erkrankungen des Pferdes gezielt eingesetzt werden, um Verdachtsdiagnosen, die im Rahmen der klinischen und weiterführenden Untersuchungen (EKG, Ultraschall) erhoben wurden, abzusichern oder zu ergänzen.

Auch zur Beurteilung und Prognoseerstellung sowie zur Erstellung eines Therapiekonzeptes und zur Therapiekontrolle kann sie hilfreich sein.

Akute Endo- und Myokarditis

Akute Myokardinfarkte und Myokarditiden treten beim Pferd eher selten und meist in Verbindung mit bzw. als Folge von viralen oder bakteriellen Infektionen auf. Neben der Echokardiographie können labordiagnostische Untersuchungen die Diagnose und das Ausmaß der Myokardschädigung absichern. Im Rahmen der Untersuchung von Pferden mit akuten Herzerkrankungen sollte deshalb auch eine labordiagnostische Untersuchung durchgeführt werden. Dazu gehört zumindest ein kleines Blutbild mit Hämatokrit, Gesamteiweiß und Leukozyten. Bei deutlich gestörtem Allgemeinbefinden mit Fieber, Apathie, Tachykardie und Arrhythmie sollte (nach Ausschluss anderer möglicher Ursachen wie z. B. Pleuropneumonie) der Verdacht auf eine akute Endo- und Myokarditis gestellt werden. Es kann sinnvoll sein, vor Beginn einer Antibiotikatherapie Proben für eine Blutkultur zu entnehmen, um mögliche bakterielle Erreger zu bestimmen und ein Antibiogramm anzufertigen.

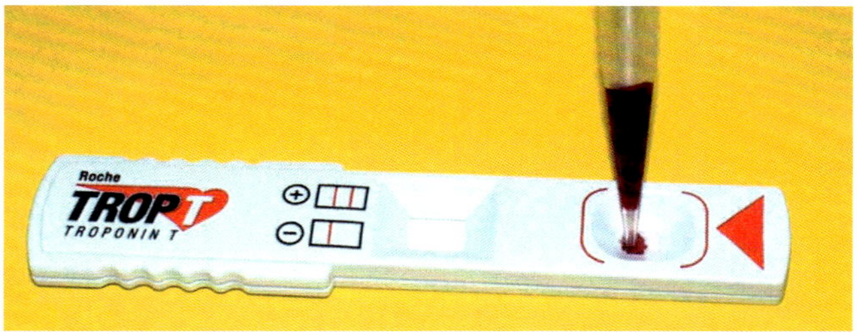

Abb. 4.90:
Troponin-Schnelltest.

Myokardmarker wie die Kreatinkinase oder das Myoglobin, die in der Humanmedizin zur Myokarddiagnostik herangezogen werden, sind beim Pferd zu unspezifisch und bei Myokarditis häufig nicht erhöht. Auch die Laktatdehydrogenase (LDH) und ihr Isoenzym α-Hydroxybutyratdehydrogenase (α-HBDH, Normwert bis 170 U/l im Plasma) haben sich beim Pferd als Myokardmarker nicht bewährt, da sie zu unspezifisch sind und auch in der Skelettmuskulatur vorkommen.

Bewährt hat sich bei Verdacht auf eine akute Myokardschädigung die Bestimmung kardialer Troponine. Troponine sind Bestandteil des Aktin-Myosin-Troponin-Komplexes der Muskelfasern. An den Herzmuskelzellen werden Troponin-T und Troponin-I unterschieden. Physiologischerweise enthält das Serum so gut wie kein kardiales Troponin-T (cTNT) oder kardiales Troponin-I (cTNI). Erst durch Abbau des kontraktilen Aktin-Troponin-Komplexes, z. B. infolge schwerer Ischämien oder Zellnekrosen, gelangt kardiales Troponin in messbaren Konzentrationen ins Blut. Schon bei beginnender Schädigung der Zellmembran wird Troponin aus dem Zytosol freigesetzt. Im weiteren Verlauf wird der strukturgebundene Anteil freigesetzt und führt zu erhöhten Werten meist über mehrere Tage. Troponin-T und Troponin-I werden jeweils mit einem Enzymimmunoassay quantitativ nachgewiesen. Ein qualitativer Nachweis kann für das kardiale Troponin-T mit einem Schnelltestkit erfolgen (Abb. 4.90).

Nicht nur bei Muskelerkrankungen, sondern auch bei schweren Nierenerkrankungen kann es jedoch zu einer unspezifischen Erhöhung von kardialem Troponin-T (Normwert bzw. Nachweisbarkeitsgrenze $< 0{,}001$ ng/ml) durch Neusynthese (auch kardialer Isoformen) in anderen Geweben kommen. Dagegen hat sich herausgestellt, dass kardiales Troponin-I kaum durch eine Skelettmuskelschädigungen oder Nierenerkrankungen beeinflusst wird. Somit erscheint der kardiale Troponin-I-Wert für das Pferd spezifischer als der kardiale Troponin-T-Wert.

Beim Pferd liegt der Normbereich bzw. die Nachweisbarkeitsgrenze von Troponin-I unter 0,01 ng/ml. Pferde mit Myokarditis zeigen deutlich höhere Troponin-I-Werte. Die Höhe der Plasmakonzentration korreliert dabei mit dem Ausmaß der Myokardschädigung (z. T. bis zu 20 ng/ml bei massiver Myokardschädigung) und wird für die prognostische Beurteilung herangezogen. Bei Verdacht auf akut entzündliche Veränderungen von Endo- oder Myokard kann auch die Bestimmung des Fibrinogenwertes oder des C-reaktiven Proteins (CRP, Akute-Phase-Protein) hilfreich sein, insbesondere bei bakteriellen Entzündungen und zur Überprüfung der Antibiotikaeffektivität.

Arrhythmien

Bei Arrhythmien sollten auch Elektrolyte (insbesondere Natrium, Kalium, Chlorid), Spurenelemente (Magnesium, Selen), arterielle Blutgaswerte (PO_2, PCO_2 und $AaDO_2$) sowie Nierenparameter (Harnstoff, Kreatinin) überprüft werden, um extrakardiale Erkrankungen als Ursache auszuschließen. Bei Pferden mit Leistungsinsuffizienz oder Leistungsabfall sollte im Rahmen der Belastungsuntersuchung auch eine Bestimmung der muskelspezifischen Parameter Kreatinkinase, Laktat und Laktatdehydrogenase vor und nach Belastung durchgeführt werden, um eine primäre Muskelerkrankung auszuschließen, und um den Herzfrequenzverlauf in Relation zur Kondition des Pferdes beurteilen zu können.

Chronische Herzerkrankungen

Bei Pferden mit chronischen Herzerkrankungen, z. B. einer Herzklappeninsuffizienz, evtl. kombiniert mit einer Herzarrythmie, ist nur bei hochgradigen Befunden und auch dann nur in seltenen Fällen mit einer Erhöhung herzmuskelspezifischer Marker zu rechnen.

Bei einer Herzinsuffizienz kommt es zu einer Aktivierung des Renin-Angiotensin-Aldosteron-Systemes. So korreliert der Blut-Aldosteronspiegel beispielweise mit dem Schweregrad der Herzinsuffizienz. In der Humanmedizin werden Aldosteronblocker (z. B. Spironolactone) zur Therapie der Herzinsuffizienz eingesetzt.

4

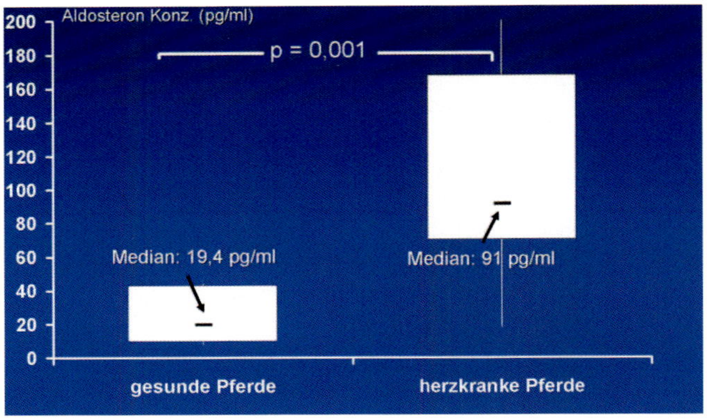

Abb. 4.91:
Aldosteron-Plasmaspiegel bei gesunden und herzkranken Pferden.

Auch beim Pferd haben Untersuchungen gezeigt, dass herzkranke Pferde signifikant höhere Aldosteronspiegel haben (Abb. 4.91). Angiotensin II bewirkt beim Menschen kardiales *remodeling* (Myozytenwachstum und -fibrosierung). Dazu gibt es beim Pferd bisher keine Untersuchungen.

Es deutet sich an, dass die natriuretischen Peptide zukünftig auch beim Pferd die Diagnostik chronischer Herzerkrankungen bereichern werden. Das atriale natriuretische Peptid (ANP; auch Atrialer Natriuretischer Faktor, Atriopeptin, Cardiodilatin) und das *brain* natriuretische Peptid (BNP) werden vom Myokard infolge von Dehnungsreizen durch eine Volumen- und Druckerhöhung im Herzen ausgeschüttet. Nachgewiesene Reize für die ANP-Sekretion sind dabei die Erhöhung des transmuralen Druckes und eine Zunahme der Herzfrequenz. Der Hauptbildungsort des ANPs sind die myoendokrinen Zellen des Herzmuskels, die sich im rechten und linken Vorhof befinden. Die natriuretischen Peptide wirken kardioprotektiv, senken den Blutdruck und wirken vasodilatatorisch. In der Humanmedizin werden sie als Marker für die Langzeitüberlebensrate bei Infarktpatienten herangezogen und synthetische natriuretische Peptide haben sich dort zur Therapie gut bewährt.

Eine Evaluierung und Erstellung von ANP-Normwerten bei gesunden Pferden in Ruhe ist bereits vorgenommen worden. Es sind dabei jeweils Werte von bis zu 21 pg/ml gemessen worden. Bei Belastung kommt es zu einem Anstieg des ANPs, proportional zur Herzfrequenz- und Blutdruckerhöhung. Auch bei Pferden mit AV-Klappeninsuffizienzen kommt es durch den Rückfluss von Blut in die Vorkammern und die dadurch verursachte Druckerhöhung zu einer gesteigerten ANP-Sekretion aus den Vorhofmyozyten. Interessant für die Diagnostik ist, dass es bereits zu einer messbaren ANP-Steigerung kommt, bevor echokardiographisch sichtbare Veränderungen auftreten. Somit scheint zukünftig eine Frühdiagnostik kardialer Umbauprozesse (*remodeling*) und Dekompensationen möglich zu werden. Schnelltests sind bisher für das Pferd nicht verfügbar. Zum BNP liegen beim Pferd bisher noch keine Untersuchungen vor.

Literatur

ATARASHI, K., R. FRANCO-SAENZ, P. J. MULROW, R. M. SNAJDAR, J. P. RAPP (1984): Inhibition of aldosterone production by atrial natriuretic factor. J Hypertens. Suppl. 2: 293–295.

DZAU, V. J., W. S. COLUCCI, N. K. HOLLENBERG, G. H. WILLIAMS (1981): Relation of the renin-angiotensin-aldosterone-system to clinical state in congestive heart failure. Circulation 63: 645–651.

KANGAWA, K., A. FUKADA, H. MATSUO (1985): Structural identification of beta- and gamma-human atrial natriuretic polypeptides. Nature. 313: 397–400.

KOKKONEN, U. M., M. HACKZELL, L. A. RASANEN (1995): Plasma atrial natriuretic peptide in standardbred and Finnhorse trotters during and after exercise. Acta Physiol Scand. 154: 51–58.

KOKKONEN, U. M., S. HYYPPA, A. R. POSO (1999): Plasma atrial natriuretic peptide during and after repeated exercise under heat exposure. Equine Vet J Suppl. 30: 184–189.

KOKKONEN, U. M., A. R. POSO, S. HYYPPA, P. HUTTUNEN, J. LEPPALUOTO (2002): Exercise-induced changes in atrial peptides in relation to neuroendocrine responses and fluid balance in the horse. J Vet Med A Physiol Pathol Clin Med. 49: 144–150.

MCKEEVER, K. H., K. MALINOWSKI (1999): Endocrine response to exercise in young and old horses. Equine Vet J. Suppl. 30, 561–566.

MCKEEVER, K. H., K. W. HINCHCLIFF, L. M. SCHMALL, S. M. REED, D. R. LAMB, W. W. MUIR (1992b): Plasma renin activity and aldosterone and vasopressin concentrations during incremental treadmill exercise in horses. Am J Vet Res. 53: 1290–1293.

MCKEEVER, K. H., K. W. HINCHCLIFF, J. L. COOLEY, D. R. LAMB, W. W. MUIR (1992a): Arterial-venous difference in atrial natriuretic peptide concentration during exercise in horses. Am J Vet Res. 53: 2174–2177.

RICHTER, R., H. MAGERT, H. MIFUNE, P. SCHULZ-KNAPPE, W. FORSSMANN (1998): Equine cardiodilatin/atrial natriuretic peptide. Primary structure and immunohistochemical localization in auricular cardiocytes. Acta Anat (Basel). 162: 185–193.

WEBER, K. T., Y. SUN, E. GUARDA (1994): Structural remodeling in hypertensive heart disease and the role of hormones. Hypertension. 23: 869–877.

Teil 2

Kardiovaskuläre Erkrankungen

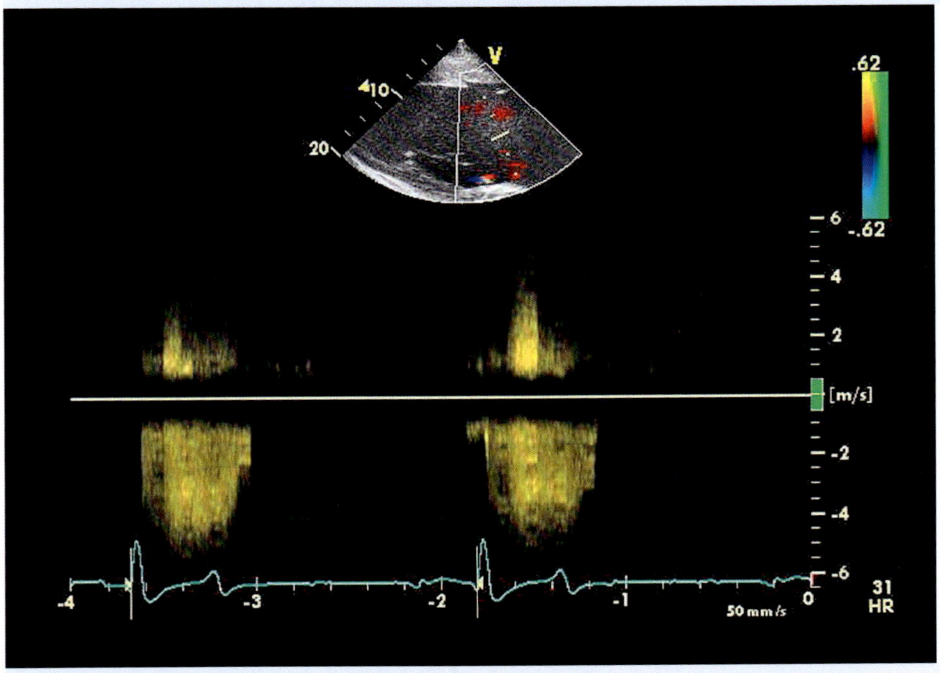

5 Kardiale Erkrankungen

Heidrun Gehlen, Peter Stadler, Eckehard Deegen

Beim Pferd sind verschiedene kardiale Erkrankungen bekannt, die auch beim Menschen und bei anderen Tierarten vorkommen. Bei pathologisch-anatomischen Untersuchungen einer großen Anzahl von Pferden, die aus unterschiedlichen Gründen euthanasiert wurden, zeigten ca. 25 % der Pferde chronische Herzklappenveränderungen und 14 % der Tiere Myokardfibrosen unterschiedlichen Ausmaßes. Den Besitzern war jedoch in vielen Fällen eine Herzerkrankung ihrer Pferde nicht bekannt und viele Pferde entwickelten auch zuvor keine klinischen Symptome einer Herzerkrankung, wie z. B. Leistungsschwäche. Diese Ergebnisse zeigen die Schwierigkeiten für den untersuchenden Tierarzt bei Pferden mit Herzerkrankungen deutlich auf. Befunde, die auf eine Erkrankung des Herzens hindeuten (z. B. Herzgeräusch, Herzarrhythmie), können zwar auskultatorisch festgestellt werden, die Abschätzung der klinischen Relevanz ist jedoch schwierig und ohne weiterführende Untersuchungen oft nicht möglich. Aus diesem Grunde sollte nicht nur bei deutlichen klinischen Symptomen sondern auch bei Verdacht auf eine Herzerkrankung der Rat zu einer weiterführenden kardiologischen Untersuchung erfolgen. Insbesondere bei gravierenden Symptomen wie plötzlichem Stürzen, Stolpern oder Niedergehen unklarer Genese sollte dem Besitzer bzw. Reiter zunächst von einer weiteren reiterlichen Nutzung abgeraten werden, bis eine gründliche Untersuchung und Ursachenfindung durchgeführt wurde. Dabei sollten bei solchen Symptomen neben einer kardiologischen Untersuchung auch eine orthopädische und eine neurologische Untersuchung durchgeführt werden.

Eine grobe Einteilung der Herzerkrankungen des Pferdes kann in die Kategorien angeborene und erworbene Herzerkrankungen erfolgen.

5.1 Angeborene Herzerkrankungen

Die Prävalenz angeborener Herzerkrankungen ist beim Pferd nicht genau bekannt. Angeborene Herzdefekte treten jedoch im Gegensatz zu anderen Spezies wie Hund und Rind beim Pferd mit einer relativ geringen Inzidenz auf. So zeigten beispielsweise von 380 Pferden mit kardiologischen Befunden nur 3,4 % einen angeborenen Herzdefekt und in einer Studie von 608 missgestalteten Feten beim Pferd wiesen nur 3,6 % der Tiere einen angeborenen Defekt am Herzen auf. Angeborene Herzdefekte können gelegentlich intrauterin oder kurz nach der Geburt zum Tod führen. Meist werden diese Befunde jedoch erst bei mangelhafter Entwicklung, bei Leistungsschwäche unter dem Reiter oder als Zufallsbefund bei einer klinischen Routineuntersuchung durch den Tierarzt aufgedeckt.

Die angeborenen Herzdefekte des Pferdes entstehen bei der embryonalen Herzentwicklung während der Ausbildung der Vorhöfe, der Bildung des Interventrikularseptums, der Separation der großen Gefäße oder der Entwicklung des fetalen Blutkreislaufes. Die zugrunde liegenden Gendefekte bzw. -mutationen sind beim Pferd bisher noch nicht identifiziert. Man unterscheidet zwischen:

- Septierungsdefekten
- Klappenanomalien
- komplexen Störungen (Missbildungskombinationen)
- Lageveränderungen des Herzens (sehr selten)
- Missbildungen der Herzgefäße

Am häufigsten treten beim Pferd Septierungsdefekte (Hemmungsmissbildungen) auf. Dazu gehören der Vorhof- und der Ventrikelseptumdefekt sowie das Foramen ovale persistens.

5.1.1 Ventrikelseptumdefekt

Der Ventrikelseptumdefekt (VSD, Abb. 5.1) ist das häufigste angeborene (kongenitale) Vitium beim Pferd. Beim Warmblut und Araber liegt eine ca. sechsmal höhere Inzidenz vor als für andere angeborene Herzdefekte. Die Erblichkeit des Ventrikelseptumdefektes wird vermutet, ist jedoch noch nicht nachgewiesen. Betroffene Tiere sollten allerdings aus der Zucht ausgeschlossen werden. In den meisten Fällen findet sich der VSD im bindegewebigen Bereich des Septums, direkt unterhalb des rechten Aortenklappensegels und der Trikuspidalklappe (sog. membranöser oder perimembranöser Defekt). Es kann jedoch auch ein anderer Bereich des Interventrikularseptums (z. B. apexnah) betroffen sein.

Zunächst liegt aufgrund der Druckverhältnisse im Herzen (linke Herzseite = Hochdruckgebiet) in der Regel ein Links-Rechts-Shunt vor, mit einem Blutfluss vom linken in den rechten Ventrikel. Dabei ist das Ausmaß des Blutflusses durch den Septumdefekt abhängig vom Druckgradienten zwischen linkem und rechtem Ventrikel.

Die hämodynamische Bedeutung eines Ventrikelseptumdefektes ist abhängig vom Shuntvolumen und der damit verbundenen rechtsventrikulären Druck- und Volumenbelastung. Häufig entsteht sekundär eine rechtsventrikuläre

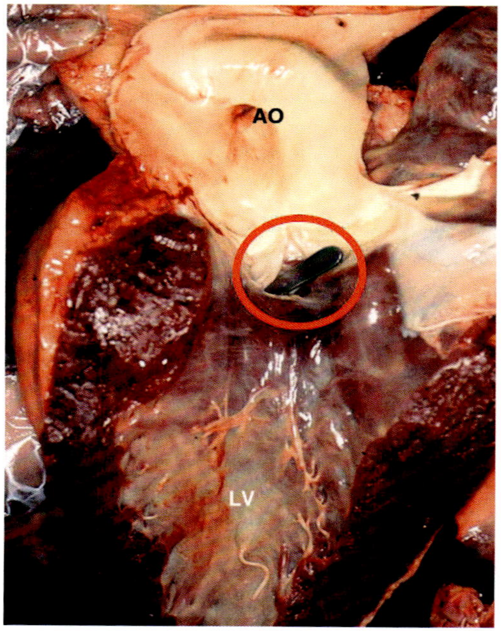

Abb. 5.1:
Sektionsbild eines Pferdeherzens mit einem Ventrikelseptumdefekt an seiner häufigsten Lokalisation unterhalb der Klappenebene (LV = linker Ventrikel, AO = Aorta).

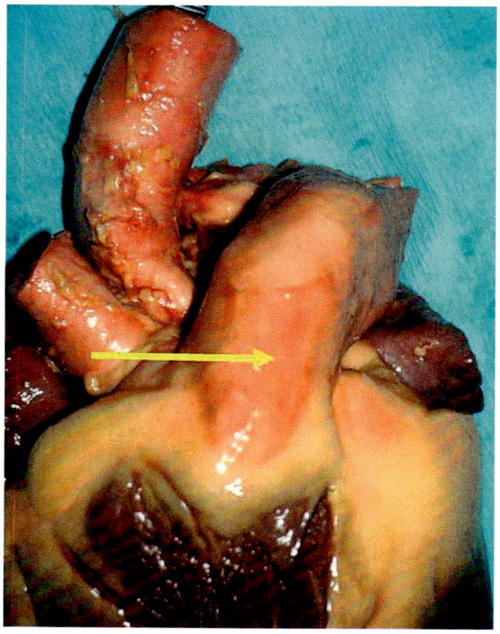

Abb. 5.2:
Sektionsbild eines Pferdeherzens mit einem Ventrikelseptumdefekt. Die sekundär dilatierte Pulmonalarterie ist gut sichtbar.

Dilatation und daraus resultierend eine sekundäre Trikuspidalklappeninsuffizienz sowie eine pulmonale Hypertonie (echokardiographisch sichtbar in einer sekundären Dilatation der Pulmonalarterie, Abb. 5.2).

Zu einer Umkehr eines Links-Rechts-Shunts in einen Rechts-Links-Shunt kommt es meist erst bei sehr großen Defekten und im Stadium der Herzdekompensation (Dekompensationsphase) aufgrund einer Angleichung der Drücke im rechten und linken Ventrikel.

Klinik

Die klinischen Symptome der betroffenen Fohlen bzw. Pferde variieren stark und sind sowohl von der Größe als auch von der Lokalisation des Defektes abhängig. Der VSD kann als Zufallsbefund (z. B. bei der Herzauskultation im Rahmen einer Kaufuntersuchung) festgestellt werden oder aber zu klinischen Symptomen wie Erschöpfungszuständen, Kollabieren, Dyspnoe, gestauten Jugularvenen und peripheren Ödemen führen.

Die klinische Untersuchung, insbesondere die Auskultation des typischen pansystolischen bandartigen Herzgeräusches (Punctum maximum auf der rechten Thoraxseite im 4. Interkostalraum), legt den Verdacht auf das Vorliegen eines Ventrikelseptumdefektes nahe. Das defektbedingte Geräusch kann jedoch leicht mit dem einer Trikuspidalklappeninsuffizienz verwechselt werden, obwohl bei einem VSD das Geräusch meistens lauter, rauer und weiter ventral lokalisiert ist. Das Ausmaß des Defektes sowie möglicherweise resultierende Dimensionsveränderungen des Herzens sind allerdings anhand der Lautstärke des Herzgeräusches nicht feststellbar. Ein verspätetes Schließen der Pulmonalklappe kann zu einer Spaltung des zweiten Herztones führen.

EKG

Die Elektrokardiographie hat kaum eine Bedeutung für die Diagnose eines Ventrikelseptumdefektes oder der dadurch eventuell verursachten Dimensionsveränderungen des Herzens. Sie kann jedoch zur Aufdeckung von zusätzlichen Arrhythmien herangezogen werden. So können z. B. aufgrund der Volumenüberladung des rechten Ventrikels durch einen VSD ventrikuläre Extrasystolen oder Vorhofflimmern entstehen. Die Prognose ist in diesen Fällen eher ungünstig.

Echokardiographie

Zur Diagnostik eines Ventrikelseptumdefektes, zur differentialdiagnostischen Abklärung einer Trikuspidalklappeninsuffizienz und zur Beurteilung der hämodynamischen Auswirkungen ist die Echokardiographie die Methode der Wahl. Dabei werden semimembranöse Ventrikelseptumdefekte gewöhnlich im B-Mode, in der rechten kaudalen langen Achse direkt unter dem rechten Aortenklappensegel, als typischer anechogener Bereich im B-Mode (*echo dropout*) im Interventrikularseptum dargestellt (Abb. 5.3). Mit der Farbdoppler-

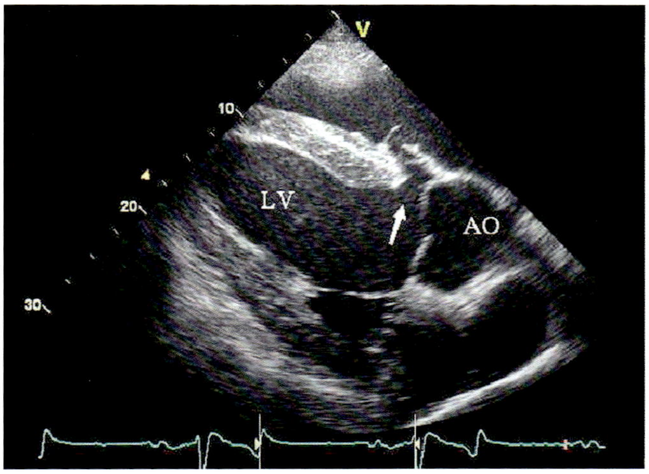

Abb. 5.3:
B-Mode-Bild im Längsschnitt mit eingedrehter Aorta, geschallt von der rechten Thoraxseite im 4. Interkostalraum (LV = linker Ventrikel, AO = Aorta). Unterhalb der Klappenebene ist bereits im B-Mode der Ventrikelseptumdefekt (VSD) als Schallauslöschung (anechogener Bereich) sichtbar.

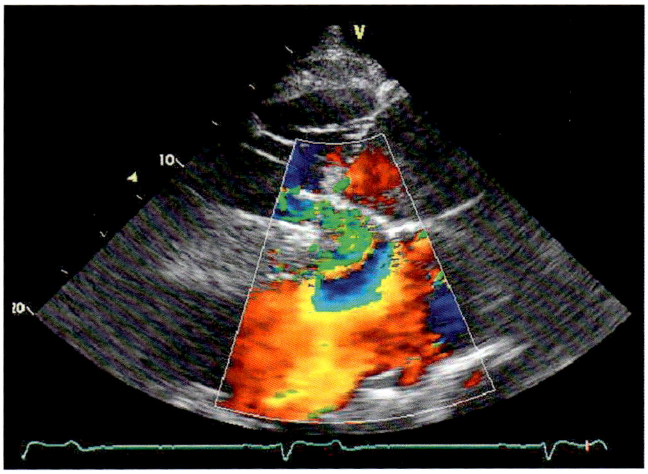

Abb. 5.4:
B-Mode-Bild im Längsschnitt mit eingedrehter Aorta, geschallt von der rechten Thoraxseite im 4. Interkostalraum. Mit der Farbdoppler-Technik ist der Blutfluss vom linken in den rechten Ventrikel durch den Ventrikelseptumdefekt (VSD) deutlich sichtbar.

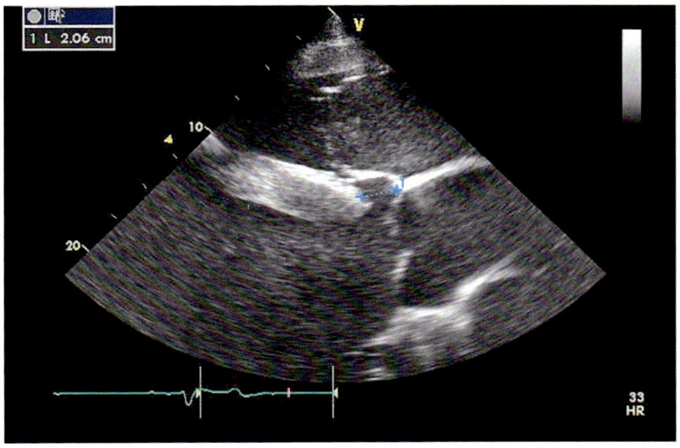

Abb. 5.5:
Vermessung des Durchmessers des Ventrikelseptumdefektes im B-Mode.

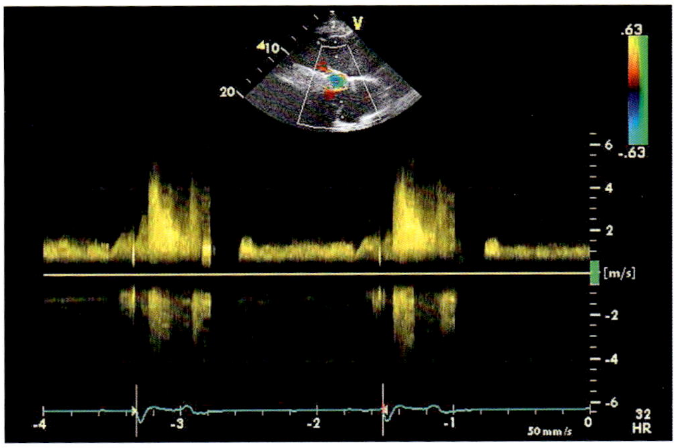

Abb. 5.6:
CW-Doppler-echokardiographisches Flusssignal bei einem Ventrikelseptumdefekt. Es ist sowohl systolisch als auch diastolisch ein Blutfluss vom linken in den rechten Ventrikel vorhanden. In der Systole nimmt dieser Fluss jedoch signifikant an Volumen und Geschwindigkeit zu.

Echokardiographie können typische transseptale *jets* zwischen rechtem und linkem Ventrikel aus mehreren Schallkopfpositionen nachgewiesen werden (Abb. 5.4). Die Vermessung des Durchmessers des Ventrikelseptumdefektes (Abb. 5.5) und die Messung des Flussprofiles mit dem CW-Doppler (Abb. 5.6) ermöglichen eine semiquantitative Berechnung des Shuntvolumens.

Herzkatheter

Zusätzlich liefert die Messung der Druckunterschiede mithilfe des Herzkatheters einen Überblick über die hämodynamische Bedeutung des Ventrikelseptumdefektes. Auch eine pulmonale Hypertonie kann so im Trend rechtzeitig erfasst werden. Durch die Messung der Blutgaswerte in den verschiedenen Herzkompartimenten (Stufenoxymetrie) ist es möglich, die Vermischung von arteriellem und venösem Blut im rechten Ventrikel festzustellen (Sauerstoffanreicherung im rechten Ventrikel) und das Shuntvolumen zu berechnen.

Therapie

Eine Therapie ist beim Pferd bisher nicht möglich. Experimentell wurde der Verschluss von VSD mithilfe künstlicher »Schirmchen«, die über einen Herzkatheter platziert wurden, versucht.

Prognose

Die Prognose für Fohlen bzw. Pferde mit Ventrikelseptumdefekt ist abhängig von der Größe und der Lokalisation des Defektes, von der maximalen Shuntgeschwindigkeit, dem Shuntvolumen sowie von eventuell zusätzlich vorhandenen Herzbefunden. Einige Pferde mit VSD können aufgrund der räumlichen Nähe zwischen VSD und Aortenklappen z. B. zusätzlich eine Aortenklappeninsuffizienz durch Deformation des Anulus fibrosus entwickeln. In diesen Fällen kann es im Alter zu einer kongestiven Herzinsuffizienz kommen. Ventrikelseptumdefekte, deren Durchmesser kleiner als ein Drittel der Aortenwurzel ist, können meist als prognostisch günstig beurteilt werden. Zu klinischen Beeinträchtigungen kommt es beim ausgewachsenen Pferd meist erst bei VSDs mit einer Größe von mehr als 2 cm. Aber auch hier ist das klinische Bild sehr variabel. Es wird von Rennpferden berichtet, die mit einem VSD von 2 cm Durchmesser erfolgreich Rennen liefen und von Warmblutpferden, die mit einem VSD von 1 cm Durchmesser bereits deutliche Zeichen einer Herzinsuffizienz entwickelten. Pferde mit größeren Defekten, bei denen das Shuntvolumen mehr als 50 % des Schlagvolumens beträgt, die anstelle eines membranösen Ventrikelseptumdefekts an einem muskulären Ventrikelseptumdefekt leiden oder bei denen zusätzlich Klappeninsuffizienzen oder weitere Herzdefekte vorliegen, werden als prognostisch ungünstig bis infaust beurteilt. In diesen Fällen sollte ein aufklärendes Besitzergespräch erfolgen, da eine spätere gefahrlose reiterliche Nutzung nicht zu erwarten ist.

5.1.2 Vorhofseptumdefekt

Vorhofseptumdefekte (Abb. 5.7) resultieren für gewöhnlich aus einem fehlerhaften Verschluss des fetalen Ostium primum oder Ostium secundum und treten nur sehr selten und dann meist in Verbindung mit anderen Herzfehlern beim Pferd auf. Vorhofseptumdefekte grenzen entweder direkt in der Region des Foramen ovale an das Interventrikularseptum oder befinden sich an der Basis des Vorhofseptums.

In den meisten Fällen bewirken die Vorhofseptumdefekte einen Links-Rechts-Shunt. Zu einem Rechts-Links-Shunt kommt es nur in Ausnahmefällen bei sehr hohen Drücken im rechten Vorhof, z. B. durch eine zusätzliche Trikuspidal- oder Pulmonalklappenmissbildung mit pulmonaler Hypertonie. Bei manchen Tieren öffnet sich der Shunt nur während der Belastung, wenn der Druck in der rechten Herzhälfte signifikant ansteigt.

Klinik

Die betroffenen Tiere zeigen meist bereits kurz nach der Geburt Dyspnoe, zyanotische Schleimhäute, Tachykardie sowie Zeichen einer Rechtsherzinsuffizienz. In seltenen Fällen wird ein Vorhofseptumdefekt erst bei älteren Fohlen bzw. beim adulten Pferd diagnostiziert. Auskultatorisch ist ein frühsystolisches und frühdiastolisches raues Geräusch über dem Punctum maximum der Pulmonalklappe hörbar sowie häufig auch eine Arrhythmie, da der Vorhofseptumdefekt oft mit Vorhofflimmern kombiniert ist.

Wie beim Ventrikelseptumdefekt kann auch beim Vorhofseptumdefekt ein verspätetes Schließen der Pulmonalklappe zu einer Spaltung des zweiten Herztones führen.

Echokardiographie

Diagnostisch ist auch hier die Echokardiographie die Methode der Wahl, mit der nicht nur der Vorhofseptumdefekt, sondern auch eine eventuell bereits eingetretene Vergrößerung beider Vorhöfe und des rechten Ventrikels aufgedeckt wird (Abb. 5.8). Auch die Rechtsherzkatheteruntersuchung kann mithilfe der Oxymetrie (Sauerstoffanreicherung im rechten Vorhof) zur Diagnoseabsicherung beitragen.

Therapie

Eine Therapie ist beim Pferd bisher nicht möglich.

Prognose

Die Prognose für Pferde mit einem isolierten kleinen Vorhofseptumdefekt ist in Bezug auf Lebenserwartung und Leistungsfähigkeit günstig. Ist der Vorhofseptumdefekt jedoch Teil einer komplexen Herzerkrankung, ist die Prognose schlecht.

5.1.3 Persistierendes Foramen ovale

Allgemeines zum fetalen Kreislauf

Beim fetalen Kreislauf wird die Lunge umgangen. Mit Sauerstoff angereichertes Blut aus der Plazenta gelangt über die V. cava caudalis in den rechten Vorhof, dann durch das Foramen ovale in den linken Vorhof, weiter in den linken Ventrikel und verlässt über die Aorta das Herz, um unter anderem das Gehirn zu versorgen. Bei der Geburt sorgt der Verschluss des Ductus arteriosus Botalli für einen erhöhten Blutfluss durch die Lungen und einen ansteigenden Druck im linken Vorhof. Dieser erhöhte Druck bewirkt, dass eine bereits fetal angelegte Klappe im linken Vorhof das Foramen ovale verschließt. Während der funktionelle Verschluss, als Folge des voll in Funktion tretenden Lungenkreislaufes, bei der Geburt bzw. innerhalb der ersten 72 Stunden erfolgt, ist der vollständige anatomische Verschluss durch ein Verwachsen der Klappe im Foramen ovale z. T. erst nach einigen Wochen abgeschlossen (15 Tage bis 9 Wochen). Sichtbar bleibt häufig die sog. Fossa ovalis, die auch echokardiographisch darstellbar ist.

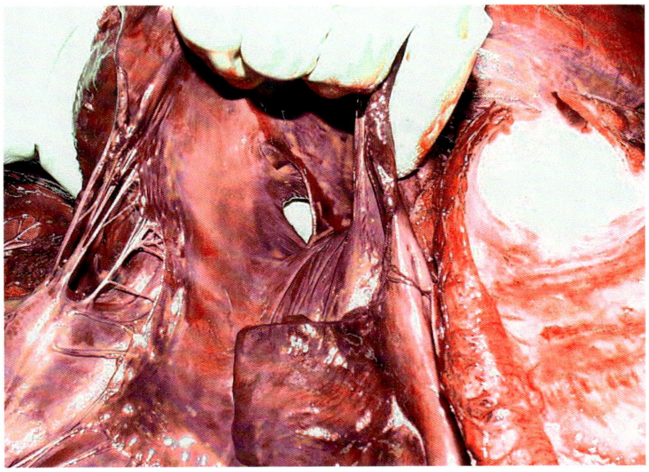

Abb. 5.7:
Sektionsbild eines Pferdeherzens mit einem kleinen Vorhofseptumdefekt (Durchmesser ca. 1 cm). Es handelte sich um ein 16-jähriges Freizeitpferd, das erst in diesem Alter eine kardiale Dekompensation mit Tachykardie, Tachypnoe, Lungenödem, Vorhofflimmern und Kardiomegalie entwickelt hatte.

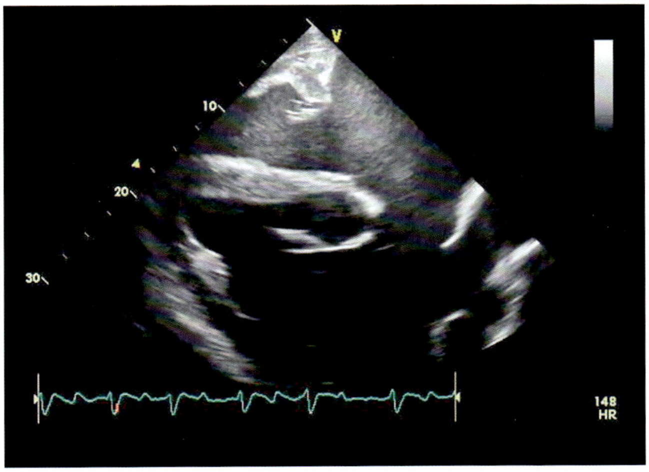

Abb. 5.8:
B-Mode-Bild eines großen Vorhofseptumdefektes (nahezu vollständiges Fehlen des Vorhofseptums). Längsschnitt, geschallt von der rechten Thoraxseite im 4. Interkostalraum. Es handelte sich um ein 1,5 Jahre altes Warmblut mit den klinischen Symptomen Tachykardie, Tachypnoe, Dyspnoe und Vorhofflimmern.

Foramen ovale persistens

Ein Foramen ovale persistiert, wenn im rechten Vorhof ein permanent erhöhter Druck herrscht, z. B. durch eine Pulmonalklappenstenose, oder wenn das Foramen ovale bei hochgradig dilatiertem linken Atrium infolge einer Mitralklappenstenose sehr stark gedehnt wird. Es kommt dabei zu einem persistierenden Shunt zwischen den Vorhöfen. Die Blutflussrichtung ist aufgrund des Druckgefälles zunächst von links nach rechts. Der Blutfluss kann dabei auch intervallartig auftreten. Sekundär entsteht eine Dilatation des rechten Vorhofes sowie auch des rechten Ventrikels. Differentialdiagnostisch muss ein persistierendes Foramen ovale von einem Vorhofseptumdefekt abgegrenzt werden. Zu Klinik, Echokardiographie, Therapie und Prognose siehe Vorhofseptumdefekt (s. Kap. 5.1.2).

5.1.4 Stenosen und Atresien der Herzklappen

Trikuspidalklappenatresie

Bei der Trikuspidalatresie ist die Trikuspidalklappe infolge rudimentärer Anlage oder Aplasie kaum vorhanden. An ihrer Stelle findet sich ein fibromuskuläres Band oder eine glatte fibröse Membran. Der höhere Druck im rechten Vorhof verhindert häufig zusätzlich den physiologischen Schluss des Foramen ovale, wobei dann aufgrund des Druckgefälles nach links ein Rechts-Links-Shunt vorliegt. Diese Fehlbildung kommt beim Fohlen nur selten vor und führt dann meistens zu einer deutlichen linksseitigen Volumenüberladung mit resultierender kongestiver Herzinsuffizienz und hochgradiger Zyanose.

Klinik

Auskultatorisch stellt sie sich in einem pansystolischen, bandförmigen Geräusch 4. bis 5. Grades über der linken Herzbasis und der Trikuspidalklappe dar. Echokardiographisch ist anstelle der Herzklappe lediglich ein echogenes Gewebeband zu erkennen.

Echokardiographie

Diagnostisch ist die Echokardiographie die Methode der Wahl, um die primären Atresien sowie die sekundären kardialen Auswirkungen aufzudecken.

Therapie

Keine.

Prognose

Betroffene Fohlen sollten aufgrund der infausten Prognose euthanasiert werden.

Pulmonal- und Aortenklappenstenose

Auch Pulmonal- und Aortenklappenstenosen kommen bei Fohlen, im Vergleich zum Hund, nur sehr selten vor. Erstere sind dann meistens mit anderen angeborenen Herzdefekten, wie z. B. einem Ventrikelseptumdefekt, vergesellschaftet.

Die Pulmonalklappenstenose entsteht meist aufgrund einer starken bindegewebigen Proliferation der Klappe und bewirkt einen Druckanstieg im rechten Ventrikel. Dieser kann zu einer rechtsseitigen kongestiven Herzinsuffizienz, Schwäche oder Kollaps führen.

5

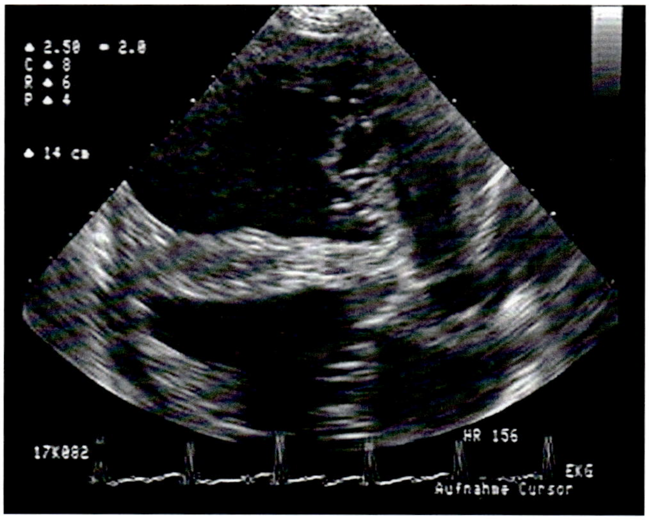

Abb. 5.9:
B-Mode-Bild einer komplexen Herzmissbildung bei einem 3 Tage alten Warmblutfohlen: Ventrikelseptumdefekt, Vorhofsepumdefekt, persistierender Ductus arteroisus Botalli, Pulmonalstenose und hochgradige Rechtsherzdilatation.

Klinik
Klinisch zeigen die betroffenen Fohlen Ödeme, Venenstauungen und Atemnot. Auskultatorisch ist ein holosystolisches Herzgeräusch mit PM über der Pulmonal- bzw. Aortenklappe zu hören.

Echokardiographie
Echokardiographisch sind bei der Pulmonalklappenstenose die deformierte Klappe, die sekundäre rechtsventrikuläre Dilatation sowie die Dilatation der proximalen Pulmonalarterie bereits im B-Mode erkennbar. Bei der Aortenklappenstenose sind die sekundäre Hypertrophie und Dilatation des linken Ventrikels, eine Erweiterung der Aorta sowie die fibröse Klappenverdickung der Aortensegel zu erkennen.

Therapie
Eventuell drucksenkende Medikamente.

Prognose
Die Prognose hängt von dem Ausmaß der Stenose sowie den bereits sichtbaren sekundären Folgen am Herzen ab.

5.1.5 Komplexe Herzmissbildungen

Zu den komplexen Herzmissbildungen gehören die Fallotsche Tri- und Tetralogie und das Eisenmenger-Syndrom. Bei der Fallotschen Trilogie liegen eine Pulmonalstenose, ein persistierendes Foramen ovale und eine sekundäre Hypertrophie des rechten Herzens (Vorhof und Ventrikel) vor. Bei der Fallotschen Tetralogie bestehen neben der Pulmonalstenose ein Ventrikelseptumdefekt, eine Rechtsherzhypertrophie und eine Dextroposition der Aorta (auch überreitende Aorta genannt). Die rechtsstehende Aorta entspringt über dem Ventrikelseptumdefekt, sodass sie aus dem rechten und dem linken Ventrikel Blut erhält. Vom Eisenmenger-Syndrom spricht man bei einem VSD mit einer sekundären Pulmonalarteriendilatation, einer überreitenden Aorta und einer rechtsventrikulären Hypertrophie. Diese multiplen Herzanomalien werden beim Fohlen nur sehr selten gesehen. Es gibt jedoch auch eine Vielzahl anderer multipler Herzmissbildungen beim Pferd.

Klinik
Häufig werden betroffene Fohlen tot geboren oder sterben innerhalb der ersten Lebensstunden bis -tage. Die Fohlen zeigen dann Dyspnoe, Zyanosen und Synkopen. Auskultatorisch ist ein lautes pansystolisches Herzgeräusch über der linken Herzbasis hörbar.

Echokardiographie
Die Diagnose liefert die Echokardiographie (Abb. 5.9).

Therapie
Keine.

Prognose
Die Prognose ist ungünstig bis infaust. Eine genetische Komponente wird diskutiert (z. B. bei Araberfohlen).

5.1.6 Entwicklungsstörungen der Herzgefäße

Zu den Entwicklungsstörungen der Herzgefäße gehören Lageveränderungen (z. B. Dextroposition der Aorta), die Transposition (Vertauschung) von Aorta und A. pulmonalis, der persistierende Truncus arteriosus communis und der persistierende Ductus arteriosus Botalli.

Persistierender Truncus arteriosus
Bei einem persistierenden Truncus arteriosus besteht herznah eine Verbindung zwischen Aorta und A. pulmonalis, da das Septum aorticopulmonale nicht ausgebildet ist.

Klinik
Die klinischen Symptome sind ähnlich wie bei den komplexen Herzmissbildungen.

Echokardiographie
Echokardiographisch stellen sich beide Herzkammern gleich groß dar und der persistierende Truncus arteriosus ist sichtbar.

Therapie
Keine.

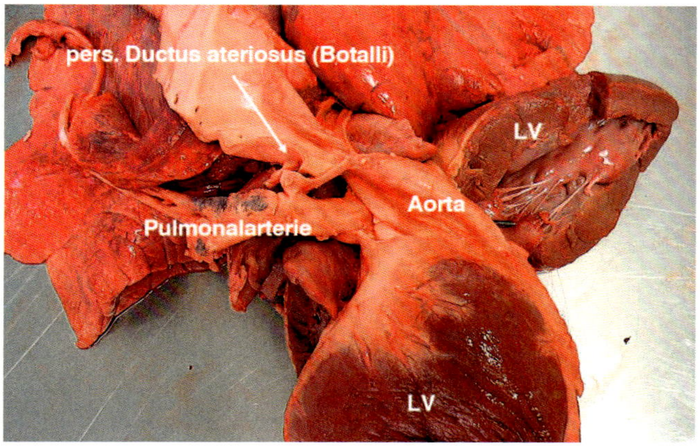

Abb. 5.10:
Sektionsbild eines Herzens mit einem persistierenden Ductus arteriosus Botalli (Shunt zwischen Aorta und Pulmonalarterie).

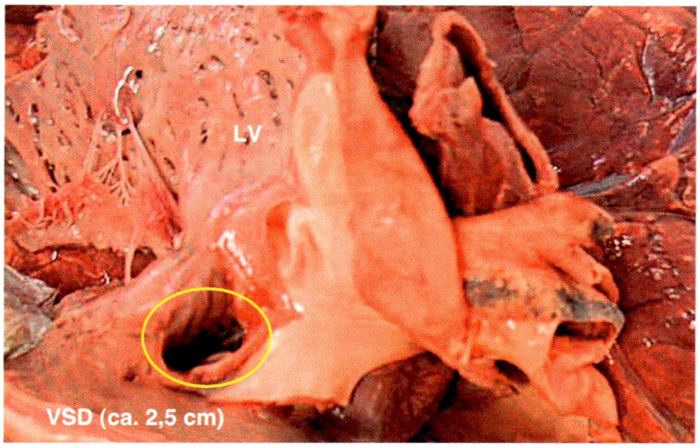

Abb. 5.11:
Bei dem Fohlen aus Abb. 5.10 lag gleichzeitig ein Ventrikelseptumdefekt vor.

Prognose
Betroffene Fohlen sollten aufgrund der infausten Prognose euthanasiert werden.

Ductus arteriosus Botalli persistens

Allgemeines zum fetalen Kreislauf
Der Ductus arteriosus Botalli stellt während der fetalen Phase eine physiologische Verbindung zwischen Aorta und Pulmonalarterie zur Umgehung des pulmonalen Kreislaufes dar. Diese Verbindung fördert das Blut des rechten Ventrikels unter Umgehung des Lungenkreislaufes direkt in die Aorta und über die Arteria umbilicalis zurück zur Plazenta. Mit Beginn der selbstständigen Atmung, die den pulmonalen Widerstand sinken lässt, obliteriert der Ductus arteriosus Botalli während der ersten 24–96 Stunden post partum und wird zu einem fibrösen Band, dem Ligamentum arteriosum. In einigen Fällen kann dieses bleistiftstark sein. Der persistierende Ductus arteriosus Botalli tritt nur selten isoliert auf, ist jedoch häufig Teil eines komplexen angeborenen Herzdefektes (Abb. 5.10, 5.11). Bei persistierendem Ductus arteriosus Botalli strömt das Blut aus der Aorta mit hohem Druck in die Pulmonalarterie. Das führt zu einer ständigen Durchmischung von arteriellem und venösem Blut im Bereich des Truncus sowie zu einem druckbedingten Rückstau an den relativ kleinlumigen Aa. bronchiales. Daraus entwickelt sich das Bild einer pulmonalen Hypertonie (Eisenmenger-Syndrom) mit einer Stauungslunge.

Klinik
Aufgrund des vorherrschenden Druckgradienten zwischen Aorta und Pulmonalarterie ist ein kontinuierlich an- und abflutendes »maschinenähnliches«, systolisch-diastolisches Herzgeräusch über der linken Herzbasis auskultierbar. Dieses Geräusch kann physiologischerweise bis zu 1 Woche nach der Geburt hörbar sein.

Echokardiographie
Bei Ponyfohlen wurde echokardiographisch ein vollständiger Verschluss des Ductus arteriosus Botalli in einigen Fällen erst nach 7 Wochen festgestellt, wobei jedoch in der Zeit kein Herzgeräusch vorhanden war. Die Verdachtsdiagnose eines persistierenden Ductus arteriosus Botalli wird aufgrund des Herzgeräusches gestellt. Der Nachweis kann häufig erst echokardiographisch geführt werden. Oftmals zeigen sich dabei jedoch lediglich eine sekundär dilatierte Pulmonalarterie und linke Herzhälfte als indirekte Hinweise, wenn es nicht gelingt, den persistierenden Ductus arteriosus Botalli direkt darzustellen.

Herzkatheteruntersuchung
Die optionale Rechtsherzkatheteruntersuchung mit Oxymetrie deckt eine erhöhte Sauerstoffspannung in der Pulmonalarterie auf.

Therapie
Eventuell drucksenkende Medikamente.

Prognose
Die Prognose in Bezug auf die Lebensfähigkeit ist schlecht, wenn der persistierende Ductus arteriosus Botalli mit mehreren angeborenen Herzerkrankungen vergesellschaftet ist. Theoretisch kann der persistierende Ductus arteriosus Botalli chirurgisch behandelt werden. Es liegen jedoch derzeit keine Berichte von chirurgisch therapierten Pferden vor, die später erfolgreich im Sport eingesetzt wurden.

5

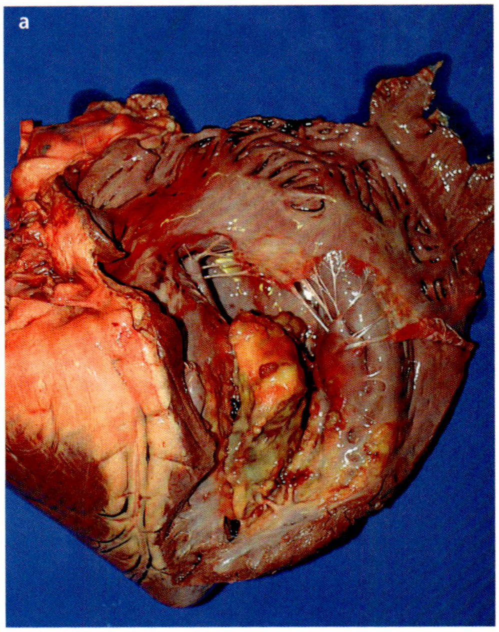

Abb. 5.12:
Sektionsbild des Herzens bei einem Pferd mit akuter bakterieller Endokarditis. Post mortem stellte sich eine entzündliche wulstige Umfangsvermehrung (Abszess) in der rechten Herzkammer auf Höhe der Papillarmuskulatur dar (Foto aus der Praxis).

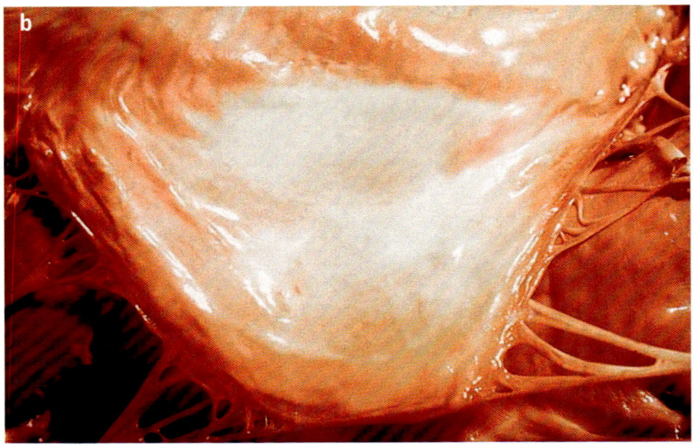

Abb. 5.13:
Sektionsbild einer physiologischen Mitralklappe eines Pferdes.

5.2 Erworbene Herzerkrankungen

5.2.1 Endokarderkrankungen

Bei den Endokarderkrankungen wird zwischen den nicht entzündlichen und den entzündlichen Klappenerkrankungen unterschieden. Zu den nicht entzündlichen Erkrankungen gehören die Herzklappenfibrosen, die bevorzugt bei älteren Pferden (jedoch eher selten) auftreten können. In der Regel sind von dieser Endokardiose die Mitral- und die Aortenklappe betroffen. Dabei entstehen wulstige Verdickungen der Schließungsränder und Retraktionen des gesamten Klappengewebes.

Die entzündlichen Endokarditiden entstehen am häufigsten auf bakterieller Grundlage. Ihrer intrakardialen Lokalisation nach lassen sie sich in die Endokarditis valvularis, die Endokarditis parietalis, die Endokarditis chordalis, die Endokarditis trabecularis sowie die Endokarditis papillaris unterteilen (Abb. 5.12–5.16).

Qualitative Unterschiede sind besonders im Klappenbereich von Bedeutung. Die einfachste Form der Klappenentzündung ist die Endokarditis valvularis simplex. Sie wird auch als entzündliches Klappenödem bezeichnet und kommt als unspezifisches Phänomen bei verschiedenen Infektionskrankheiten vor. Das entzündliche Klappenödem, bei dem die Herzklappen an ihrem Rand trüb-glasig geschwollen oder knopfartig aufgetrieben sind (Abb. 5.13, 5.14a–c), kann Voraussetzung für eine nachfolgende bakterielle Besiedelung und Thrombosierung bzw. Ulzeration sein oder aber fibrotisch abheilen. Diese Form scheint beim Pferd am häufigsten vorzukommen und ist in der abgeheilten Form nicht selten sonografisch durch geringgradige Auftreibung des freien Klappenrandes erkennbar.

Die Endokarditis valvularis verrucosa entspricht im Wesentlichen der Endokarditis valvularis simplex, nur dass hier thrombotische Abschichtungen und Organisationen eines vorwiegend aus Thrombozyten und Fibrin bestehenden Materials stattfinden. Eine mögliche weitere Komplikation und Ausdehnung führt zur Endokarditis valvularis polyposa et ulcerosa. Hier stehen sich bakteriell bedingte Nekrosen einerseits und Gewebsproliferationen und thrombotische Aufschichtungen andererseits gegenüber, die zusammen morphologisch zu pilz- oder blumenkohlartigen Wucherungen und funktionell zu Insuffizienzen oder Stenosen der Klappen führen. Die bakteriellen Nekrosen können einen gravierenden Substanzverlust an den Klappen verursachen (Abb. 5.15, 5.16a–e).

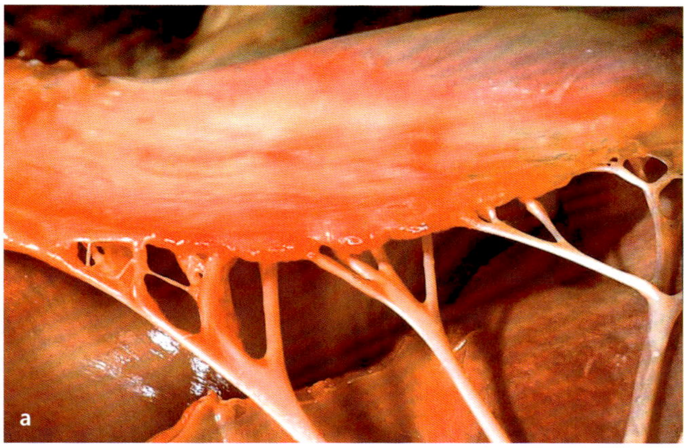

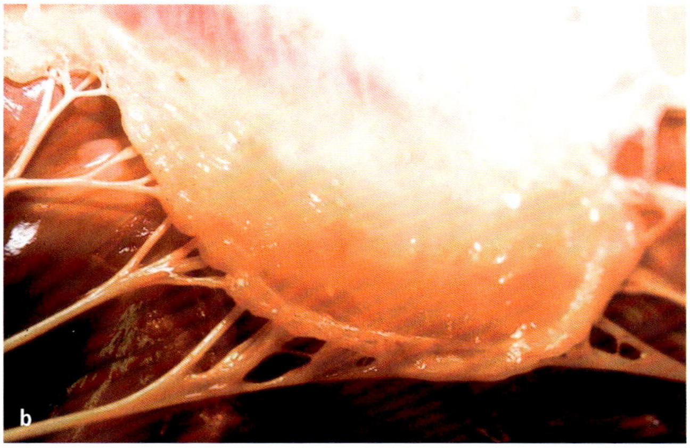

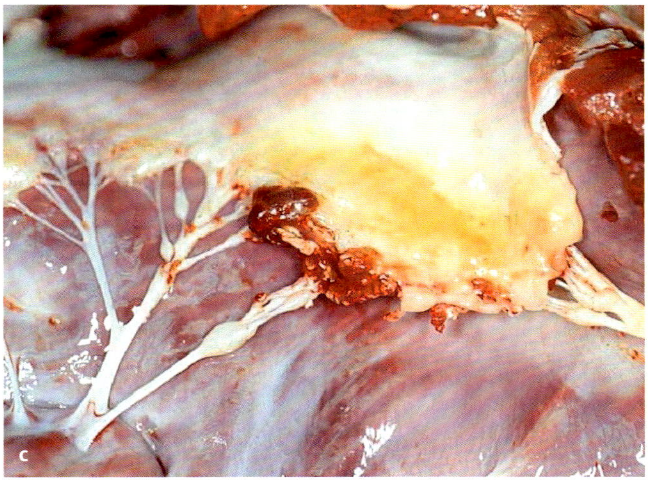

Abb. 5.14 a–c:
Verschiedene Schweregrade einer Endokarditis der Mitralklappe.
a, b Geringgradig ödematös verdickter freier Klappenrand.
c Deutlich entzündliche, wulstige Auflagerungen am freien Klappenrand.

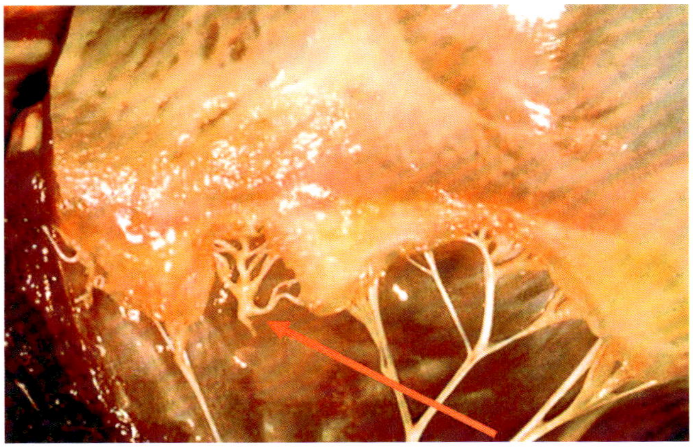

Abb. 5.15:
Abriss eines Sehnenhaltefadens (Chorda tendinea) an der Trikuspidalklappe (Pfeil).

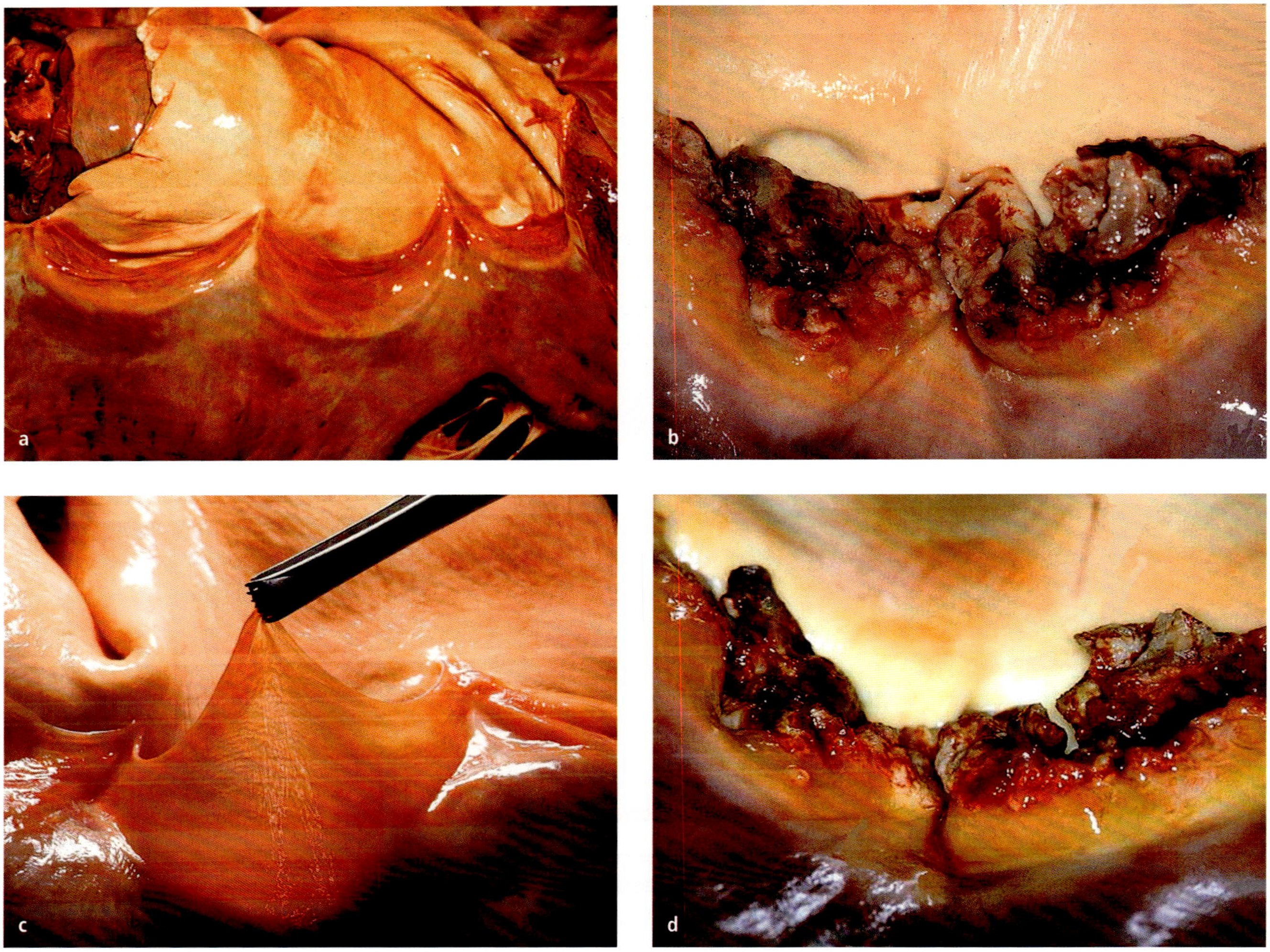

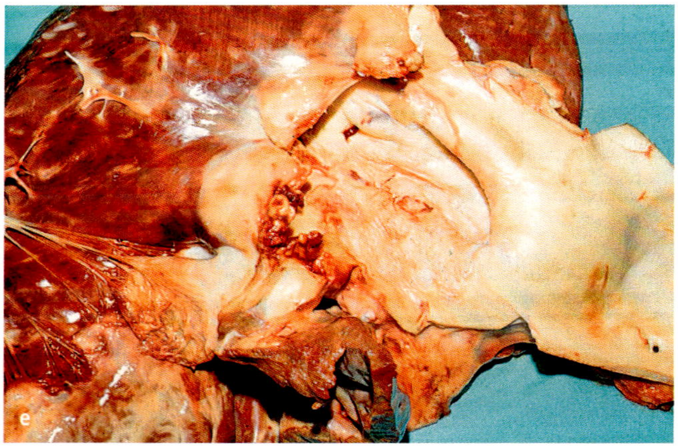

Abb. 5.16a–e:
Sektionsbilder von normalen und endokarditisch veränderten Aortenklappen.
a Unveränderte Aortenklappensegel.
b Aortenklappe mit deutlich entzündlichen, wulstigen Auflagerungen am freien Klappenrand.
c Unverändertes einzelnes Aortenklappensegel.
d Aortenklappe mit hochgradig verändertem Klappenrand (einschmelzende, ulzerative Nekrose).
e Hochgradig verändertes Aortenklappensegel mit Schädigung der Aortenklappenwand.

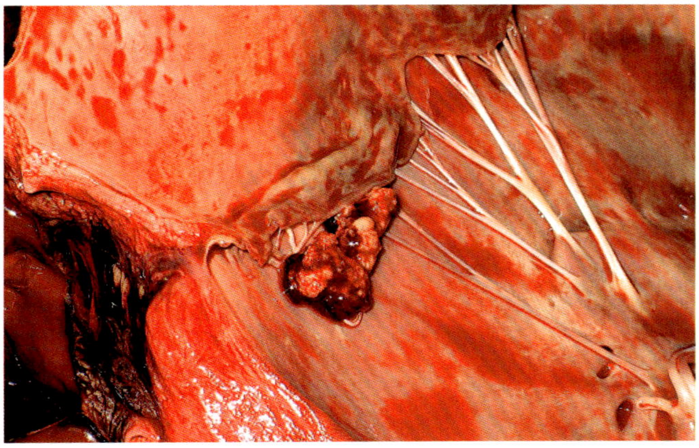

Abb. 5.17:
Mitralklappe mit entzündlichen Auflagerungen nach bakterieller Endokarditis. Zusätzlich ist ein Abriss eines Sehnenhaltefadens (Chorda tendinea) einer Herzklappe vorhanden.

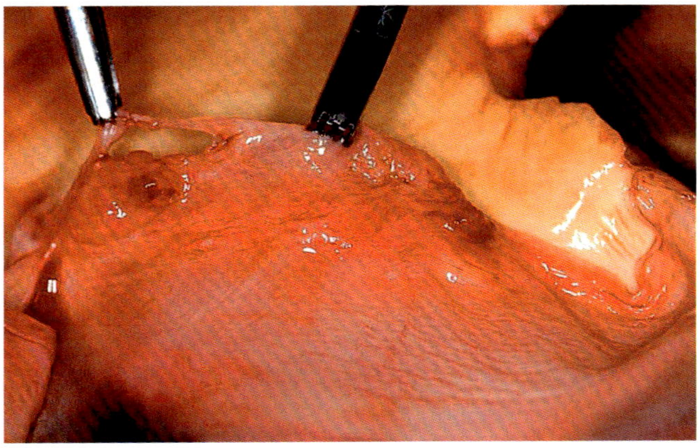

Abb. 5.18:
Aortenklappensegel mit geringgradigen entzündlichen Auflagerungen und einer Fenestration des Klappensegels nach bakterieller Endokarditis.

Die Endokarditis valvularis fibrosa gilt als Vernarbungsform anderer Endokarditisformen bzw. als Folge rezidivierender Entzündungsprozesse. Sie ist durch knollige Verdickungen, Retraktionen der Klappen und mangelhaften Klappenschluss gekennzeichnet.

Akute Endokarditis

Ätiologie

Bei der akuten Endokarditis handelt es sich um eine Klappenendokarditis, die meist durch bakterielle Infektionen hervorgerufen wird. Sie tritt beim Pferd eher selten auf. Bei Fohlen und immunsupprimierten Tieren ist die Prävalenz etwas höher. Sie entsteht durch eine Septikämie mit sekundärer bakterieller Besiedelung der Herzklappen. Der Erreger (meist Streptokokken, *Actinobacillus equuli* und Pasteurellen) hängt von der initialen Infektion (z.B. Lunge, Nabel, Darm, Haut, Vene) ab. Aufgrund der höheren Druckverhältnisse im linken Herzen sind die Mitral- und die Aortenklappen besonders häufig betroffen.

Selten wird beim Pferd das Zerreißen eines Sehnenhaltefadens (Chorda tendinea) oder die Fenestration eines Klappensegels nach bakterieller Infektion, aber auch nach Sturz oder Trittverletzung, als Ursache für eine akute Klappeninsuffizienz beschrieben (Abb. 5.15, 5.17, 5.18). Meist sind damit schwere hämodynamische Störungen verbunden, da bei plötzlicher Entstehung der Klappeninsuffizienz die Regurgitation zu starken Druckerhöhungen im Herzen führt.

Klinik

Betroffene Tiere zeigen Apathie, Fieber (auch intermittierend), Tachykardie und Tachypnoe, zum Teil auch Herzgeräusche und Herzarrhythmien. Eine sekundäre Myokarddilatation sowie eine kardiovaskuläre Dekompensation (periphere Ödeme und Lungenödeme) können sich bereits innerhalb weniger Tage entwickeln.

Labordiagnostik

Labordiagnostisch können eine Anämie, eine Hyperproteinämie und eine Leukozytose mit einer Neutrophilie und eine Hyperfibrinogenämie festgestellt werden. Bei Verdacht sollte initial eine Blutkultur für einen Erregernachweis und einen Resistenztest gewonnen werden. Diese kann auch falsch negativ ausfallen, insbesondere wenn das Pferd bereits mit Antibiotika vorbehandelt wurde. Die Chance eine positive Blutkultur zu gewinnen erhöht sich, wenn man mehrere Blutkulturen zu verschiedenen Tageszeiten während oder kurz nach einer Fieberphase entnimmt.

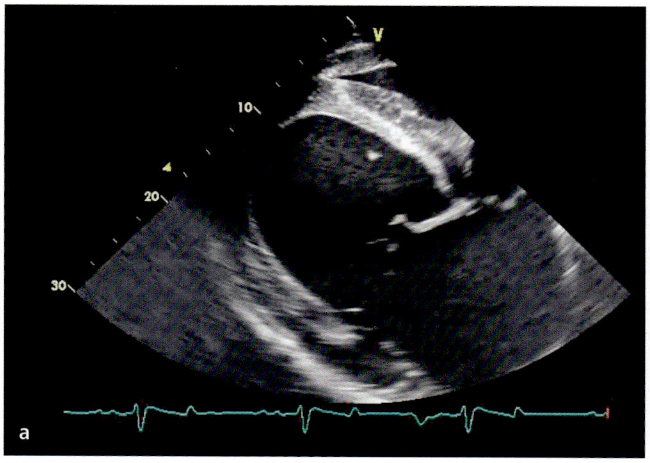

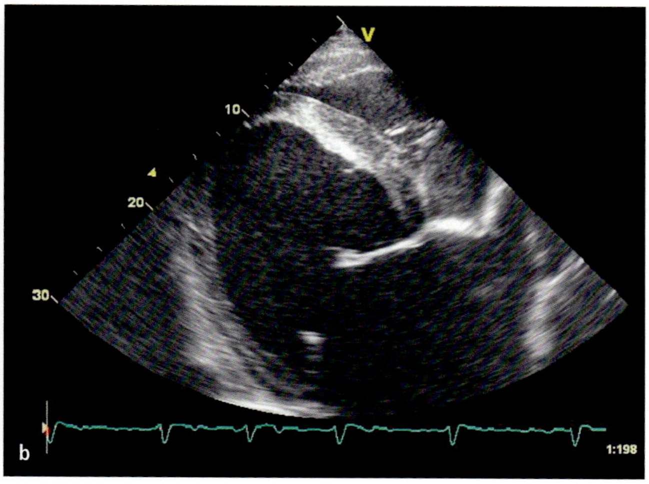

Abb. 5.19a, b:
B-Mode-Bilder hochgradiger Mitralklappeninsuffizienzen, geschallt im Längsschnitt von der rechten Thoraxseite im 4. Interkostalraum.
a Die entzündliche Verdickung des septalen Mitralklappensegels ist gut sichtbar. Typischerweise stellt sich die insuffiziente Mitralklappe echokardiographisch mit ventrikelwärts leicht eingerollten Klappenrändern dar. Sekundär hat sich eine deutliche Linksherzvergrößerung (Dilatation) entwickelt.
b Ähnlicher Befund wie in Abb. a. Die Dilatation des linken Vorhofes ist jedoch stärker ausgeprägt.

Echokardiographie

Echokardiographisch können an der betroffenen Herzklappe und/oder an den Sehnenhaltefäden der Klappe eine Hyperechogenität oder sogar massive Auflagerungen mit Klappenverdickungen (vegetative Auflagerungen oder Vegetationen) festgestellt werden. Das Myokard kann initial kompensatorisch hypertroph sein und Wandbewegungsstörungen (Akinesien, Dyskinesien) zeigen. Sekundär entwickelt sich meist innerhalb weniger Tage eine Herzdilatation (Abb. 5.19a, b).

Therapie

Von Bedeutung ist die möglichst schnelle Einleitung einer wirksamen antiinfektiösen Therapie (zuerst Blutkultur anlegen). Je nach Resistenzlage können z. B. Trimethoprim-Sulfadoxin (15 mg/kg 1–2 × tägl. oral), Penicillin G (20 000–40 000 IU/kg 4 × tägl. i. v.) und Gentamicin (2,2 mg/kg 4 × tägl. bzw. 3,3 mg/kg 3 × tägl. i. v.) oder Ceftiofur (1–2 mg/kg 1 × tägl. i. m.) über einen Zeitraum von 2–4 Wochen verabreicht werden. In Ausnahmefällen können auch Erythromycin (20 mg/kg 4 × tägl. i. v.) oder Rifampicin (5–10 mg/kg 2 × tägl. oral) hilfreich sein. Unterstützend können zudem nichtsteroidale Antiphlogistika (Flunixin Meglumin 0,25–1 mg/kg 1–3 × tägl.), Diuretika (initial 1–2 mg/kg 2–4 × tägl. i. v. oder i. m.; Langzeit 0,5–1 mg/kg 2–3 × tägl. i. m. oder oral), ACE-Hemmer (z. B. Quinapril 0,2–0,4 mg/kg 1 × tägl. oral) und evtl. auch Digitalispräparate (und/oder Antiarrhythmika) angewendet werden (s. Kap. 7). Der Therapieverlauf sollte durch regelmäßige echokardiographische Untersuchungen (initial ca. alle 2–3 Tage) kontrolliert werden.

Prognose

Die Prognose der akuten Endokarditis ist meist ungünstig, da häufig Spätfolgen in Form von Klappeninsuffizienzen und Herzdilalatationen auftreten, die eine weitere Nutzung als Sport- oder Zuchtpferd verhindern.

Chronische Endokarditis (Herzklappeninsuffizienz)

Ätiologie

Die Herzklappeninsuffizienz kann, in seltenen Fällen, angeboren auftreten (evtl. aufgrund einer intrauterinen Infektion) oder sich durch degenerative Prozesse, bakterielle oder idiopathische Entzündungen (akut oder chronisch) entwickeln. Inwieweit eine genetische Prädisposition auch beim Pferd für die Entwicklung von Klappeninsuffizienzen eine Rolle spielt, ist zurzeit noch nicht geklärt. Bei der chronischen Herzklappeninsuffizienz entsteht durch Gewebefibrosierung, Narbenstrikturen oder Gewebeperforationen im Verlauf von Entzündungen eine mehr oder weniger ausgeprägte Schlussunfähigkeit einer Valvula des Herzens. Die Folge ist eine retrograd fließende Blutmenge, die nicht am gerichteten Transport teilnimmt und in vielen Fällen Herzgeräusche verursacht. Das zurückfließende Blut wird auch als »Pendelblut« bezeichnet und führt zu einer Volumenüberladung und Vorlasterhöhung im entsprechenden Herzabschnitt. Es muss zusätzlich ausgeworfen werden, um ein entsprechendes Herzminutenvolumen zu erreichen. Eine Klappeninsuffizienz wird daher durch zusätzliche Volumenarbeit kompensiert.

Bei ausgeprägten Insuffizienzen oder nach längerem Bestehen der Insuffizienz kann sich eine Myokardhypertrophie, gefolgt

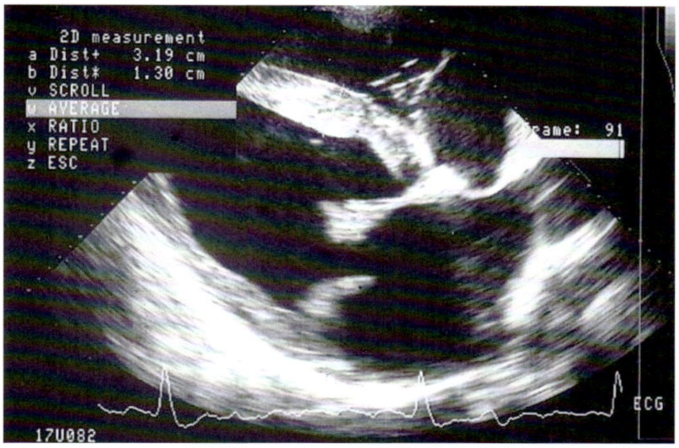

Abb. 5.20:
B-Mode-Bild einer hochgradigen akuten Mitralklappeninsuffizienz im Längsschnitt, geschallt von der rechten Thoraxseite im 4. Interkostalraum. Deutlich sind die stark verdickten Mitralklappensegel mit ausgeprägten entzündlichen Auflagerungen sichtbar. Das Pferd zeigte eine Tachykardie und Vorhofflimmern. Eine sekundäre Herzdilatation war noch nicht eingetreten.

von einer Dilatation, entwickeln. Bei voller Kompensation einer Klappeninsuffizienz wird die Größe des effektiven Schlag- und Minutenvolumens in Ruhe und unter Belastung durch die Größe der regurgitierten Blutmenge bestimmt. Ein deutlicher Insuffizienzgrad besteht bei einer Regurgitation von 10 bis 30 % des Schlagvolumens. Obwohl das effektive Schlag- und Minutenvolumen in Ruhe und bei Belastung noch normal ist, nimmt bei größerer regurgitierter Blutmenge das Restblut im Verhältnis zum vergrößerten totalen Schlagvolumen zu. Bei schweren Klappeninsuffizienzen sind Regurgitationsmengen von 50 % des Schlagvolumens zu beobachten. Aus einer chronischen Herzklappeninsuffizienz kann sich eine kongestive Herzinsuffizienz entwickeln.

Therapie

Bei Herzklappeninsuffizienzen, insbesondere bei Mitralklappeninsuffizienzen, können neben Digitalispräparaten auch ACE-Hemmer zur Verbesserung der Hämodynamik eingesetzt werden. Als Langzeittherapie bei Herzklappeninsuffizienzen wurde Quinapril (Accupro®) in einer Dosierung von 0,2–0,4 mg/kg 1 × tägl. bei Pferden mit Mitralklappeninsuffizienzen erfolgreich eingesetzt. Neben einer deutlichen Reduktion des Rückflussvolumens konnte in einigen Fällen sogar eine Verkleinerung dilatierter Herzhöhlen erreicht werden.

Auch der Einsatz von Enalapril (0,3–0,5 mg/kg 1–2 × tägl. per os) ist beim Pferd beschrieben. Die Therapie sollte langfristig bis lebenslang durchgeführt werden. Die Behandlung mit ACE-Hemmern ist sicherer und mit weniger Nebenwirkungen behaftet als die mit Herzglykosiden, jedoch auch sehr viel teurer.

Bei tragenden Stuten gilt der Einsatz von ACE-Hemmern als kontraindiziert. Stattdessen kann Hydralazin, ein Vasodilatator, ohne Risiko für eine Schädigung des Fetus eingesetzt werden. Weiteres siehe Kapitel 7.

Mitralklappeninsuffizienz

Ätiologie

Bei der Mitralklappeninsuffizienz kommt es durch einen mangelhaften Schluss der linken Atrioventrikularklappe zu einem pathologischen retrograden Blutfluss in das linke Atrium. Sie wird von vielen Autoren als häufigste Klappenerkrankung benannt (ca. 3,5 % der gesamten Pferdepopulation, ca. 35 % aller mit Klappeninsuffizienzen vorgestellten Pferde). 50 % der Pferde mit einer Mitralklappeninsuffizienz zeigen vorberichtlich eine Leistungsschwäche. Die Mitralklappeninsuffizienz ist somit der häufigste Grund für eine Belastungsintoleranz, verminderte Leistungsfähigkeit und eine eventuelle spätere Stauungsinsuffizienz (kongestive Herzerkrankung).

Bei hochgradiger Mitralklappeninsuffizienz mit Volumenüberladung des linken Vorhofes ist das Vorhofflimmern nicht selten die Folge der Vorhofmyokarddilatation. Zusätzlich kann eine Druckerhöhung im linken Vorhof retrograd über das pulmonale Kapillarbett, die Pulmonalarterie und den rechten Vorhof zu einer Erweiterung des Aufhängeapparates der Trikuspidalklappe und nachfolgender Trikuspidalklappeninsuffizienz führen.

Klinik

Die klinischen Symptome bei Mitralklappeninsuffizienz variieren je nach Schweregrad der Erkrankung. Häufig tritt zunächst nur eine Leistungsinsuffizienz auf. Bei schwerem Krankheitsverlauf sind die klinischen Anzeichen einer Herzinsuffizienz (Herzdekompensation) wie zyanotische Schleimhäute, eine Stauung der Venen, ein positiver Venenpuls, Tachykardie, Ödeme und schließlich die Ausbildung eines Lungenödems erkennbar.

Bei der Auskultation tritt als typisches Geräusch ein holo- bis pansystolisches Herznebengeräusch auf, welches auf der linken Thoraxseite im Bereich des fünften Interkostalraumes sein Punctum maximum hat. Es wird ein holosystolisches Decrescendo-Geräusch, das in Richtung Herzspitze ausstrahlt, beschrieben. Dabei muss die Lautstärke des Herznebengeräusches nicht mit dem Schweregrad der Klappenerkrankung korrelieren. Um Schwere und Ausmaß der Mitralklappeninsuffizienz zu erfassen, ist eine echokardiographische Untersuchung erforderlich.

Echokardiographie

Die häufigsten echokardiographischen Befunde bei Pferden mit Mitralklappeninsuffizienz sind eine Verdickung der Mitralsegelränder (Abb. 5.20), eine Vergrößerung des linken Vorhofes und eventuell sogar des linken Ventrikels (Abb. 5.19a, b, Abb. 5.21a, b). Es kann auch eine reduzierte

5

5

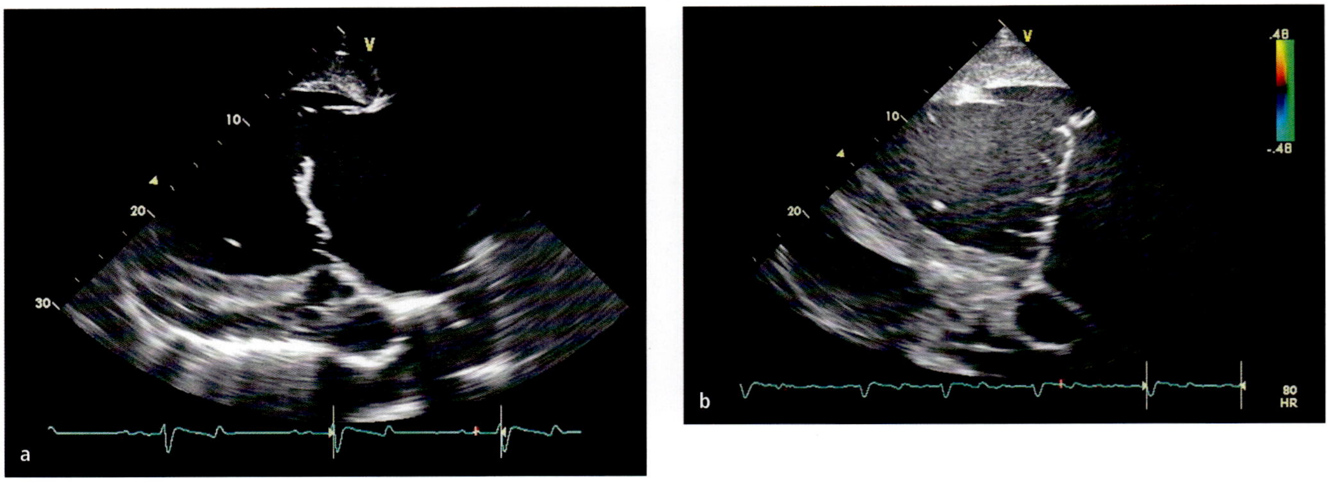

Abb. 5.21a, b:
B-Mode-Bilder hochgradiger Mitralklappeninsuffizienzen, geschallt im Längsschnitt von der linken Thoraxseite im 4. Interkostalraum.
a Die entzündliche Verdickung der Mitralklappensegel ist gut sichtbar. Der linke Vorhof ist vergrößert.
b Ähnlicher Befund wie in Abb. a. Die linksatriale Dilatation ist jedoch stärker ausgeprägt.

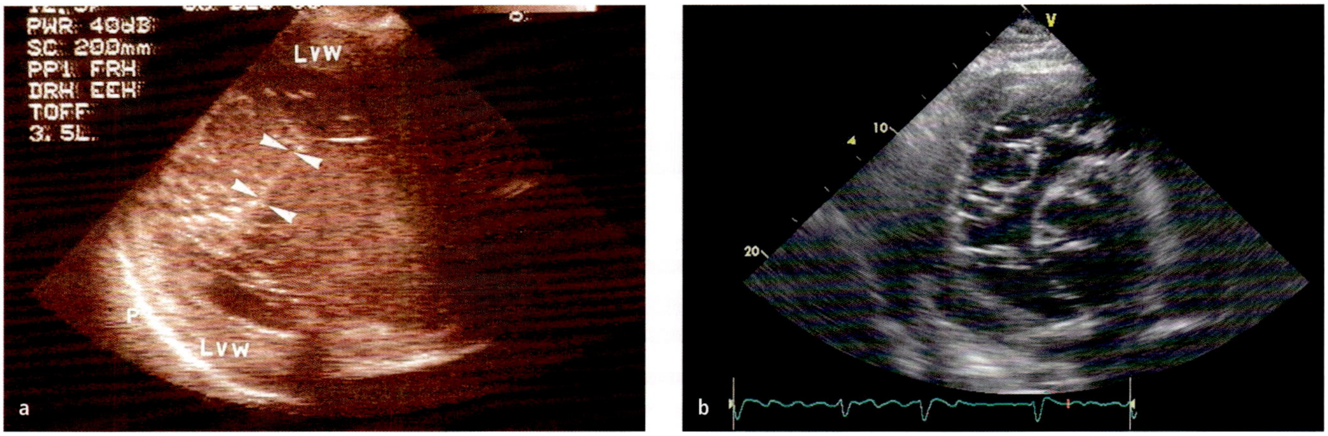

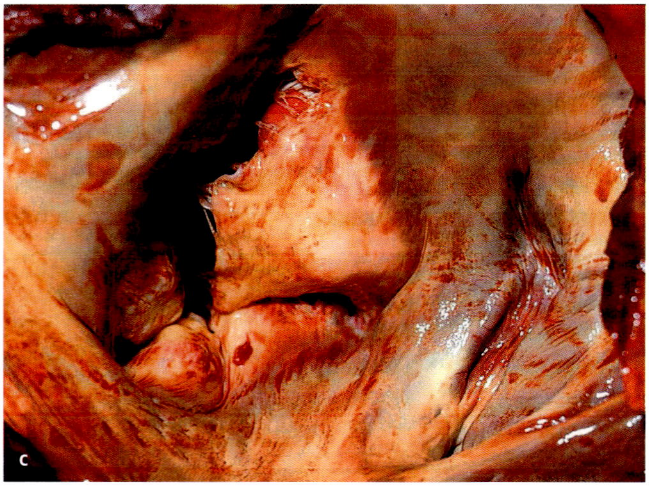

Abb. 5.22a–c:
a, b B-Mode-Bilder im Querschnitt, geschallt von der linken Thoraxseite im 4. Interkostalraum genau auf Höhe der Mitralklappe.
a Gesundes Pferdeherz. Es ist zu sehen, dass es systolisch zu einem vollständigen Klappenschluss kommt.
b Hochgradige Mitralklappeninsuffizienz. Echokardiographisch ist sichtbar, dass sich die Klappen systolisch nicht schließen (Ostium der Regurgitation).
c Pathologisches Bild einer hochgradigen Mitralklappeninsuffizienz (Blick auf den geöffneten linken Vorhof und das Ostium der Regurgitation).

Muskeldicke des Interventrikularseptums und der linksventrikulären Hinterwand sowie in einigen Fällen ein sichtbares »Loch« in der Klappe (Ostium der Regurgitation, Abb. 5.22a–c) sowie im Farbdopplermodus ein retrogrades, turbulentes Strömungsprofil von hoher Geschwindigkeit sichtbar sein (Abb. 5.23a–d).

Die CW-Doppler-Untersuchung ermöglicht die Bestimmung der Flussgeschwindigkeit und der Dauer des pathologischen Rückstromes (Abb. 5.24). In Fällen einer geringgradigen oder akuten Mitralklappeninsuffizienz ist die Farbdoppler-Untersuchung unerlässlich, wenn indirekte Anzeichen wie Dimensionsveränderungen oder Änderungen der Herzkinetik fehlen. Durch die Darstellung der Vena contracta, die als rheologisch wirksame Durchtrittsfläche des Jets annähernd die Größe des Regurgitationsostiums repräsentiert, ermöglicht die Farbdoppler-Echokardiographie in Kombination mit der konventionellen Doppler-Technik eine reproduzierbare semiquantitative Beurteilung von Mitralklappenregurgitationen durch die Berechnung des Rückflussvolumens (s. o.).

Bei der M-Mode-Untersuchung wird in manchen Fällen eine Veränderung im Bewegungsmuster der Mitralklappe festgestellt. Dabei handelt es sich um einen frühsystolischen Klappenschluss (B-*notch*, Abb. 5.25a, b). Dieser gilt als Hinweis für eine linksatriale Druckerhöhung.

Herzkatheteruntersuchung

Eine Rechtsherzkatheteruntersuchung bietet sich bei Mitralklappeninsuffizienzen an, um über eine Messung des Lungenkapillardruckes (PWP) Informationen über mögliche Druckerhöhungen im linken Vorhof und linken Ventrikel zu erhalten. Damit ist eine prognostische Aussage zur Entwicklung einer Mitralklappeninsuffizienz sowie zu Therapieverläufen leichter möglich.

Prognose

Die Graduierung und die Prognose bei Mitralklappeninsuffizienz sind abhängig von der Größe der Insuffizienz, der Größe des Rückflussvolumens, zusätzlichen Klappeninsuffizienzen und den hämodynamisch sichtbaren Auswirkungen am Herzen (z. B. Dilatation, Hypertrophie, Wandbewegungsstörungen). Eine Ruptur der Klappenhaltefäden (Chordae tendineae) mit einer akuten, hochgradigen Klappeninsuffizienz und der Symptomatik einer akuten Herzinsuffizienz (Apathie, Tachykardie und Lungenödem) ist prognostisch infaust.

Aortenklappeninsuffizienz

Ätiologie

Die Aortenklappe ist besonders beim mittelalten bis alten Pferd (ab ca. 14 Jahren) die häufigste Lokalisation für pathologische Klappenveränderungen (Abb. 5.26a). Es handelt sich pathomorphologisch dann meistens um degenerative Veränderungen, die aus knotenartigen Verdickungen oder seltener fibrösen, bandartigen Läsionen (vor allem an den linkskoronaren Segeln) bestehen. Auch Fenestrationen der Klappenränder können auftreten. Diese haben bei einem Durchmesser bis maximal drei Millimeter jedoch meist keine klinische Relevanz.

Klinik

Das typische Herzgeräusch bei einer Aortenklappeninsuffizienz ist ein holodiastolisches Decrescendo mit einem PM über der Aortenklappenregion (4. Interkostalraum, linke Thoraxseite) auf Höhe der Herzbasis. Aufgrund von Vibrationen der Mitralklappe oder des Interventrikularseptums kann eine musikalische oder quietschende Komponente auskultatorisch wahrgenommen werden. Klinisch kann zusätzlich ein hüpfender Puls festgestellt werden. Durch die undichte Aortenklappe fließt Blut zurück in den linken Ventrikel, sodass der enddiastolische Druck in der Aorta erniedrigt sein kann. Die Pulsqualität ist vom Verhältnis des systolischen zum diastolischen arteriellen Druck abhängig. Große Rückflussvolumina erzeugen erhöhte Drücke und einen kräftigen Puls, der durch einen schnelleren Abfall der Gefäßfüllung nicht aufrechterhalten werden kann und sich somit kurz und hüpfend anfühlt.

Echokardiographie

Echokardiographisch wird häufig ein vergrößerter Innendurchmesser der Aortenwurzel festgestellt, der je nach Grad der Erkrankung mit einem vergrößerten linken Ventrikel kombiniert ist. An der Aortenklappe können Verdickungen der Segel (Abb. 5.26b) sonographisch erkannt werden. Die Farbdoppler-Technik erleichtert die Darstellung der pathologischen Rückströme (Abb. 5.26c, Abb. 5.27a–d). In einigen Fällen ist auch ein Ostium der Regurgitation direkt im B-Mode sichtbar (Abb. 5.28a, b). Die CW-Doppler-Untersuchung stellt den Blutfluss graphisch dar (Abb. 5.29). Außerdem kann ein vorzeitiger Mitralklappenschluss (B-*notch*) oder ein Mitralflattern im M-Mode (Abb. 5.30) vorliegen.

Prognose

Eine Aortenklappeninsuffizienz kann zu einer Überbelastung des linken Ventrikels und somit zur Ventrikeldilatation führen. Wenn dadurch eine Weitung des Mitralklappenringes und eine sekundäre Mitralklappeninsuffizienz entstehen, ist die Prognose vorsichtig zu stellen. Viele ältere Pferde mit Aorteninsuffizienz sind noch normal belastbar. Dies ist teilweise damit zu erklären, dass sie häufig nicht mehr auf gleich hohem Leistungsniveau arbeiten müssen wie junge Tiere.

5

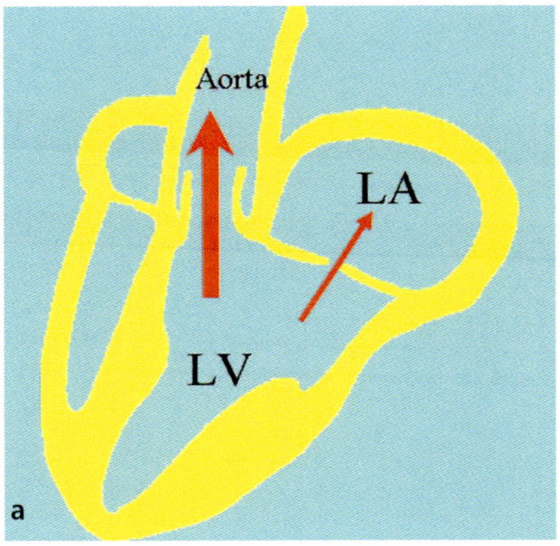

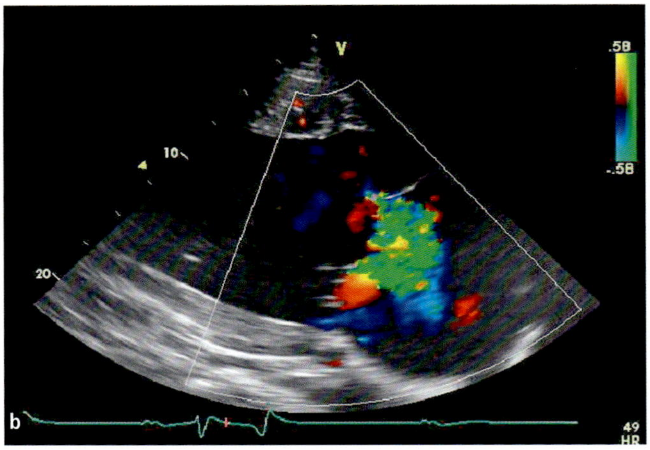

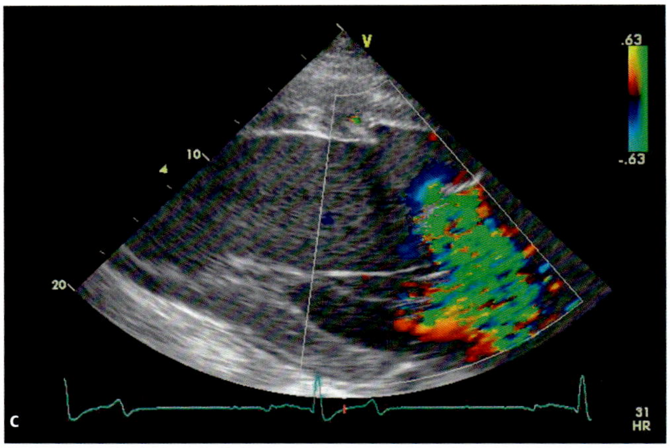

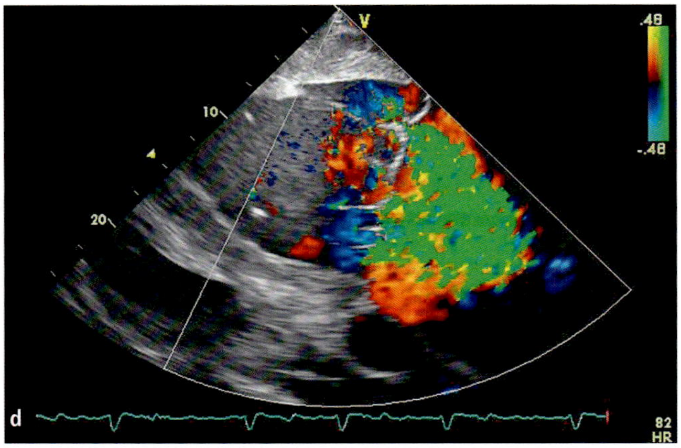

Abb. 5.23 a–d:
Pferdeherzen mit Mitralklappeninsuffizienz.
a Schemazeichnung einer Mitralklappeninsuffizienz.
b–e B-Mode-Bilder (im Längsschnitt, geschallt von der linken Thoraxseite im 4. Interkostalraum). Der zusätzliche Farbdopplermodus ermöglicht die Darstellung der pathologischen Blutflüsse vom linken Ventrikel in den linken Vorhof. Die Größe der farblich dargestellte Blutwolke hat jedoch nur eine begrenzte Aussagekraft in Bezug auf das Rückflussvolumen bzw. auf den Schweregrad der Klappeninsuffizienz (**b, c**: Zunahme der Regurgitationswolke). Es können jedoch mit der Farbdoppler-Technik die Lokalisation und die Anzahl der Rückflüsse pro Klappe festgestellt werden (**d** zeigt zwei Rückflüsse an der Mitralklappe).

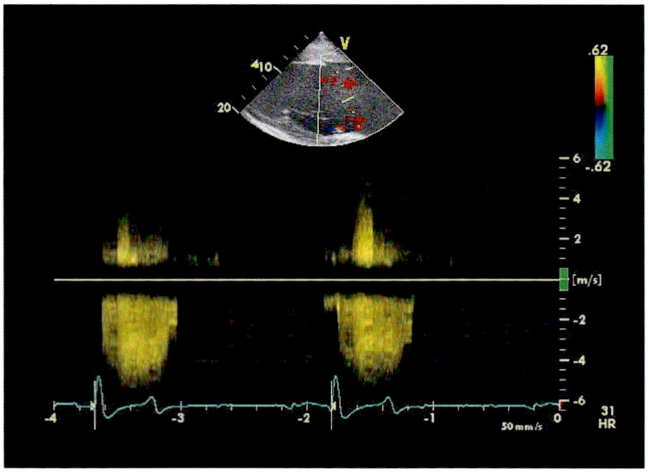

Abb. 5.24:
CW-Doppler-Untersuchung bei einem Pferd mit Mitralklappeninsuffizienz.

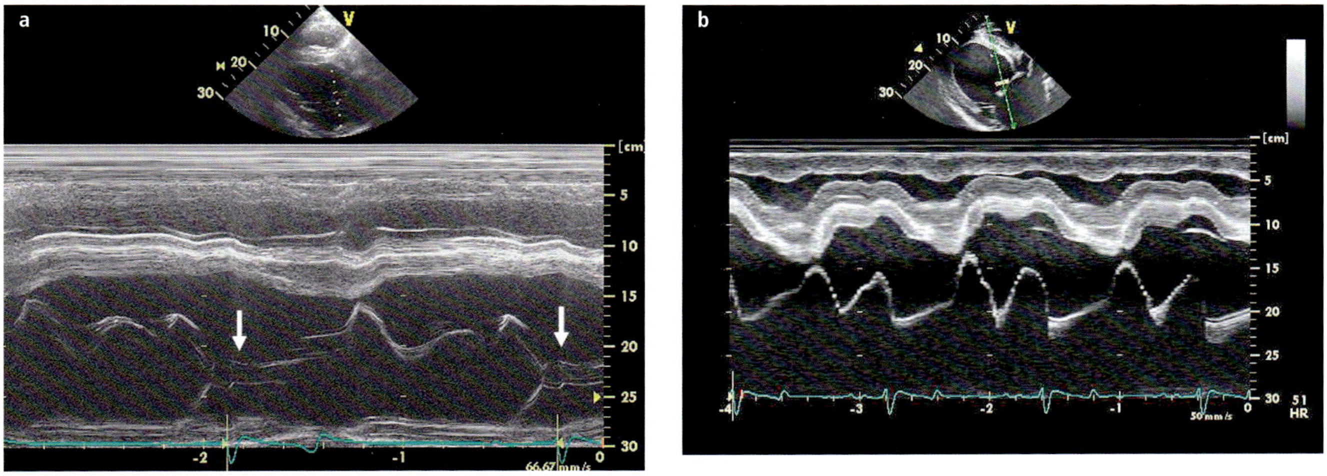

Abb. 5.25a, b:
M-Mode-Untersuchungen des Bewegungsmusters der Mitralklappe. Es ist jeweils ein B-*notch* (Pfeil) zu erkennen; **b** zusätzliche hochgradige linksseitige Dilatation.

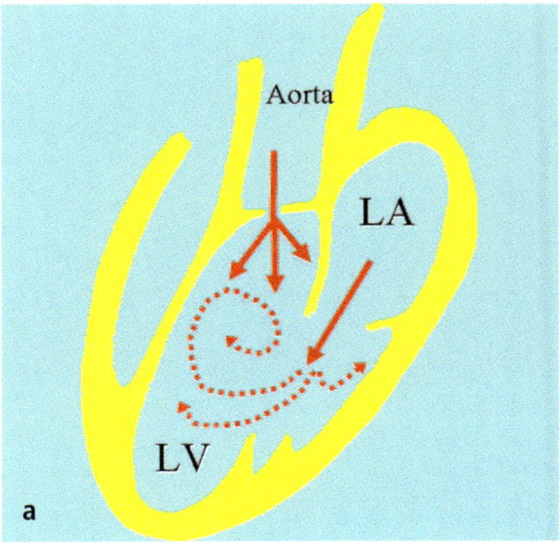

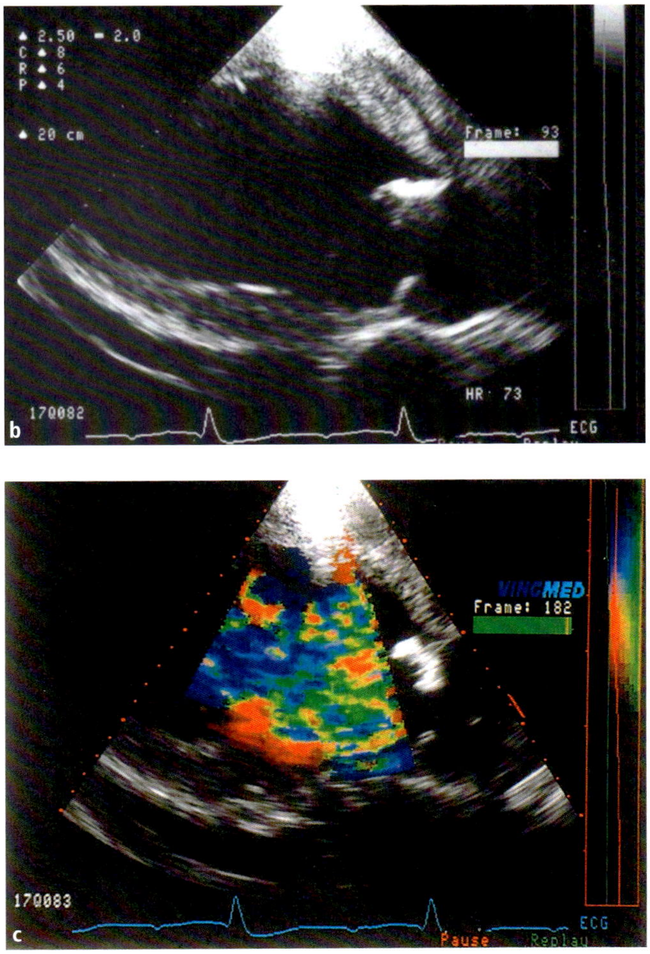

Abb. 5.26a–c:
Pferdeherzen mit Aortenklappeninsuffizienz.
a Schemazeichnung einer Aortenklappeninsuffizienz.
b B-Mode-Bild einer hochgradigen Aortenklappeninsuffizienz; Längsschnitt mit Aorta geschallt von der rechten Thoraxseite im 4. Interkostalraum. Das septale Aortenklappensegel zeigt eine kolbige, entzündliche Verdickung.
c Gleiches Pferd und gleicher echokardiographischer Schnitt wie in Abb. b. Der Farbdoppler-Modus stellt den deutlichen pathologischen Rückstrom an der Aortenklappe sicher dar.

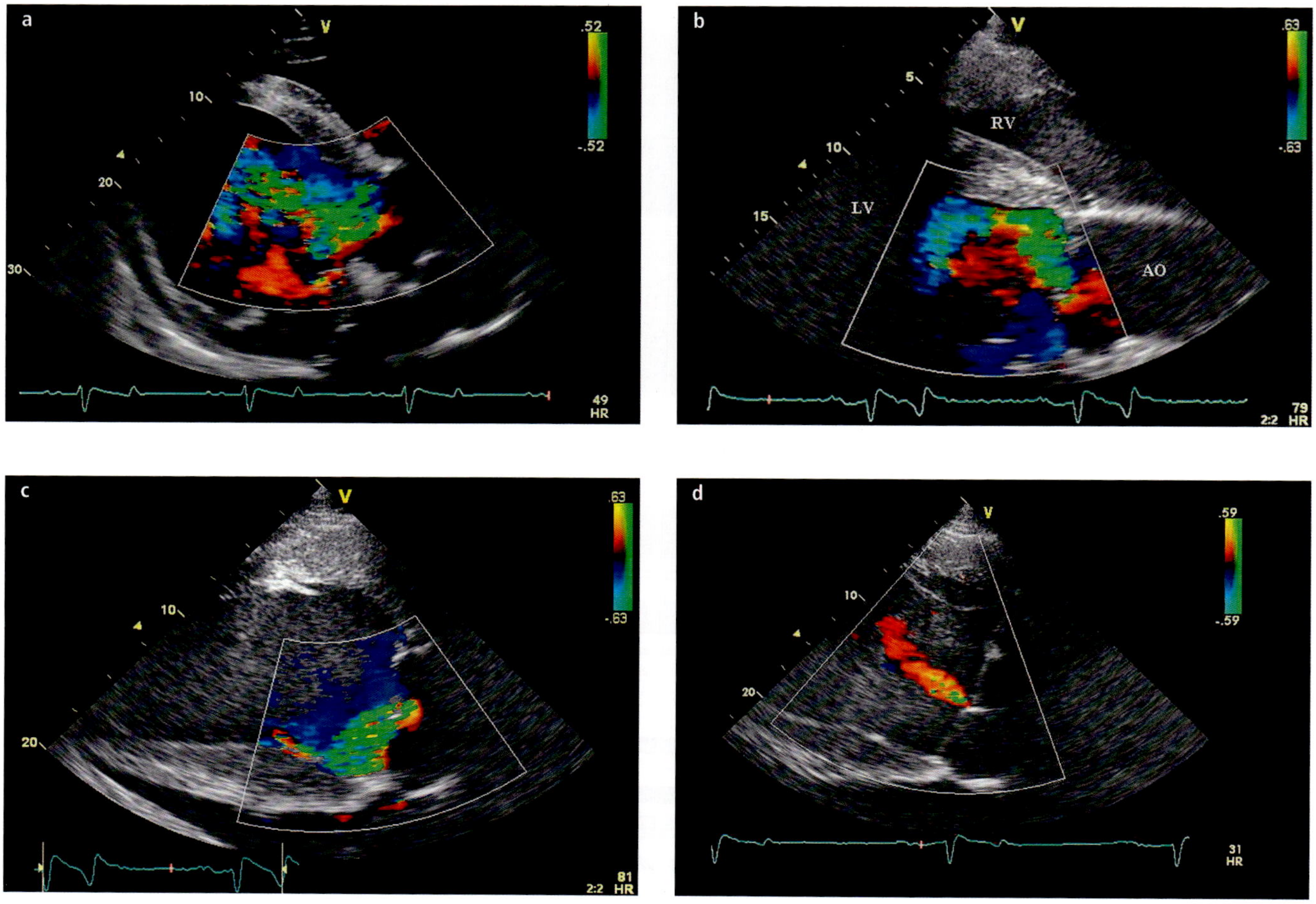

Abb. 5.27a–d:
B-Mode-Bilder von Aortenklappeninsuffizienzen. Längsschnitt mit Aorta, geschallt von der linken Thoraxseite im 4. Interkostalraum. Der zusätzliche Farbdopplermodus ermöglicht die Darstellung der pathologischen diastolischen Blutflüsse von der Aorta in den linken Ventrikel (**a**). Der Rückstrom kann jedoch auch Richtung Interventrikularseptum (**b**) oder linksventrikulärer Hinterwand fließen (**c**). Häufig werden an dieser Klappe mit der Farbdoppler-Technik auch unbedeutende Regurgitationen aufgedeckt (**d**).

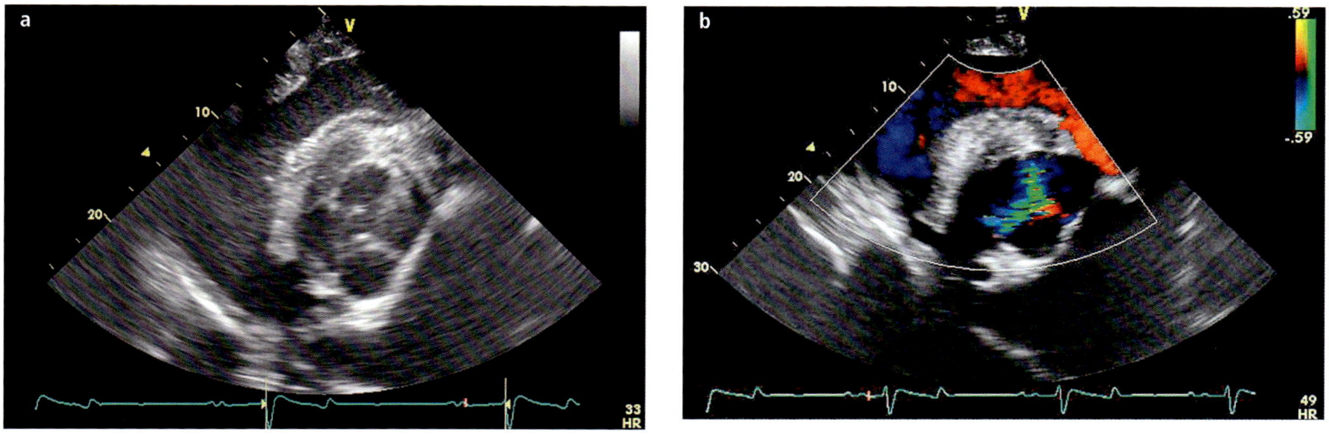

Abb. 5.28a, b:
B-Mode-Bild einer Aortenklappeninsuffizienz. Längsschnitt, geschallt von der rechten Thoraxseite im 3. Interkostalraum (kraniale Achse). In diesem Schnittbild kann die Aortenklappenebene im Querschnitt dargestellt werden. Im vorliegenden Fall ist dabei die Schlussunfähigkeit bereits im B-Mode zu erkennen (**a**). Andernfalls kann der Insuffizienzfluss auch mit der Farbdoppler-Technik dargestellt werden (**b**).

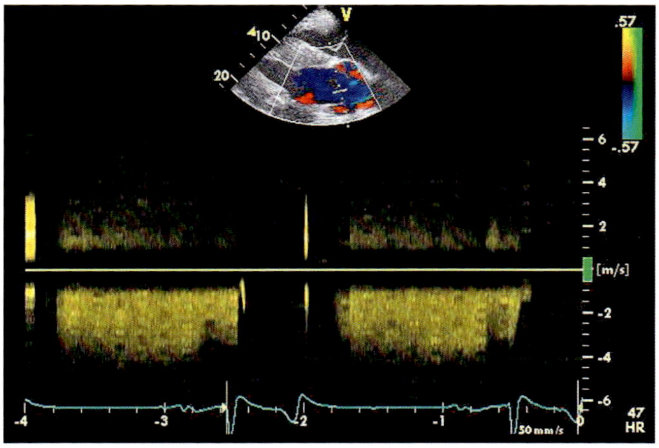

Abb. 5.29:
CW-Doppler-Untersuchung bei Aortenklappeninsuffizienz. Sichtbar ist ein holodiastolisches Flussprofil mit einer Geschwindigkeit von 4 m/s.

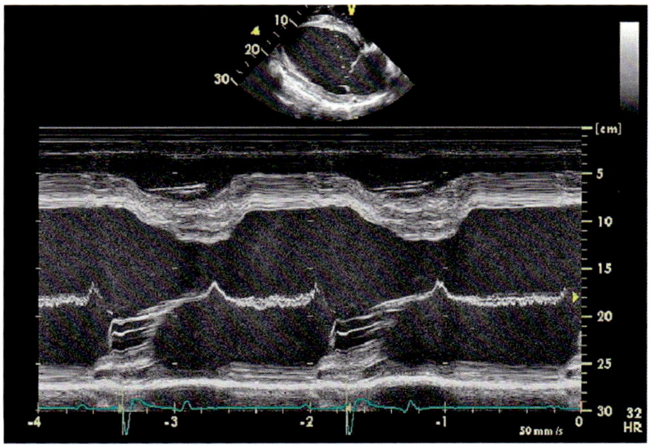

Abb. 5.30:
Im M-Mode zeigt das Bewegungsmuster der Mitralklappe bei einem Pferd mit Aortenklappeninsuffizienz typischerweise ein diastolisches Flattern (Undulieren) des vorderen Mitralklappensegels, verursacht durch den pathologischen Rückfluss in den Ventrikel.

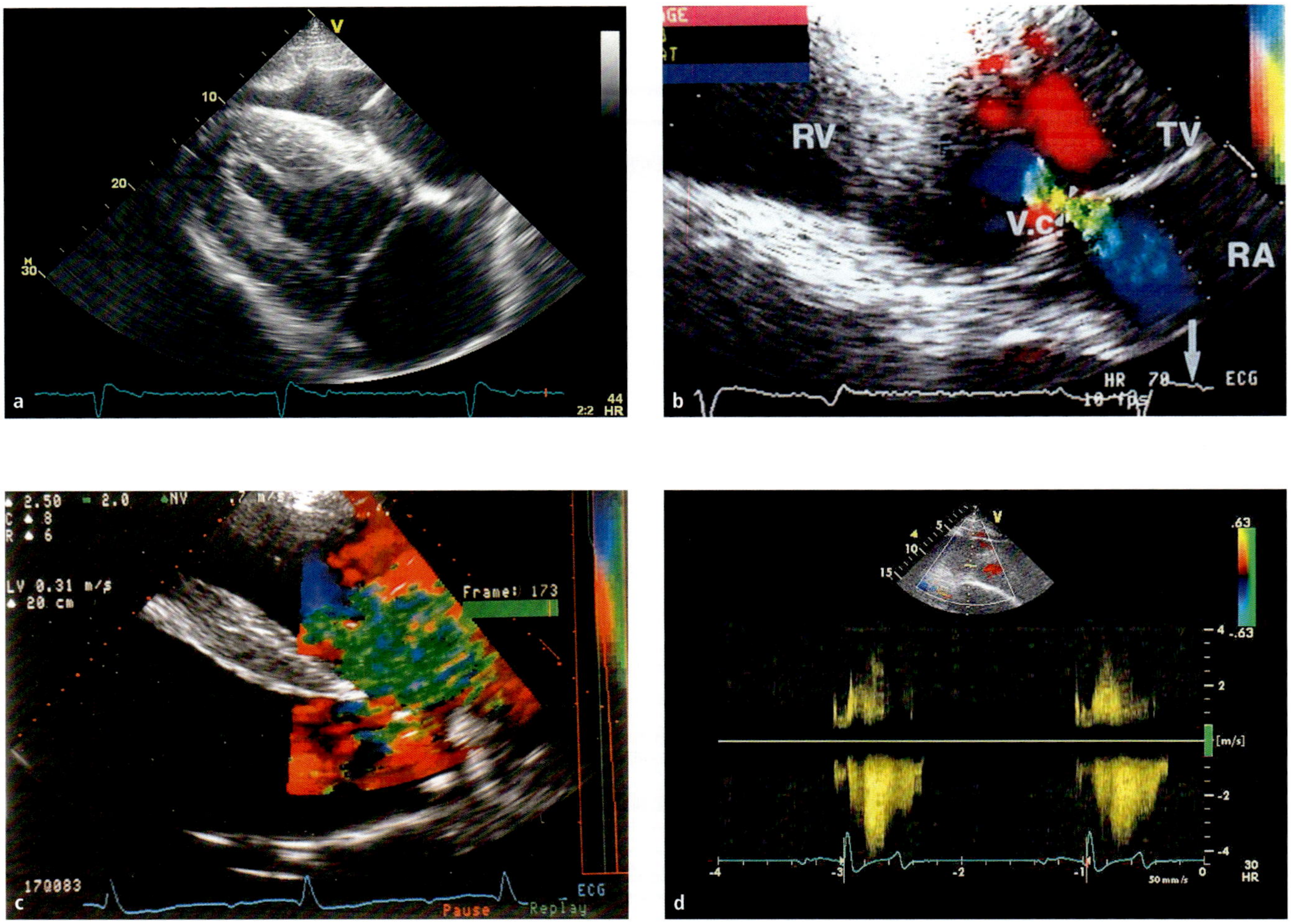

Abb. 5.31a–d:
Trikuspidalklappeninsuffizienz. Längsschnitt, geschallt von der rechten Thoraxseite im 4. Interkostalraum. Der rechte Vorhof ist deutlich dilatiert.
a Der mangelnde Klappenschluss ist bereits im B-Mode sichtbar.
b, c Mit der Farbdoppler-Technik ist der pathologische systolische Blutfluss vom rechten Ventrikel in den rechten Vorhof als turbulente grünliche Wolke sichtbar.
In einigen Fällen kann der farblich dargestellte Klappendurchtritt (Vena contracta = V. c.) vermessen und zur Volumenbestimmung herangezogen werden.
d Die CW-Doppler-Untersuchung ermöglicht auch an der Trikuspidalklappe die Darstellung des Rückflusses, hier als holosystolisches Flussprofil mit einer Geschwindigkeit von 4 m/s.

Trikuspidalklappeninsuffizienz

Ätiologie

Pathologische Veränderungen an der Trikuspidalklappe sind beim Pferd eher selten, während eine Insuffizienz der Klappe ohne Strukturveränderung an den Klappensegeln bei Sportpferden häufig auftritt. Bei trainierten Pferden wird manchmal eine Dilatation des rechten Atrioventrikularringes oder eine Hypertrophie der Papillarmuskulatur des rechten Ventrikels beobachtet, die mit einer Trikuspidalklappeninsuffizienz einhergeht. Trikuspidalinsuffizienzen werden als eine Ursache für Leistungsschwächen bei Rennpferden angesehen.

Klinik

Das typische Herzgeräusch bei einer Trikuspidalklappeninsuffizienz ist ein holosystolisches Crescendo mit einem PM im 4. Interkostalraum auf der rechten Thoraxseite. Klinisch kann zusätzlich ein positiver Venenpuls festgestellt werden.

Echokardiographie

Mit der echokardiographischen Untersuchung können mögliche Ursachen für Trikuspidalklappeninsuffizienzen aufgedeckt werden, wie eine Klappenendokarditis, eine Kardiomyopathie des rechten Ventrikels, eine Ruptur der Chordae tendineae oder eine primäre Pulmonalklappeninsuffizienz oder -stenose. Dabei hilft neben der B-Mode-Untersuchung die Farbdoppler-Technik zur Darstellung des pathologischen Rückstromes (Abb. 5.31a–c). Die CW-Doppler-Untersuchung ermöglicht eine Graduierung des Rückflusses entsprechend seiner Dauer und Geschwindigkeit (Abb. 5.31d). In der Sektion wird das Ausmaß der atrialen Dilatation sichtbar (Abb. 5.32).

Neben den Rechtsherzerkrankungen können auch Lungenerkrankungen mit einem erhöhten pulmonalarteriellen Druck sekundär zu einer Dilatation des rechten Ventrikels mit Schlussunfähigkeit der Trikuspidalklappe führen (Abb. 5.33a–c). Ebenso kann eine Druckerhöhung im linken Atrium bei Mitralklappeninsuffizienz zu einer Drucksteigerung im Lungenkreislauf und sekundär zu einer Trikuspidalinsuffizienz führen.

Prognose

Siehe Mitralklappeninsuffizienz.

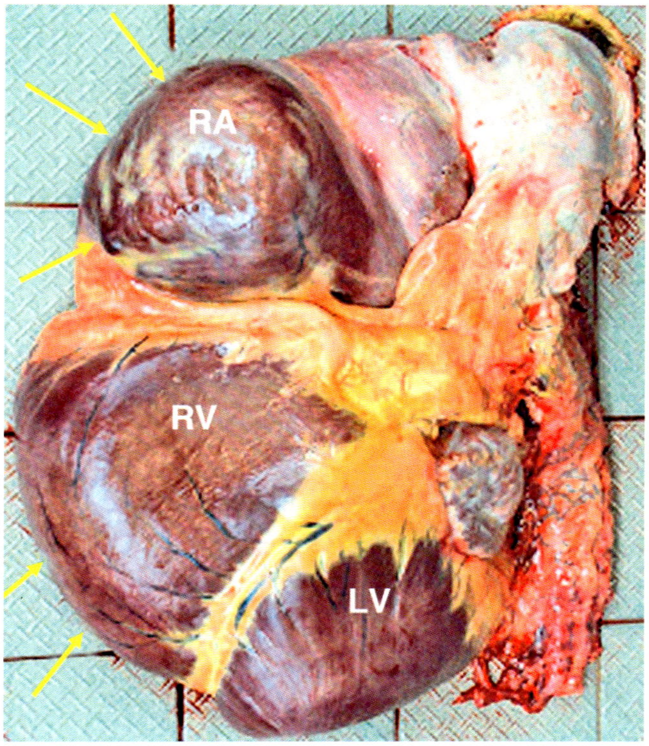

Abb. 5.32:
Pathohologisches Bild eines hgr. dilatierten rechten Vorhofes aufgrund einer Trikuspidalklappeninsuffizienz (RA = rechter Vorhof, RV = rechter Ventrikel, LV = linker Ventrikel).

Pulmonalklappeninsuffizienz

Ätiologie

Pulmonalklappeninsuffizienzen sind beim Pferd selten und kommen vereinzelt bei alten Pferden (degenerative Veränderungen) oder im Rahmen akuter bakterieller Endokarditiden vor. Dementsprechend treten auch Herzgeräusche an der Pulmonalklappe beim Pferd nur vereinzelt auf. Klinisch unbedeutende so genannte physiologische bzw. Klappenschluss-assoziierte Regurgitationen können dagegen an der Pulmonalklappe häufiger per Farbdoppler-Untersuchung nachgewiesen werden.

Klinik

Das typische Herzgeräusch bei einer Pulmonalklappeninsuffizienz ist ein diastolisches Geräusch mit einem PM im 3. Interkostalraum auf der linken Thoraxseite.

5

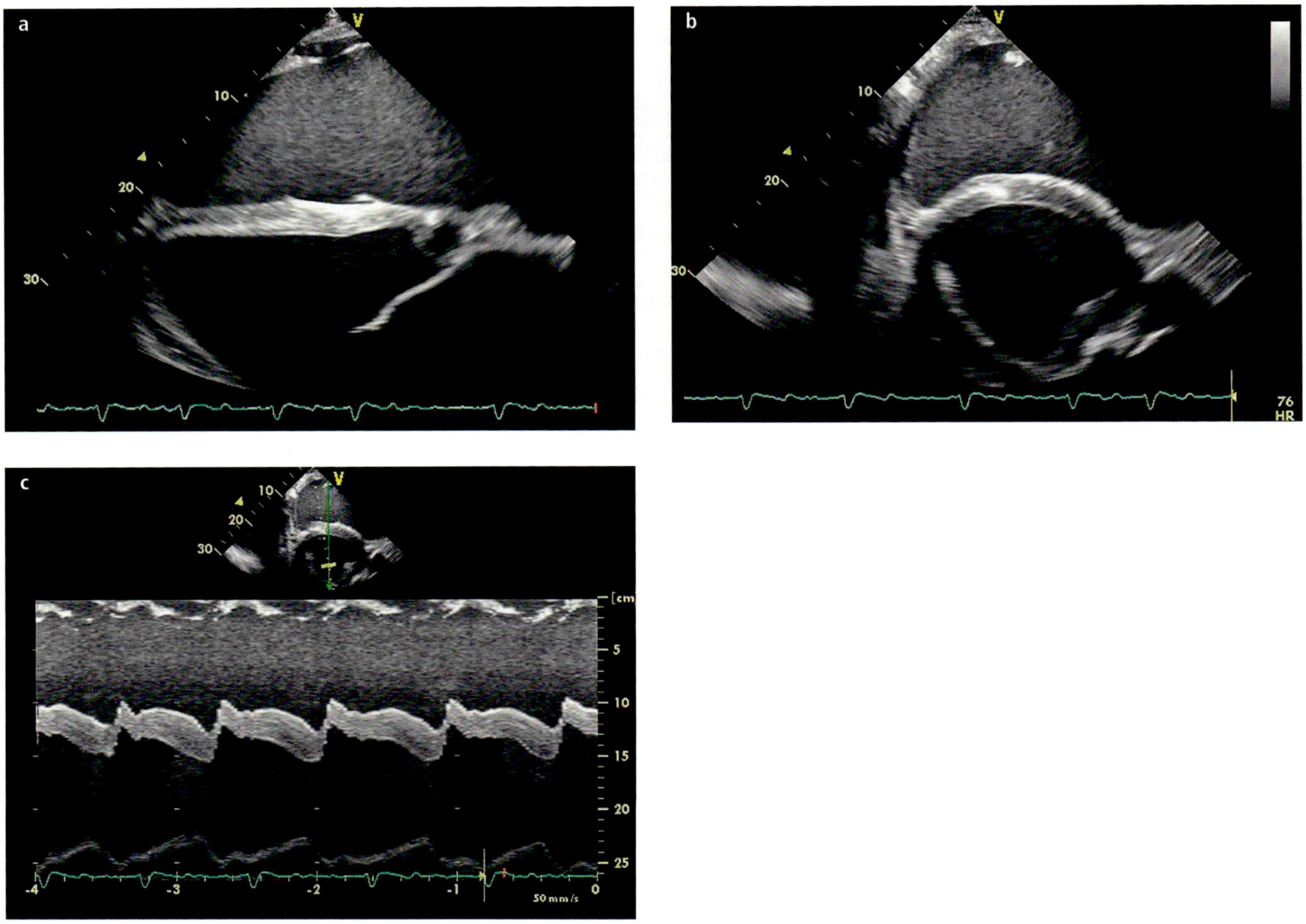

Abb. 5.33a–c:
Hochgradige Rechtsherzvergrößerung als Folge einer chronischen Lungenerkrankung (Cor pulmonale).
a B-Mode, Längsschnitt, geschallt von der rechten Thoraxseite im 4. Interkostalraum.
b Der Querschnitt des Herzens zeigt deutlich, dass der rechte Ventrikel sogar größer ist als der linke
c Auch im M-Mode ist die hochgradige rechtsventrikuläre Dilatation sichtbar.

Echokardiographie

Echokardiographisch kann eine Klappenundichtigkeit oder -verdickung bereits im B-Mode sichtbar sein. Die echokardiographische Darstellung der Insuffizienzströmung im Farbdoppler-Modus gelingt aus der Anschallposition der langen Herzachse von rechts kranial (Abb. 5.34). Sekundär kann eine Dilatation des rechten Ventrikels (Abb. 5.35) und auch des rechten Vorhofes mit nachfolgender Trikuspidalklappeninsuffizienz auftreten.

Prognose

Siehe Mitralklappeninsuffizienz.

Sonstige Endokardveränderungen

Fließt ein Insuffizienz- oder Shuntjet nicht direkt ins Lumen sondern gegen eine Herzwand, so können dort im Bereich des Endokards so genannte *jet lesions* auftreten. Dabei handelt es sich um Aufrauungen des Endokards (Abb. 5.36).

Im Verlauf systemischer Stoffwechselerkrankungen kann es auch zu nicht entzündlichen Veränderungen im Bereich des Endokards kommen. So sind beispielsweise Endokardverkalkungen durch Hyperkalzämien bei Vitamin-D-Hypervitaminosen oder einem Hyperparathyreoidismus oder dem paraneoplastischen Syndrom beschrieben worden (Abb. 5.37).

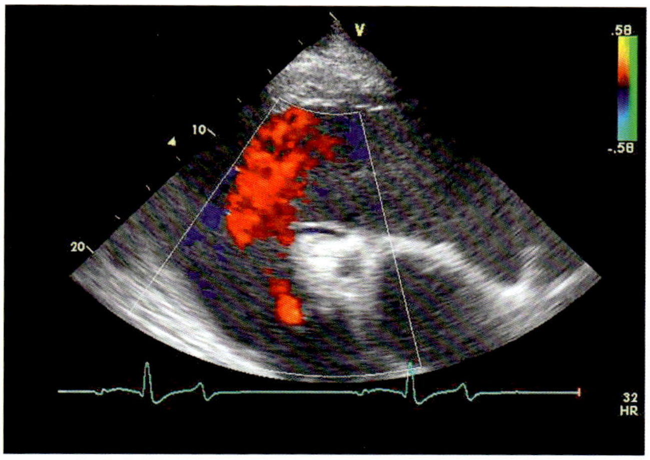

Abb. 5.34:
B-Mode-Bild einer Pulmonalklappeninsuffizienz. Längsschnitt, geschallt von der rechten Thoraxseite im 3. Interkostalraum (kraniale Achse). Mit der Farbdoppler-Technik ist hier der pathologische diastolische Blutfluss von der Pulmonalarterie zurück in den rechten Ventrikel als rote Farbwolke sichtbar.

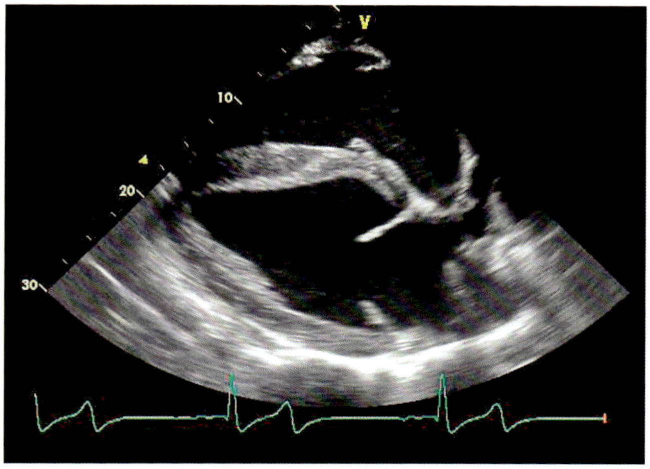

Abb. 5.35:
B-Mode-Bild einer Rechtsherzvergrößerung als Folge einer hochgradigen Pulmonalklappeninsuffizienz (Verhältnis des rechten zum linken Ventrikel ca. 1:1). Längsschnitt, geschallt von der rechten Thoraxseite im 4. Interkostalraum.

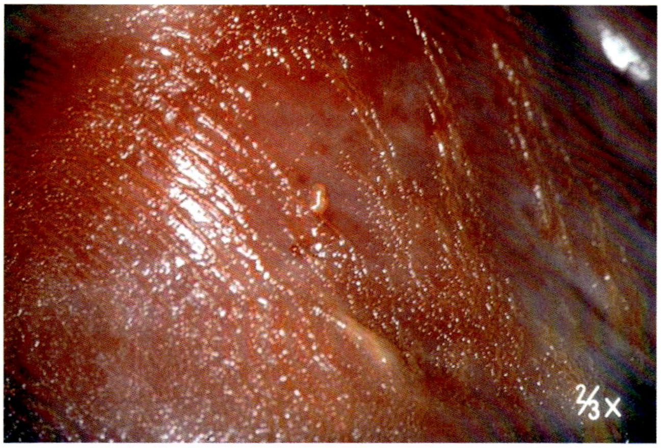

Abb. 5.36:
Endokard mit sog. *jet lesions*, d. h. Aufrauungen, verursacht durch den Aufprall von Insuffizienzjets.

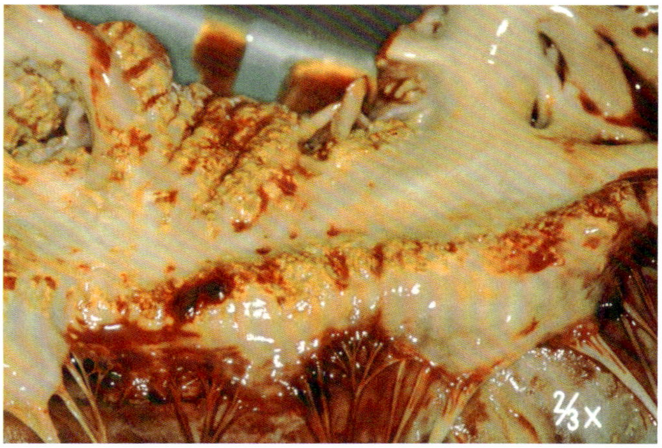

Abb. 5.37:
Endokardiale Verkalkung bei einem 12-jährigen Warmblutpferd mit paraneoplastischem Syndrom.

5

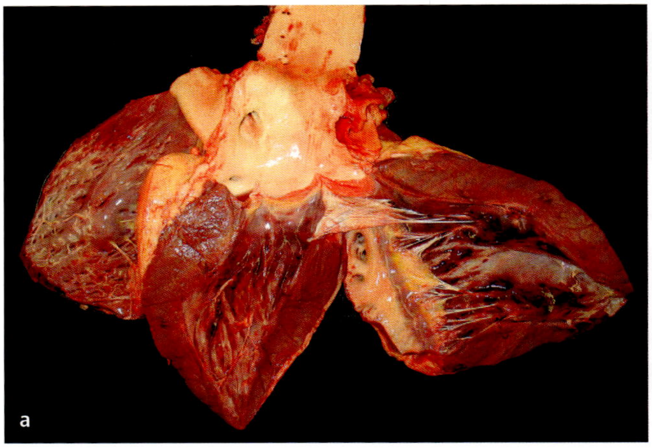

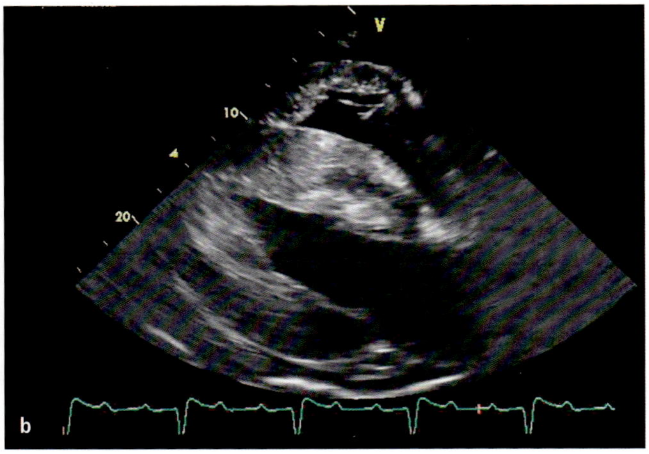

Abb. 5.38a, b:
Pferdeherz mit akuter viraler Myokarditis (10-jähriges Warmblutpferd mit Fieber, Tachykardie, Arrhythmie und signifikant erhöhten Troponin-T-Werten). Auffällig sind die ausgedehnten subendokardialen und myokardialen Blutungen sowie die Myokardhypertrophie, die bereits echokardiographisch sichtbar war (**b**).

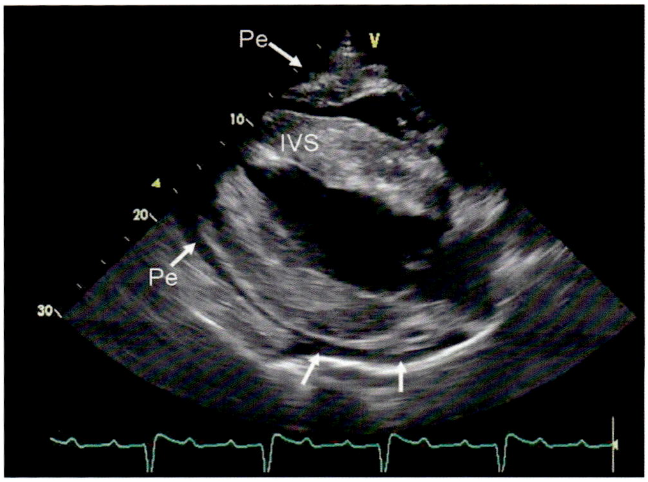

Abb. 5.39:
B-Mode-Bild (Vierkammerblick) eines Herzens mit akuter Myokarditis und Perikarderguss (Pe).

5.2.2 Myokarderkrankungen

Eine Vielzahl von Ursachen kann zu einer Schädigung des Myokards führen. Dazu gehören die Myokardhypoxie bzw. -ischämie, metabolische Imbalancen, abnormale Parasitenwanderungen, Traumen, Toxine oder eine Peri- bzw. Endokarditis. Als Folge von Herzklappenerkrankungen oder Vorhofflimmern können sekundär Myokarderkrankungen wie die konzentrische Hypertrophie oder die dilatative Kardiomyopathie auftreten. Die häufigste Ursache für Myokardveränderungen sind jedoch bakterielle oder virale Infektionen.

Akute Myokarditis

Ätiologie

Entzündliche Veränderungen am Myokard treten beim Pferd meist in Verbindung mit oder als Folge von viralen oder bakteriellen Infektionen auf (Abb. 5.38a, b). Differentialdiagnostisch sollte immer auch eine mögliche Monensin-Intoxikation (Ionophoren-Intoxikation) berücksichtigt werden (Futtermittelkontrolle).

Klinik

Bei der akuten Myokarditis fallen klinisch eine Tachykardie, Mattigkeit, Fieber und Herzarrhythmien auf. Innerhalb weniger Tage kann sich das klinische Bild einer Herzinsuffizienz mit peripheren Ödembildungen (Unterbrust-, Unterbauch-, Präputial-, Lungenödem) zeigen. Auskultatorisch ist initial meist lediglich eine Tachykardie, evtl. kombiniert mit einer Arrhythmie, vorhanden. Herzgeräusche können später hinzukommen.

Echokardiographie

Echokardiographisch können Veränderungen der Myokardtextur (Abb. 5.38b), ein Perikarderguss (Abb. 5.39), abnorme segmentale Wandbewegungen im B-Mode (Abb. 5.40) und segmentale Veränderungen der Myokardgeschwindigkeiten und der Myokardverformung im Gewebedoppler zu erkennen sein. Im M-Mode kann eine Myokardhypertrophie (Abb. 5.41), evtl. kombiniert mit einer reduzierten Myokardkontraktilität (Verkürzungsfraktion <25 %) beobachtet werden. Bereits innerhalb weniger Tage kann sich eine hochdramatische Herzdilatation bis hin zur kongestiven Herzinsuffizienz entwickeln, die in diesem Stadium meist irreversibel und therapieresistent ist (Abb. 5.42a, b).

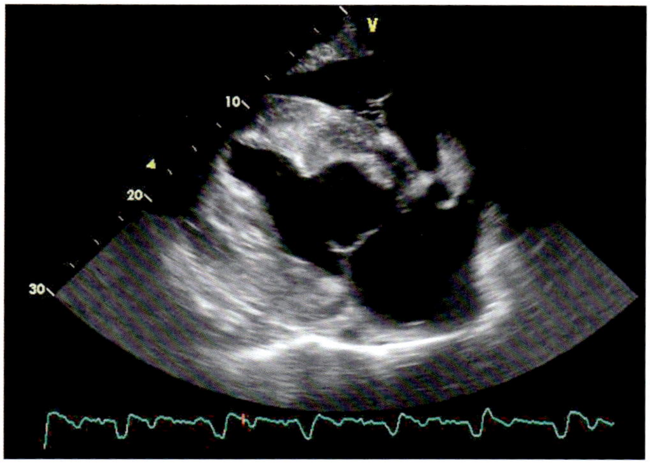

Abb. 5.40:
B-Mode-Bild (Vierkammerblick) eines Herzens mit akuter Myokarditis. Auffällig bei diesem Fall waren die ausgeprägten Wandbewegungsstörungen (Dyskinesien) des linken Ventrikels.

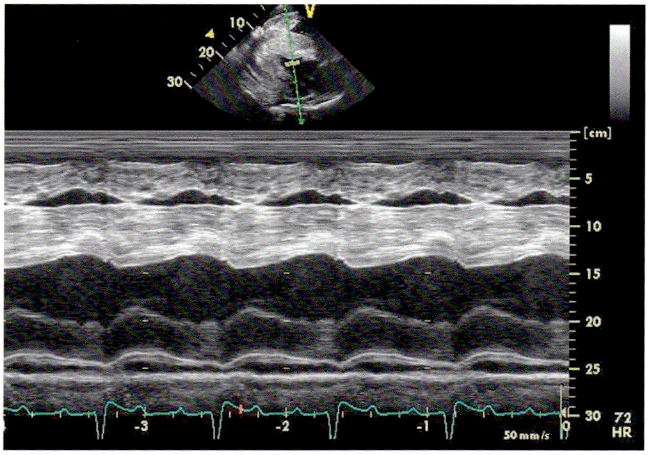

Abb. 5.41:
M-Mode-Untersuchung bei einem Pferd mit Myokarditis. Im M-Mode ist neben der Tachykardie auch eine ausgeprägte Myokardhypertrophie auffällig.

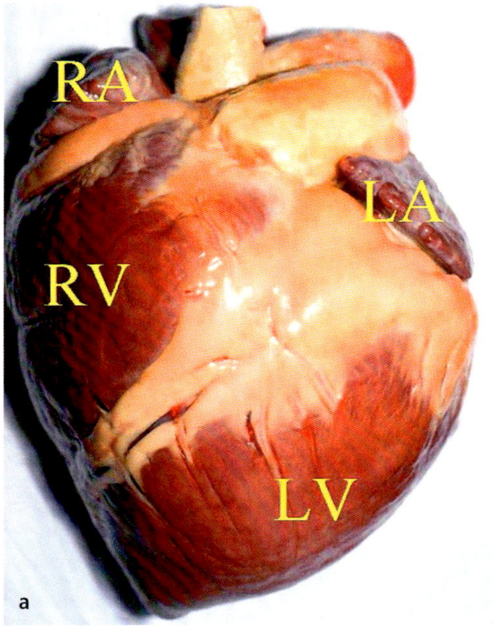

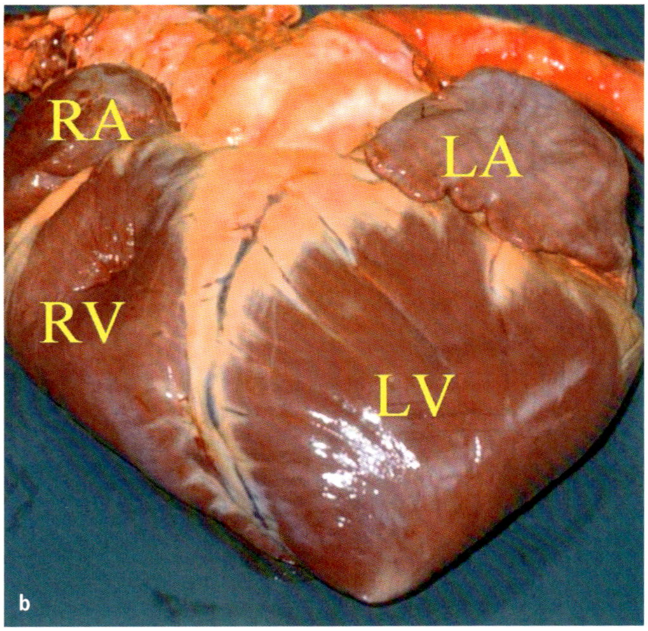

Abb. 5.42a, b:
Sektionsbilder eines normalen Pferdeherzens (**a**) und eines hochgradig dilatierten Pferdeherzens aufgrund einer kongestiven Herzinsuffizienz (**b**). (RA = rechtes Atrium, LA = linkes Atrium, LV = linker Ventrikel, RV = rechter Ventrikel.)

5

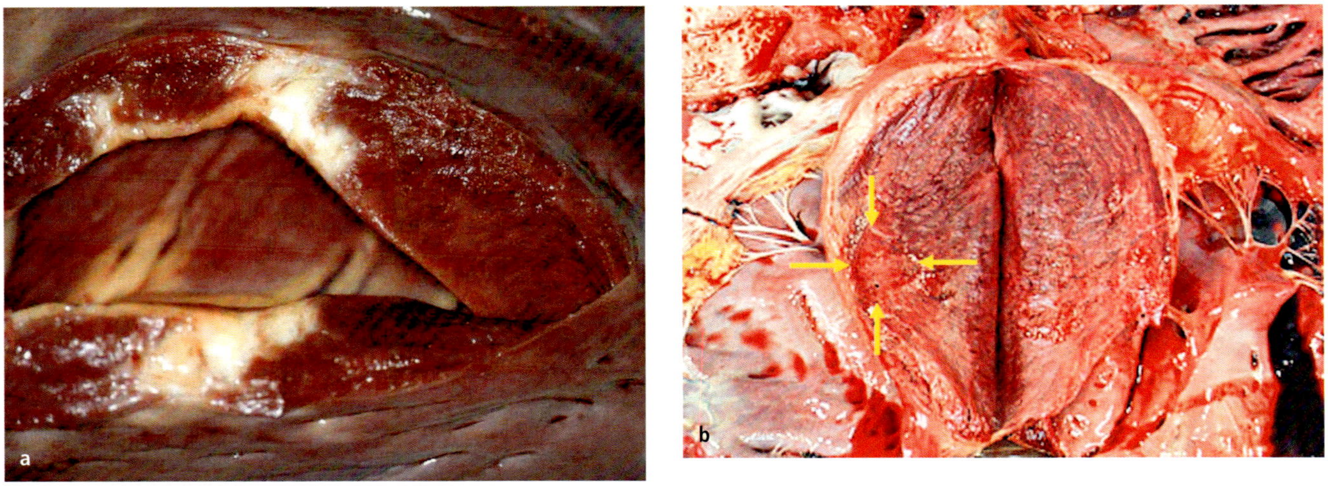

Abb. 5.43a, b:
Sektionsbilder von Pferdeherzen mit Myokardfibrosen im Interventrikularseptum.
a Großer fibrotisch vernarbter Bereich (Pfeile), der die therapieresistenten gehäuften Ventrikelextrasystolen erklärt.
b Kleiner fibrotischer Bereich. Klinisch zeigte das Pferd Tachykardien und Vorhofflimmern.

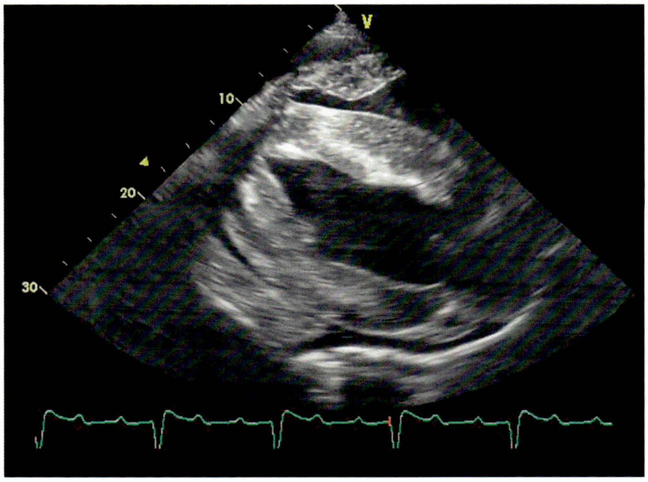

Abb. 5.44:
B-Mode-Bild des Pferdeherzens von Abb. 5.43b. Bereits hier ist der hyperechogene Bereich im Interventrikularseptum sichtbar.

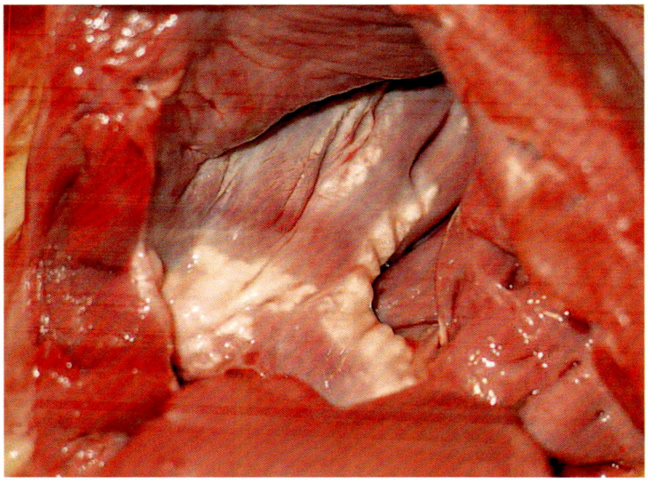

Abb. 5.45:
Pferd mit paraneoplastischem Syndrom. Neben Endokardverkalkungen (Abb. 5.37) zeigten sich auch im Myokard partielle Verkalkungen.

Labor

Neben der Echokardiographie können labordiagnostische Untersuchungen die Diagnose festigen. Es können eine Neutrophilie, evtl. eine Leukozytose und in der akuten Phase zum Teil deutlich erhöhte herzmuskelspezifische Enzyme wie Troponin-T und -I festgestellt werden.

Therapie

Therapeutisch ist absolute Boxenruhe entscheidend. Zusätzlich sollten Antibiotika und Antiphlogistika hochdosiert über einen längeren Zeitraum (4–6 Wochen) verabreicht werden (s. Kap. 5.2.1, Therapie der Endokarditis). Eine zusätzliche Entlastung des Herzens durch ACE-Hemmer (z. B. Quinapril 0,2–0,4 mg/kg 1× tägl. per os) kann Dilatationen vorbeugen. Ist das Herz bereits dilatiert, sollten Digitalispräparate (z. B. β-Methyldigoxin initial 0,01–0,025 mg/kg/Tag per os; Langzeit 0,008–0,013 mg/kg/Tag per os) eingesetzt werden und bei Ödemen Diuretika (z. B. Furosemid initial 1–2 mg/kg 2–4 × tägl. i. v./i. m.; Langzeit 0,5–1 mg/kg 2–3 × tägl. per os). Näheres siehe Kapitel 7.

Prognose

Vorsichtig.

Myokardfibrosen

Ätiologie

Die Myokardfibrose ist eine Erkrankung des Herzmuskels, bei der es neben den physiologischen Umbauprozessen im Bereich der Herzmuskelzellen zu bindegewebigen Zubildungen kommt (Abb. 5.43a, b). Im Rahmen von Sektionen fallen sehr häufig multifokale Fibrosierungen im Myokard, insbesondere beim älteren Pferd, als Zufallsbefund auf. In einigen Fällen werden sie auch prämortal im Rahmen einer Echokardiographie aufgedeckt (Abb. 5.44). In fortgeschrittenen Fällen können auch Kalkablagerungen in einzelnen Bereichen des Myokards auftreten (Abb. 5.45).

Ob die Ursachen toxisch, ischämisch oder entzündlicher Genese sind, bleibt unbekannt. Myokardfibrosen können zum einen nach Myokarditiden entstehen, sie können jedoch beim älteren Pferd auch in seltenen Fällen als Folge arteriosklerotischer koronarer Gefäßveränderungen auftreten.

Klinik

Klinisch kann die Myokardfibrose mit Leistungsabfall und / oder einer Herzarrhythmie (z. B. Extrasystolen) einhergehen.

Therapie

Eine Therapie ist nicht bekannt. In frühen Stadien kann eine antiinflammatorische Therapie (z. B. Glukokortikoide) versucht werden.

Prognose

Vorsichtig.

5.2.3 Perikarderkrankungen

In den meisten Fällen entstehen Perikarderkrankungen beim Pferd kombiniert mit einer Epi- oder Myokarderkrankung infolge virämischer oder bakteriämischer Infektionen. Zu den Perikarderkrankungen des Pferdes gehören die Perikarditis, die meist mit einem Hydroperikard einhergeht und das Hämoperikard.

Perikarditis

Ätiologie

Eine mögliche Ursache für eine Perikarditis kann eine primäre Pleuropneumonie sein. Jedoch kann nicht in jedem Fall eine Ursache ermittelt werden. Es sollte dann zunächst von einer idiopathischen Perikarditis ausgegangen werden. Beim Menschen wird diese Form der Erkrankung als »akute, gutartige, unspezifische Perikarditis« bezeichnet. Ähnliche Krankheitsbilder sind auch beim Pferd und bei anderen Tierarten beschrieben. Vermutet wird hierbei als initialer Auslöser ein viraler Atemwegsinfekt oder eine immunvermittelte Genese. Auch *Actinobacillus equuli* wurde als Auslöser akuter Pleuropneumonien und Perikarditiden des Fohlens beschrieben. Beim Fohlen tritt die Perikarditis häufig auch als Folge einer Polyserositis und Polyarthritis auf.

Perikarditiden können akut, subakut und chronisch, mit teilweise entzündlichen Verklebungen des Herzbeutels (Abb. 5.46a), massivem Herzbeutelerguss (Abb. 5.46b) und / oder hochgradigen fibrinösen Einlagerungen in den Herzbeutel (Abb. 5.46c) einhergehen. Aufgrund der stark eingeschränkten Dehnbarkeit des Perikards kommt es bei steigendem Druck im Herzbeutel zu einer Kompression des Herzens mit nachfolgenden Funktionseinschränkungen. Als Folge kann sich eine kardiale Insuffizienz mit massiver Stauungsproblematik und hochgradigen Körperhöhlenergüssen entwickelt.

Klinik

Bei der Auskultation sind die Herztöne sehr leise (Hydroperikard) und meist liegt eine Tachykardie, eventuell auch eine Arrhythmie, vor. Zusätzlich können Ödeme (Abb. 5.47), ein positiver Venenpuls, Fieber, Apathie, vermehrtes Liegen, milde Kolik, Leistungsschwäche, Dyspnoe und Fressunlust auftreten. Die Thoraxperkussion ergibt eine horizontale Dämpfungslinie auf Höhe des Buggelenkes.

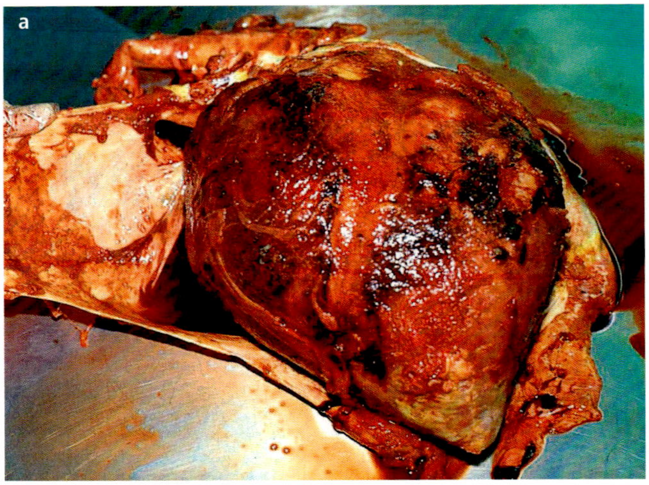

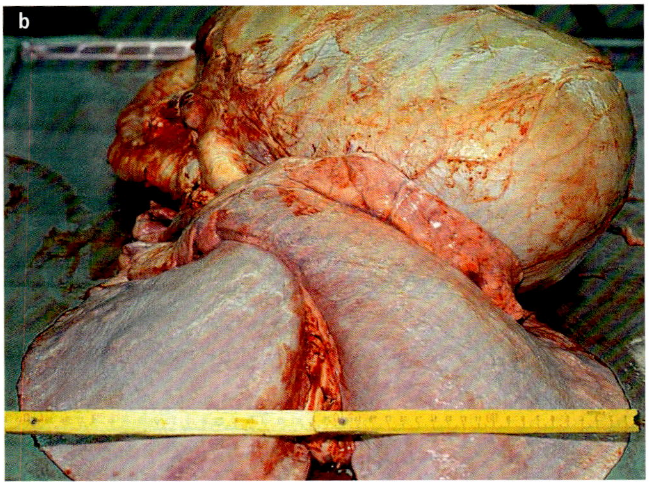

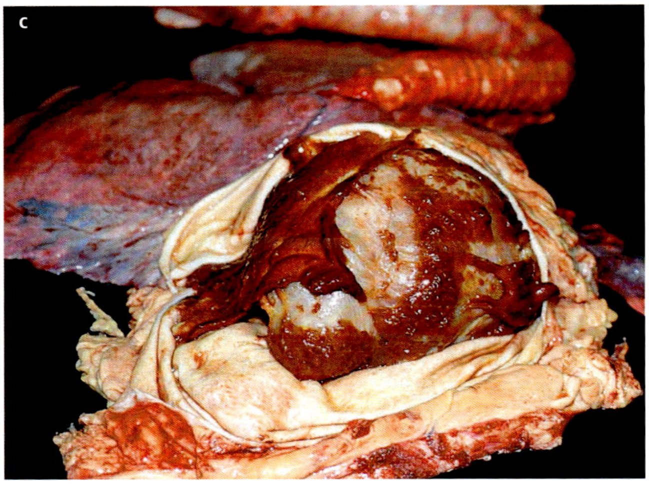

Abb. 5.46a–c:
Sektionsbilder von Pferdeherzen mit einer akuten Perikarditis. Perikarditiden können mit entzündlichen Verklebungen des Herzbeutels (**a**) und einem massiven Herzbeutelerguss einhergehen, so dass sich der nicht eröffnete Herzbeutel deutlich umfangsvermehrt zeigt (**b**). Zusätzlich können auch hochgradige fibrinöse Einlagerungen in den Herzbeutel stattfinden (**c**).

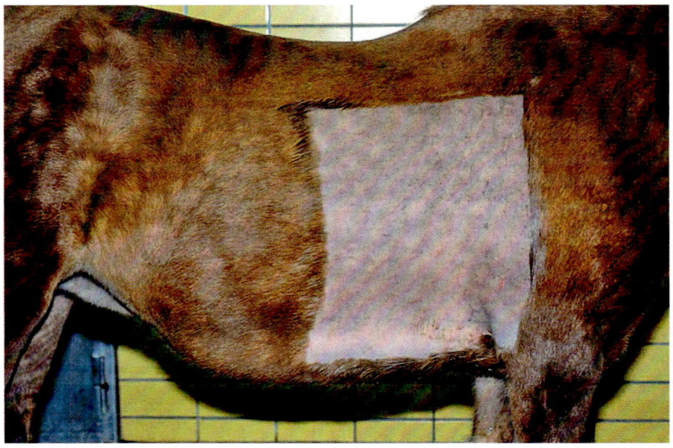

Abb. 5.47:
Haflinger mit deutlichem Unterbrust- und Unterbauchödem aufgrund einer akuten Perikarditis.

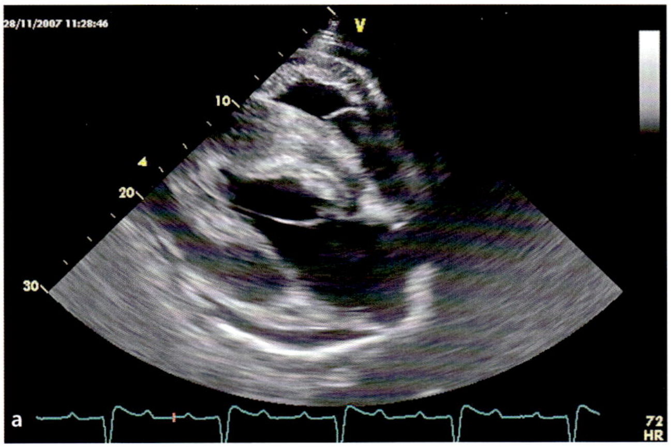

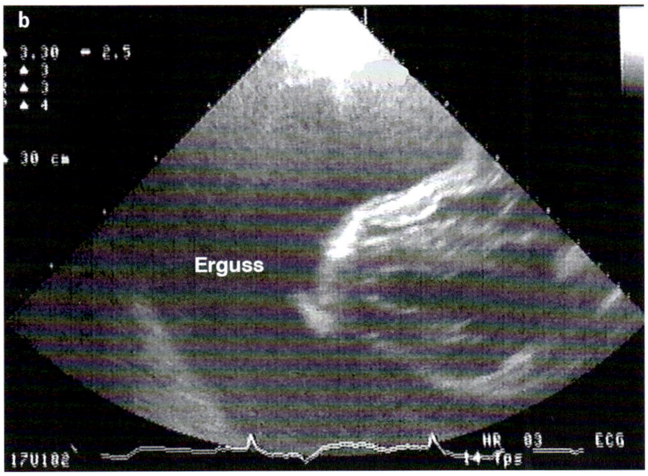

Abb. 5.48a, b:
Echokardiographische Bilder von Pferden mit Perikarderguss. Schallposition: rechte Thoraxseite, 4. Interkostalraum, Längsschnitt des Herzens.
Der Perikarderguss kann geringgradig auftreten und ist dann als eine schmale anechogene (schwarze) Zone um das Myokard herum sichtbar (**a**). Bei hochgradigen Ergüssen ist diese Zone deutlich breiter und das Herz wirkt komprimiert (**b**). Bei diesem Ausmaß sind systolische Kontraktionen kaum wahrnehmbar. Die hyperechogenen Formveränderungen im Bereich der Herzspitze sind durch Fibrinanlagerungen bedingt. Es handelt sich hierbei um das echokardiographische Bild des Pferdes von Abb. 5.47.

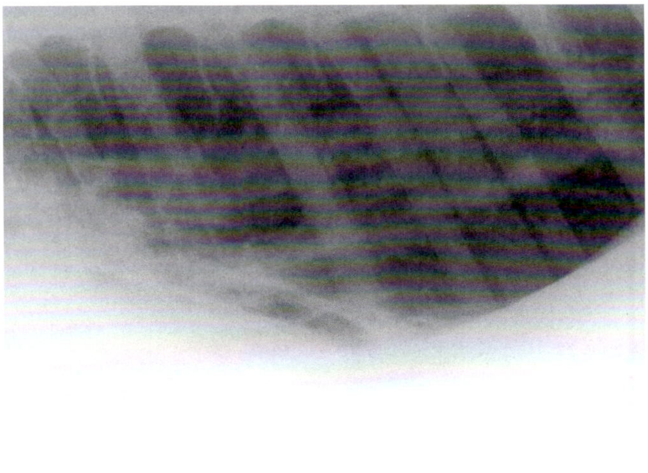

Abb. 5.49:
Die röntgenologische Untersuchung des Thorax zeigt bei einem Perikarderguss eine ventrale horizontale Verschattung. Thoraxröntgen des Pferdes von Abb. 5.47.

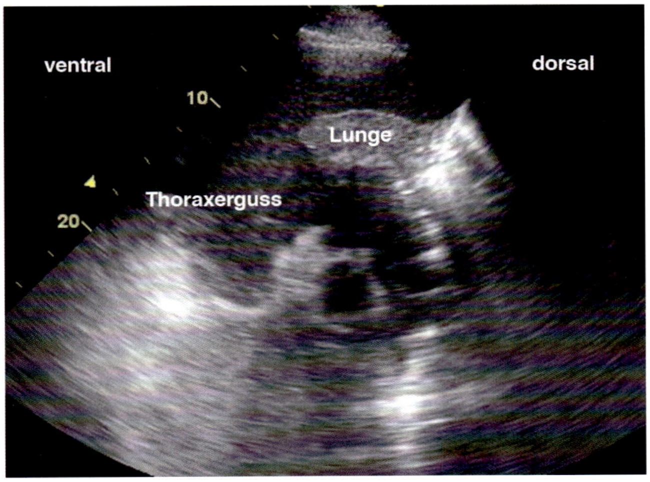

Abb. 5.50:
Neben einem Perikarderguss liegt häufig auch ein Thoraxerguss vor, der ebenfalls sonographisch diagnostiziert werden kann.

Echokardiographie

Bei der ultrasonographischen Untersuchung des Thorax kann der Perikarderguss, der häufig mit einem Pleuraerguss kombiniert ist (Abb. 5.50), im B-Mode sichtbar gemacht werden. Bei einem geringgradigen Perikarderguss ist lediglich eine schmale anechogene (schwarze) Zone um das Myokard herum sichtbar (Abb. 5.48a). Bei hochgradigen Ergüssen ist diese Zone deutlich breiter und das Herz wirkt komprimiert (Abb. 5.48b).

Röntgen

Auch die röntgenologische Untersuchung des Thorax zeigt eine ventrale horizontale Verschattung (Abb. 5.49).

Therapie

Bei einer Perikarditis liegt fast immer auch ein Perikarderguss vor, durch den es (je nach Umfang) zu einer gravierenden Funktionseinschränkung des Herzens kommen kann. Aus diesem Grunde sollte die erste Maßnahme bei funktionseinschränkenden Perikardergüssen eine Entlastung des Herzens durch eine Perikardiozentese mit Drainage des Herzbeutels

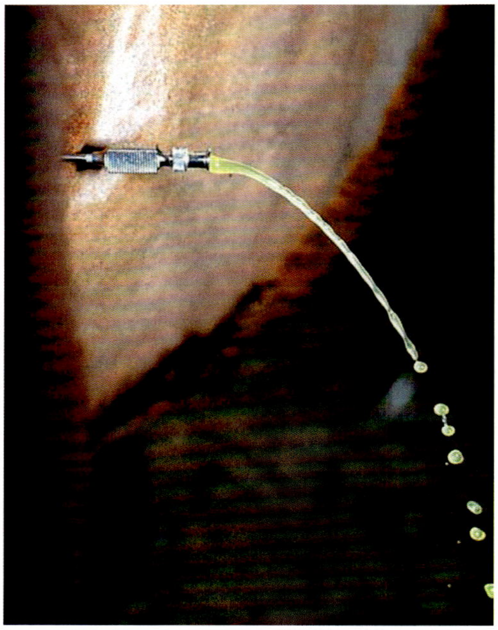

Abb. 5.51:
Die Perikardpunktion sollte nur unter ultrasonographischer Kontrolle durchgeführt werden.

sein. Die Diagnose wird per Ultraschall gestellt. Falls vorhanden, ist auch die Drainage eines begleitenden Pleuraergusses angezeigt.

Eine Perikardpunktion sollte unter Monitoring von Herz (EKG), Kreislauf und Atmung erfolgen. Sie wird meist auch unter Ultraschallkontrolle durchgeführt, um Fehlpunktionen besser zu vermeiden. Eine Punktion des Herzbeutels kann von beiden Thoraxseiten aus erfolgen. Es sollte von der Ultraschalluntersuchung abhängig gemacht werden, auf welcher Seite punktiert wird. Punktionsstelle ist der fünfte oder sechste Interkostalraum in der Region oberhalb des Olekranons und unterhalb einer horizontalen Linie durch das Schultergelenk. Eine Sedierung des Pferdes ist empfehlenswert. Eine ausreichende Desinfektion, lokale Betäubung und steriles Arbeiten sind notwendig. Zunächst wird eine Stichinzision der Haut mit einer Skalpellklinge vorgenommen. Anschließend wird eine Kanüle oder ein Katheter horizontal, mit einem Winkel von ca. 30 Grad nach kranial, vorgeschoben. Eine Fehlpunktion der Lunge ist zu vermeiden. Bei Berührung des Perikards sind herzsynchrone Bewegungen an der Kanüle sichtbar. Es kann eine klare, hellgelbe Flüssigkeit gewonnen werden (Abb. 5.51). Das Punktat sollte aufgefangen und sowohl mikrobiologisch (einschließlich eines Resistenztests) als auch zytologisch untersucht werden. Die Gerinnungswerte des Pferdes sollten vor der Punktion geprüft werden. Kleine Ergüsse werden nicht punktiert.

In den ersten Tagen sollte täglich eine Kontrollsonographie durchgeführt und bei erneuter Füllung des Herzbeutels eine wiederholte Drainage und evtl. auch eine Herzbeutelspülung zur Verhinderung einer Herztamponade durchgeführt werden.

Bei einer infektiösen Perikarditis ist der Einsatz von Antibiotika und Antiphlogistika erforderlich (s. Kap. 5.2.1, Therapie der Endokarditis). Zur Entlastung des Herzens können begleitend ACE-Hemmer (z. B. Quinapril 0,2–0,4 mg/kg 1 × tägl per os) und Diuretika (z. B. Furosemid initial 1–2 mg/kg 2–4 × tägl. i. v./i. m.; Langzeit 0,5–1 mg/kg 2–3 × tägl. oral) eingesetzt werden.

Prognose
Vorsichtig.

Hämoperikard

Ätiologie
Ein Hämoperikard kann als Folge eines Traumas (Trittverletzung, Sturz) mit Einblutung in den Herzbeutel entstehen. Auch Rupturen / Risse herznaher Gefäße (z. B. Aorta) führen zu einem Hämoperikard (Abb. 5.52a, b). Folge des Hämoperikards ist, wie auch beim Perikarderguss, meist eine rasche Funktionsbeeinträchtigung der Herztätigkeit durch Kompression des Myokards (Herztamponade). Dies ist umso gravierender, je schneller es zu Blutkoagulationen kommt (Abb. 5.53).

Klinik
Die klinischen Befunde entsprechen denen des Hydroperikards.

Echokardiographie
Bei der ultrasonographischen Untersuchung des Thorax kann das Hämoperikard, wie auch der Perikarderguss, im B-Mode sichtbar gemacht werden. Im Vergleich zum Perikarderguss mit anechogener (schwarzer) Zone um das Myokard ist beim Hämoperikard häufig eine weißliche Schlierenbildung (sonographisch darstellbarer positiver Blutkontrast) oder sogar eine helle Wabenbildung (beginnende Koagulation) erkennbar (Abb. 5.54a, b).

Röntgen
Die röntgenologische Untersuchung des Thorax zeigt, wie beim Perikarderguss, eine ventrale horizontale Verschattung.

Therapie
Bei einer Herzbeuteltamponade aufgrund eines Hämoperikards kann die Herzbeutelpunktion (ultraschallgeleitet, siehe Perikarditis) lebensrettend sein. Zu beachten ist jedoch, dass es dabei zu Nachblutungen und zu Arrhythmien kommen kann.

Eine Entlastung des Herzens durch ACE-Hemmer kann hilfreich sein.

Prognose
Vorsichtig.

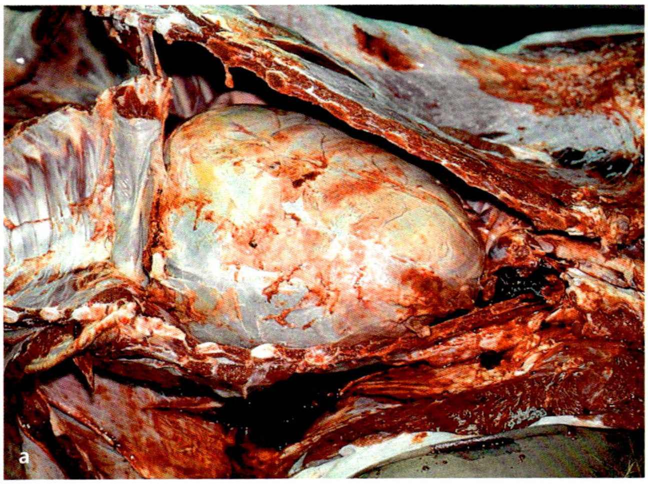

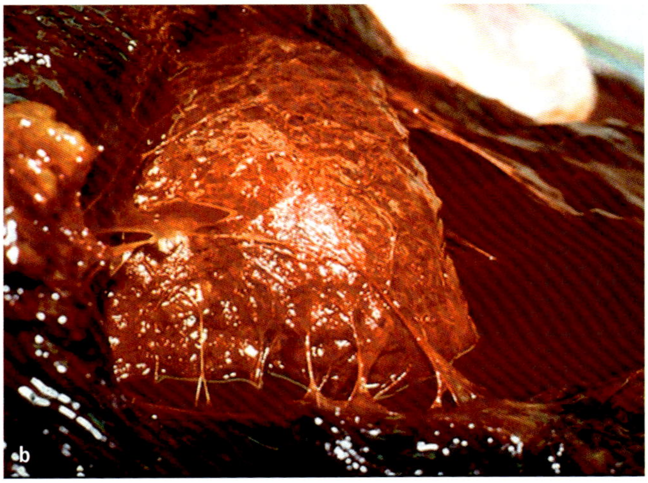

Abb. 5.52a, b:
Hämoperikard infolge eines traumatisch bedingten Aortenrisses mit Einblutung in den Herzbeutel. **a** vor Eröffnung, **b** nach Eröffnung des Herzbeutels.

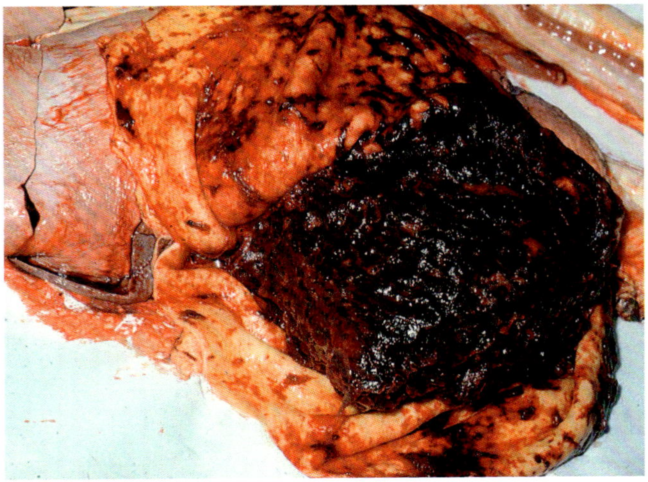

Abb. 5.53:
Hämoperikard mit rascher Herztamponade durch massive Blutkoagelbildung.

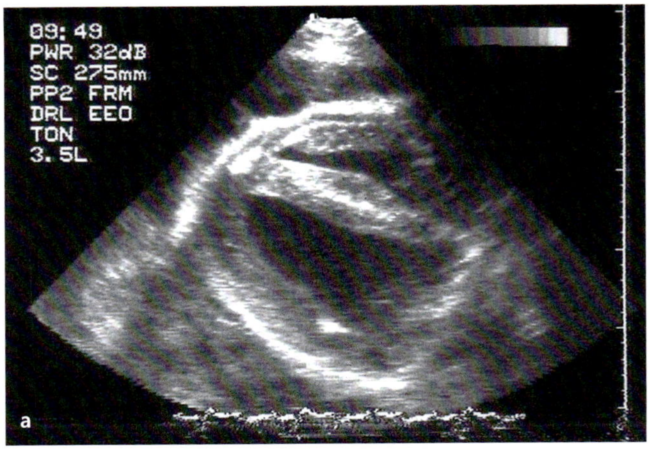

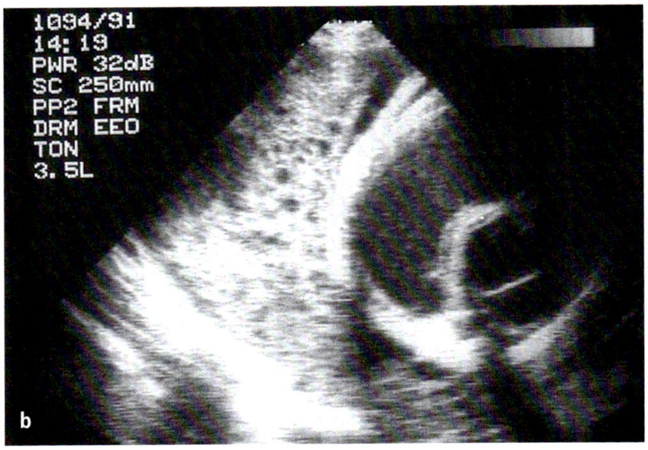

Abb. 5.54a, b:
Darstellung eines Hämoperikards im B-Mode. Im Vergleich zum Perikarderguss ist das Hämoperikard nicht anechogen, sondern hyperechogen (**a**) oder sogar wabenartig (**b**) bei Koagelbildung (ultrasonographisches Bild des Herzens aus Abb. 5.52).

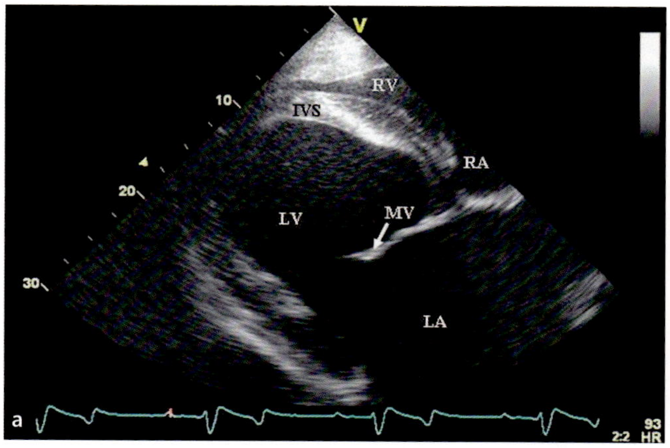

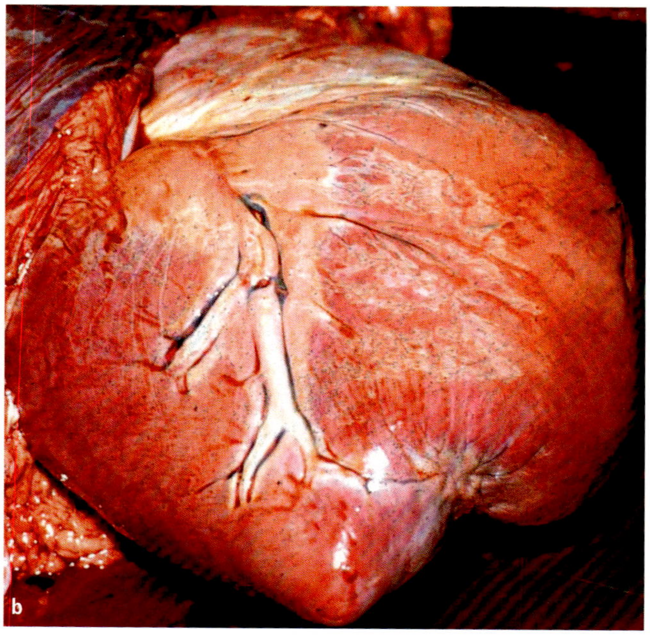

Abb. 5.55a,b:
Kardiomegalie aufgrund einer dekompensierten Herzinsuffizienz.
a B-Mode-Bild, rechte Thoraxseite, 4. Interkostalraum.
b Sektionsbild.

5.2.4 Herzinsuffizienz (kongestive Herzerkrankung)

Die Herzinsuffizienz (*congestive heart failure*, CHF) ist nach Definition der WHO durch eine inadäquate Pumpleistung des Herzens und damit durch ein Missverhältnis von Sauerstoffbedarf und -angebot charakterisiert. Nach Definition der European Society of Cardiology (1995) müssen zwei der folgenden drei Leitkriterien bei einer Herzinsuffizienz erfüllt sein:

1. Herzinsuffizienzsymptome in Ruhe und unter Belastung
2. objektivierte kardiale Dysfunktion
3. Ansprechen auf Herzinsuffizienztherapie

Für das Pferd kann dieses Schema ebenfalls übernommen werden.

Ätiologie

Eine Herzinsuffizienz ist beim Pferd selten und meist die Folge chronischer oder akuter hochgradiger Klappen- bzw. Myokarderkrankungen, die zu einer dekompensierten, kongestiven Herzerkrankung führen. Infolge hämodynamischer Belastungen des Herzens über Wochen und Monate kommt es zur Langzeitanpassung des Herzens, was in der angelsächsischen Literatur auch als *remodeling* bezeichnet wird. Es beschreibt Größen-, Form- und Funktionsveränderung des Herzens durch molekulare, zellulare und interstitielle Umbauvorgänge, resultierend aus verschiedenen Herzerkrankungen. Dabei kommt es im Herzmuskel zu Veränderungen der Myozyten (Hypertrophie und Kontraktilitätsstörungen, Nekrosen, Apoptose) und der Extrazellulärmatrix (Kollagenabbau und Fibrosierung). Daher ist die Erhebung morphologischer und funktioneller echokardiographischer Parameter bei Verlaufsuntersuchungen kardialer Erkrankungen erforderlich. Das *remodeling* ist der ausschlaggebende Faktor im Verlauf der Herzinsuffizienz.

Die kongestive Herzinsuffizienz kann auch beim Fohlen oder beim heranwachsenden Pferd aufgrund gravierender angeborener Herzdefekte auftreten. Sie kann akut auftreten (z. B. bei bakterieller Endokarditis oder Ruptur eines Sehnenhaltefadens einer Klappe) oder sich schleichend entwickeln. Bei älteren Pferden, die plötzlich stark belastet werden, oder bei tragenden Stuten in der Spätträchtigkeit, kann eine über lange Zeit kompensierte Klappeninsuffizienz plötzlich dekompensieren und zu einer CHF führen. Gleiches ist auch bei sportlichen Extrembelastungen (z. B. Distanzritt, Vielseitigkeit, Jagdritt) denkbar.

Klinik

Die klinischen Symptome variieren und können Leistungsabfall, -intoleranz, schlechte Erholung nach Belastung, schleichenden Gewichtsverlust, Husten, Tachypnoe, Ödeme und kolikähnliche Symptome beinhalten.

Man unterscheidet zwischen einer Rechtsherz-, einer Linksherz- sowie einer kombinierten Herzinsuffizienz, wenn beide Herzseiten betroffen sind.

Bei hochgradigen Mitralklappeninsuffizienzen kommt es zu einer linksatrialen Dilatation und pulmonalen Hypertension, die wiederum ein Lungenödem zur Folge haben kann. Die klinischen Symptome sind erhöhte Herz- und Atemfrequenzen in Ruhe sowie auskultatorisch wahrnehmbare Herz- und Lungengeräusche. Bei einem klinisch manifesten Lungenödem fallen schaumiger Nasenausfluss, Husten und Dyspnoe auf. Die linksatrialen Dilatationen führen häufig zusätzlich zu Vorhofflimmern. Die pulmonale Hypertension kann sich über die Pulmonalarterie bis in die rechte Herzseite fortpflanzen. Dabei kann der pulmonale Druckanstieg zu einer Dilatation und in seltenen Fällen sogar zu einer Ruptur der Pulmonalarterie führen. Klinische Symptome einer Linksherzinsuffizienz können deshalb mit Symptomen einer Rechtsherzinsuffizienz einhergehen, z. B. gestauten Venen, positivem Venenpuls und peripheren Ödemen sowie einem Aszites oder Pleuraerguss.

Echokardiographie

Bei der ultrasonographischen Untersuchung des Thorax kann im B-Mode eine deutliche Vergrößerung beider Herzhälften sichtbar gemacht werden. In gravierenden Fällen sind auch ein stauungsbedingter Perikarderguss sowie ein Thoraxerguss sonographisch zu erkennen (Abb. 5.55a, b).

Röntgen

Die röntgenologische Untersuchung des Thorax zeigt eine ventrale horizontale Verschattung sowie eine diffuse interstitielle Verdichtung der übrigen Lungenareale (Abb. 5.56).

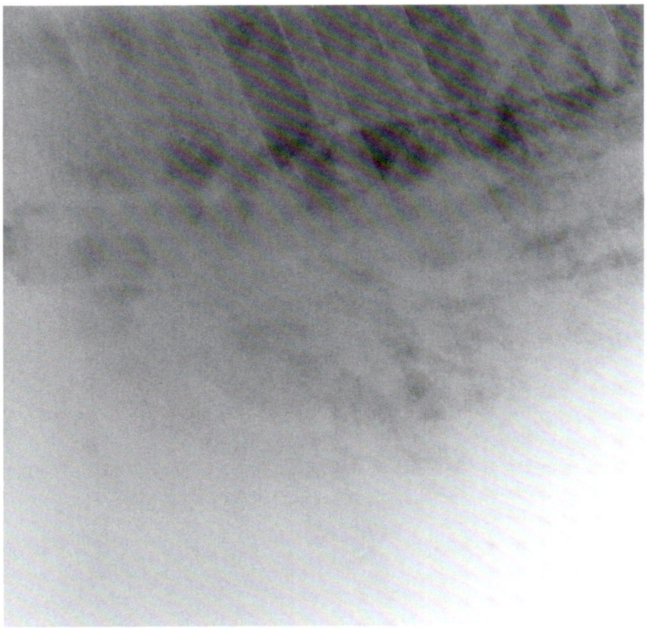

Abb. 5.56:
Thoraxröntgen eines Pferdes mit Cor pulmonale und finalem Lungenödem.

Therapie

Nach Abklärung der Ursache einer kongestiven Herzinsuffizienz steht dem Tierarzt eine Reihe von Herzmedikamenten zur Verfügung. Vor Beginn einer Therapie sollte der Besitzer über die Möglichkeiten, die Kosten und insbesondere auch die vorsichtige Prognose sowie Risiken und Nebenwirkungen einer Pharmakotherapie aufgeklärt werden. Die Medikamente müssen bei der CHF in der Regel lebenslang verabreicht werden. Der Besitzer sollte zusätzlich über generelle mögliche Risiken im Umgang mit solchen Pferden aufgeklärt werden (Stürze, plötzliche Todesfälle, Lungenödem, Synkopen) und das Pferd sollte entsprechend behandelt werden.

Bei Vorliegen einer CHF bietet sich die medikamentelle Kombination von Herzglykosiden mit Diuretika und/oder ACE-Hemmern an. Bei Herzinsuffizienz werden am häufigsten Herzglykoside eingesetzt. Zur Anwendung gelangt z. B. β-Methyldigoxin als positiv inotrope Substanz in einer initialen Dosierung von 0,01–0,025 mg/kg i. v. Nach Erreichen des Vollwirkspiegels wird β-Methyldigoxin in einer Dosierung von 0,008–0,013 mg/kg 1 × tägl. oral fortgeführt. Zu beachten ist, dass beim Pferd große individuelle Schwankungen in der Halbwertszeit beobachtet werden. Sie wird mit 7,2 bis 24 Stunden angegeben. Die genannten Dosierungen dienen deshalb lediglich als Orientierungspunkt. Um Intoxikationen zu vermeiden, sollten bei Langzeitbehandlung neben einer regelmäßigen klinischen elektro- und echokardiographischen Untersuchung auch die Wirkspiegel im Blut überprüft werden (*drug monitoring*, z. B. in Humankrankenhäusern möglich). Dazu wird eine Blutprobe ca. 8–12 Stunden nach der letzten Wirkstoffapplikation entnommen. Die therapeutische Digoxin-Konzentration liegt bei 1–2 ng/ml Serum. Bei Überdosierung treten als Nebenwirkungen Tachykardien, Koliksymptome und Apathie auf. In höheren Konzentrationen kann es zu starken Bradykardien mit sinuatrialen bzw. atrioventrikulären Blockaden kommen (s. Kap. 7). Pferde, die mit Herzglykosiden behandelt werden, sind nicht mehr als Sportpferde einsetzbar.

Bei gleichzeitiger Anwendung von Glukokortikoiden kann es aufgrund einer möglichen Hypokaliämie bereits bei therapeutischen Dosierungen zu Intoxikationen kommen. Bei Auftreten von Extrasystolen oder tachykarden Arrhythmien sollten die Herzglykoside sofort abgesetzt bzw. die Dosis reduziert werden. Bei bradykarden Arrhythmien kann Atropin verabreicht werden. Bei tachykarden Arrhythmien sind Lidocain oder Phenytoin angezeigt.

Aufgrund der Dilatation der Vorhöfe entwickeln Pferde mit CHF häufig Vorhofflimmern. Eine Therapie des Vorhofflimmerns mit Chinidinsulfat sollte bei Pferden mit CHF jedoch nicht angestrebt werden, da die Risiken der medikamentellen Therapie größer sind als ihr eher wenig wahrscheinlicher Nutzen.

Bei ursächlichen Klappeninsuffizienzen, insbesondere bei Mitralklappeninsuffizienzen, können auch ACE-Hemmer zur Verbesserung der Hämodynamik eingesetzt werden. Sie bewirken eine signifikante Reduktion der pathologischen

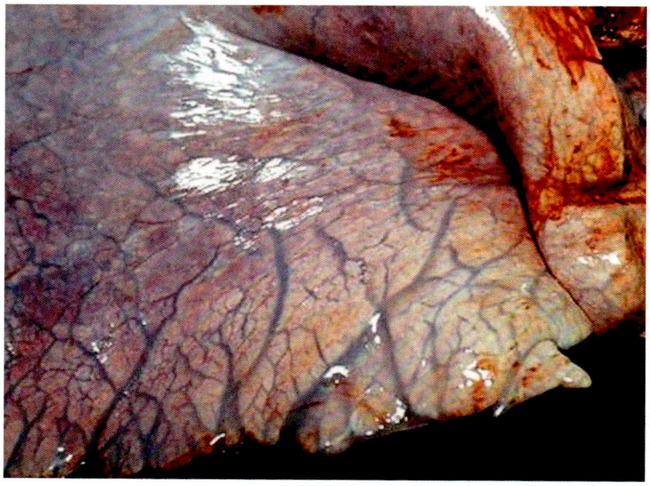

Abb. 5.57:
Lunge eines Pferdes mit Cor pulmonale und ausgedehntem alveolären Lungenemphysem.

Rückflussvolumina. Als Langzeittherapie bei Herzklappeninsuffizienzen wurde Quinapril in einer Dosierung von 0,2–0,4 mg/kg 1 × tägl. erfolgreich bei Pferden eingesetzt. Auch der Einsatz von Enalapril (0,5 mg/kg 2 × tägl.) ist beim Pferd beschrieben. Die Therapie kann lebenslang durchgeführt werden. Die Behandlung mit ACE-Hemmern ist sicherer und mit weniger Nebenwirkungen behaftet als die mit Herzglykosiden. Bei tragenden Stuten gilt der Einsatz von ACE-Hemmern wegen der Entwicklung möglicher Fetopathien als kontraindiziert. Stattdessen kann Hydralazin, ein Vasodilatator, ohne Risiko für eine Schädigung des Fetus eingesetzt werden.

Bei kardial bedingten Ödemen ist unterstützend die Gabe von Furosemid (1–2 mg/kg initial i. v.; 0,008–0,013 mg/kg oral bei Langzeitanwendung) angezeigt. Dabei ist eine individuelle Dosierung anzustreben, bei der es einerseits zur Mobilisierung der Ödeme kommt bzw. ein Rezidiv verhindert wird, andererseits jedoch zu starke Elektrolytverluste vermieden werden. Die längerfristige Anwendung von Schleifendiuretika kann eine Hypokalämie bedingen, die bei gleichzeitiger Gabe von Herzglykosiden eine Digitalisintoxikation auslösen kann. Deshalb ist es bei langfristiger Anwendung sinnvoll, Diuretika intermittierend einzusetzen bzw. mit kaliumsparenden Diuretika zu kombinieren.

Prognose

Liegt die Ursache der CHF in einer reversiblen Peri-, Endo- oder Myokarditis sowie einer reversiblen Tachyarrhythmie, bestehen gute Chancen auf eine erfolgreiche Therapie. In anderen Fällen sollte die Prognose als »sehr vorsichtig bis ungünstig« gestellt werden, da die CHF dann das Endstadium einer dekompensierten irreversiblen Herzerkrankung darstellt. Der Besitzer sollte darüber aufgeklärt werden, dass die medikamentelle Intervention lediglich eine kurzfristige lebensverlängernde Maßnahme darstellt, das Pferd jedoch mit sehr hoher Wahrscheinlichkeit nicht wieder reiterlich nutzbar sein wird. Bei wertvollen Zuchthengsten kann bei gutem Ansprechen der Therapie ein weiterer Deckeinsatz möglich sein. Auch bei Zuchtstuten, die während der Trächtigkeit eine CHF entwickeln, kann für den Verlauf der Trächtigkeit eine medikamentelle Therapie durchaus sinnvoll und erfolgreich sein. Grundsätzlich sollte jedoch bei Stuten mit bekannten Herzerkrankungen von einem Zuchteinsatz, der häufig als praktikable »Endnutzung« gesehen wird, abgeraten werden. Nicht zuletzt züchterische Gründe (eine genetische Prädisposition bei kardialen Erkrankungen ist auch beim Pferd nicht auszuschließen) sprechen dagegen. Darüber hinaus ist das Risiko von fetalen Perfusionsstörungen, insbesondere in späteren Trächtigkeitsstadien, sehr hoch.

5.2.5 Pulmonal bedingte Herzerkrankungen

Cor pulmonale

Ätiologie

Das Cor pulmonale wird durch eine primäre Lungenerkrankung mit einer Druckbelastung des rechten Ventrikels verursacht. Häufig entwickelt es sich beim Pferd als Folge einer chronisch-obstruktiven Bronchitis, insbesondere bei ausgedehnten alveolären Lungenemphysemen (Abb. 5.57). Der dadurch verursachte erhöhte Gefäßwiderstand im Bereich der Lunge wird durch eine Hypertrophie des rechten Ventrikels kompensiert. Diese Rechtsherzhypertrophie kann im Stadium der Dekompensation übergehen in eine Rechtsherzdilatation mit sekundärer Trikuspidalklappeninsuffizienz und Rechtsherzinsuffizienz mit venösen Stauungen im Körperkreislauf.

Klinik

Klinisch können Pferde mit einem manifesten Cor pulmonale Herzgeräusche, Herzarrhythmien, Tachypnoe, Dyspnoe, Tachykardie und einen positiven Venenpuls zeigen. Häufig entwickelt sich ein Lungenödem, das in unbehandelten Fällen zum Erstickungstod führen kann (Abb. 5.57–5.59).

Echokardiographie

Ultrasonographisch ist die Vergrößerung der rechten Herzseite leicht sichtbar. In einigen Fällen kann auch eine sekundär durch die Rechtsherzvergößerung verursachte Trikuspidalklappeninsuffizienz auftreten.

Therapie

Neben einer gezielten Lungentherapie erfolgt die Behandlung wie bei einer kongestiven Herzinsuffizienz (siehe oben).

Prognose

Vorsichtig.

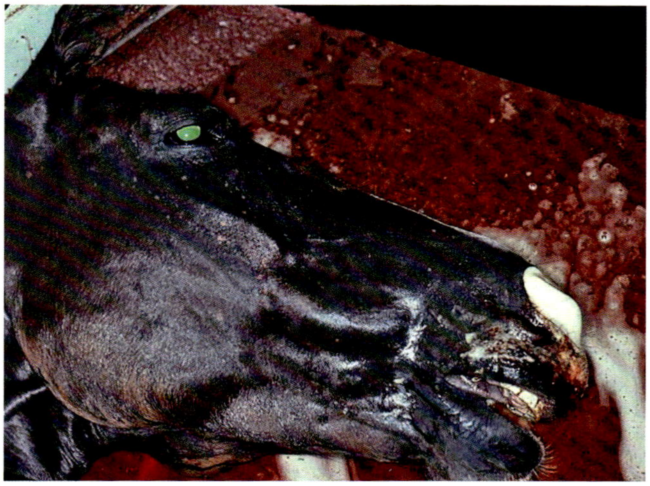

Abb. 5.58:
Morgens tot in der Box aufgefundenes Pferd. Erstickungstod aufgrund eines hochgradigen Lungenödems (Cor pulmonale).

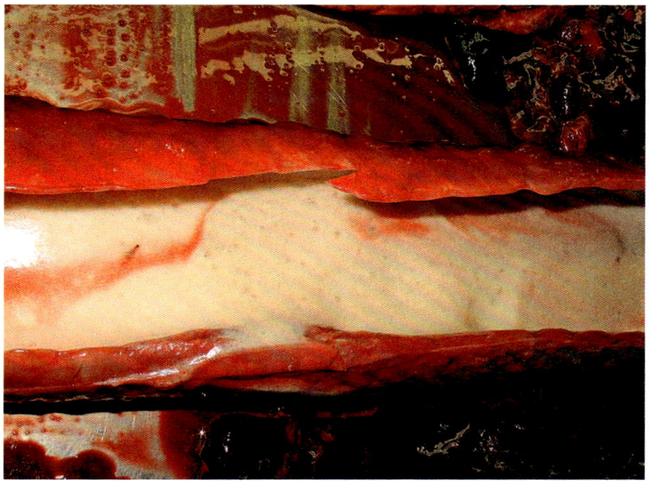

Abb. 5.59:
Cor pulmonale. Das massive Lungenödem führt final zu einer kompletten Flüssigkeitsfüllung der Trachea (Pferd mit Erstickungstod der Abb. 5.58).

5.2.6 Sonstige akute Herz-Kreislauf-Störungen

Erschöpfungssyndrom (*exhausted horse syndrome*)

Ätiologie

Akute Herz-Kreislauf-Störungen können insbesondere bei schlecht trainierten, seltener auch bei gut trainierten Pferden, während oder nach größeren körperlichen Belastungen (Distanzritt, Jagd usw.) auftreten.

Klinik

Je nach Ursache und Ausmaß variiert das klinische Bild (profuses Schwitzen, Tachypnoe, Niedergehen, Schock, Kreislaufkollaps). Häufigster klinischer Befund ist für den Tierarzt neben einer Tachy- oder Bradykardie eine Herzarrhythmie als Folge von Elektrolytimbalancen. Nach Erschöpfungszuständen kommt es in der Regel zu Hypokaliämien und Hypokalzämien. Dabei kann bei Hpokaliämie eine vorzeitige Vorhof- und Ventrikeldepolarisation auftreten. Auch Hypokalzämien können unterschiedliche Formen von Arrhythmien auslösen. Der Verlust von Na^+ und Cl^- aus dem Extrazellularraum führt zu einer Beeinträchtigung des Membranpotentials der Herzmuskelzellen. Dadurch können ventrikuläre Arrhythmien bis hin zum Kammerflimmern oder ein Herzstillstand entstehen.

Therapie

Da die kardiogene Symptomatik bei erschöpften Pferden in oder nach Wettkämpfen in der Regel eine Folge von Veränderungen des Flüssigkeits- und Elektrolythaushaltes ist, sollten zunächst große Mengen von Vollelektrolytlösungen intravenös (Ringerlösung) und eventuell NaCl (40 g/10 l Wasser) und KCl oral (30 g/10 l Wasser) substituiert werden. Im Verlauf der Regeneration normalisiert sich der Herzrhythmus gewöhnlich.

Prognose

Günstig.

Kardiogener Schock

Ätiologie

Beim kardiogenen Schock kommt es aufgrund eines primär kardialen Versagens (Myokarditis, Herzinsuffizienz) zur Abnahme des Herzminutenvolumens, die mit einer kritischen Minderperfusion lebenswichtiger Organe einhergeht.

Die Ursache kann in einer primären Pumpschwäche des Herzens (z. B. bei Myokarditis, Herzarrhythmien) oder in einer behinderten diastolischen Füllung (z. B. bei Herzbeuteltamponade) liegen.

Der Organismus versucht, die Abnahme des arteriellen Blutdruckes durch eine Zunahme der Herzfrequenz und eine periphere Vasokonstriktion (aktiviertes RAAS) zu kompensieren.

Klinik

Beim kardiogenen Schock kann es aufgrund des reduzierten Schlagvolumens und der damit verbundenen reduzierten Gewebeperfusion u. a. zu zerebralen Ischämien mit nachfolgendem Kollaps (kardiogene Synkope) kommen.

5

Therapie

Als erste Gegenmaßnahme beim spontanen Blutdruckabfall (Niederstürzen, Narkose) muss Adrenalin (2–4 mg/kg, z. B. in 20–50 ml NaCl i. v.) und/oder Dobutamin (1–5 mg/kg/min i. v.) nach Wirkung intravenös verabreicht werden. Zusätzlich sollte durch die Verabreichung von Plasmaexpandern und Elektrolytlösungen das Blutgefäßsystem wieder aufgefüllt werden.

Der kardiogene Schock kann sich in seltenen Fällen auch im Zusammenhang mit dem Erschöpfungssyndrom entwickeln. Liegen myokardiale Beeinträchtigungen vor, die bei Beginn einer Belastung unerkannt blieben oder sich aufgrund der Erschöpfung bei einer Prüfung erst entwickeln, kann die kardiovaskuläre Dekompensation während der Bewegung des Pferdes zunächst unerkannt bleiben. Bei einem Stopp kann es allerdings zum plötzlichen Kreislaufkollaps kommen. Je nach vorherrschender Symptomatik können in diesem Fall zusätzlich Antiarrhythmika oder positiv inotrope Wirkstoffe sinnvoll sein. Der Einsatz von Digitalispräparaten ist jedoch, insbesondere bei Erschöpfungszuständen oder im Schock, kritisch zu beurteilen. Obwohl die Wirkung von Herzglykosiden in einer Verbesserung der Kontraktionskraft (positiv inotrope Wirkung), einer Absenkung der Herzfrequenz (negativ chronotrope Wirkung) und einer Reduktion der Leitungsgeschwindigkeit (negativ dromotrope Wirkung) besteht, kann die Verabreichung von Herzglykosiden bei eventuell bestehenden Elektrolytimbalancen (Hypokaliämie) ventrikuläre Tachykardien mit Kammerflimmern oder einen Herzstillstand provozieren.

Ventrikuläre Tachykardien sollten nur behandelt werden, wenn sie lebensbedrohlich sind. Kriterien hierfür wären eine längerfrisig hohe Herzfrequenz von über 100/min und ein eventuelles Lungenödem. In einem solchen Fall werden Furosemid (1–2 mg/kg) und Lidocain (0,25–0,5 mg/kg) langsam i. v. als Bolusinjektion gegeben. Lidocain kann bei Bedarf alle 5–15 Minuten verabreicht werden.

Um Exzitationen zu verhindern, kann Diazepam in einer Dosierung von 0,05 mg/kg i. v. appliziert werden.

Liegen niedrigere Herzfrequenzen von 70–90/min vor und bleibt aufgrund einer kardiovaskulären Dekompensation die Beruhigung auf Normalwerte zunächst aus, sollten keine herzwirksamen Medikamente verabreicht und erst eine elektrokardiographische bzw. echokardiographische Diagnostik durchgeführt werden.

Prognose

Je nach Ursache günstig bis infaust.

Akute Herzinsuffizienz

Ätiologie

Die akute Herzinsuffizienz kann Folge einer akuten Endo-, Myo- oder Perikarditis sein.

Klinik

Die klinischen Symptome sind mit denen der chronischen Herzinsuffizienz vergleichbar, nur das die Erkrankung akut und meist hochdramatisch, mit stark gestörtem Allgemeinbefinden (z. T. auch Fieber) auftritt.

Therapie

Bei einer akuten Herzinsuffizienz kann es sinnvoll sein zunächst Strophantin i. v. zu verabreichen (0,012–0,02 mg/kg i. v.), da es unter den Herzglykosiden den schnellsten Wirkungseintritt hat (wenige Minuten). Zur Erhaltungstherapie eignen sich Digoxin (0,007–0,03 mg/kg i. v.) und β-Methyldigoxin (0,02 mg/kg i. v. oder i. m.). Für das Pferd ist zu beachten, dass die therapeutische Breite bei Herzglykosiden sehr gering ist und es durch Kumulation sehr schnell zu einer Intoxikation kommen kann. Zusätzlich können ACE-Hemmer verabreicht werden.

Prognose

Vorsichtig.

5.2.7 Altersbedingte Veränderungen des Herz-Kreislauf-Systemes

Physiologische altersbedingte Veränderungen

Mit zunehmendem Alter kommt es beim Pferd (wie auch beim Menschen und Kleintier) zu physiologischen Veränderungen der Herz-Kreislauf-Funktion als Folge von Strukturveränderungen der Gefäßwände und der Herzmuskulatur. Dabei kommt es durch Zunahme des Kollagens und Abbau von elastischen Fasern und glatten Muskelzellen zu einem Elastizitätsverlust der Gewebe.

Beim Pferd beginnt ca. ab dem 15. Lebensjahr eine altersabhängige Gefäßwandverdickung. Insbesondere an der Aorta entsteht dadurch eine Reduktion bzw. ein Verlust der Windkesselfunktion, die dem Ausgleich der kardial bedingten Druckschwankungen dient. Dies ist mit einer Mehrbelastung des Herzens verbunden. Die kontraktile Leistungsfähigkeit des Herzens ist jedoch altersbedingt (Ersatz von Myozyten durch kollagenes Bindegewebe) ebenfalls reduziert. Die Abgrenzung altersbedingter Veränderungen von pathologischen Veränderungen ist zum Teil schwierig.

Herz-Kreislauf-Parameter im Alter

Sowohl die maximale Herzschlagfrequenz als auch die maximale aerobe Kapazität (VO_{2max}) nehmen mit steigendem Alter beim Pferd ab. Als Ursachen für das Geschehen werden die Abnahme von Schrittmacherzellen im Sinusknoten, die Ablagerung von Fettgewebe um den Sinusknoten und die Zunahme von elastischem und kollagenem Gewebe im gesamten Kreislaufsystem angesehen. Folgen können erwiesenermaßen bei Mensch, Ratte und Hund eine veränderte Sensitivität der Barorezeptoren, eine herabgesetzte vaskuläre Compliance, Bluthochdruck und eine reduzierte maximale Herzfrequenz sein.

Für das Pferd werden altersabhängige Veränderungen der neuroendokrinen Kontrolle der kardiovaskulären Funktion angenommen. Vor allem bei über 20 Jahre alten Pferden werden die Auswirkungen des Alters auf das Herz-Kreislauf-System deutlich.

Körperliches Training hat keinen Einfluss auf die altersabhängige Reduktion der Herzfrequenz bei Mensch und Pferd. Es führt jedoch zu einer verbesserten maximalen aeroben Kapazität in allen Altersgruppen im Vergleich zu untrainierten Individuen.

Pathologische altersbedingte Veränderungen des Herzens

Zu den pathologischen alterbedingten Veränderungen des Herzens gehören die Myokardfibrosen und die degenerativen Klappenerkrankungen (s. Kap. 5.2.1 und 5.2.2).

5

Pathologische altersbedingte Veränderungen des Gefäßsystemes

Siehe Kapitel 12, Gefäßerkrankungen.

Literatur

BROWN, C. M. (1985): Aquired Cardiovascular Disease. Vet Clin North Am (Equine Practice). 1: 371–382.

DARKE, P., J. D. BONAGURA, D. F. KELLY (1996): Colour Atlas of Veterinary Cardiology. Verlag Mosby Wolfe, London, S. 52–65.

ELSE, R. W., J. R. HOLMES (1972): Cardiac Pathology in the horse. (1) Gross Pathology. Equine vet J. 4: 1–7.

HOLMES, J. R., P. J. MILER (1984): Three cases of ruptured mitral valve chordae in the horse. Equine Vet J. 16: 125–135.

MAHAFFEY, L. W. (1958): Fenestrations of the aortic and pulmonary semilunar valves in the horse.Vet Rec. 70: 415–418.

MUYLLE, E., P. DE ROOSE, W. OYAERT, C. VAN DEN HENDE (1974): An Interventricular Septal Defect and a Tricuspid Valve Insufficiency in a Trotter Mare. Equine Vet J. 6: 174–176.

NILSFORS, L., C. W. LOMBARD, D. WECKNER, C. KVART (1991): Diagnosis of pulmonary valve endocarditis in a horse. Equine Vet J. 23: 479–482.

PATTESON, M. (1996): Equine Cardiology. Blackwell Wissenschaftsverlag, Berlin.

REED, S., W. M. BALAY, D. C. SELLON (2004): Equine Internal Medicine, 2nd Edition. Saunders, Elsevier.

REEF, V. B., F. T. BAIN, P. A. SPENCER (1998): Severe mitral regurgitation in horses: clinical, echocardiographic and pathological findings. Equine Vet J. 30: 18–27.

REEF, V. B. (1987): Mitral valvular insufficiency associated with ruptured chordae tendineae in three foals. J Am Vet Med Assoc. 191: 329–331.

ROONEY, J. R., W. C. FRANKS (1964): Congenital Cardiac Anomalies in Horses.Path Vet. 1: 454–464.

SAGE, A. M. (2002): Cardiac disease in the geriatric horse. Vet Clin Equine Pract. 18: 575–589.

6 Herzrhythmusstörungen

Heidrun Gehlen, Peter Stadler

Bei den Herzrhythmusstörungen des Pferdes gibt es verschiedene Einteilungen. Man kann unterscheiden nach:

- der Ätiologie, zwischen »physiologischen« und »pathologischen« Arrhythmien
- dem Ursprung, zwischen Erregungsbildungs- und Erregungsleitungsstörungen
- der betroffenen Myokardregion, zwischen supraventrikulären und ventrikulären Arrhythmien
- der Herzfrequenz, zwischen brady- und tachykarden bzw. normofrequenten Arrhythmien

Im folgenden Kapitel erfolgt die Differenzierung zunächst in physiologische und pathologische Arrhythmien.

6.1 Physiologische Herzarrhythmien

»Physiologische Herzarrhythmien« gehören zu den Bradyarrhythmien und sind in der Regel in Ruhe ein Normalbefund bei gesunden Pferden (Ausnahmen siehe unter Bradyarrhythmien mit klinischer Bedeutung). Sie treten in Ruhe, insbesondere bei trainierten Pferden, aufgrund eines erhöhten bzw. wechselnden Parasympathikustonus auf und dienen der Regulation des arteriellen Blutdruckes in Ruhe. Sie verschwinden durch kurze Aufregung oder Bewegung des Pferdes (z. B. Vortraben). Zu diesen Arrhythmien gehören der AV-Block I. und II. Grades (physiologische Erregungsleitungstörungen am AV-Knoten), die Sinusarrhythmie (physiologische Erregungsbildungstörung am Sinusknoten) und der sinuatriale Block, die jeweils den supraventrikulären Arrhythmien zugeordnet werden. Im Belastungs-EKG treten diese Herzarrhythmien meist in der Beruhigungsphase (HF<120/min), aufgrund des gesteigerten Parasympathikuseinflusses auf und stellen dann ebenfalls einen physiologischen Befund dar.

6.1.1 AV-Block I. Grades

Ätiologie

Bei einem AV-Block I. Grades wird die Erregung im AV-Knoten verzögert übergeleitet.

Klinik

Ein AV-Block I. Grades ist auskultatorisch nicht wahrnehmbar, sondern nur im EKG festzustellen.

EKG

Ein AV-Block I. Grades macht sich im EKG lediglich durch eine verlängerte PQ-Strecke bemerkbar. Häufig ist der AV-Block I. Grades vor einem AV-Block II. Grades zu beobachten. Man spricht von der so genannten Wenckebach-Periodik, wenn sich die PQ-Strecke von Herzschlag zu Herzschlag verlängert, bis ein AV-Block II. Grades auftritt (Abb. 6.1).

Die PQ-Dauer kann auch allein durch die Verbreiterung der P-Welle erhöht sein. In diesem Fall liegt kein AV-Block I. Grades vor, sondern lediglich eine P-Wellen-Variation.

6.1.2 AV-Block II. Grades

Ätiologie

Der AV-Block II. Grades ist beim Pferd die häufigste Herzarrhythmie in Ruhe bei niedriger Herzfrequenz. Er tritt im Rahmen von Standardauskultationen bei ca. 20 % aller Pferde auf und wird im Rahmen von 24-Stunden-EKGs sogar bei über 40 % aller Pferde beobachtet.

Klinik

Beim AV-Block II. Grades wird auskultatorisch eine partielle Arrhythmie festgestellt, d. h. es liegt überwiegend ein normofrequenter Sinusrhythmus vor, zwischendurch fehlen jedoch

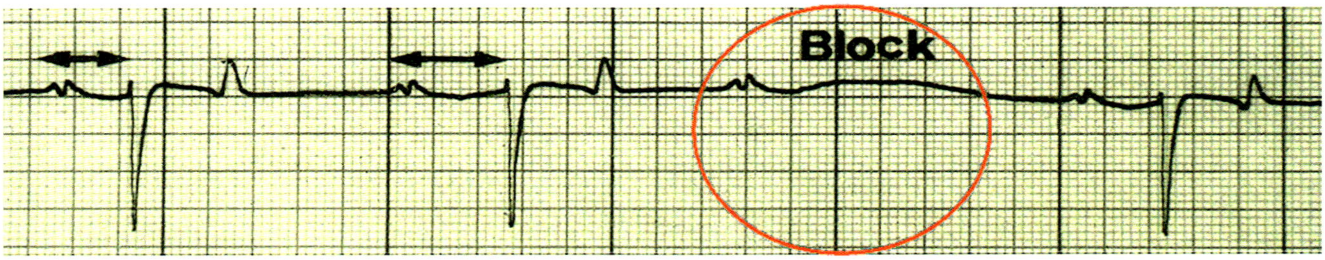

Abb. 6.1:
AV-Block I. (verlängerte PQ-Strecke) und II. Grades (nur P-Zacke sichtbar, Ausfall des QRS-Komplexes) in der so genannten Wenckebach-Periodik, d. h. zunächst Verlängerung der PQ-Strecke, dann AV-Block II. Grades.

6

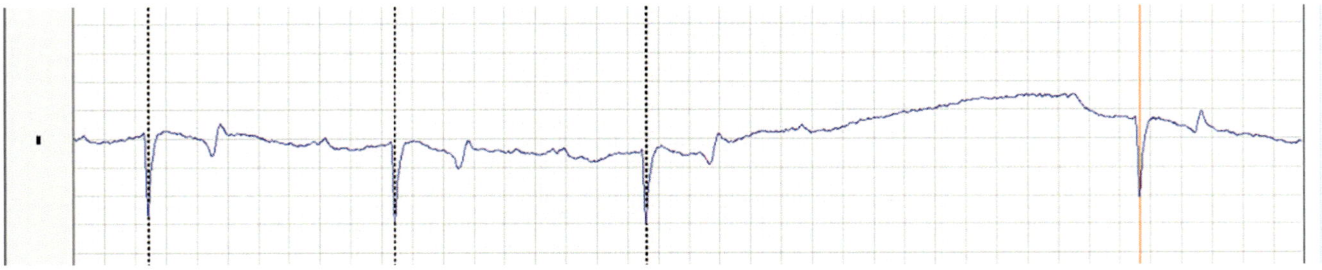

Abb. 6.2:
AV-Block II. Grades. Physiologischer Befund in Ruhe.

vereinzelte Herzaktionen (lange diastolische Pause). Dabei sind die Pausen doppelt so lang wie die normale Diastolendauer, da nicht jede Vorhoferregung durch den AV-Knoten weitergeleitet wird. In seltenen Fällen kann der Vorhofton (S4) hörbar sein.

EKG

Im EKG gibt es entsprechend nicht zu jeder P-Zacke einen QRS-Komplex (Abb. 6.1, Abb. 6.2). Häufigkeit und Regelmäßigkeit des Auftretens von AV-Blöcken II. Grades können sehr stark variieren. Meist tritt der AV-Block II. Grades jedoch mit einer gewissen Regelmäßigkeit alle 4 bis 5 Schläge auf (regelmäßig unregelmäßig).

Beim AV-Block II. Grades kann man häufig die so genannte Wenckebach-Periodik beobachten, d. h. zu Beginn des EKGs ist die PQ-Dauer normal und wird dann mit jedem Herzschlag länger, bis es nach 2 bis 3 Herzschlägen zu einem AV-Block kommt (AV-Block Mobitz Typ 1). Danach kehrt die PQ-Dauer auf den normalen Ausgangswert zurück und die Periodik wiederholt sich. Bleibt die PQ-Dauer vor einem AV-Block II. Grades konstant, spricht man vom AV-Block Mobitz Typ 2. Es können beim Pferd auch mehrere AV-Blöcke II. Grades nacheinander auftreten (Abb. 6.3a, b). Dies ist nicht pathologisch, wenn sie bei kurzer Belastung (erhöhter Sympathikus-, erniedrigter Parasympathikustonus) verschwinden und das Allgemeinbefinden ungestört ist. Auskultatorisch kann dies mit einem sinuatrialen Block verwechselt werden.

Zu beachten ist, dass trainierte Pferde oft bereits 10 bis 60 Sekunden nach Belastung wieder AV-Blöcke II. Grades zeigen. Bei gehäuftem Auftreten auch unter Belastung kann der AV-Block II. Grades eine klinische Bedeutung haben. Hier würde sich eventuell der Atropin-Test (0,01–0,02 mg/kg i. v. oder i. m.) anbieten, um eine Erkrankung im Bereich des AV-Knotens auszuschließen (s. Kap. 6.2.6, AV-Block III. Grades).

6.1.3 Sinusarrhythmie

Ätiologie

Die Sinusarrhythmie wird in Ruhe bei niedrigen Herzfrequenzen und häufig auch nach Belastung in der Beruhigungsphase (gesteigerte Parasympathikusaktivität) festgestellt. Bei der Sinusarrhythmie ist die Impulsgebung aus dem Sinusknoten zeitlich nicht ganz regelmäßig, sondern geringfügig verzögert.

Klinik

Auskultatorisch fällt die Sinusarrhythmie in Ruhe meistens nicht auf.

EKG

Im EKG fällt eine partiell verlängerte Diastolendauer (TP-Strecke) auf. Im Vergleich zum sinuatrialen Block ist diese verlängerte Diastolendauer jedoch kürzer als zwei Herzzyklen (Abb. 6.4a). Nach Belastung können in der Beruhigungsphase physiologisch gehäuft Sinusarrhythmien im EKG auftreten (Abb. 6.4b). Die verlängerte Diastolendauer ist dann meist, aufgrund der höheren Herzfrequenz, auch auskultatorisch wahrzunehmen.

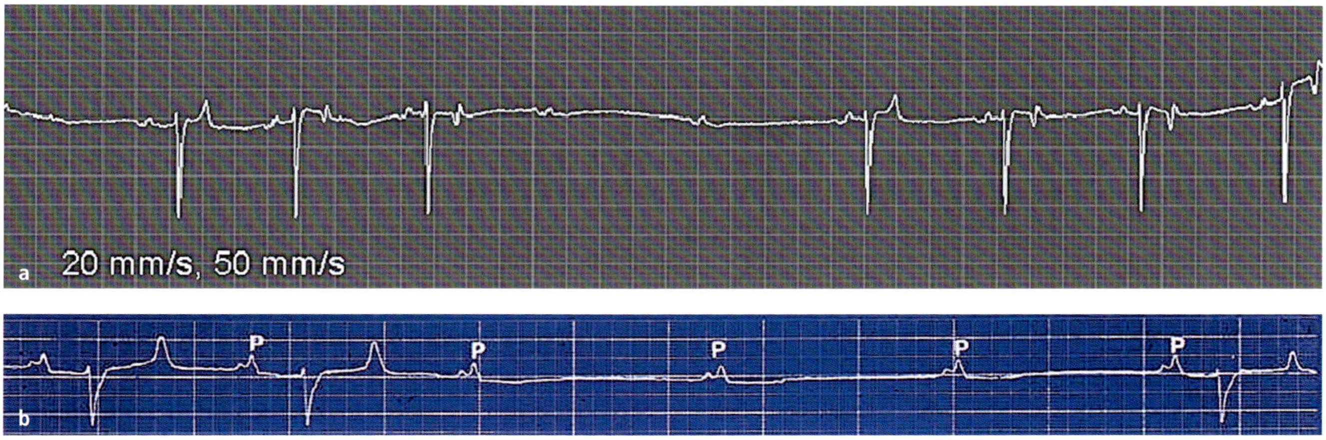

Abb. 6.3a, b:
Doppelter AV-Block (**a**). Drei AV-Blöcke II. Grades hintereinander (**b**). Physiologische Befunde in Ruhe.

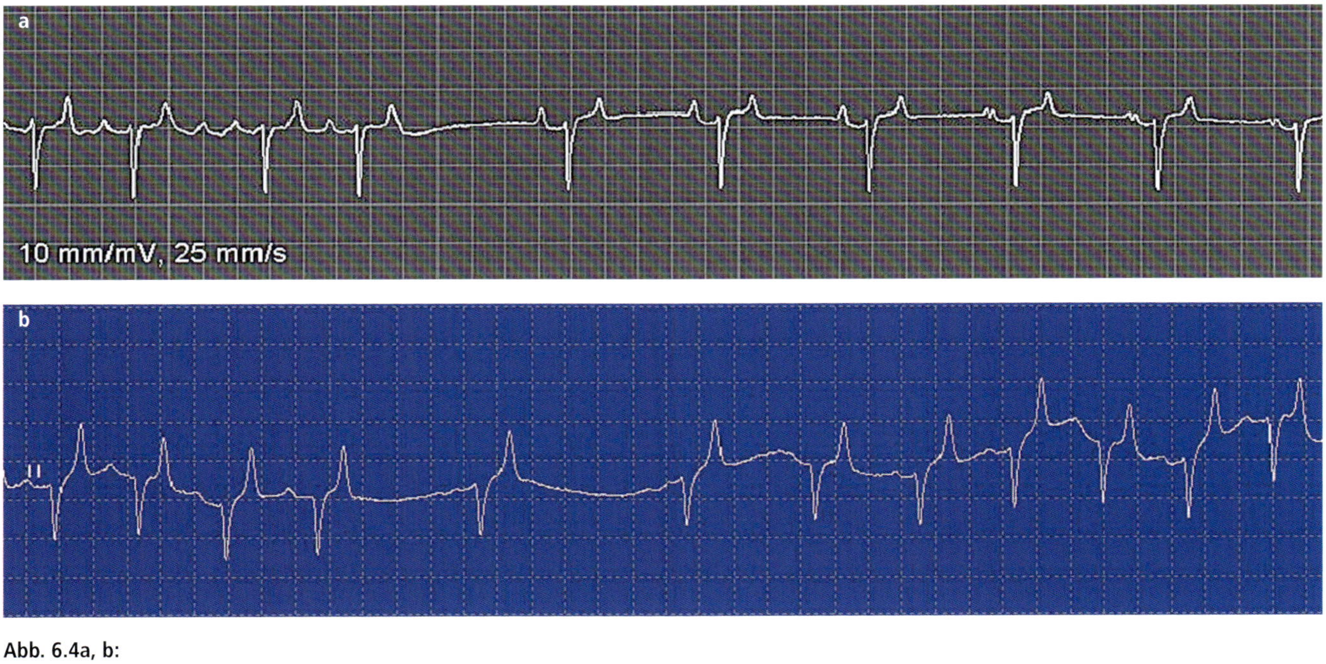

Abb. 6.4a, b:
Sinusarrhythmien.
a Mit partiell verlängerter TP-Strecke bei Ruheherzfrequenz.
b In der Beruhigungsphase nach Belastung. Ein häufiger nicht pathologischer Zufallsbefund.

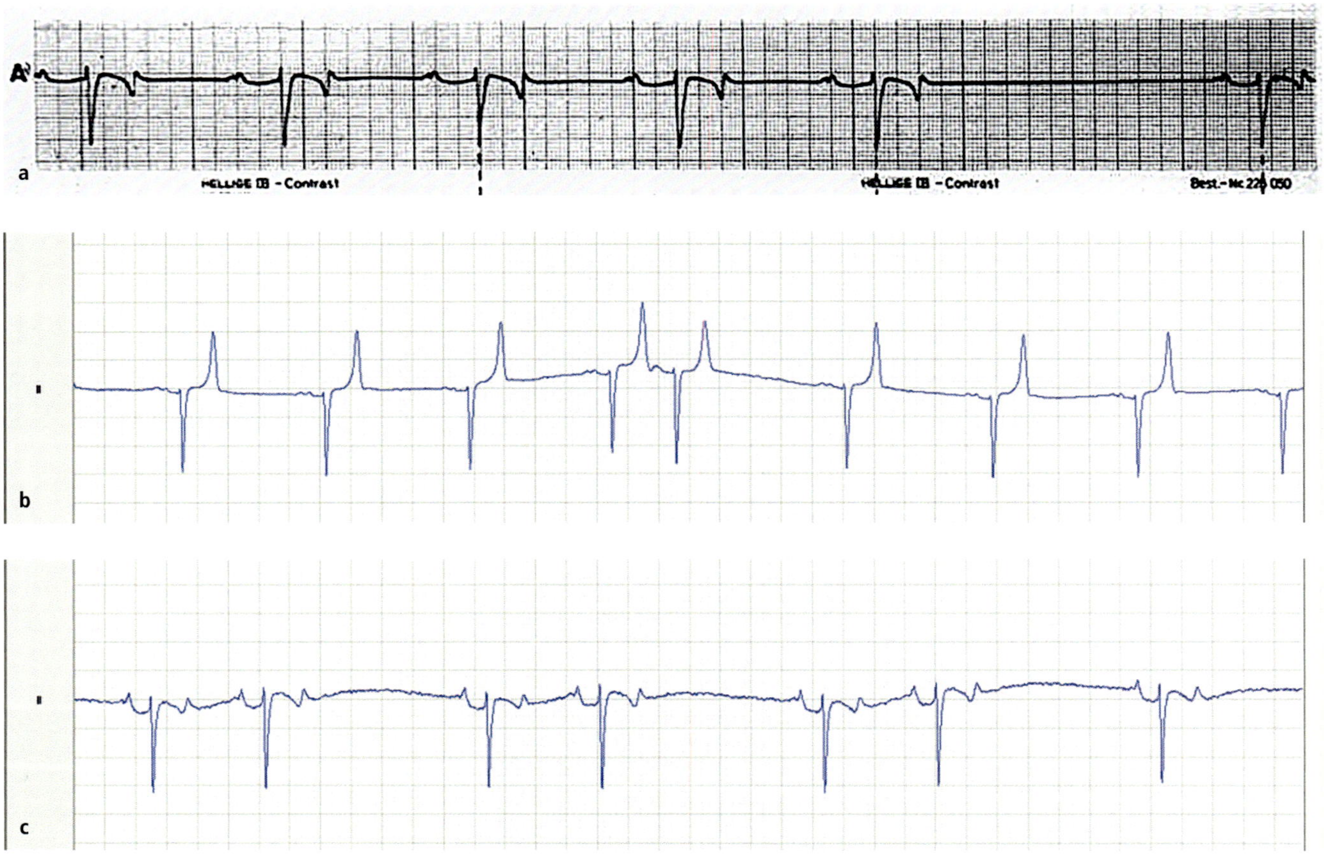

Abb. 6.5a–c:
Sinuatrialer Block mit verlängerter Diastolendauer, die genauso lang ist wie zwei Herzzyklen.

6.1.4 Sinuatrialer Block

Ätiologie

Beim sinuatrialen Block findet partiell keine Erregungsbildung am Sinusknoten statt, d. h. eine komplette Herzaktion fällt aus.

Klinik

Auskultatorisch ist beim sinuatrialen Block der gleiche Befund zu erheben wie beim AV-Block II. Grades (lange diastolische Pausen).

EKG

Im EKG ist eine partielle Arrhythmie mit verlängerter Diastolendauer (genauso lang wie zwei Herzzyklen) und im Gegensatz zum AV-Block II. Grades gleichzeitig keine P-Welle vorhanden (Abb. 6.5a–c).

6.1.5 Bradyarrhythmien mit klinischer Bedeutung

Bradyarrhythmien können in ganz seltenen Fällen, bei extrem gehäuftem Auftreten (z. B. AV-Block 2. Grades) klinische Auswirkungen haben. Dies ist meist bei älteren Sportpferden der Fall. Das klinische Bild variiert von Leistungsschwäche, Synkopen und Ataxie bis hin zum Kollaps. Wenn sie mit sehr niedriger Herzfrequenz (< 24 Schläge/min) einhergeht und ein Verschwinden der Arrhythmie durch Belastung oder Sympathomimetika / Parasympatholytika nicht erreicht wird, sollte von einem pathologischen Befund ausgegangen werden. In diesen Fällen liefert ein 24-Stunden-EKG die Diagnose.

Therapie

In der Literatur wird ein gutes Ansprechen auf die tägliche Gabe von β_2-Adrenozeptor-Agonisten (z. B. Clenbuterol) beschrieben. Die Prognose ist jedoch vorsichtig.

6.2 Pathologische Herzarrhythmien

6.2.1 Extrasystolen

Ätiologie

Extrasystolen sind vorzeitig in den normalen Rhythmus einfallende Kontraktionen der Vorhöfe oder der Kammern. Eine Vielzahl von Ursachen kann Extrasystolen auslösen. Dazu gehören Herzklappeninsuffizienzen mit nachfolgenden Herzdilatationen und/oder Druck- und Volumenüberlastungen, entzündliche Herzmuskelerkrankungen, Intoxikationen, Schock, Elekrolytverschiebungen, Fieber, Kolik und myokardiale Hypoxämien durch respiratorische Erkrankungen. Vorhofextrasystolen treten häufiger auf als Ventrikelextrasystolen und werden meist als weniger bedeutsam beurteilt, da sie vereinzelt auch bei gut trainierten, gesunden Pferden beobachtet werden können.

Vorhofextrasystolen

Ätiologie

Vorhofextrasystolen (atriale Extrasystolen = aEs) werden durch eine pathologische Impulsbildung im Vorhofmyokard (durch Hypoxie, Myozytendehnung oder Vorhofdilatation) verursacht. Es wird vermutet, dass lokale Ischämieherde oder Fibrosierungsareale im Vorhofmyokard als ektopische Reizgeber fungieren. Vereinzelte Vorhofextrasystolen können ein Zufallsbefund sein. Gehäuft auftretend führen sie jedoch meist zu Leistungsabfall. Häufig stehen Vorhofextrasystolen mit Vorhofdilatationen oder Atemwegserkrankungen in Verbindung. Bei Auftreten von Vorhofextrasystolen sollte deshalb, wie auch beim Vorhofflimmern, neben einer kardiologischen Untersuchung auch eine spezielle Lungenuntersuchung durchgeführt werden.

Klinik

Bei der Auskultation fällt eine partielle Herzarrhythmie mit verkürztem diastolischem Intervall und (im Gegensatz zur ventrikulären Extrasystole) meist ohne kompensatorische Pause auf. Die Lautstärke des 1. und 2. Herztones kann variieren.

EKG

Im EKG ist ein überwiegend regelmäßiger Rhythmus mit QRS-Komplexen normaler Struktur sichtbar. Jedoch fällt vereinzelt ein PQRS-Komplex zu früh ein, sodass sich das P-P- und das R-R-Intervall verkürzen. Die P-Zacke der Vorhofextrasystole kann anders konfiguriert sein als die übrigen P-Zacken. Bei hoher Herzfrequenz oder bei sehr frühem Auftreten der Vorhofextrasystole können auch die T-Zacke des vorangegangenen QRST-Komplexes und die P-Zacke der Extrasystole zusammenfallen (Abb. 6.6–6.10).

Häufig werden Vorhofextrasystolen erst im Langzeit-EKG aufgedeckt (Abb. 6.11). Beim Pferd können Vorhofextrasystolen zusätzlich verstärkt durch Belastung induziert werden (Abb. 6.12, 6.13). Um gehäuft auftretende Extrasystolen quantitativ sicher zu diagnostizieren, sollte deshalb ein Belastungs-EKG durchgeführt werden. Sind nach Belastung mehr als 5 bis 6 Vorhofextrasystolen oder im Langzeit-EKG mehr als 5 bis 6 Vorhofextrasystolen pro Stunde vorhanden, ist von einem pathologischen Befund auszugehen.

Echokardiographie

Eine Ultraschalluntersuchung des Herzens sollte durchgeführt werden, um Dimensionsveränderungen oder Wandbewegungsstörungen aufzudecken.

Labor

Neben dem Elektrolytstatus, arteriellen Blutgaswerten und dem Säure-Basen-Haushalt kann auch eine Bestimmung von Troponin-T oder -I durchgeführt werden.

Therapie

Bei atrialer Extrasystolie sollte eine Ruheperiode (Weide) von ca. 2 bis 6 Monaten eingehalten werden und auf eine medikamentelle Therapie verzichtet werden. Meistens tritt eine Spontanheilung ein. Persistiert die Extrasystolie nach diesem Zeitraum, kann der Einsatz von Glukokortikoiden (Dexamethason 0,1–0,22 mg/kg i. v. oder i. m. oder Prednisolon 0,02–1 mg/kg oral, Dosis nach 2–4 Wochen ausschleichen), β-Blockern (Propanolol 0,3–0,7 mg/kg oral oder 0,03 mg/kg i. v.) oder Chinidinglukonat (0,5–1 mg/kg i. v. alle 10 min oder Infusion bis max. 10 mg/kg) erfolgreich sein.

Ein weiteres Therapeutikum zur Behandlung von supraventrikulären Arrhythmien (Vorhofflimmern, Vorhofextrasystolen) ist der Na^+-Kanalblocker Propafenon (0,5–1 mg/kg i. v. oder 2 mg/kg oral 3 × tägl.). Dieser Wirkstoff kann auch zur Vorbereitung einer Entflimmerungstherapie verabreicht werden. Lidocain ist bei supraventrikulären Extrasystolen kontraindiziert.

Entscheidend ist die Aufdeckung und Behandlung der Grunderkrankung. Bei gleichzeitiger Lungenerkrankung sollte diese entsprechend behandelt werden.

Prognose

Die Prognose ist meist günstig, wenn keine zusätzlichen Herzbefunde vorliegen. In Kombination mit gravierenden Herzbefunden ist die Prognose ungünstig.

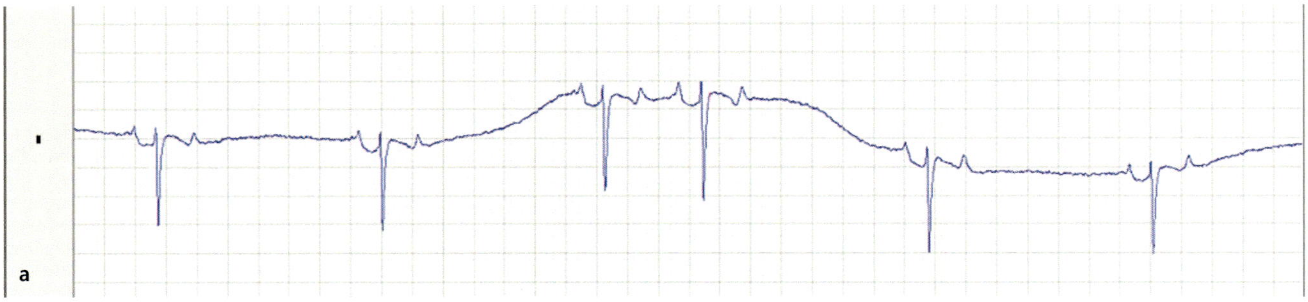

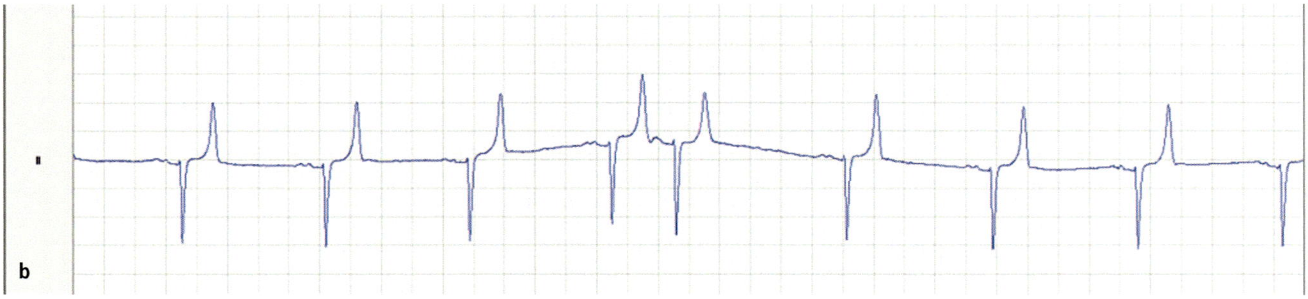

Abb. 6.6a, b:
Einzelne Vorhofextrasystolen in einem Ruhe-EKG.

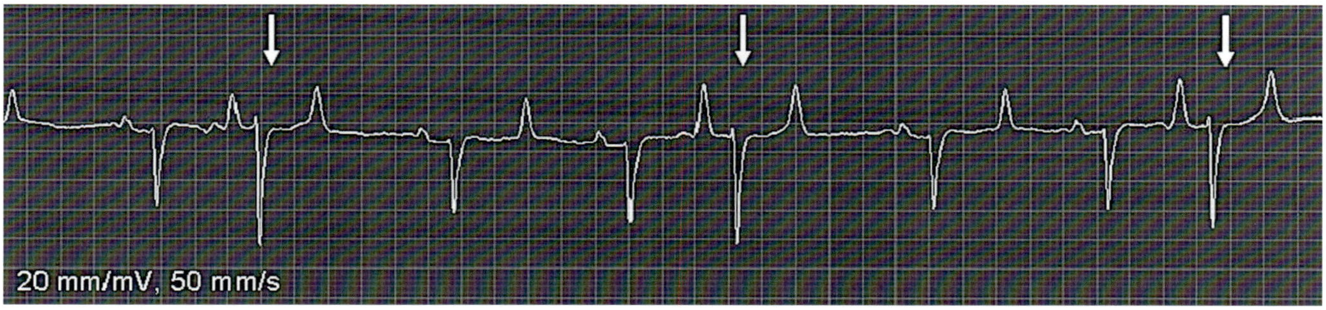

Abb. 6.7:
Gehäufte Vorhofextrasystolen (regelmäßig jeder 3. Herzschlag) in einem Ruhe-EKG.

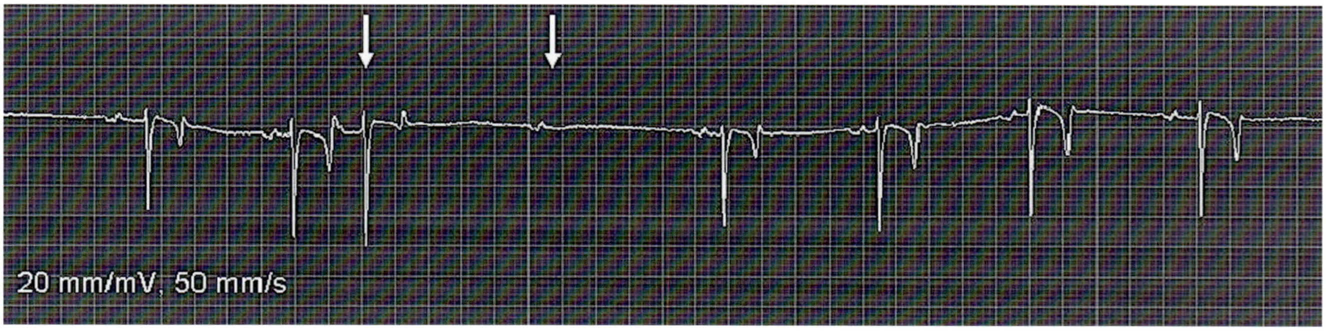

Abb. 6.8:
Vorhofextrasystole gefolgt von einem AV-Block 2. Grades.

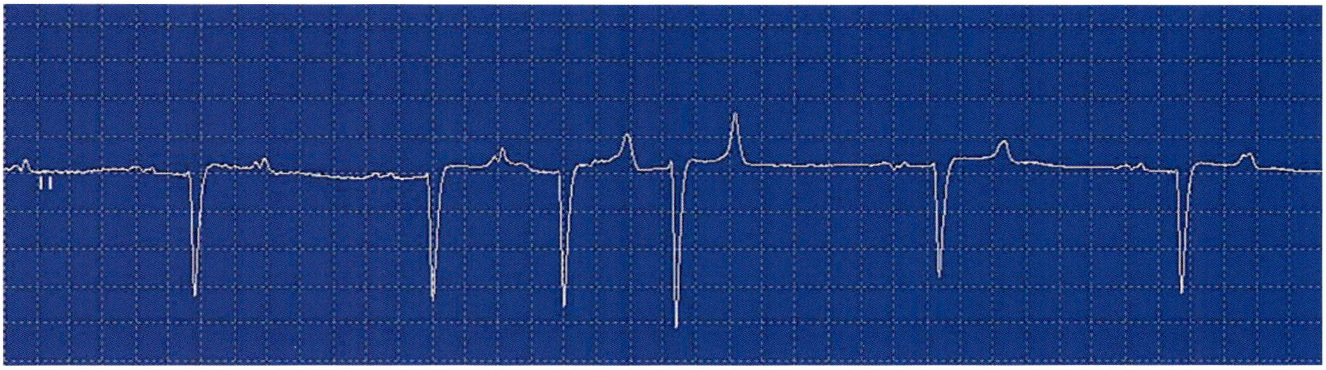

Abb. 6.9:
Zwei Vorhofextrasystolen hintereinander in einem Ruhe-EKG.

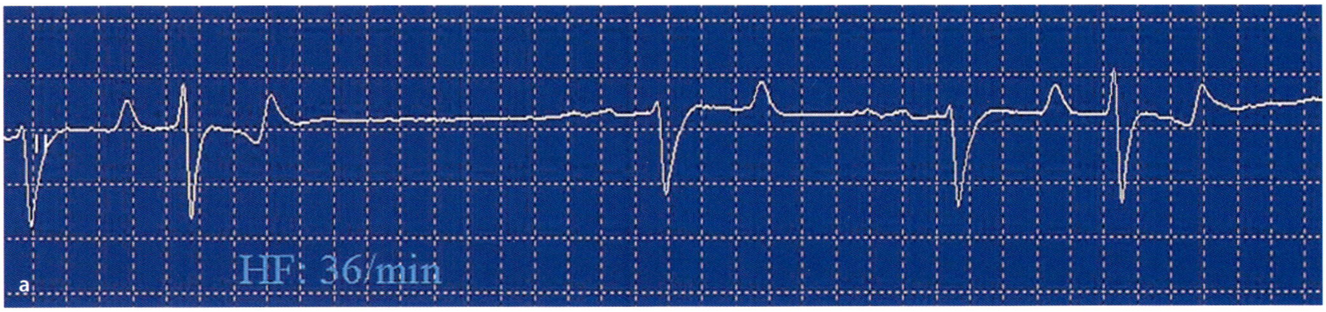

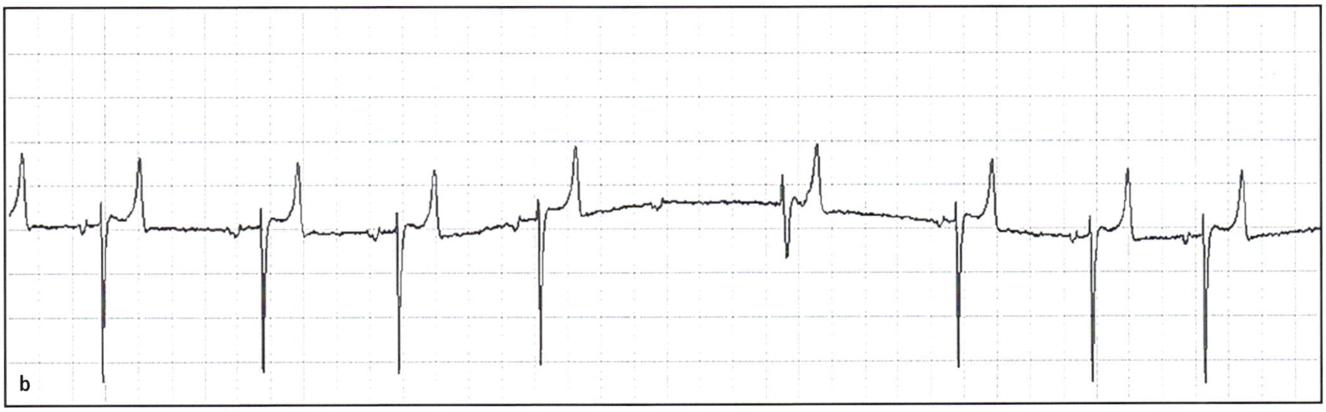

Abb. 6.10a, b:
Vorhofextrasystolen. **a** In Ruhe, kombiniert mit einer Sinusarrhythmie. **b** Nach einem AV-Block II.Grades.

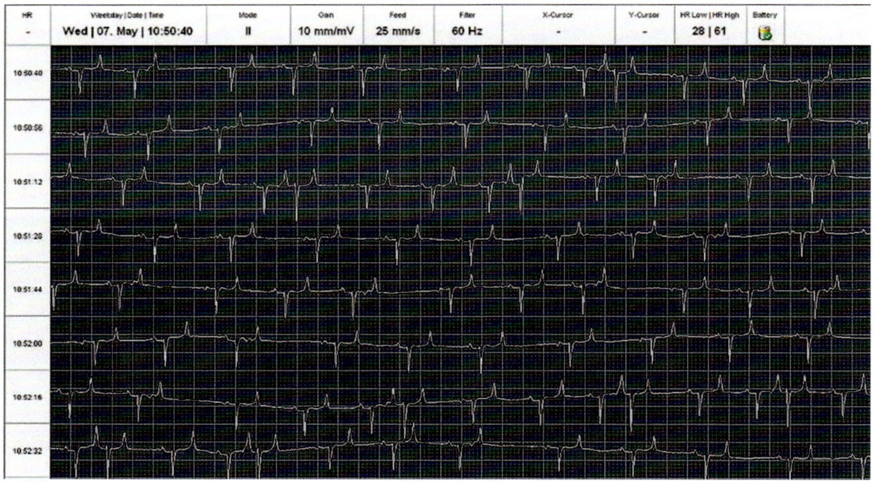

Abb. 6.11:
Gehäufte Vorhofextrasystolen mit Sinusarrhythmien in einem Langzeit-EKG (Ausschnitt über 3 Minuten).

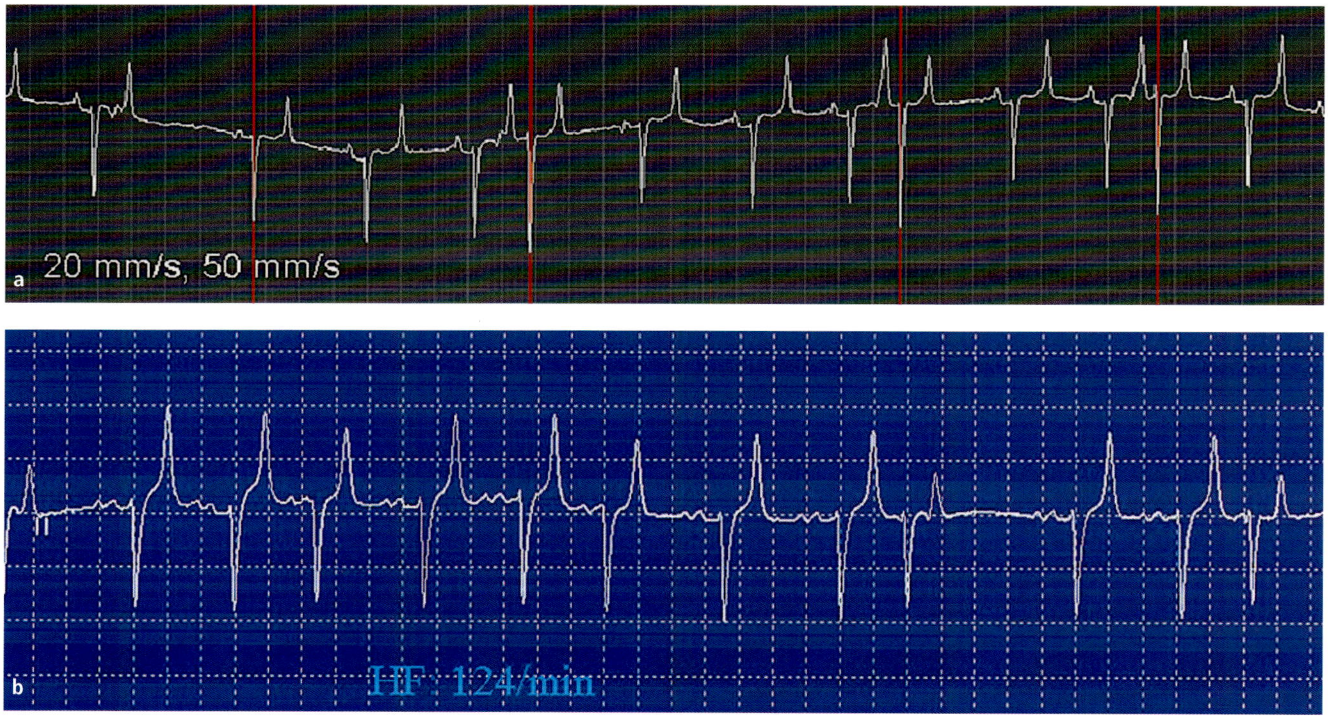

Abb. 6.12a, b:
Vorhofextrasystolen, kombiniert mit Sinusarrhythmie nach Belastung (HF 124/min).

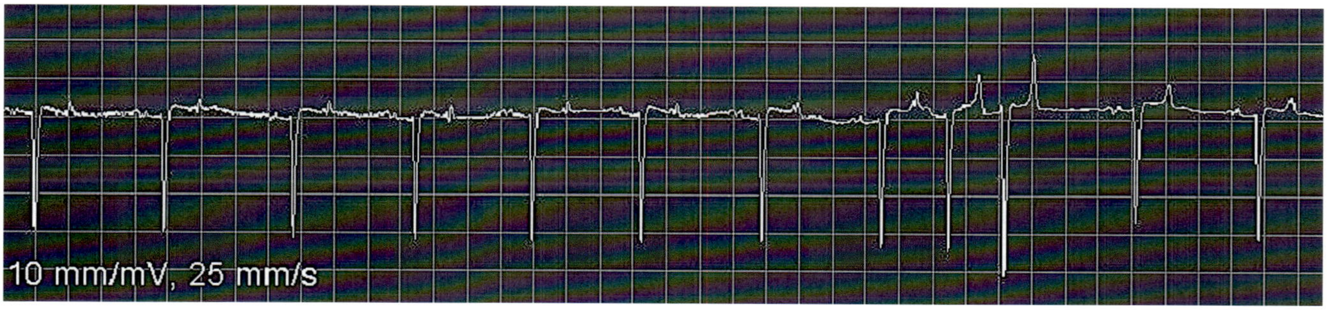

Abb. 6.13:
Zwei Vorhofextrasystolen hintereinander in der Beruhigungsphase nach Belastung (HF 100/min).

Ventrikuläre Extrasystolen

Ätiologie
Ventrikuläre Extrasystolen (vEs) entstehen durch pathologische Reizgebungen im Ventrikelmyokard. Kardiale Ursachen können beispielsweise entzündliche oder fibrotisch-degenerative Myokardveränderungen (evtl. auch durch parasitär bedingte Mikrothrombosierungen), myokardiale Hypoxie oder Ventrikeldilatationen sein. Extrakardiale Ursachen können Virämien, Fieber, Pleuropneumonien oder Intoxikationen sein. Ventrikuläre Extrasystolen sollten, auch wenn sie nur gelegentlich auftreten, als pathologisch gewertet werden. Die klinische Bedeutung kann jedoch sehr variabel sein.

Klinik
Bei der Auskultation fällt, wie auch bei der Vorhofextrasystole, eine partielle Herzarrhythmie auf. Jedoch tritt im Gegensatz zur Vorhofextrasystole meist nach der vEs eine kompensatorische Pause auf, also ein langes diastolisches Intervall. Häufig ist die Ventrikelextrasystole auskultatorisch jedoch nicht von der Vorhofextrasystole abzugrenzen.

EKG
Im EKG sind ventrikuläre Extrasystolen meist durch eine abweichende Struktur (Amplitude, bizarre Verformung) und Breite der QRS-Komplexe zu erkennen. In seltenen Fällen kann der QRS-Komplex auch normal ausfallen. Häufig sind die Ventrikelextrasystolen von einer kompensatorischen Pause gefolgt (Abb. 6.14a, b). Gehäuftes Auftreten in Ruhe deutet auf einen gravierenden Myokardschaden hin (Abb. 6.15a, b).

Ein Langzeit- und ein Belastungs-EKG sollten durchgeführt werden. Zum Einen ist über das Langzeit-EKG eine Aussage über das quantitative Auftreten der Extrasystolie möglich und zum Anderen können Ventrikelextrasystolen gehäuft nach Belastung auftreten (Abb. 6.16a, b).

Echokardiographie
Siehe Vorhofextrasystolen.

Labor
Siehe Vorhofextrasystolen.

Therapie
Bei ventrikulären Extrasystolen und paroxysmalen Tachykardien können Betablocker (Propanolol 0,03 mg/kg i. v.), Na^+-Kanalblocker (Lidocain 0,25–0,5 mg/kg i. v. bis maximal 1,5 mg/kg), Propafenon (2 mg/kg 3 × tägl. oral oder 0,5–1 mg/kg i. v.) oder Ca^{++}-Kanalblocker (Magnesiumsulfat 2 mg/kg i. v. alle 3 min oder 1–2 mg/kg/min bis max. 50 mg/kg) eingesetzt werden, wenn eine vorausgehende Schonung von mindestens vier Monaten (Weidegang) erfolglos verlaufen ist.

Entscheidend ist auch hier die Aufdeckung und Behandlung der Grunderkrankung (Myokardschaden, Lungenerkrankung). Liegt als Ursache eine Herzklappeninsuffizienz mit Dilatation vor, kann der gleichzeitige Einsatz von ACE-Hemmern oder Digitalis-Präparaten (s. Kap. 5.2.1, Therapie der Herzklappeninsuffizienz) nützlich sein.

Prognose
Bis zur Abklärung der Ursache sollten die Pferde nicht belastet werden, da das Risiko besteht, dass es zu einer ventrikulären Tachykardie (s. Kap. 6.2.2) kommt. Solange die Ursache nicht behoben werden kann, ist die Prognose vorsichtig bis ungünstig.

6.2.2 Ventrikuläre Tachykardie

Ätiologie, EKG
Als ventrikuläre Tachykardie bezeichnet man 5 oder mehr aufeinanderfolgende ventrikuläre Extrasystolen (Abb. 6.17a, b). Die ventrikuläre Tachykardie kann in Kammerflimmern übergehen und zum Tod führen. Sie kann paroxysmal (anfallsartig, z. B. in Narkose oder bei Chinidintherapie) oder permanent anhaltend auftreten.

Klinik
Auskultatorisch ist eine partielle tachykarde Arrhythmie hörbar.

Therapie
Zur Therapie können die gleichen Präparate eingesetzt werden wie bei ventrikulären Extrasystolen.

Prognose
Meist liegt ein schwerwiegender Myokardschaden zugrunde und die Prognose ist ungünstig bis infaust.

6.2.3 Vorhofflimmern

Das Vorhofflimmern (VF) ist durch unkoordinierte Impulse in den Vorhöfen geprägt. Es liegt eine Reizbildungsstörung des Vorhofmyokards vor, bei der die Herzatrien nur schwache fibrilläre Bewegungen (Atriumfibrillation) mit einer Frequenz von mehr als 300–400 Erregungen in der Minute zeigen, ohne dass es zu einer produktiven Vorhofkontraktion kommt. Die Ventrikelerregung und -kontraktion erfolgt dabei unregelmäßig.

Vorhofflimmern kommt beim Pferd mit einer geschätzten Inzidenz von 2,5 % vor und kann mit oder ohne zusätzliche Herz- oder Lungenbefunde sowie mit oder ohne Leistungsinsuffizienz auftreten.

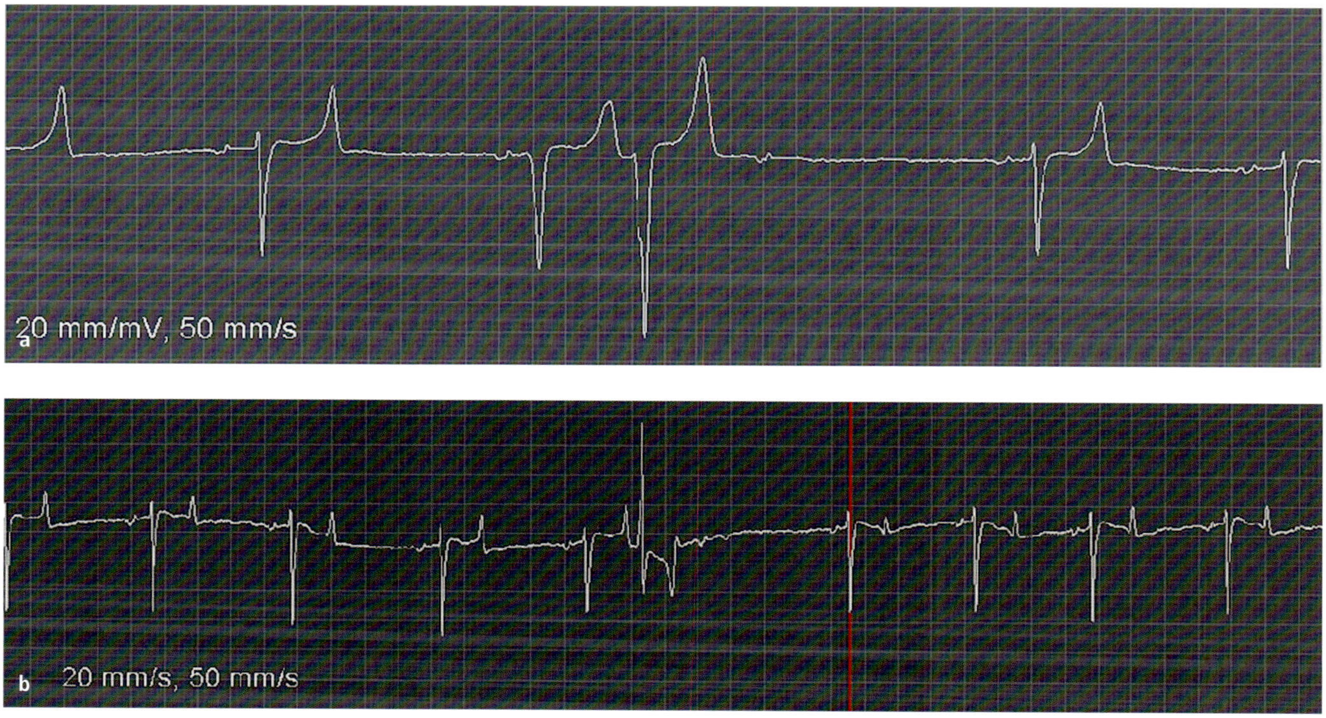

Abb. 6.14a, b:
Ruhe-EKG mit vereinzelter Ventrikelextrasystole.

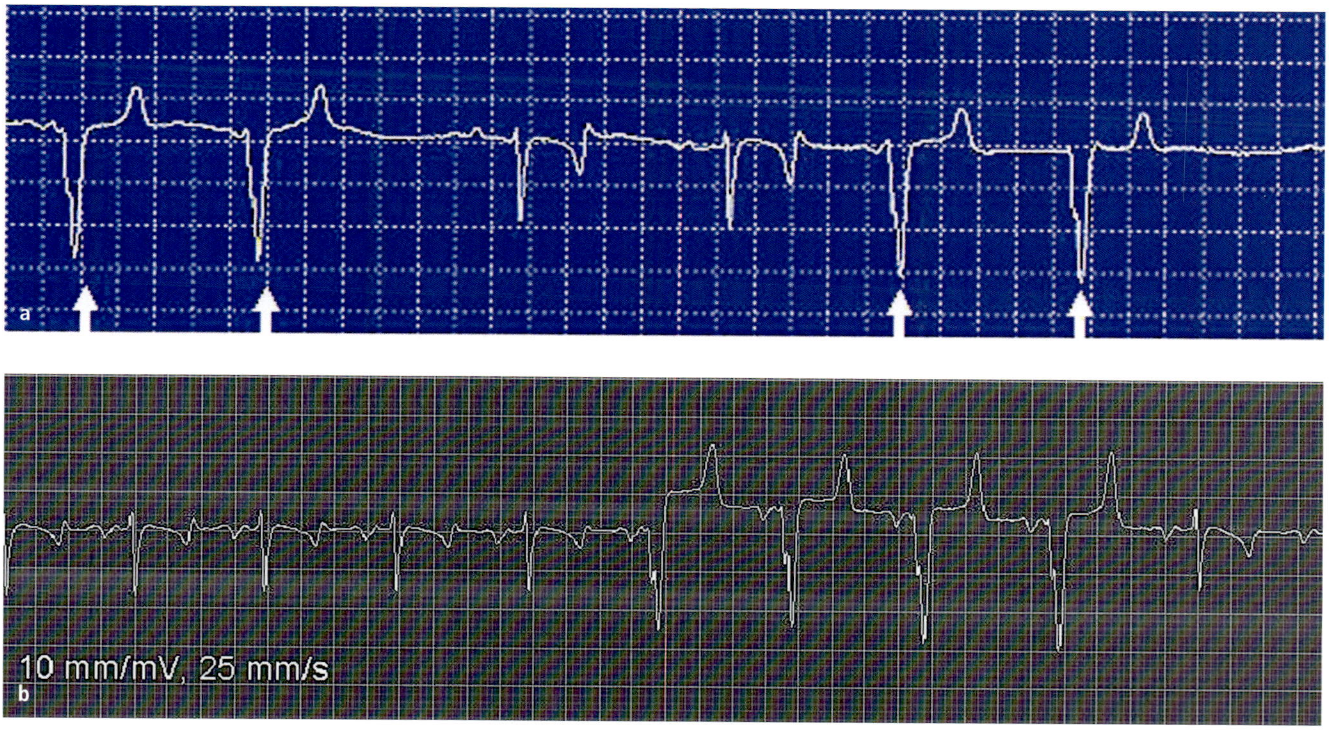

Abb. 6.15a, b:
Gehäufte Ventrikelextrasystolen in Ruhe (**b** z. T. salvenartig hintereinander) bei einem Pferd mit akuter Myokarditis.

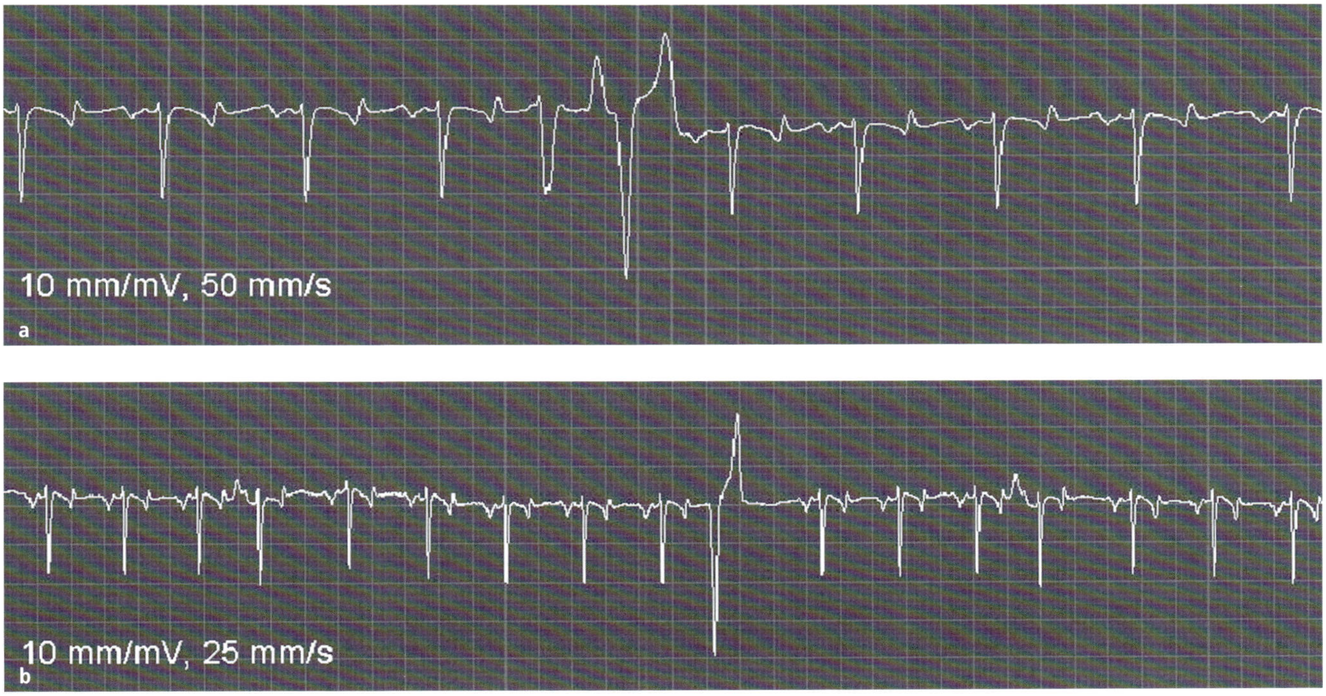

Abb. 6.16a, b:
Vereinzelte Ventrikelextrasystole nach Belastung.

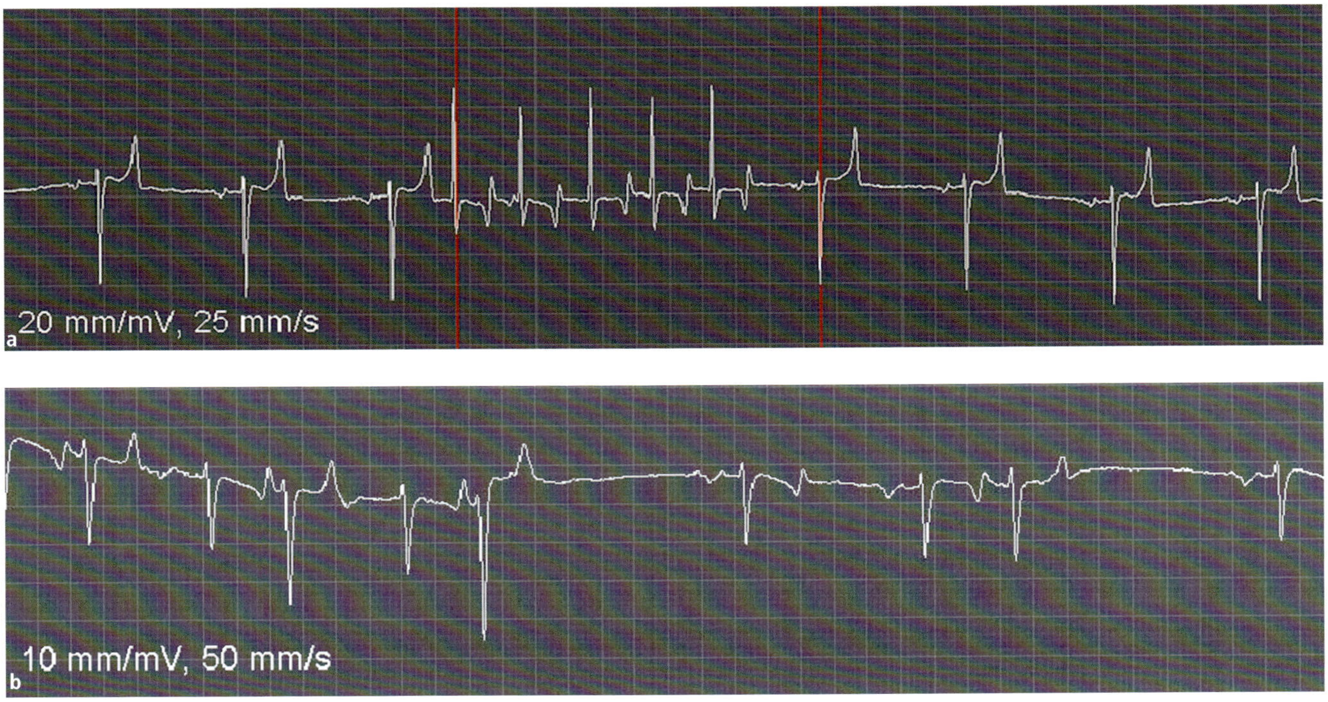

Abb. 6.17a, b:
Ventrikuläre Tachykardie in Ruhe.
a Salve von mehreren ventrikulären Extrasystolen.
b Atriale und ventrikuläre Extrasystolen.

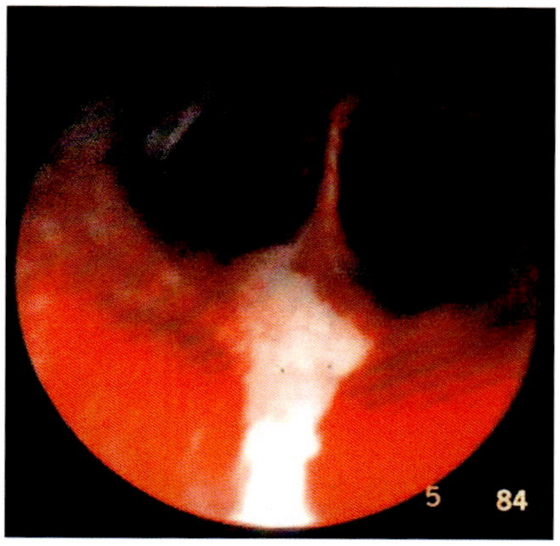

Abb. 6.18:
Endoskopisches Bild der Bifurcatio tracheae eines Pferdes mit Lungenbluten.

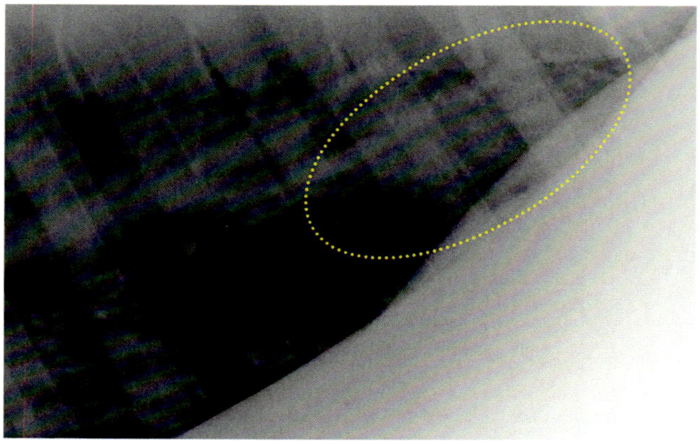

Abb. 6.19:
Röntgenologisches Bild eines Pferdes mit Lungenbluten. Typisch ist die kaudodorsale Verschattung im Röntgenbild.

Ätiologie

Als Hauptursache des VF werden Myokardschädigungen vermutet, durch die es zu einer hochfrequenten ektopischen Reizbildung im Vorhofmyokard kommt, eventuell eingeleitet durch Vorhofextrasystolen. Darüberhinaus liegt bei einer Myokardschädigung auch eine Heterogenität der Herzmuskelzellen vor (ungeordnetes Eintreten der Zellen in das Refraktärstadium, d. h. depolarisierte und erregbare Zellen nebeneinander mit Entstehung von Kreisströmen).

Ursache für Myokardschädigungen können sein:

- Hypoxien (z. B. bei respiratorischen Erkrankungen)
- metabolische Imbalanzen (Elektrolytimbalanzen, z. B. Hypokaliämien)
- Perikard- oder Endokardentzündungen (Herzklappeninsuffizienzen)
- Toxine (Toxämien)
- Viren, Bakterien (Septikämien)
- Traumen oder Ischämien

Vorhofflimmern mit zusätzlichen Herzbefunden: Eine häufige Ursache für VF beim Warmblutpferd sind primäre Herzklappenerkrankungen (insbesondere Mitralklappeninsuffizienzen), die aufgrund sekundärer Dilatation der Vorhöfe Vorhofflimmern induzieren. Dabei ist, ähnlich wie bei einer primären Myokardschädigung, aufgrund gedehnter Herzmuskelfasern oder Muskelzellhypertrophien die Überleitungsstrecke verlängert und die Durchlässigkeit der Ionenkanäle an den Herzmuskelzellen verändert (erhöht). Dadurch sind die Zellen zum Teil wieder erregbar, bevor die Aktionspotentiale in die Kammer übergeleitet werden, sodass es dann zu einer kreisenden Erregung (*reentry*-Phänomen) kommt.

Vorhofflimmern mit zusätzlichen Lungenbefunden: Auch primäre Lungenerkrankungen sind beim Warmblutpferd eine häufige Ursache für VF. Neben Lungenbluten (Abb. 6.18–6.20) wird häufig auch eine chronisch obstruktive Bronchitis diagnostiziert (Abb. 6.21).

Vorhofflimmern ohne primäre Herzerkrankung: Pferde sind aufgrund des hohen Vagustonus in Ruhe und ihrer großen Vorhofmasse für Vorhofflimmern prädisponiert. Insbesondere bei sehr großwüchsigen Pferden (z. B. Shire Horse) tritt Vorhofflimmern häufig auch idiopathisch auf. Bei diesen großwüchsigen Pferden ist das VF häufig mit einer Hemiplegia laryngis sinistra vergesellschaftet. Aufgrund des erhöhten Vagustonus kann es bei diesen Pferden zu variablen Refraktärzeiten der Myozyten kommen, was sie für VF prädisponiert. Bei kleinen Pferden und Ponys wird Vorhofflimmern dagegen eher selten beobachtet.

Vorhofflimmern ohne primäre Herzerkrankung verursacht in Ruhe meist keine Störung der Kreislauffunktion, da hier eine koordinierte Vorhofkontraktion nur einen geringen Effekt auf die ventrikuläre Füllung hat. Unter Belastung hat die Vorhofkontraktion jedoch eine größere Bedeutung, da dann die dynamische Ventrikelfüllung durch die Vorhofkontraktion fehlt. Vorhofflimmern kann deshalb in einer verminderten diastolischen Ventrikelfüllung resultieren, die durch ein vermindertes Schlagvolumen zu Leistungsschwäche führt. Beim Pferd ist das Vorhofflimmern deshalb die häufigste pathologische Arrhythmie, die bei Sportpferden (vor allem bei Rennpferden) oft mit einer Leistungsbeeinträchtigung einhergeht. Die suboptimale Ventrikelfüllung und das daraus resultierende verminderte Schlagvolumen

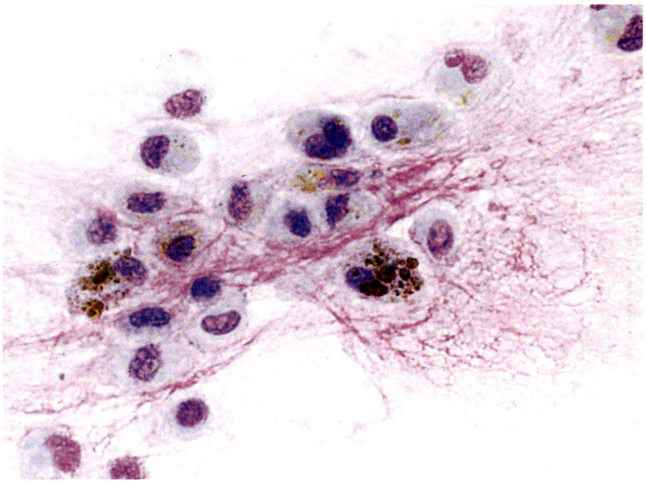

Abb. 6.20:
Tracheobronchialsekretanalyse eines Pferdes mit Lungenbluten. Typisch sind die Makrophagen mit bräunlichen Granula (Hämosiderophagen).

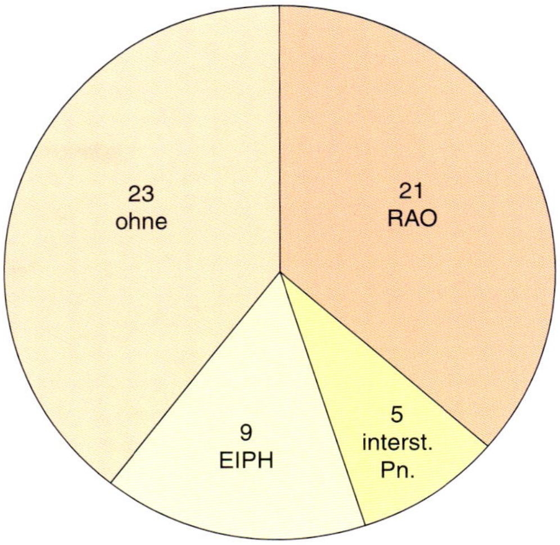

Abb. 6.21:
Diagramm der Verteilung zusätzlicher Lungenbefunde bei 58 Pferden mit Vorhofflimmern. Mehr als die Hälfte der Pferde wies zusätzliche Lungenbefunde auf (RAO = chronische Bronchitis, EIPH = Lungenbluten, interstit. Pn. = interstitielle Pneumonie).

werden durch eine höhere Herzfrequenz in Belastung zunächst kompensiert. Bei sehr starker oder langandauernder Belastung ist jedoch eine schnellere Ermüdung der Pferde die Folge. In Einzelfällen und bei weniger hohen Leistungsanforderungen (z. B. bei Spring- und Dressurpferden) kann VF auch ohne Leistungsminderung auftreten. Bei Freizeitpferden wird Vorhofflimmern häufig sogar als Zufallsbefund festgestellt.

Paroxysmales Vorhofflimmern: Vorhofflimmern kann in seltenen Fällen auch paroxysmal (anfallsartig) auftreten. Bei plötzlich auftretender Leistungsschwäche unter Belastung (z. B. »Stehenbleiben« im Rennen, plötzlicher Leistungseinbruch, Sturz) sollte das paroxysmale Vorhofflimmern differentialdiagnostisch durch ein Belastungs-EKG (Telemetrie-EKG) abgeklärt werden. Beobachtet wird dies beispielsweise bei Rennpferden unter maximaler Belastung. Mögliche Ursachen sind hier Elektrolytverschiebungen oder ein Erschöpfungssyndrom (s. Kap. 5.2.6). Der Sinusrhythmus tritt meist ohne medikamentelle Behandlung innerhalb von 24 Stunden wieder ein. Bei wiederholtem Auftreten muss von einer Erkrankung des Vorhofmyokards ausgegangen werden.

Klinik

Wichtigstes klinisches Diagnostikum ist die Herzauskultation, bei der eine totale Arrhythmie (unregelmäßige Unregelmäßigkeit) festgestellt wird. Häufig liegt gleichzeitig in Ruhe eine Bradykardie vor, sodass lange diastolische Pausen auftreten (Cave: Dies kann leicht mit einen AV-Block II. Grades verwechselt werden). Im Vergleich zum AV-Block II. Grades ist jedoch beim Vorhofflimmern kein zugrundeliegender Rhythmus vorhanden und in den diastolischen Herzpausen kein 4. Herzton (Vorhofkontraktion) hörbar. Zusätzlich haben die Herztöne beim VF häufig eine unterschiedliche Lautstärke und die diastolischen Pausen können z. T. sehr lang sein (bis zu 8 Sekunden). Klinisch kann zusätzlich ein Pulsdefizit auftreten, insbesondere aufgrund inadäquater Kammerfüllung bei Tachykardie.

Höhere Herzfrequenzen (Aufregung, Belastung) können einen regelmäßigen Rhythmus vortäuschen. Hier ist ein EKG zur Absicherung erforderlich. Unter Belastung zeigen Pferde mit VF häufig deutlich höhere Herzfrequenzen als gesunde Pferde.

Je nach zugrundeliegender Ursache für das VF kann bei der Herzauskultation zusätzlich noch ein Herzgeräusch vorhanden sein oder die Pferde zeigen sogar klinische Anzeichen für eine Herzinsuffizienz (z. B. Stauungssymptome).

Es empfiehlt sich auch bei allen Pferden mit VF zumindest eine klinische Lungenuntersuchung durchzuführen, um eine Lungenerkrankung als Ursache für das VF aufzudecken oder auszuschließen.

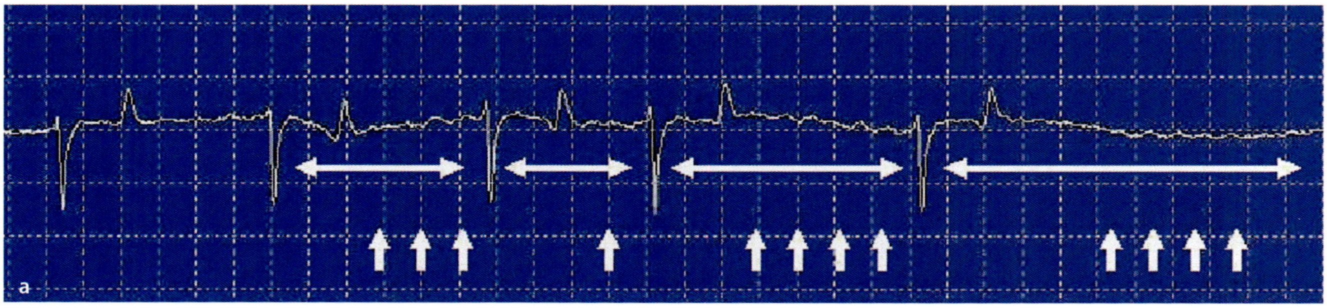

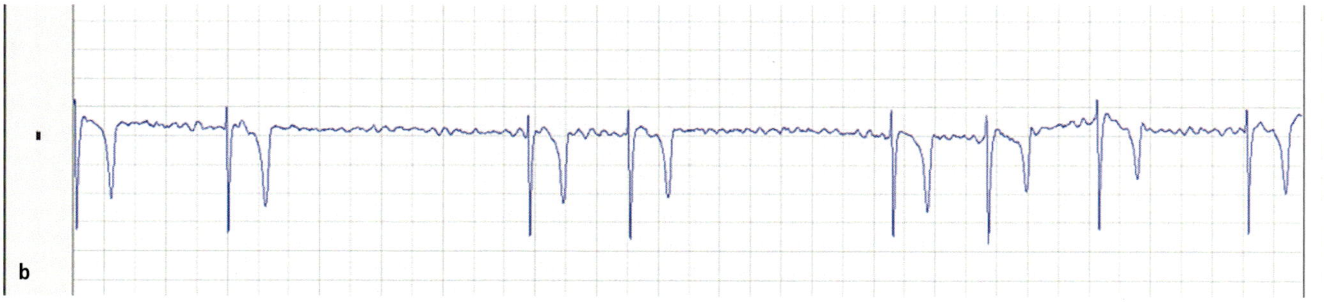

Abb. 6.22a, b:
Vorhofflimmern im Ruhe-EKG.

EKG

Das EKG ist durch unregelmäßig auftretende QRST-Komplexe (unterschiedlich lange R-R-Intervalle) und das Fehlen regelmäßiger P-Wellen sowie durch ein Undulieren der Nulllinie mit so genannten Flimmerwellen (F-Wellen) gekennzeichnet (Abb. 6.22a, b; Abb. 6.23a–c). Bei hohen Herzfrequenzen kann der fälschliche Eindruck eines regelmäßigen Rhythmus entstehen (Abb. 6.24a–d).

Im Rahmen der Therapie sollte ein EKG aufgezeichnet werden, um bei erfolgreicher Kardioversion die Behandlung sofort beenden zu können (Abb. 6.25a, b; Abb. 6.26). Ein weiteres Fortsetzen der Therapie würde die Gefahr eines erneuten Vorhofflimmerns bergen.

Echokardiographie

Zur Beurteilung von Vorhof- und Myokardfunktion, Herzdimensionen und koexistierenden Herzklappeninsuffizienzen ist die Echokardiographie die wichtigste Untersuchungsmethode.

Herzkatheteruntersuchung

Bei Herzkatheteruntersuchungen zeigen Pferde mit Vorhofflimmern häufig bereits in Ruhe erhöhte Drücke in der Pulmonalarterie und im Lungenkapillargebiet. Unter Belastung sind die Drücke im Vergleich zu gesunden Pferden signifikant höher. Die Herzkatheteruntersuchung kann helfen, subklinische Herz- oder Lungenerkrankungen als mögliche Ursache für das VF zu differenzieren (s. Kap. 4.3).

Labordiagnostik

Bei Pferden mit Vorhofflimmern sollte immer der Elektrolytstatus überprüft werden. Bei Verdacht auf eine Myokarditis kann die Bestimmung der Plasma- oder Serumkonzentration von kardialem Troponin-T oder -I durchgeführt werden.

Therapie

Um Vorhofflimmern erfolgreich behandeln zu können, sollte initial abgeklärt werden, ob weitere Herz- (z.B. Klappeninsuffizienzen) oder Lungenbefunde vorliegen. Auch Abweichungen des Elektrolyt-, Flüssigkeits- oder Säure-Basen-Haushaltes sollten zuvor ausgeglichen werden.

Die Herzdimensionen dienen als Basis für eine Therapieentscheidung. Die echokardiographische Ermittlung der Vorhofdurchmesser wird dazu herangezogen, die Therapiewürdigkeit des VF festzustellen. Deutlich dilatierte Vorhöfe (Ø > 145 mm) sind bezüglich einer erfolgreichen Therapie prognostisch grenzwertig bis ungünstig (Ø > 150 mm) zu werten.

Mittel der Wahl zur Behandlung des VF ist Chinidinsulfat, ein Klasse-1A-Antiarrhythmikum (s. Kap. 7).

Es hat sich gezeigt, dass Pferde mit VF im Laufe der Zeit Vorhofdilatationen entwickeln können, die sekundär zu Herzklappeninsuffizienzen führen. Aus diesem Grunde sollte eine Therapie des VF auch dann angestrebt werden, wenn die Pferde klinisch unauffällig sind und keine Leistungsinsuffizienz zeigen.

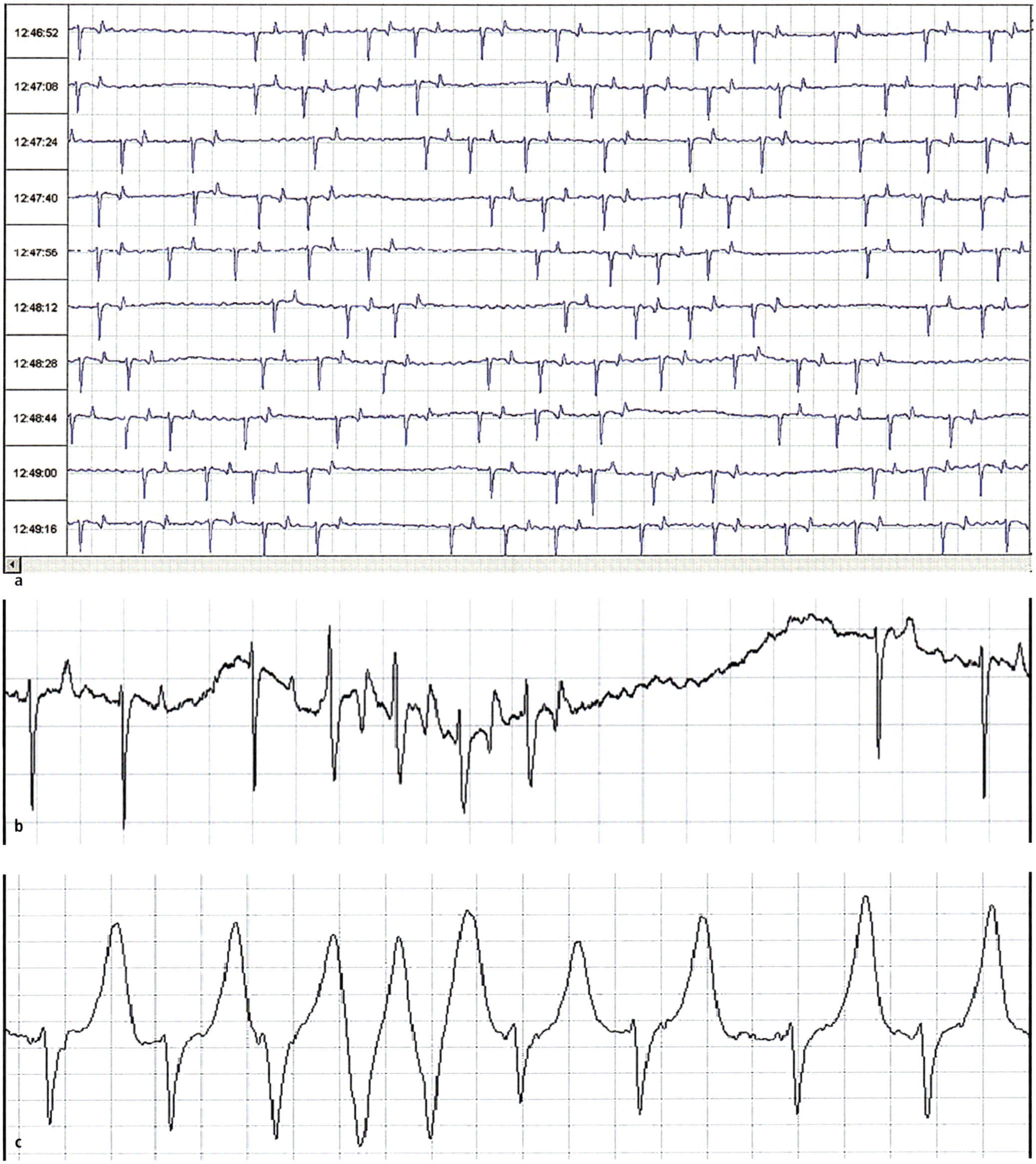

Abb. 6.23a–c:
Vorhofflimmern.
a Im Langzeit-EKG.
b Paroxysmale ventrikuläre Tachykardie in Ruhe bei einem 14-jährigen Hannoveraner Wallach.
c R- auf T-Phänomen (eine Form der ventrikulären Tachykardie) in Ruhe bei einem 8-jährigen Hannoveraner Wallach.

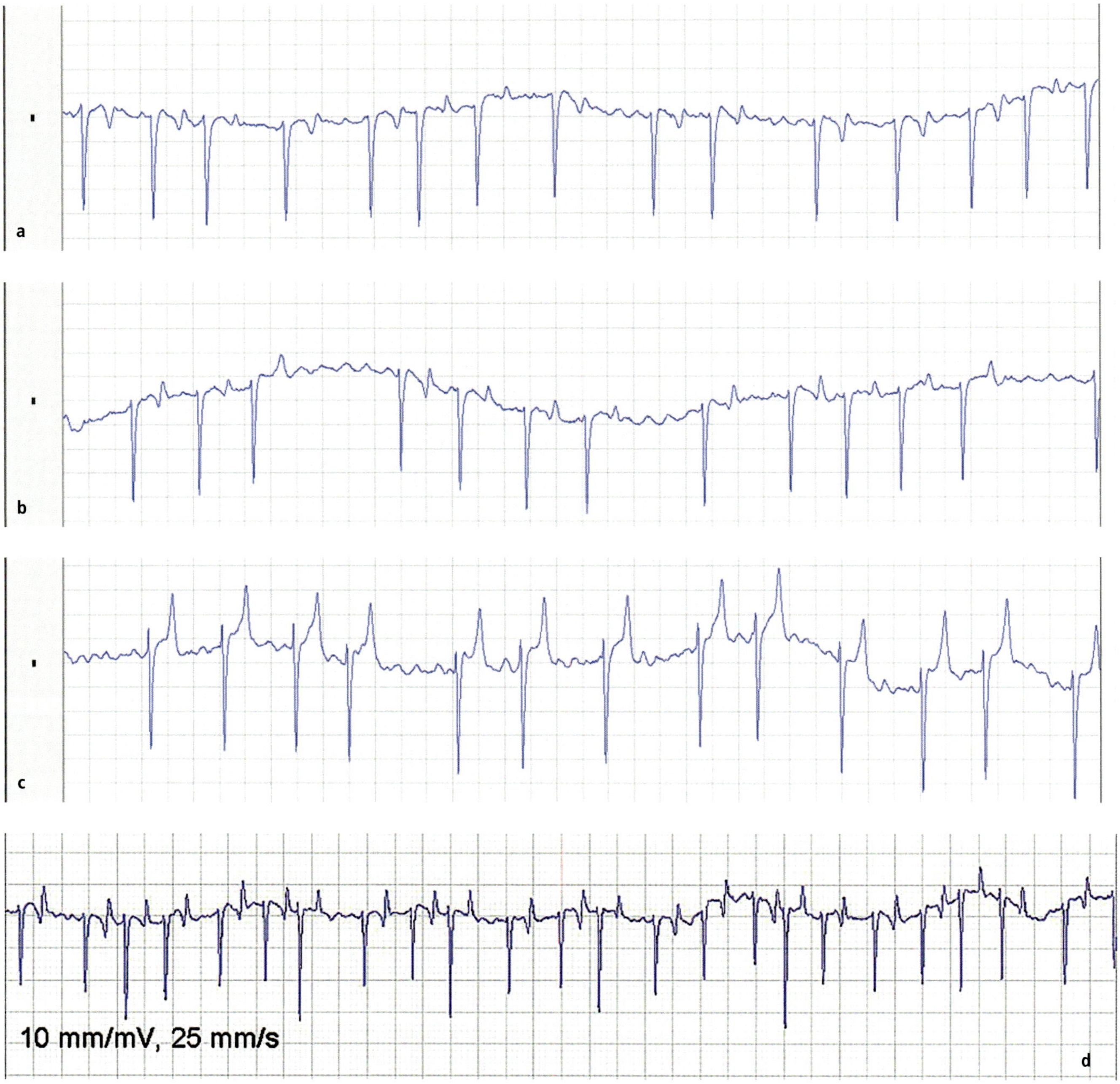

Abb. 6.24a–d:
Vorhofflimmern nach Belastung bei unterschiedlich hohen Herzfrequenzen.

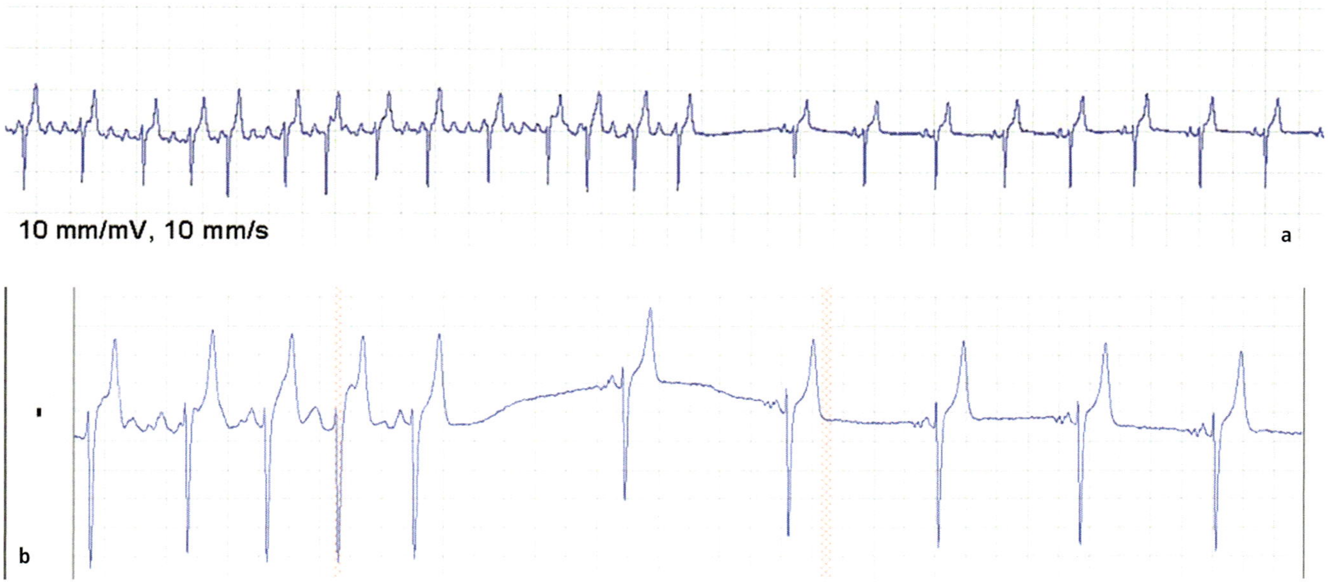

Abb. 6.25a, b:
Erfolgreiche Therapie des Vorhofflimmerns im EKG dokumentiert (Kardioversion in den Sinusrhythmus).

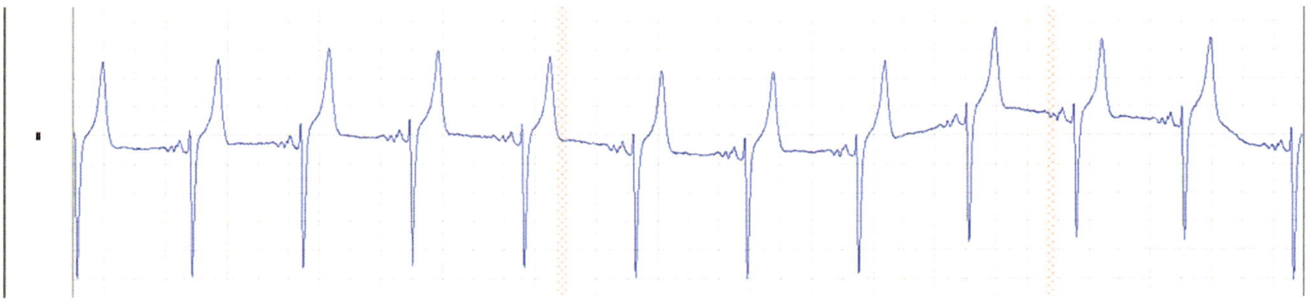

Abb. 6.26:
Geregelter Sinusrhythmus unmittelbar nach erfolgreicher Kardioversion.

Vorhofflimmern kann mit Chinidinsulfat per Nasenschlundsonde (NSS) oder per Infusion behandelt werden. Während der Behandlung sollte eine permanente EKG-Kontrolle gewährleistet sein. Für Chinidinsulfat existieren beim Pferd verschiedene, teilweise komplexe Dosierungsschemata:

Schema 1: Chinidinsulfat-Pulver, 22 mg/kg per NSS alle 2 Stunden:
- bis zur Kardioversion
- bis maximal 80–130 mg/kg, dann evtl. alle 6 Stunden 11 mg/kg bis zur Kardioversion
- bis eine signifikante QRS-Prolongation (> 25 %) eintritt
- bis zum Auftreten unerwünschter lebensbedrohlicher Nebenwirkungen

Falls keine Kardioversion und keine unerwünschten Nebenwirkungen auftreten, kann die Therapie für 3–4 Tage fortgesetzt werden. Das Dosierungsintervall wird dabei auf sechs Stunden erhöht.

Schema 2: Chinidinsulfat als 1 %ige Infusionslösung:
- 80–140 (120) Tropfen/min (je nach Verträglichkeit)
- bis zur Kardioversion
- bis maximal 3 Liter (je nach Wirkung und Verträglichkeit)

Der Therapieerfolg kann bereits während der Infusion oder in den darauffolgenden Stunden eintreten.

Schema 3: Chinidinsulfat-Tabletten per os
- Tag 1: Testdosis von 5 g. Wenn keine Nebenwirkungen auftreten, kann die Therapie weitergeführt werden
- Tag 2 und 3: 10 g 2 × tägl.
- Tag 4 und 5: 10 g 3 × tägl.
- Tag 6 und 7: 10 g 4 × tägl.
- Tag 8 und 9: 10 g alle 5 Stunden
- ab Tag 10: 5 g, 4 × tägl.

6

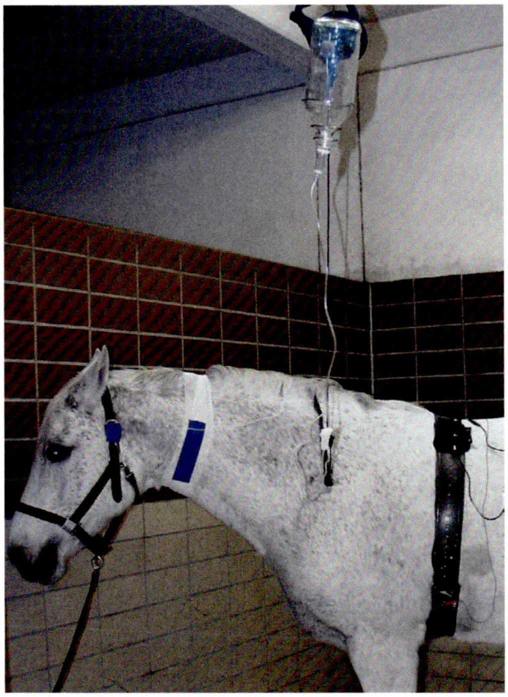

Abb. 6.27:
Durchführung einer intravenösen Chinidinsulfat-Infusion unter EKG-Kontrolle.

Beim Auftreten ventrikulärer Fibrillationen wird die Dosierung für 1 bis 2 Tage unterbrochen. Die orale Applikation von Chinidinsulfat sollte aufgrund seiner schleimhautreizenden Wirkung per Nasenschlundsonde erfolgen.

Bei Auftreten von Nebenwirkungen kann Ringer- bzw. Natrium-Bikarbonat-Lösung zur Erhöhung der Proteinbindung des Chinidins infundiert werden.

Therapie eventueller Nebenwirkungen:

- Tachykardie: Herzfrequenz > 100/min: Natrium-Bikarbonat
- Herzfrequenz > 150/min: Propranolol (0,03 mg/kg) i. v., Digoxin i. v.
- Hypotension: Phenylephrin (0,1–0,2 μg/kg/min, 10 mg in 500 ml phys. Kochsalzlösung gelöst)
- ventrikuläre Tachykardie: Natrium-Bikarbonat, Lidocain, Propranolol

Durchführung der Infusionsbehandlung mit Chinidinsulfat: Bei der Infusionsbehandlung sollte eine Sedierung des Pferdes mit einem α_2-Agonisten (z. B. Romifidin oder Detomidin) vorgenommen werden, um eine möglichst niedrige Herzfrequenz während der Infusion zu erreichen. Während der Behandlung sollte eine permanente EKG-Kontrolle gewährleistet sein (Abb. 6.27). Während der ersten Minuten der Infusion sollte eine Tropfgeschwindigkeit von ca. 80 Tropfen pro Minute nicht überschritten werden. Treten keine Unverträglichkeitsymptome auf, kann die Infusionsgeschwindigkeit deutlich erhöht werden, bis im EKG eine T-Wellen-Umkehr sichtbar wird (Änderung der Ausschlagsrichtung). Die weitere Infusionsgeschwindigkeit beträgt ca. 140 Tropfen pro Minute. Steigt die Herzfrequenz trotz Sedierung über 50 Schläge pro Minute an, sollte die Infusionsgeschwindigkeit reduziert oder die Infusion sogar kurzfristig gestoppt werden. Tritt während der Infusion eine Kardioversion auf, wird die Infusion ebenfalls sofort gestoppt.
Eine Infusionsbehandlung hat den Vorteil eines schnelleren Wirkungseintrittes und sie ist als Tropfinfusion unter EKG-Kontrolle leichter steuerbar als die orale Bolus-Applikation per Nasenschlundsonde. Auch Nebenwirkungen (insbesondere Todesfälle) sind bei der Infusionsbehandlung seltener und meist weniger gravierend, wenn bei Auftreten von Tachykardien die Infusion schnell reduziert oder gestoppt wird.

Prognose

Die Prognose für Pferde mit Vorhofflimmern in Bezug auf den Therapieerfolg (quoad restitutionem) und die weitere Nutzung (quoad valetudinem) hängt vor allem von der Zeitdauer der Erkrankung ab. Diese ist jedoch häufig nicht bekannt.

Zusätzliche kardiale Befunde (Vorhofdilatation, Herzklappeninsuffizienz) oder pulmonale Befunde (Lungenbluten, chronische Bronchitis) beeinflussen einen möglichen, insbesondere langfristigen Therapieerfolg sowie die weitere Nutzung ebenfalls erheblich.

Liegen keine zusätzlichen Herzerkrankungen vor, ist die Prognose günstig und die Erfolgsrate einer Therapie liegt bei ca. 75–80 %. Besteht das Vorhofflimmern erst kurze Zeit (< 3 Monate) liegt die Prognose für einen Therapieerfolg sogar noch höher.

Die Prognose für einen Therapieerfolg ist bei Vorhofdilatationen > 148 mm ungünstig. Bei einer hochgradigen Dilatation (> 155 mm) sollte aufgrund der hohen Rezidivrate und der schlechten Prognose für eine weitere Nutzung von einer Therapie abgeraten werden. Bei einer erfolgreichen Therapie trotz deutlicher Vorhofdilatation ist fast immer, spätestens nach Wiederaufnahme des Trainings, mit Rezidiven zu rechnen. In diesen Fällen kann ein Therapieversuch lediglich als »lebensverlängernde Maßnahme« bei Nutzungsänderung (z. B. Weidepferd), zur Verbesserung der systolischen Herzfunktion und um weitere Dilatationen zu verhindern bzw. hinauszuzögern, durchgeführt werden. Es sollte berücksichtigt werden, dass bei Pferden mit Vorhofflimmern und hochgradig dilatierten Vorhöfen neben einer allmählich eintretenden Dekompensation, die für den Reiter durch Leistungsabfall erkennbar wird, auch ein plötzliches Niedergehen mit hochgradiger Gefährdung von Reiter und Pferd eintreten kann, z. B. durch eine Vorhofruptur.

Bei VF und kongestiver Herzinsuffizienz (CHF), insbesondere mit Tachykardien (HF > 55–60/min), ist die Prognose schlecht. In solchen Fällen ist Chinidin aufgrund seines hypotensiven Effektes sogar kontraindiziert. Eine Behandlung mit Digoxin und ACE-Hemmern sowie eventuell β-Blockern kann versuchsweise durchgeführt werden.

Weiterer Verlauf bei erfolgreicher Therapie

Nach erfolgreicher Therapie sollten die Pferde ca. 3 bis 5 Tage Boxenruhe haben. Danach kann das Pferd wieder vorsichtig bewegt werden (zunächst ca. 1–2 Wochen Schritt, anschließend leichte Trabarbeit). Eine vollständige Belastung des Pferdes sollte frühestens nach 2 bis 3 Monaten erfolgen. Bei Rennpferden ist beschrieben, dass die Trainingsaufnahme bereits nach 3 bis 4 Wochen oder zum Teil noch früher erfolgen kann. Dabei handelt es sich jedoch, im Gegensatz zu Warmblutpferden mit Vorhofflimmern, meist um Pferde ohne primäre Herz- oder Lungenerkrankung, die vor der Therapie nur kurze Zeit Vorhofflimmern gezeigt haben. Studien haben gezeigt, dass es bereits wenige Tage nach erfolgreicher Kardioversion zu einer deutlichen Verbesserung der Herzfunktion auch unter Belastung kommt (niedrigere Herzfrequenz und niedrigerer Lungenkapillardruck bei Belastung als vor Therapie, Abb. 6.28), dass es jedoch mehrerer Wochen dauert, bis eine zu einem gesunden Pferd vergleichbare Herzfunktion erreicht wird.

Eine Kontrolle des Sinusrhythmus sollte in den ersten Tagen und Wochen regelmäßig durchgeführt werden. Bei Auftreten von Tachykardien oder Vorhofextrasystolen besteht die Gefahr eines Rezidivs. In solchen Fällen sollte das Pferd nicht weiter belastet werden und es können ACE-Hemmer und Propafenon prophylaktisch eingesetzt werden (Dosierung siehe oben).

Weiterer Verlauf bei nicht erfolgreicher Therapie

Bei fehlender Kardioversion kann vor einem erneuten Therapieversuch eine Vorbehandlung mit dem Antiarrhythmikum Propafenon (2 mg/kg 3 × tägl.) über 2 bis 4 Wochen erfolgen (eventuell kombiniert mit einem ACE-Hemmer).

Von einigen Autoren wird auch die Kombination von Chinidinsulfat mit Digoxin empfohlen, da Digoxin die AV-Überleitung verzögert und somit den pro-arrhythmischen Effekt des Chinidins hemmt. Dazu wird Digoxin initial in der Dosierung 13,3 µg/kg verabreicht, dann 7,8 µg/kg 1 × täglich über 4 Tage. Zwei Stunden nach der letzten Digoxin-Dosis werden 0,022 mg/kg Chinidinsulfat in Wasser gelöst über eine Ösophagussonde eingegeben. Dies wird entsprechend dem Dosierungsschema für die orale Applikation von Chinidinsulfat per NSS alle zwei Stunden wiederholt. Da sich aber beide Medikamente in der Plasmaproteinbindung behindern, kann es durch gegenseitige Verdrängung zu einem erhöhten Anteil der freien Wirkstoffe kommen. Beide Medikamente haben aber nur eine geringe therapeutische Breite, sodass dies leicht zu Überdosierungen führen kann.

Bleiben drei Therapieversuche erfolglos, muss von einem therapieresistenten Vorhofflimmern ausgegangen werden.

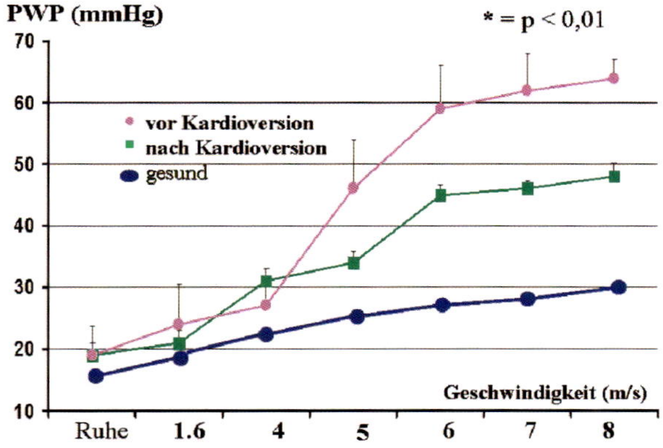

Abb. 6.28:
Lungenkapillardruckmessung unter Belastung auf dem Laufband vor und kurz nach erfolgreicher Kardioversion.

Therapieresistentes Vorhofflimmern

Ungeklärt bleibt derzeitig noch die Frage nach der Ursache für erfolglose Therapien bei Patienten mit normalen Herzdimensionen. In diesen Fällen könnten gringgradige Fibrosierungen im Vorhofmyokard vorliegen, die echokardiographisch nicht nachweisbar sind, aber dennoch als starke ektopische Reizgeber den Wiedereintritt des Sinusrhythmus verhindern.

Gelingt eine erfolgreiche Therapie nicht, sollte der Besitzer bzw. Reiter über die erhöhten Risiken bei weiterer reiterlicher Nutzung des Pferdes aufgeklärt werden. Diese sind umso höher einzustufen, je mehr zusätzliche Herzbefunde vorliegen (Klappeninsuffizienzen, Herzdilatationen, Wandbewegungsstörungen usw.).

Ob generell eine weitere reiterliche Nutzung trotz Vorhofflimmerns möglich bzw. empfehlenswert ist, hängt von der klinischen Untersuchung (Belastungsuntersuchung) und den echokardiographischen Befunden (Herzdilatation, weitere Klappeninsuffizienzen usw.) ab.

Therapie bei paroxysmalem Vorhofflimmern

Vorhofflimmern kann in seltenen Fällen paroxysmal auftreten und von selber wieder verschwinden. Wird bei einem Pferd mit einem akuten Leistungseinbruch (z. B. Sturz, Erschöpfungssyndrom u. a.) oder während bzw. nach Narkose plötzlich VF diagnostiziert, sollte zunächst 3 bis 4 Tage abgewartet werden. Tritt keine spontane Kardioversion in den Sinusrhythmus ein, kann eine intravenöse Verabreichung von Chinidinglukonat (1 mg/kg i. v. alle 5–10 Minuten bis zur Konversion bzw. bis max. 10 mg/kg) versucht werden. Ist dies erfolglos, sollte Chinidinsulfat oral oder per Infusion verabreicht werden. Bei der oralen Applikation sollte Chinidinsulfat aufgrund seiner schleimhautreizenden Wirkung per Nasenschlundsonde (NSS) verabreicht werden.

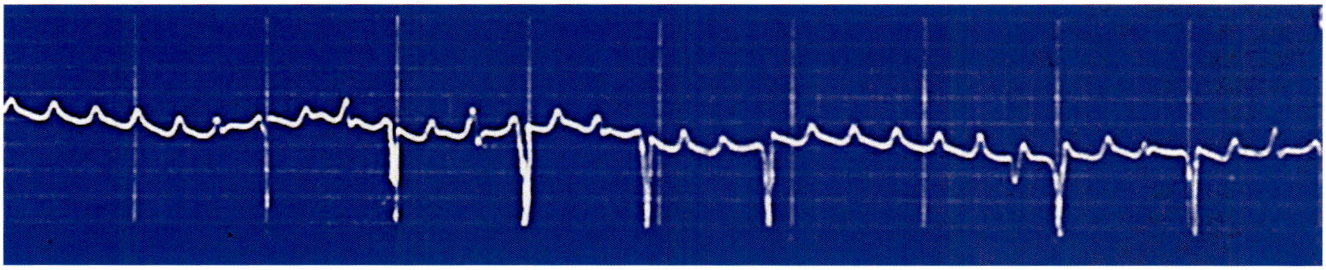

Abb. 6.29:
EKG mit Vorhofflattern.

Weitere Therapieverfahren bei Vorhofflimmern
Bei der elektrischen Defibrillation wird in Allgemeinanästhesie eine Rechtsherzkatheterisierung durchgeführt. Über mehrlumige Herzkatheter (s. Kap. 4.3) werden sowohl im rechten Vorhof als auch in der Pulmonalarterie Elektroden platziert, über die elektrische Schockwellen mit einer Maximalenergie von 300 Joule appliziert werden. Im Gegensatz zu der medikamentellen Therapie soll die Dauer des Vorhofflimmerns bei der elektrischen Kardioversion keinen Einfluss auf den kurzfristigen Therapieerfolg haben. Die Erfolgsrate scheint sehr gut zu sein, obwohl auch für diese Methode bisher nur wenig klinische Erfahrungen vorliegen. Als Nachteil ist sicherlich die Allgemeinanästhesie mit ihren Kosten und Risiken zu werten, die bei dieser Methode jedoch unabdingbar ist.

6.2.4 Vorhofflattern

Ätiologie
Siehe Vorhofflimmern. Beim Vorhofflattern, das beim Pferd nur sehr selten auftritt, kreist die Erregung im Vorhof mit einer im Vergleich zum Flimmern niedrigeren Frequenz von 240–300 Schlägen/min

EKG
Da die Flatterwellen direkt aufeinanderfolgen zeigt die Nulllinie im EKG häufig ein typisches Sägezahnmuster (Abb. 6.29).

Therapie
Siehe Vorhofflimmern (Kap. 6.2.3).

Prognose
Siehe Vorhofflimmern (Kap. 6.2.3).

6.2.5 Ventrikuläre Ersatzrythmen

Ätiologie
Ursache für einen ventrikulären Ersatzrythmus kann eine Sinusbradykardie sein, durch die der AV-Knoten schneller die Depolarisation erreicht als der Sinusknoten. Ein anderer Grund ist ein AV-Block III. Grades. Dabei springt ein tiefer gelegenes System (z. B. Purkinje-Fasern) als Schrittmacher ein.

EKG
Werden die Ventrikelkontraktionen durch einen Ersatzrhythmus gesteuert, können die P-Wellen erst nach dem QRS-Komplex auftreten oder unter diesem verschwinden, d. h. im EKG sieht man unregelmäßige P-Zacken sowie davon abgekoppelt auftretende QRST-Komplexe, die meist in einer sehr niedrigen Frequenz auftreten (16–22/min).

6.2.6 AV-Block III. Grades

Ätiologie
Der AV-Block III. Grades oder der totale AV-Block gehört zu den Bradyarrhythmien. Es handelt es sich dabei um eine Reizleitungsstörung am AV-Knoten (z. B. verursacht durch Entzündungen), durch die es zu einer autonomen Reizbildung im distalen AV-Knoten oder in noch distaler gelegenen Bereichen des Herzens kommt. Der AV-Block III. Grades ist dadurch gekennzeichnet, dass sich Vorhöfe und Kammern vollkommen getrennt voneinander kontrahieren, da die Erregungsüberleitung von den Vorhöfen auf die Kammern funktional blockiert ist. Dieser AV-Block tritt selten auf und ist immer pathologisch.

Klinik
Auskultatorisch ist zwar ein regelmäßiger Herzrhythmus hörbar, es liegt jedoch immer eine deutliche Bradykardie vor (HF < 28/min). Der Ton der Vorhofkontraktion (4. Herzton) wird möglicherweise gehört, steht jedoch nicht in Beziehung zum 1. und 2. Herzton.

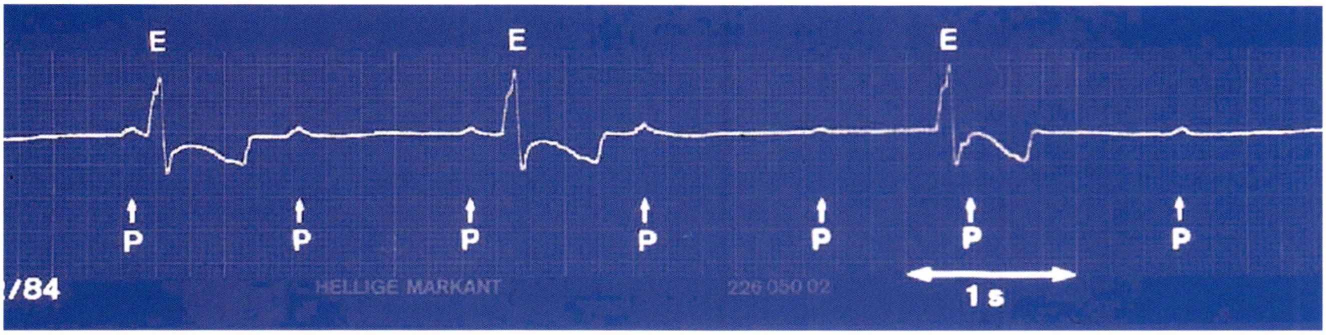

Abb. 6.30:
EKG mit AV-Block III. Grades.

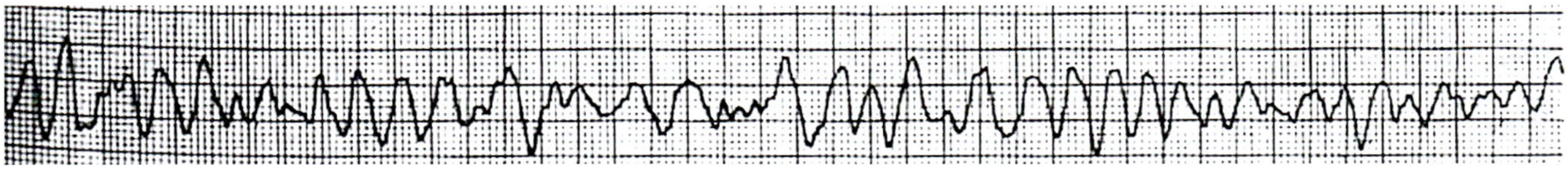

Abb. 6.31:
EKG mit Kammerflimmern. Plötzlicher Herztod in Narkose.

EKG

Die Diagnose liefert das EKG. Sichtbar sind regelmäßige QRS-Komplexe mit normaler oder abnormaler Struktur. Eine Assoziation zwischen P-Welle und QRS-Komplex ist nicht mehr vorhanden, d. h. es sind zwar P-Wellen im EKG erkennbar, sie stehen jedoch nicht in Beziehung zu den QRS-Komplexen. Der Vorhofrhythmus ist schneller als der Kammerrhythmus. Der Ersatzrythmus kann im Bereich des unteren AV-Knotens oder im His-Bündel entstehen, wobei dann relativ schmale QRS-Komplexe im EKG auftreten. Wenn der Ersatzrhythmus erst in den Tawara-Schenkeln oder im Purkinje-System entsteht, sind die QRS-Komplexe breit, da sich dann die Erregung direkt von Zelle zu Zelle ausbreitet (Abb. 6.30).

Therapie

Eine Applikation von Atropin (0,01–0,02 mg/kg i. v. oder i. m.) wird lediglich diagnostisch durchgeführt, um zu prüfen ob der AV-Block III. Grades reversibel ist. Bei degenerativen Veränderungen im Bereich des AV-Knotens ist eine Therapie erfolglos. Bei entzündlichen Veränderungen kann eine systemische Behandlung mit Glukokortikoiden (Dexamethoson 0,1–0,22 mg/kg i. v. oder i. m.) sowie eine mehrwöchige Ruheperiode erfolgreich sein. In der Literatur wurde bei einzelnen Fällen der erfolgreiche Einsatz von Herzschrittmachern beschrieben.

Prognose

Der AV-Block III. Grades tritt beim Pferd sehr selten auf und die Prognose für eine weitere Nutzung des Pferdes ist ungünstig bis infaust.

6.2.7 Kammerflimmern

Ätiologie

Kammerflattern oder -flimmern stellt eine Ventrikeltachykardie dar (200–400 Schläge/min), die nicht mit vollständiger Ventrikelkontraktion einhergeht. Sie wird entweder in der Allgemeinanästhesie oder aber bei einem kollabierten Pferd, bei dem kein Puls mehr tastbar ist, beobachtet. Das Kammerflimmern führt meist zum Tod bzw. stellt den Übergang zum klinischen Tod dar.

Klinik

Bei der Auskultation sind keine klaren Herztöne wahrnehmbar.

EKG

Im EKG ist lediglich ein unregelmäßiges Undulieren der Nulllinie, ohne P-QRS-T-Zacken sichtbar (Abb. 6.31).

Therapie

In der Literatur wird der Therapieversuch mit Bretylium-Tosylat beschrieben (3–5 mg/kg i. v.).

Prognose

Schlecht bis infaust.

6

Literatur

BROWN, C. M. (1985): Aquired Cardiovascular Disease. Vet Clin North Am (Equine Practice). 1: 371–382.

DEEGEN, E. (1976): Diagnostik und Bedeutung der Reizbildungsstörungen beim Pferd. Dtsch Tierärztl Wochenschr. 83: 483–489.

DEEM, D. A., G. F. FREGIN (1982): Atrial fibrillation in horses: a review of 106 clinical cases, with consideration of prevalence, clinical signs and prognosis. J Am Vet Med Assoc. 180: 261–265.

GEHLEN, H., P.STADLER (2002): Vorhofflimmern beim Warmblutpferd – Echokardiographie, Therapie, Prognose und Verlauf in 72 Fällen. Pferdeheilkunde. 18: 530–536.

MUIR, W. W., S. M. MCGUIRK (1984): Hemodynamics before and after conversion of atrial fibrillation to normal sinus rhythm in horses. J Am Vet Med Assoc. 184: 965–971.

PATTESON, M. (1996): Equine Cardiology. Blackwell Wissenschaftsverlag, Berlin.

REEF, V. B. (1999): Arrhythmias. In: C. MARR (Hrsg.): Cardiology of the Horse. W. B. Saunders Company, London, S. 179–209.

REEF, V. B., C. W. LEVITAN, P. A. SPENCER (1988): Factors affecting prognosis and cardioversion in equine atrial fibrillation. J Vet Intern Med. 2: 1–6.

REEF, V. B., J. M. REIMER, P. A. SPENCER (1995): Treatment of equine atrial fibrillation: new perspectives. J Vet Intern Med. 9: 57–67.

STADLER, P., E. DEEGEN, K. KROKER (1994a): Echokardiographie und Therapie beim Vorhofflimmern des Pferdes. Dtsch Tierärztl Wschr. 101: 173–212.

FRYE, M. A., C. G. SELDERS, K. R. MAMA, A. E. WAGNER, J. M. BRIGHT (2002): Use of biphasic electrical cardioversion for treatment of idiopathic atrial fibrillation in two horses. J Am Vet Med Ass. 220: 1039–1045.

MARR, C. M. (1991): An echocardiographic study of atrial fibrillation in horses before and after treatment with quinidine sulphate. Proc. 9th ACVIM Forum, New Orleans.

McGURRIN, M. K., P. W. PHYSICK-SHEARD, D. G. KENNEY, C. KERR, W. J. HANNA (2005): Transvenous electrical cardioversion of equine atrial fibrillation: technical considerations. J Vet Intern Med. 19: 695–702.

MUIR, W. W., S. M. REED, S. M. McGUIRK (1990): Treatment of atrial fibrillation in horses by intravenous administration of quinidine. Equine Am Vet Med Assoc. 197: 1607–1610.

7 Pharmakotherapie

Heidrun Gehlen, Hermann Ammer

Bei den kardiovaskulären Störungen des Pferdes muss zwischen einer akut auftretenden Herz- und Kreislaufinsuffizienz und oftmals klinisch inapparent verlaufenden subakuten bis chronischen Erkrankungen des Herzmuskels und der Herzklappen unterschieden werden. Vor jeder Pharmakotherapie sollten die Symptome einer akuten Herzerkrankung zunächst sicher einer kardiogenen Ätiologie zugeordnet und erst danach behandelt werden. Bei den chronischen Erkrankungen steht der Tierarzt häufig vor der Frage, ob eine Behandlung sinnvoll ist, da diese oft lebenslang durchgeführt werden muss und teilweise mit hohen Kosten verbunden ist. Des Weiteren ist die reiterliche Nutzung eines Pferdes mit einer Herzerkrankung unter medikamenteller Therapie fraglich. In jedem Falle sollte eine ausführliche Besitzeraufklärung bezüglich Kosten, Therapiedauer, möglicher Nebenwirkungen und eventueller tierschutzrelevanter Aspekte erfolgen.

Die therapeutischen Ansätze bei einer Herzerkrankung liegen je nach Ursache in einer Verbesserung der Kontraktionskraft des Herzens, einer Volumenentlastung des Kreislaufes sowie in einer Reduktion der Vor- und Nachlast.

7.1 Arzneimittelrechtliche Grundsätze

Grundsätzlich ist beim Pferd vor jeder medikamentellen Behandlung zu klären, ob es im Equidenpass als schlachtbares (Lebensmittel) oder nicht schlachtbares Pferd eingetragen ist. Ist kein Eintrag vorhanden oder ist der Eintrag unvollständig oder der Equidenpass nicht auffindbar bzw. nicht vorhanden, ist das Pferd wie ein Schlachtpferd zu handhaben.

Unabhängig von der Klassifizierung des Pferdes als schlachtbares oder nicht zur Schlachtung bestimmtes Tier ist bei der Auswahl eines Arzneimittels die Anwendungs- und Umwidmungskaskade nach § 56a Arzneimittelgesetz zu berücksichtigen. Demnach gilt für die Anwendung von Arzneimitteln bei Tieren, dass nur solche verwendet werden, die für die Tierart und das Anwendungsgebiet zugelassen sind. Falls für die Tierart oder das Anwendungsgebiet kein geeignetes Präparat zur Verfügung steht (was bei der Therapie von Herzerkrankungen des Pferdes fast immer der Fall ist), muss geprüft werden, ob ein Therapienotstand vorliegt. Das ist dann der Fall, wenn gleichzeitig die notwendige arzneiliche Versorgung des Tieres ernstlich gefährdet ist und eine unmittelbare Gefährdung der Gesundheit von Mensch und Tier durch das Arzneimittel nicht zu befürchten ist. Liegt ein Therapienotstand vor, greift für nicht zur Schlachtung bestimmte Pferde die Umwidmungskaskade mit folgendem Prozedere:

1. Arzneimittel für Equiden, aber andere Indikation zugelassen

falls nicht verfügbar ↓

2. anderes Tierarzneimittel (Rind, Hund)

falls nicht verfügbar ↓

3. sonstiges zugelassene Arzneimittel:
   a) Humanpräparat
   b) Tierarzneimittel aus anderem EU-Land

falls nicht verfügbar ↓

4. hergestelltes Arzneimittel (Rezeptur)

Für schlachtbare Pferde ist die Verfügbarkeit von Herzmedikamenten generell stark eingeschränkt, da bei diesen Tieren nur solche Wirkstoffe angewendet werden dürfen, für die Rückstandshöchstmengen (*maximum residue limits* = MRL-Werte) festgesetzt wurden (Anhänge I–III der VO[EWG]2377/90). Um das Arzneimittelrepertoire zu erweitern, besteht bei schlachtbaren Pferden die Möglichkeit, Stoffe aus der so genannten Positivliste bei den darin genannten Indikationen einzusetzen. Jede Anwendung dieser Stoffe ist in Kapitel IX, Teil III-B des Equidenpasses einzutragen und eine Wartezeit von 6 Monaten festzusetzen.

7.2 Herzwirksame Medikamente

Die Hauptaufgabe des Herz-Kreislauf-Systemes liegt in der Aufrechterhaltung des Blutdruckes und der Gewebeperfusion. Die Auswurfleistung des Herzens wird dabei maßgeblich von der Herzfrequenz und der Kontraktionskraft des Herzmuskels bestimmt. Beide Faktoren unterliegen neuronalen, hormonellen und mechanischen Kontrollsystemen. Durch pharmakologische Intervention mit diesen Systemen ist es möglich, sowohl die Herz-Kreislauf-Funktion als auch die periphere Durchblutung zu beeinflussen. Je nach Angriffspunkt stehen dem Pferdepraktiker verschiedene Stoffgruppen zur Verfügung. Diese umfassen Herzglykoside,

Abb. 7.1:
Fingerhut (*Digitalis purpurea*).

Antiarrhythmika, Sympathomimetika, Parasympatholytika sowie Regulatoren des Wasser- und Elektrolythaushaltes. Im Vergleich zum Menschen und anderen Spezies existieren jedoch nur für wenige Wirkstoffe umfangreiche klinische Daten, sodass ihr Einsatz in der Pferdemedizin vornehmlich empirisch bestimmt wird.

7.2.1 Herzglykoside

Herzwirksame Glykoside stellen natürliche Inhaltsstoffe verschiedener Pflanzenarten dar (z. B. Digitalis- und Strophanthusarten, Abb. 7.1) und weisen eine charakteristische Grundstruktur auf, bestehend aus einem substituierten Steroidgerüst (Genin) und einem glykosidisch gebunden Zuckerrest. Die pharmakodynamische Wirkung der Herzglykoside ist an bestimmte Struktureigenschaften des Genins gebunden (ungesättigter Lactonring in β-Stellung an C17, OH-Gruppe in β-Stellung an C14). Die pharmakokinetischen Eigenschaften dagegen werden durch die Zusammensetzung des Zuckerrestes (meist 3 Zucker) sowie die Zahl der OH-Substituenten am Genin bestimmt. Alle Herzglykoside verfügen demnach über ein qualitativ einheitliches Wirkspektrum, unterscheiden sich jedoch im Eintritt der Wirkung, in ihrer Wirkstärke und Wirkdauer. Zum Einsatz kommen sowohl reine Pflanzeninhaltsstoffe (Digoxin, Digitoxin, g- und k-Strophanthin) sowie die halbsynthetischen Derivate β-Methyl- und β-Azetyldigoxin. In der Pferdemedizin werden Herzglykoside zur Behandlung der chronischen Herzinsuffizienz (CHF), des Vorhofflimmerns und der supraventrikulären Tachykardie eingesetzt.

Pharmakodynamik

Die wichtigste Wirkung der Herzglykoside ist ihr positiv inotroper Effekt, der durch Blockade einer membranständigen Na-K-ATPase vermittelt wird. Diese bewirkt in der Herzmuskelzelle einen Anstieg der Konzentration an Natriumionen (Na^+) und gleichzeitig einen Abfall der intrazellulären Kaliumkonzentrationen (K^+), wodurch der Efflux von Kalziumionen (Ca^{2+}) herabsetzt wird. In der Folge nimmt die Vorspannung der Herzmuskelzelle ab, die am insuffizienten Herzen zu einer Senkung des diastolischen Fülldruckes und damit zu einer Verbesserung der kardialen O_2-Versorgung führt. Die Erhöhung der intrazellulären Na^+-Konzentration erleichtert zudem die systolische Freisetzung von Ca^{2+} aus dem sarkoplasmatischen Retikulum, wodurch die kardiale Kontraktilität gesteigert wird. In der Gesamtheit nimmt die Auswurfleistung des Herzens zu. Neben ihrer Wirkung auf die Kontraktilität des Herzmuskels verfügen Herzglykoside noch über zusätzliche elektrochemische Wirkungen. So setzen Herzglykoside aufgrund ihres negativ chronotropen Effekts die Herzfrequenz herab, in dem sie entweder den bei Herzinsuffizienz reflektorisch erhöhten Sympathikustonus aufheben oder in höheren Dosen den Vagotonus direkt stimulieren. Die Senkung der Herzfrequenz trägt dabei maßgeblich zur Ökonomisierung der Herzarbeit bei, da bei vergleichbarer Auswurfleistung der Energieverbrauch gesenkt wird. Schließlich wirken Herzglykoside noch negativ dromotrop, d. h. sie setzen die Erregungsleitungsgeschwindigkeit im Reizleitungssytem der Vorhöfe herab und verlängern die Refraktärzeit im AV-Knoten. Als Konsequenz der Digitaliswirkung entsteht eine leichte Diurese, wodurch das zirkulierende Blutvolumen abnimmt und kardiale Ödeme ausgeschwemmt werden. In der Folge nimmt der zentrale Venendruck ab, die Nachlast wird gesenkt und das Herz kann sich eventuell verkleinern (beim Pferd selten).

Nebenwirkungen

Insbesondere bei Überdosierung werden sowohl kardiale als auch extrakardiale Symptome beobachtet. Aufgrund ihrer positiv bathmotropen Wirkung können Herzglykoside über eine gesteigerte Erregbarkeit des Purkinjesystemes multifokale ventrikuläre Extrasystolen auslösen. Darüber hinaus werden mannigfaltige Herzrhythmusstörungen inklusive Bradykardie, AV-Block I. bis III. Grades, Vorhoftachykardie mit intermittierender AV-Blockade, ventrikuläre Arrhythmien, Asystolie und Hyperkaliämie beobachtet. An extrakardialen Nebenwirkungen sind gastrointestinale Störungen mit Speicheln, Flehmen, Inappetenz, vermehrtem Kotabsatz, Diarrhö (Kolitis), Kolik, Anorexie, Apathie oder Unruhe und Gewichtsverlust zu nennen. Eine gleichzeitige Verabreichung von Ca^{+} kann zum Tod führen.

Dosierungsgrundsätze

Aufgrund ihrer geringen therapeutischen Breite müssen Herzglykoside exakt dosiert werden. Das Ausmaß der als Digitalisierung bezeichneten Therapie mit Herzglykosiden orientiert sich dabei am Wirkstoff, der individuellen Empfindlichkeit des Patienten und am Eintritt der klinischen Wirkung, z. B. der Kompensation einer Herzinsuffizienz. Als Applikationsart ist die orale Verabreichung vorzuziehen, die intravenöse Gabe ist lediglich Notfallsituationen vorbehalten. Bei der Digitalisierung sind grundsätzlich zwei Phasen zu unterscheiden: eine initiale Sättigungsphase und eine sich daran anschließende Erhaltungsphase.

In der Sättigungsphase stellt sich ein Gleichgewicht zwischen Resorption, Verteilung und Elimination des Wirkstoffes ein, das beim Erreichen der klinischen Wirkung dem so genannten Vollwirkspiegel entspricht. Dieser wird nicht nur durch die Menge der verabreichten Substanz, sondern zudem durch die freien Anteile der aktiven Metabolite bestimmt. Die Sättigungsphase nimmt bei oraler Verabreichung therapeutischer Dosierungen mehrere Tage in Anspruch. Sie kann durch initiale Verabreichung höherer Ladungsdosen verkürzt werden, wobei jedoch immer die Gefahr von Überdosierungen besteht.

In der anschließenden Erhaltungsphase wird nur diejenige Dosis (Erhaltungsdosis) benötigt, die unter Berücksichtigung der oralen Bioverfügbarkeit eliminiert wird. Da Herzglykoside zur Kumulation neigen, wird eine kontinuierliche Überwachung des Serumspiegels (therapeutisches *drug monitoring*) und auf Anzeichen einer Überdosierung (verminderter Appetit, Gewichtsverlust, Extrasystolie, paroxysmale Tachykardie, Vorhofflimmern) empfohlen.

Toxizität

Beim Pferd können durch Kumulation schon in therapeutischen Dosierungen unerwünschte Nebenwirkungen wie Schwitzen und Kolik (Abb. 7.2) auftreten. Treten kardiale Intoxikationssymptome auf, so kann die Therapie für 48 Stunden unterbrochen und dann mit einem Drittel bis der Hälfte der ursprünglichen Dosis weitergeführt werden. Lebensbedrohliche Herzarrhythmien können mit Phenytoin, Lidocain und Propranolol, eine Sinusbradykardie kann mit Atropin behandelt werden. Bei schweren Überdosierungen können zusätzlich neutralisierende Antikörper (F_{ab}-Fragmente; DigiFab®, Savage Labs, U.S.A., über die öffentliche Apotheke zu beziehen) versucht werden. Dabei binden 80 mg Antikörper 1 mg zirkulierendes Digoxin bzw. Digoxinderivat.

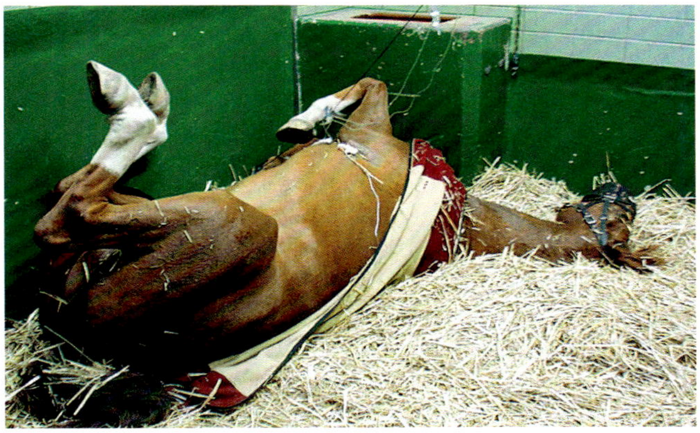

Abb. 7.2:
Kolik als Nebenwirkung bei Überdosierung von Digitalispräparaten.

7

Kontraindikationen

Digitalisglykoside sind bei Pferden mit ventrikulärer Tachyarrhythmie, AV-Block III. Grades, Niereninsuffizienz, Hypokaliämie und Hyperkalzämie kontraindiziert.

Inkompatibilitäten

Herzglykoside sind inkompatibel mit Dobutamin-HCl sowie allen anderen sauren und alkalischen Injektionslösungen. Sie können durch eine Vielzahl an Arzneistoffen aus ihrer Plasmaproteinbindung verdrängt werden. Eine Dosisanpassung ist u. a. bei der zusätzlichen Verabreichung von Diazepam, Chinidin, Anticholinergika, Suxamethonium, Tetrazyklinen, Erythromycin und Thyroxin / Trijodthyronin angezeigt. Penicillamin senkt dagegen die Plasmaspiegel von Herzglykosiden. Weiterhin können alle Arzneimittel, die eine Hypokaliämie induzieren, z. B. Diuretika (Furosemid, Thiazide), Glukokortikoide etc. die Toxizität von Herzglykosiden steigern.

Verwendete Wirkstoffe

Digoxin

Aufgrund umfangreicher pharmakokinetischer Daten wird beim Pferd hauptsächlich Digoxin eingesetzt. Digoxin besitzt keinen MRL-Wert, es ist aber in die Positivliste zur Behandlung des Herzversagens und von Nebenwirkungen einer Chinidinbehandlung aufgenommen. Digoxin ist sowohl als Injektionslösung als auch in verschiedenen Darreichungsformen zur oralen Applikation aus der Humanmedizin verfügbar. Der therapeutische Wirkspiegel von Digoxin liegt bei 0,5–2 ng/ml Blutplasma. Dieser wird nach einer einmaligen i. v.-Applikation von 15 µg/kg erreicht. In diesem Konzentrationsbereich erfolgt seine Ausscheidung vorwiegend renal. Bei eingeschränkter Nierenfunktion muss jedoch mit einem Anstieg der Plasmakonzentration und einer umfangreichen hepatischen Metabolisierung gerechnet werden. Die Eliminationshalbwertszeit von Digoxin variiert zudem in Abhängigkeit von Geschlecht und Alter und wird mit 16,8 bis 28,8 Stunden angegeben. Nach oraler Applikation wird die maximale Plasmakonzentration je nach Darreichungsform in einem Zeitraum von 1 bis 2 Stunden erreicht. Die Bioverfügbarkeit liegt bei ca. 20 % und kann je nach Fütterung variieren. Aufgrund der niedrigen Plasmaproteinbindung von 20–30 % wird bei Digoxin der therapeutische Wirkspiegel bereits nach wenigen Erhaltungsdosen von 0,01–0,02 mg/kg 1 × tägl. per os erreicht. Beim Auftreten von Nebenwirkungen kann die Erhaltungsdosis nach folgender Formel korrigiert werden: neue Dosis [Tabl.] = alte Dosis [Tabl.] × 1,6/Serumdigoxinspiegel [ng/ml]. Bei Digoxin wird von einer oralen Ladungsdosis abgeraten. Wird im Notfall eine schnelle Digitalisierung benötigt, kann diese mit einer intravenösen Erhaltungsdosis von 0,007–0,03 mg/kg eingeleitet werden.

Digitoxin

Im Vergleich zu Digoxin (2 OH-Gruppen) besitzt Digitoxin lediglich eine OH-Gruppe am Steroidgerüst, wodurch die Substanz weniger hydrophil ist. Nach oraler Applikation wird Digitoxin daher fast vollständig enteral resorbiert. Digitoxin geht eine hohe Plasmaproteinbindung ein und wird umfangreich hepatisch eliminiert. Es eignet sich daher besonders zur Anwendung bei Patienten mit Niereninsuffizienz. Digitoxin besitzt keinen MRL-Wert und darf daher bei lebensmittelliefernden Equiden nicht angewendet werden. Für nicht schlachtbare Equiden steht Digitoxin aus der Humanmedizin sowohl in Form von Injektionslösungen als auch von Tabletten zur Verfügung. In Notfällen kann Digitoxin in einer Dosis von 0,006–0,01 mg/kg i. v. verabreicht werden. Für die längerfristige Anwendung gilt eine orale Erhaltungsdosis von 0,01 mg/kg 1 × tägl. als Orientierung.

β-Methyldigoxin

Dieses, auch als Medigoxin oder Metildigoxin bezeichnete, halbsynthetische Herzglykosid zeichnet sich durch eine Methylgruppe am endständigen Zucker des Digoxins aus. Deswegen besitzt es eine geringere Polarität als Digoxin, die sich in einer verbesserten enteralen Resorption (bis zu 90 %) und stärkeren Bindung an Plasmaproteine manifestiert. β-Methyldigoxin wird zunächst in der Leber zu Digoxin demethyliert, das überwiegend renal eliminiert wird. Aufgrund seiner höheren oralen Bioverfügbarkeit und vergleichsweise langsamen Elimination wird im Gegensatz zu Digoxin eine geringere Erhaltungsdosis benötigt. β-Methyldigoxin besitzt keinen MRL-Wert und kann daher nur bei nicht schlachtbaren Equiden als Humanarzneimittel (z. B. Lanitop® als Injektionslösung oder Tabletten) umgewidmet werden. Als Erhaltungsdosis werden beim Pferd 0,01–0,025 mg/kg 1 × tägl. per os empfohlen.

Strophanthin

K-Strophanthin wird aus dem Samen von *Strophanthus kombé* und g-Strophanthin (engl. Ouabain) aus dem Samen von *Strophanthus gratus* gewonnen. Die Strophanthine unterscheiden sich von den Digitalisglykosiden durch eine weitaus höhere Polarität, die einerseits durch eine größere Anzahl hydrophiler Gruppen am Steroidgerüst und andererseits durch den Zuckerrest (Glukose und Cymarose) bedingt ist. Beide Strophanthinderivate sind therapeutisch gleichwertig, können aber aufgrund ihrer geringen enteralen Verfügbarkeit (< 10 %) nur parenteral verabreicht werden. Sie weisen eine nur geringe Plasmaproteinbindung auf, wodurch es zu einem schnellen Wirkungseintritt kommt. Die Strophanthinderivate eignen sich daher vor allem zur Notfalltherapie beim akuten Herzversagen und beim kardial bedingten Lungenödem. Im Vergleich zu den Digitalisglykosiden besitzen sie jedoch eine geringere bradykarde Wirkung, weswegen sie sich weniger für die Behandlung von Tachyarrhythmien eignen. Für das Pferd wird eine Gesamtdosis von 0,01–0,02 mg/kg i. v. angegeben, von der initial ca. 25–50 % unter Beobachtung von Intoxikationserscheinungen gegeben werden. Bei Bedarf können dann in Abständen von 30–60 min jeweils 25 % der Gesamtdosis bis zum Erreichen der klinischen Wirkung verabreicht werden. Strophanthusderivate besitzen keinen MRL-Wert und sind derzeit in Deutschland weder in Form von Tierpräparaten noch als Humanpräparate verfügbar.

7.2.2 Antiarrhythmika

Als Antiarrhythmika bezeichnet man Arzneimittel, die Störungen der regelmäßigen Herzaktion beseitigen. Die Auswahl eines geeigneten Antiarrhythmikums orientiert sich an der Art (brady-, tachykard) und Lokalisation (ventrikulär, supraventrikulär) der zugrunde liegenden Herzrhythmusstörung. Antiarrhythmika werden anhand ihres Angriffspunktes und ihrer Wirkung auf das Aktionspotential klassifiziert. Als Zielstrukturen dienen Na^+-, K^+- und Ca^{2+}-Kanäle der Herzmuskelzellen sowie des sympathischen (Ca^{2+} Einstrom ↑, Steilheit der diastolischen Depolarisation ↑, HF ↑) und parasympathischen (K^+-Permeabilität ↑, Abflachung der diastolischen Depolarisation, HF ↓) Nervensystemes. Nach Vaughan Williams werde die Antiarrhythmika in vier Klassen eingeteilt:

- Klasse I: Natriumantagonisten
- Klasse II: β-Adrenolytika
- Klasse III: Kaliumantagonisten
- Klasse IV: Kalziumantagonisten

Die Vertreter dieser vier Klassen werden vornehmlich bei tachykarden Arrhythmien eingesetzt. Therapeutische Ansatzpunkte sind entweder die Verringerung der Erregungsbildung im Sinusknoten oder in ektopischen Reizbildungszentren, die Verzögerung der Erregungsleitung oder die Verlängerung der Refraktärzeit. Bradykarde Arrhythmien werden dagegen mit β-Sympathomimetika (Zunahme des langsamen Na^+- und Ca^{2+}-Einstromes) und Parasympatholytika (z. B. Atropin) therapiert.

Membranstabilisierende Antiarrhythmika (Klasse I)

Klasse-I-Antiarrhythmika blockieren, ähnlich wie Lokalanästhetika, den schnellen Na^+-Einstrom an erregbaren Membranen, indem sie Na^+-Kanäle blockieren. Dadurch wird die Depolarisationsgeschwindigkeit herabgesetzt, ein Effekt der sich im EKG als Verbreiterung des QRS-Komplexes äußert. Durch Herabsetzung der Leitungsgeschwindigkeit wird die Auslösung kreisender Erregungsmuster begünstigt. Je nach Selektivität ihrer Wirkung gegenüber den verschiedenen Na^+-Leitfähigkeiten werden bei den membranstabilisierenden Antiarrhythmika 3 Untergruppen (IA, B und C) unterschieden.

Antiarrhythmika der Klasse IA

Vertreter dieser Klasse sind **Chinidin, Procainamid** und **Disopyramid**. Diese Stoffe blockieren nicht nur Na^+-, sondern auch K^+- und Ca^{2+}-Kanäle. Durch Blockade des Na^+-Einstromes verzögern sie die Depolarisation, durch Hemmung des K^+-Ausstromes die Repolarisation. Hieraus resultiert eine Verlängerung des Aktionspotentiales und der Refraktärzeit, wodurch sich die Aktionspotentiale insgesamt langsamer ausbreiten. Die Erregbarkeit und Automatiebereitschaft des Herzens wird dadurch gesenkt.

Chinidin: Beim Pferd existieren umfangreiche Erfahrungen mit Chinidin, das in Form von Chinidinsulfat oder -glukonat zur medikamentellen Kardioversion bei supraventrikulären Tachyarrhythmien, insbesondere beim Vorhofflimmern und -flattern eingesetzt wurde. In therapeutischen Dosen bewirkt es eine starke Unterdrückung supraventrikulärer ektopischer Reize, ohne den Sinusrhythmus zu beeinflussen. Beim Vorhofflimmern resultiert daraus ein sprunghaftes Einsetzen des Sinusrhythmus. Erst in supratherapeutischer Dosierung unterdrückt es die Erregungsbildung auch im Kammerbereich. Ein hemmender Einfluss auf die Sinusfrequenz und die AV-Überleitung wird durch die dem Chinidin eigene anticholinerge Wirkung aufgehoben. Die orale Bioverfügbarkeit von Chinidin unterliegt erheblichen Schwankungen und beträgt beim Pferd durchschnittlich 53 %.

Die therapeutischen Wirkspiegel für Chinidin liegen beim Pferd zwischen 2 und 4 µg/ml Blutplasma. Da Pferde aber sehr unterschiedlich auf Chinidin reagieren, kann es bereits bei wesentlich geringeren Konzentrationen zur Kardioversion und zu unerwünschten Nebenwirkungen (siehe unten) kommen. Ab einer Konzentration von 5 µg/ml muss jedoch sicher mit einer Intoxikation gerechnet werden. Vorteilhaft ist deshalb, während einer Therapie die Chinidinkonzentration im Blutplasma mit einem therapeutischen *drug monitoring* zu bestimmen.

Aufgrund seines hohen scheinbaren Verteilungsvolumens (6,6 l/kg) reichert sich Chinidin stark im Gewebe an, woraus ein Depoteffekt resultiert. Die Halbwertszeit beträgt beim Pferd daher 9,5 Stunden. Wegen seiner geringen therapeutischen Breite muss bei Chinidin bereits unter therapeutischen Dosierungen mit Nebenwirkungen gerechnet werden. Unter anderem werden negativ inotrope Effekte, gelegentlich auch paradoxe Tachykardien, beobachtet. Letztere können bei gleichzeitigem Vorliegen einer Herzinsuffizienz durch Digitalisierung verhindert werden. Durch die starke Herabsetzung der Leitungsgeschwindigkeit können ventrikuläre Extrasystolen auftreten, wodurch Chinidin selbst eine arrhythmogene Wirkung besitzt. Bei höheren Dosierungen wirkt Chinidin allgemein kardiodepressiv, bis hin zum AV-Block und zur Asystolie. Extrakardial kann Chinidin eine Vasodilatation mit Blutdruckabfall auslösen. Beim Pferd werden zudem Diarrhö, Kolik und Überempfindlichkeitsreaktionen wie Urtikaria und Hufrehe beobachtet. Bei Überdosierung können neurologische Störungen mit Photophobie, Ataxie und allgemeiner Unruhe auftreten.

Die Therapie von Intoxikationen mit Chinidin besteht in einer forcierten Diurese und im Ansäuern des Harnes. Als Gegenanzeigen gelten Niereninsuffizienz, Hyperkaliämie und Glaukom. Chinidin verringert die Digoxin-Clearance und blockiert α-Adrenorezeptoren, ein Effekt der einen Blutdruckabfall mit Reflextachykardie zur Folge haben kann. Mit β-Adrenolytika besteht Wirkungsverstärkung. Phenobarbital und Phenytoin beschleunigen den Wirkungsverlust von Chinidin. Bei tragenden Stuten kann eine schädigende Wirkung auf den Fetus nicht ausgeschlossen werden.

Chinidin besitzt keinen MRL-Wert, steht für schlachtbare Pferde aber auf der Positivliste. In Deutschland stehen derzeit Filmtabletten mit Chinidinsulfat und Verapamil aus der Humanmedizin zur Verfügung. Chinidinsulfat kann in öffentlichen Apotheken auch als Pulver zur oralen Applikation oder als 1 %ige Infusionslösung hergestellt werden.

Procainamid: Procainamid besitzt qualitativ vergleichbare kardiale Wirkungen wie Chinidin. Obwohl selten eingesetzt, wurde Procainamid bei Schlachtequiden zur Behandlung von Herzrhythmusstörungen als Alternative zu Chinidin und Propranolol in die Positivliste aufgenommen. Bei ventrikulären und supraventrikulären Tachyarrhythmien kann es entweder in einer Dosis von 25 bis 35 mg/kg 3 × tägl. per os oder 1 mg/kg/min i. v. als Dauertropfinfusion bis zu einer maximalen Gesamtmenge von 20 mg/kg eingesetzt werden. Derzeit sind in Deutschland weder Veterinär- noch Humanspezialitäten verfügbar, die Procainamid enthalten.

Antiarrhythmika der Klasse IB

Hierzu zählen **Lidocain** und **Phenytoin**. Für die moderneren Vertreter **Mexiletin, Tocainid** und **Aprindin** existieren für die Veterinärmedizin keine ausreichenden klinischen Erfahrungen. Anwendungsgebiete für Lidocain und Phenytoin sind ventrikuläre Extrasystolen und Tachyarrhythmien. Supraventrikuläre Tachyarrhythmien werden dagegen weniger gut beherrscht. Beide Wirkstoffe eignen sich zudem zur Notfalltherapie beim Kammerflimmern und bei Digitalisintoxikation. Die pharmakologische Wirkung der Antiarrhythmika der Klasse IB ist komplexer als diejenige der chinidinartig wirkenden Substanzen. Während Lidocain und Phenytoin im gesunden Gewebe den Na^+-Einstrom nur mäßig senken, wird dieser bei höheren Frequenzen im depolarisierten Gewebe stark vermindert. Gleichzeitig wird der K^+-Ausstrom beschleunigt, die Repolarisationsphase damit leicht verkürzt.

7

Insgesamt wird bei pathologisch hohen Frequenzen und bei Extrasystolen die Erregungsleitung durch Verkürzung des Aktionspotentials und Verlängerung der Refraktärzeit herabgesetzt. Phenytoin verbessert zudem noch die AV-Überleitung. Lidocain wird schnell und umfangreich hepatisch eliminiert, sodass es lediglich i. v. verabreicht werden kann. Als therapeutischer Plasmaspiegel wird ein Bereich von 2–5 µg/ml angegeben. Die Wirkdauer von Lidocain ist mit ca. 20–30 min kurz. Bei Überdosierung werden weniger kardiale, sondern vielmehr zentralnervöse Symptome wie allgemeine Depression, Ataxie und Benommenheit beobachtet. Bei Funktionsstörungen oder verminderter Durchblutung der Leber ist die Lidocainwirkung verlängert. Lidocain besitzt lediglich einen MRL-Wert zur Anwendung als Lokal- und Regionalanästhetikum. Bei schlachtbaren Pferden darf es daher nicht als Antiarrhythmikum eingesetzt werden. Für nicht schlachtbare Pferde steht es als Veterinärspezialität zur Verfügung. Als Dosierung bei ventrikulärer Tachyarrhythmie werden 0,25–0,5 mg/kg i. v. alle 5–10 min bis zu einer Gesamtdosis von 1,5 mg/kg angegeben. Es kann auch per Dauertropfinfusion mit einer Rate von 0,025–0,05 mg/kg/min verabreicht werden. Phenytoin besitzt ebenfalls keinen MRL-Wert. Zur Behandlung von Herzglykosid-induzierten tachykarden ventrikulären Rhythmusstörungen wird es in einer Dosis von 2,5–5,0 mg/kg langsam i. v. verabreicht. Es kann auch in einer Initialdosis von 4 × 20 mg/kg per os 2 × tägl., gefolgt von einer Erhaltungsdosis von 10–15 mg/kg per os 2 × tägl. bei ventrikulären Dysrhythmien (persistierende ventrikuläre Extrasystolen oder ventrikuläre Tachykardie) angewendet werden, wenn eine konventionelle Therapie keine Wirkung zeigt. Phenytoin steht für nicht schlachtbare Equiden als Injektions- und Infusionslösung sowie in Tablettenform (alles aus der Humanmedizin) zur Verfügung.

Antiarrhythmika der Klasse IC

Diese Wirkstoffe binden selektiv an Na^+-Leitfähigkeiten, dissoziieren von diesen aber nur langsam ab. Von allen Antiarrhythmika verlängern sie die Leitungsgeschwindigkeit am stärksten. Im EKG werden ein verbreiterter QRS-Komplex und ein verlängertes QT-Intervall sichtbar. Die Refraktärzeit wird allerdings kaum verändert, weshalb ihr proarrhythmisches Potential groß ist. Am Herzen äußert sich ihre Wirkung in einer verzögerten atrialen und ventrikulären Erregungsausbreitung sowie in einer Verzögerung der AV-Überleitung. Aus dieser Klasse wird beim Pferd vor allem **Propafenon** eingesetzt, das zusätzlich eine β-adrenolytische und Ca^{2+}-antagonistische Wirkkomponente besitzt. Propafenon besitzt keinen MRL-Wert und darf daher nur bei nicht schlachtbaren Equiden angewendet werden. Hierfür steht es als Injektionspräparat oder in Form von Filmtabletten (beides aus der Humanmedizin) zur Verfügung. Bei längerfristiger ventrikulärer Tachykardie wurde es erfolgreich in einer Dosierung von 0,5–1 mg/kg in 5 %iger Dextroselösung über 5–10 min i. v. infundiert. Oral kann es in einer Dosierung von 2,0 mg/kg per os 3 × tägl. über 14 Tage verabreicht werden.

Flecainid gehört ebenfalls zu den Klasse-IC-Antiarrhythmika. Es wirkt änlich wie Chinidin, besitzt aber weniger Nebenwirkungen, da es keine Vagolyse hervorruft. Beim Pferd wird Flecainid-Azetat in Form einer 1 %igen Lösung (0,2 mg/kg/min i. v. über max. 10 min) zur Therapie des Vorhofflimmerns eingesetzt. Es kann auch oral über die Nasenschlundsonde verabreicht werden (4–6 mg/kg in 2 l Wasser). In dieser Dosierung wurden eine ausreichende Plasmakonzentration und eine Kardioversion bei experimentell induziertem Vorhofflimmern erreicht. Klinische Erfahrungen mit diesem Wirkstoff fehlen.

Ähnlich wie beim Flecainid liegen für das **Amiodaron** zur Behandlung des Vorhofflimmerns beim Pferd bisher nur eingeschränkt Erfahrungen vor. Beschrieben ist die Verabreichung als initialer intravenöser Bolus (5 mg/kg) gefolgt von zwei weiteren Boli (4,95 mg/kg) nach 3 und 12 Stunden. Der Therapieerfolg war jedoch gering. Zudem sind auch für diesen Arzneistoff Nebenwirkungen wie Ataxien, Hinterhandschwäche und fatale Diarrhö beschrieben. Eine Kombination von Amiodaron und Chinidin führt nicht zu einer Dosisreduktion oder einer Verbesserung des Therapieerfolges, erhöht jedoch die Wahrscheinlichkeit für Nebenwirkungen.

β-Adrenolytika (Klasse II)

Klasse-II-Antiarrhythmika bewirken durch Blockade von β-Adrenozeptoren eine Herabsetzung des adrenergen Antriebes am Herzen. Hierdurch wird der Ca^{2+}-Einstrom verlangsamt, wodurch sich die langsame diastolische Depolarisation abflacht. Die Sinusfrequenz nimmt ab und die AV-Überleitungszeit wird verlängert. Als Indikationen für β-Adrenolytika gelten Sinustachykardie, Vorhofflimmern und -flattern sowie ventrikuläre Extrasystolie. Klasse-II-Antiarrhythmika werden auch bei Intoxikationen mit Herzglykosiden und zur Vermeidung von Arrhythmien bei der Anwendung halogenierter Inhalationsnarkotika eingesetzt. Beim Pferd wird hauptsächlich **Propranolol** verwendet. Aufgrund seiner hohen Lipophilität kann Propranolol die Blut-Hirn-Schranke passieren und zentrale Nebenwirkungen mit Ataxie und Erregungserscheinungen auslösen, die in höheren Dosierungen in eine zentrale Dämpfung übergehen. Aufgrund seines ausgeprägten *First-pass*-Effektes verfügt Propranolol nur über eine geringe Bioverfügbarkeit, woraus eine kurze Wirkdauer resultiert. Therapeutische Wirkspiegel werden lediglich bei parenteraler Verabreichung erzielt. Nebenwirkungen treten vor allem bei Überdosierung auf und werden durch den negativ inotropen und chronotropen Effekt bestimmt. Am Herzen äußert sich dies in der Verstärkung einer bestehenden Herzinsuffizienz und in einer Bradykardie, die mit einem allgemeinen Blutdruckabfall einhergeht. Bei starker Überdosierung kann es zum AV-Block kommen. An extrakardialen Nebenwirkungen können Bronchospasmus, verstärkte Darmmotilität und Hemmung der Glykogenolyse auftreten. Propranolol besitzt keinen MRL-Wert, ist aber auf der Positivliste zur Behandlung von Herzrhythmusstörungen bei

Schlachtequiden verzeichnet. Es wird bei ventrikulärer Tachykardie in einer Dosis von 0,03–0,2 mg/kg i. v. eingesetzt. Propranolol steht als humanmedizinisches Injektionspräparat zur Verfügung.

Kaliumantagonisten (Klasse III)

Klasse-III-Antiarrhythmika hemmen K^+-Kanäle, wodurch die Dauer des Aktionspotentiales verlängert wird. Die Leitungsgeschwindigkeit bleibt dabei unverändert. Als Prototypen dieser Klasse gelten **Amiodaron** und **Sotalol**. Beide Stoffe wirken besonders gut bei niedrigen Herzfrequenzen. Amiodaron besitzt auch die Eigenschaften aller anderen Antiarrhythmika, Sotalol lediglich diejenigen der Stoffe der Klasse II. Beim Pferd werden Klasse-III-Antiarrhythmika beim Vorhofflimmern eingesetzt, wobei eine Kardioversion durch Amiodaron allein nur in wenigen Fällen gelingt. Eine Kombination von Amiodaron und Chinidinsulfat führt nicht zu einer Dosisreduktion des Chinidinsulfates. Zu beachten ist weiter, dass Amiodaron aufgrund seiner langen Halbwertszeit schwerwiegende extrakardiale Nebenwirkungen (z. B. Ataxien, Koliken etc.) auslösen kann. Beide Wirkstoffe besitzen keinen MRL-Wert und dürfen daher nicht bei lebensmittelliefernden Equiden angewendet werden. Für nicht schlachtbare Pferde stehen beide Arzneistoffe aus der Humanmedizin sowohl als Injektionspräparate sowie als oral anwendbare Arzneiformen zur Verfügung.

Kalziumantagonisten (Klasse IV)

Klasse-IV-Antiarrhythmika blockieren Ca^{2+}-Kanäle, verlangsamen die Aktivität des Sinusknotens und verzögern die AV-Überleitung. Ca^{2+} spielt am Herzen bei der Erregungsbildung, -leitung und Muskelkontraktion eine essentielle Rolle. Kalziumantagonisten sind bei hohen Herzfrequenzen deutlich wirksamer als bei niedrigen. Am Herzen bewirken sie eine Dilatation der großen Arterien und senken so den arteriellen Blutdruck. Dadurch werden der Blutfluss und die O_2-Versorgung des Herzens verbessert. Durch die Senkung der Vor- und Nachlast wird gleichzeitig auch der O_2-Verbrauch im Myokard gesenkt, was insbesondere bei Narkosezwischenfällen ausgenutzt wird. Vertreter dieser Klasse sind **Verapamil** und **Diltiazem**. Ihr Einsatzgebiet ist beim Menschen das Vorhofflimmern, für das Pferd existieren noch keine gesicherten Erfahrungen. Beide Wirkstoffe besitzen keinen MRL-Wert und dürfen daher nicht bei Schlachtequiden angewendet werden. Für das Pferd existiert eine Dosisangabe für Verapamil, das bei Vorhofflimmern in einer Dosis von 0,03–0,05 mg/kg i. v. alle 30 min empfohlen wird. Die Höchstdosis von 0,2 mg/kg sollte dabei nicht überschritten werden. Diltiazem wird bei supraventrikulären Tachykardien in einer Dosierung von 0,5 mg/kg i. v. alle 30 min bis zu einer maximalen Gesamtdosis von 1,25 mg/kg angewendet.

7.3 Kreislaufwirksame Pharmaka

7.3.1 Sympathomimetika

Sympathomimetika leiten sich von den endogenen Katecholaminen (Adrenalin, Noradrenalin, Dopamin) ab und besitzen je nach Rezeptorselektivität und Dosierung unterschiedliche Wirkung auf das Herz-Kreislauf-System. Am Herzen lösen sie durch Aktivierung von β_1-Adrenozeptoren sowohl eine positiv inotrope, chronotrope, bathmotrope und dromotrope Wirkung aus, an den Blutgefäßen entweder eine Vasokonstriktion (α_1-Adrenozeptoren) oder -dilatation (β_2-Adrenozeptoren, D_1-Dopaminrezeptoren an den Nieren- und Mesenterialgefäßen). Ihr klinischer Einsatz wird daher maßgeblich von der Rezeptorselektivität, Dosis und Wirkdauer der jeweiligen Substanz bestimmt.

7

Adrenalin, Noradrenalin

Die beiden kurz wirksamen Katecholamine (syn. Epinephrin, Norepinephrin) werden beim Pferd entweder zur intraoperativen Aufrechterhaltung der Herz- und Kreislauffunktion (Adrenalin) oder als Sperrkörperzusatz bei Lokalanästhetika (Noradrenalin) eingesetzt. Adrenalin besitzt eine höhere Affinität zu β_1- (Herz) und β_a-Adrenozeptoren (Blutgefäße) als zu den α_1-Adrenozeptoren der glatten Muskulatur der Blutgefäße. Seine Herz-Kreislauf-Wirkung wird dadurch maßgeblich von der verabreichten Dosis bestimmt. Niedrige Dosierungen (< 1 µg/kg/min i. v.) bedingen eine periphere Vasodilatation, durch die es zu einem Abfall des diastolischen Blutdruckes und des peripheren Widerstandes kommt. In höheren Dosierungen (1–3 µg/kg/min i. v.) dagegen löst es eine periphere Vasokonstriktion aus, die einen starken Anstieg des systolischen Blutdruckes zur Folge hat. In beiden Fällen bewirkt Adrenalin durch Aktivierung kardialer β_1-Adrenozeptoren eine Steigerung der Herzfrequenz und des Herzminutenvolumens. Aufgrund des schnellen enzymatischen Abbaus hält die Wirkung nur wenige Minuten an. Für eine längerfristige Anwendung kann Adrenalin als Dauertropfinfusion nach Wirkung verabreicht werden. Aufgrund seiner durch β_2-Adrenozeptoren vermittelten bronchospasmolytischen Wirkung und der Hemmung der Mastzelldegradation gilt Adrenalin als Mittel der Wahl beim anaphylaktischen Schock. Zur Reanimation bei Narkosezwischenfällen wird Adrenalin in einer Dosis von bis zu 5 µg/kg i. v. angewendet. Beim Herzstillstand kann Adrenalin auch direkt in µg-Mengen in den Ventrikel appliziert werden. Adrenalin besitzt einen MRL-Wert und kann daher bei Schlachtequiden angewendet werden. Es steht aus der Humanmedizin als Injektionslösung in verschiedenen Stärken zur Verfügung. Nebenwirkungen treten vorwiegend bei Überdosierung auf und sind durch Tachykardie, Tachyarrhythmie und Hyperglykämie gekennzeichnet. Als Gegenanzeigen sind Herz- und Koronarinsuffizienz, Hypertonie, Tachyarrhythmie, Trächtigkeit im letzten Trigeminon und schwere Nierenfunktionsstörungen zu nennen. An Wechselwirkungen ist insbesondere eine Sensibilisierung des Herzens gegenüber halogenierten Inhalationsnarkotika zu beachten. Des Weiteren muss auf die

»Adrenalinumkehr« mit Blutdruckabfall bei gleichzeitiger Gabe von α-Adrenolytika und Neuroleptika (z. B. Phenothiazine) hingewiesen werden.

Noradrenalin weist zu β_1- und β_2-Adrenozeptoren eine deutlich geringere Affinität auf als zu α_1-Adrenozeptoren. In therapeutischen Dosierungen von 0,1–1 µg/kg/min i. v. bewirkt es eine ausgeprägte Vasokonstriktion, die mit einem starken Blutdruckanstieg einhergeht. Am Herzen wird die Kontraktionskraft nur mäßig erhöht, die Herzfrequenz sinkt nach kurzer Zeit durch reflektorische Aktivierung des Vagotonus ab. Noradrenalin wird deshalb nur noch als Sperrkörper und zur Behandlung des kardiogenen Schocks eingesetzt. Noradrenalin besitzt keinen MRL-Wert, ist aber in die Positivliste zur Behandlung des Herz-Kreislauf-Versagens beim Fohlen durch Infusion aufgenommen worden. Ein entsprechendes Injektionspräparat kann aus der Humanmedizin umgewidmet werden.

Dopamin

Dopamin vermittelt seine Herz-Kreislauf-Wirkung entweder direkt durch Aktivierung spezifischer Dopaminrezeptoren oder, in höheren Konzentrationen, durch Freisetzung von Noradrenalin aus synaptischen Varikositäten. In niedrigen Dosierungen (5 µg/kg/min i. v.) löst Dopamin im Gegensatz zu Noradrenalin keinen Anstieg des peripheren Widerstandes aus, sondern es bewirkt vielmehr eine lokale Vasodilatation im Bereich der mesenterialen und renalen Arterien. Dadurch wird die periphere Durchblutung bei unverändertem arteriellen Blutdruck verbessert. Höhere Dosierungen (10–15 µg/kg/min i. v.) bewirken dagegen einen durch Noradrenalin vermittelten Anstieg der Herzfrequenz, des peripheren Widerstandes und des arteriellen Blutdruckes. Aufgrund seiner günstigen Wirkung auf die Darm- und Nierendurchblutung gilt Dopamin als Mittel der Wahl beim drohenden Nierenversagen. Aufgrund seiner kurzen Halbwertszeit wird es per Dauertropfinfusion nach Wirkung verabreicht. Bei starker Überdosierung ist mit Tachykardie und ventrikulären Rhythmusstörungen zu rechnen. Dopamin besitzt keinen MRL-Wert, ist aber in die Positivliste zur Behandlung von schlachtbaren Pferden mit Hypotonie während der Narkose aufgenommen worden, bei denen Dobutamin unwirksam ist. Beim Fohlen wird Dopamin dem Dobutamin vorgezogen. Dopamin kann außerdem zur Behandlung einer intraoperativen Bradyarrhythmie, die nicht auf Atropin anspricht, eingesetzt werden. Es steht als Injektionspräparat aus der Humanmedizin zur Verfügung.

Etilefrin

Etilefrin ist ein synthetisches Sympathomimetikum, das wie Adrenalin neben einer starken α-sympathomimetischen Wirkung auch über eine ausgeprägte β-sympathomimetische Wirkkomponente verfügt. Etilefrin wird nach oraler Verabreichung gut enteral resorbiert und ist länger wirksam als Adrenalin. Als Anwendungsgebiet werden primäre und sekundäre Kreislaufschwäche genannt. Etilefrin besitzt keinen MRL-Wert und in Deutschland stehen derzeit auch keine geeigneten Injektionspräparate aus der Humanmedizin zur Verfügung. Als Dosierung werden beim Pferd 0,05–0,1 mg/kg i. v. bzw. 0,2 mg/kg i. m. und s. c. angegeben.

Phenylephrin

Das synthetische Sympathomimetikum Phenylephrin aktiviert in therapeutischen Dosierungen vorwiegend α-Adrenozeptoren. Nach intravenöser Injektion löst es eine periphere Vasokonstriktion aus, die mit einem raschen Anstieg des diastolischen und systolischen Blutdruckes einhergeht. Die koronare Durchblutung nimmt zu, die Auswurfleistung des Herzens dagegen leicht ab. Wie alle anderen α-Sympathomimetika kann Phenylephrin vor allem bei Überdosierung die Uterusmuskulatur kontrahieren und somit die fetale Blutversorgung behindern. Aufgrund seiner fehlenden kardiostimulatorischen Komponente eignet sich Phenylephrin besonders zur Behandlung des Kreislaufschocks infolge einer Allgemeinanästhesie mit halogenierten Inhalationsnarkotika, nach Gabe von Neuroleptika oder Ganglienblockern. Auch bei einer Intoxikation mit Chinidin kann es versucht werden. Phenylephrin wird nach oraler Applikation größtenteils im Magen-Darm-Trakt inaktiviert, muss also parenteral verabreicht werden. Nach intravenöser Applikation hält die Wirkung etwa 20 Minuten an. Eine intramuskuläre oder subkutane Verabreichung wird wegen der lang anhaltenden lokalen Vasokonstriktion mit der Gefahr von Nekrosen abgelehnt. Phenylephrin wird nach Wirkung eingesetzt, als Richtdosis werden 0,01 mg/kg i. v. angegeben. Durch den starken Blutdruckanstieg kann als wichtigste Nebenwirkung eine reflektorische Bradykardie ausgelöst werden. Zentrale Exzitationen sind ebenfalls nicht selten. Phenylephrin besitzt keinen MRL-Wert und in Deutschland steht es derzeit auch nicht als Humanpräparat zur Injektion zur Verfügung.

Isoprenalin, Orciprenalin

Die beiden synthetischen Sympathomimetika Isoprenalin und Orciprenalin weisen eine selektive Aktivität an β-Adrenozeptoren auf. Isoprenalin wirkt dabei gleich stark auf β_1- und β_2-Adrenozeptoren, während Orciprenalin über eine relative Selektivität gegenüber β_1-Adrenozeptoren verfügt. Am Herzen bewirken Isoprenalin und Orciprenalin eine Steigerung der Kontraktionskraft, der Herzfrequenz und des Herzminutenvolumens. Dadurch nimmt der systolische Blutdruck zu, der periphere Widerstand jedoch durch Aktivierung von β_2-Adrenozeptoren ab. Da vor allem die Skelettmuskulatur besser durchblutet wird, nimmt auch der diastolische Blutdruck ab. Beide Wirkstoffe werden vor allem zur Behandlung bradykarder Überleitungsstörungen verwendet. Neben ihren hämodynamischen Wirkungen besitzen Isoproterenol und Orciprenalin noch eine zusätzliche bronchospasmolytische Komponente, die aufgrund der nur kurzen Wirkdauer nach systemischer Applikation von ca. 1 (Isoprenalin) bzw. 2 (Orciprenalin) Stunden zur Behandlung akuter Atemwegserkrankungen ausgenutzt wird. Bei wiederholter Anwendung kann durch Desensibilisierung der Rezeptoren eine Tachyphylaxie eintreten. Nebenwirkungen werden vor allem bei Überdosierung beobachtet und sind durch tachykarde Herzarrhythmien gekennzeichnet. Vergiftungserscheinungen können durch β-Sympatholytika wie z. B. Propranolol aufgehoben werden. Weder Iso- noch Orciprenalin besitzen einen MRL-Wert. Sie dürfen daher nur bei nicht schlachtbaren Equiden angewendet werden. Hierfür steht Orciprenalin als Injektionspräparat aus der Humanmedizin zur Verfügung.

Dobutamin

Dobutamin, ein Derivat des Dopamins, stellt ein selektives β_1-Sympathomimetikum dar. Es liegt als Racemat vor, wobei das (+)Enantiomer eine 10-fach stärkere β_1-sympathomimetische Wirkung aufweist als das (-)Enantiomer. Die pharmakodynamische Wirkung des Dobutamins ist komplex und nur unvollständig geklärt. Bekannt ist, dass zur klinischen Wirkung die Blockade von α-Adrenozeptoren durch das (+)Enantiomer sowie die Stimulation derselben Rezeptoren durch das (-)Enantiomer beiträgt. Am Herzen selbst besitzt Dobutamin eine durch β_1-Adrenozeptoren vermittelte, stark ausgeprägte positiv inotrope Wirkung. In therapeutischen Dosierungen steigert Dobutamin das Schlagvolumen des Herzens und den systolischen Blutdruck, ein Effekt, der durch Zunahme der kardialen Kontraktilität vermittelt wird. Diese Wirkungen gehen aber nicht mit einer Steigerung der Herzfrequenz einher. Dobutamin eignet sich daher gut zur intraoperativen Aufrechterhaltung des arteriellen Blutdruckes und zur Therapie des kardiogenen Schocks. Aufgrund seiner kurzen Halbwertszeit von ca. 2 Minuten wird es als Dauertropfinfusion in einer Dosierung von 1–10 µg/kg/min verabreicht. Nebenwirkungen treten vor allem bei Überdosierungen auf und sind durch Blutdruckanstieg und Tachyarrhythmie gekennzeichnet. Während der Narkose kann es zur Ausbildung eines AV-Blocks I. und II. Grades kommen, dessen Ursache in der reflektorischen Unterdrückung des Sympathikustonus und der damit einhergehenden Stimulation des Vagustonus liegt. Die Aktivierung des N. vagus kann dabei sogar eine Bradykardie auslösen. Dobutamin besitzt keinen MRL-Wert, ist aber in die Positivliste zur Behandlung einer Hypotonie während der Narkose aufgenommen. Dobutamin liegt aus der Humanmedizin als konzentrierte Injektionslösung oder als Trockensubstanz zur Herstellung einer Injektionslösung vor. Aufgrund der geringen Stabilität von Dobutamin sind verdünnte Injektionslösungen innerhalb von 24 Stunden aufzubrauchen.

7.3.2 β-Adrenolytika

Diese auch als β-Blocker bezeichneten Stoffe binden an β-Adenorezeptoren und verhindern somit die Wirkung endogener Katecholamine. Am Herzen heben β-Adrenolytika die Wirkung des Adrenalins auf, wodurch ein negativ inotroper und chronotroper Effekt zustande kommt. β-Blocker setzen somit die kardiale Kontraktilität und die Herzfrequenz herab, wodurch der myokardiale O_2-Verbrauch sinkt. Diese Wirkung wird insbesondere bei Koronarerkrankungen des Menschen therapeutisch genutzt. Bei diesem Krankheitsbild können β-Blocker den Circulus vitiosus der bei einer Herzinsuffizienz beobachteten Sympathikusaktivierung durchbrechen und somit dem Katecholamin-vermittelten *remodeling* entgegenwirken. Durch Wegfall der vasodilatatorischen Komponente von Adrenalin bewirken β-Blocker eine relative Erhöhung des α-Tonus, der einen initialen Blutdruckanstieg auslöst. Bei längerfristiger Anwendung kommt es durch kardiale Dekompensation und Hemmung der Reninausschüttung aus dem juxtaglomerulären Apparat zu einer kompensatorischen Senkung des Blutdruckes. β-Adrenolytika können daher die blutdrucksenkende Wirkung von z. B. Chinidinsulfat beim Vorhofflimmern verstärken. Beim Pferd werden β-Adrenolytika aufgrund ihrer antiarrhythmogenen Wirkung bei Sinustachykardie und bei Vorhofflimmern eingesetzt. Sie werden daher bei den Antiarrhythmika näher besprochen.

7

7.3.3 Parasympatholytika

Atropin

Atropin ist ein natürliches Alkaloid, das in zahlreichen Nachtschattengewächsen (z. B. *Atropa belladonna*) enthalten ist. Es stellt einen Ester der Tropasäure und des Tropins dar. Atropin wird schnell aus dem Magen-Darm-Kanal und von Schleimhäuten resorbiert. Es penetriert leicht die Blut-Hirn-Schranke und kann bei Überdosierung zentrale Exzitationen auslösen. Bei systemischer Applikation beträgt die Plasmahalbwertszeit 3 bis 6 Stunden. Für längerfristige Anwendungen kann Atropin auch oral verabreicht werden. Als Indikationen gelten bradykarde Herzrhythmusstörungen (z. B. Sinusbradykardie, AV-Block), Narkoseprämedikation, spastische Gastritis und Enteritis und vagal bedingte Bronchospasmen. Atropin verstärkt die Dobutaminwirkung, sodass bei der Behandlung einer Hypotonie niedrigere Konzentrationen von Dobutamin benötigt werden. Eine durch Detomidin ausgelöste Bradykardie mit AV-Block wurde ebenfalls erfolgreich mit Atropin behandelt. Bei systemischer Verabreichung muss mit Tachykardie, Hemmung der Speichel-, Bronchial- und Magensaftsekretion, Dämpfung des Magen-Darm-Traktes, Blasenatonie, Bronchodilatation, Mydriasis und Steigerung des intraokularen Druckes gerechnet werden. Aus einer länger anhaltenden Darmlähmung kann sich eine Kolik entwickeln. Pferde sind gegenüber höheren Dosierungen von Atropin empfindlicher als andere Pflanzenfresser. Eine parenterale Dosis von 0,02 mg/kg i. v., i. m. oder s. c. soll daher nicht überschritten werden. Als Antidot bei Atropinvergiftung wird Physostigmin verwendet. Zur längerfristigen Behandlung einer vagal bedingten Bradyarrhythmie kann Atropin in einer Dosis von 0,05 mg/kg 1 × tägl. per os verabreicht werden. Atropin besitzt einen MRL-Wert und kann daher bei schlachtbaren Equiden eingesetzt werden. Es steht aus der Humanmedizin sowohl als Injektionslösung als auch in verschiedenen oralen Darreichungsformen zur Verfügung.

7

7.4 Regulatoren des Wasser- und Elektrolythaushaltes

7.4.1 ACE-Hemmer

Neben dem Sympathikus trägt das Renin-Angiotensin-Aldosteron-System (RAAS) maßgeblich zur hormonellen Regulation der Herz-Kreislauf-Funktion bei. Es besitzt sowohl systemische als auch lokale Wirkungen auf das kardiovaskuläre System. Das unter der Kontrolle von β-Adrenozeptoren aus dem juxtaglomerulären Apparat der Niere freigesetzte Renin stellt eine Plasmaprotease dar, die aus zirkulierendem Angiotensinogen das zunächst biologisch inaktive Angiotensin I abspaltet. Erst durch Entfernung eines weiteren Dipeptids durch das Angiotensin-Converting-Enzyme (ACE) entsteht Angiotensin II, das als physiologischer Antagonist des Bradykinins einen starken Vasokonstriktor, vor allem an den Vasa afferentia und efferentia der Niere, darstellt. Angiotensin II nimmt zudem über die Freisetzung von Aldosteron aus der Nebennierenrinde Einfluss auf die Na^+- und Wasserhomöostase. Es besitzt aber auch lokalen Gewebshormoncharakter. Bei Vorliegen eines hohen ventrikulären Füllungsdruckes ist Angiotensin II am myokardialen *remodeling* (fibrosierende und hypertrophe Myokardveränderung) beteiligt. Die verminderte Bildung von Angiotensin II in Anwesenheit von ACE-Hemmern führt zu einer Senkung des arteriellen und venösen Gefäßtonus, der mit einer Verringerung des Plasmavolumens, des Blutdruckes und der Nachlast sowie mit einer Zunahme der Auswurfleistung einhergeht. Beim Pferd werden ACE-Hemmer vornehmlich zur Behandlung von Erkrankungen des linken Herzens eingesetzt. Auch bei Vorhofflimmern können ACE-Hemmer die Erfolgschancen einer Behandlung mit Chinidinsulfat erhöhen. Als wichtigste Nebenwirkung ist ein starker Blutdruckabfall, vor allem zu Beginn der Therapie mit hohen Dosierungen, zu beachten. Dieser kann bei vorgeschädigter Niere eine akute Anurie provozieren. Die Anwendung von ACE-Hemmern soll daher einschleichend und in niedriger Dosierung erfolgen. Bei gleichzeitiger Gabe von Vasodilatatoren und Diuretika kann schon eine 2- bis 3-fache Überdosierung einen starken Blutdruckabfall mit Nierenversagen provozieren. Vereinzelt kann ein durch Bradykinin induzierter Reizhusten auftreten. Als Kontraindikationen gelten Mitralklappenstenose, Aortenstenose sowie die hypertrophische Kardiomyopathie. ACE-Hemmer verstärken die durch kaliumsparende Diuretika (Amilorid, Triamteren, Spironolacton) ausgelöste Hyperkaliämie und die durch Vasodilatatoren und Diuretika ausgelöste Hypotonie. Durch Hemmung der fetalen Harnproduktion kann es zu Druckatrophien beim Fetus kommen. Die verschiedenen Vertreter der ACE-Hemmer verfügen prinzipiell über eine identische pharmakodynamische Wirkung, sie unterscheiden sich lediglich in ihrer Pharmakokinetik und damit in ihrer Wirkdauer. Derzeit besitzt kein einziger Wirkstoff einen MRL-Wert oder ist in die Positivliste aufgenommen. ACE-Hemmer können daher nur beim nicht schlachtbaren Pferd eingesetzt werden. Hierfür existieren folgende Dosierungsempfehlungen:

- Enalapril: 0,3–0,5 mg/kg 1–2 × tägl. per os
- Quinapril: 0,2–0,4 mg/kg 1 × tägl. per os

Beide Wirkstoffe stehen in Tablettenform aus der Humanmedizin zur Verfügung.

7.4.2 Diuretika

Schleifendiuretika (z. B. Furosemid) hemmen reversibel den $Na^+/K^+/Cl^-$-Co-Transporter am aufsteigenden Ast der Henleschen Schleife. Dadurch verliert die Niere die Fähigkeit zur Konzentration und es werden große Mengen eines hypotonen Harnes ausgeschieden. Schleifendiuretika erhöhen den renalen Blutfluss sowie die glomeruläre Filtrationsrate und senken den peripheren Widerstand. Dadurch wird die Vorlast des Herzens zusätzlich gesenkt. Schleifendiuretika werden zur symptomatischen Therapie des akuten Lungenödems und kardial bedingter Unterbrust- und Unterbauchödeme eingesetzt. Als Nebenwirkungen werden Blutdruckabfall, Exsikkose, Hypomagnesämie, Hypokalzämie und Thrombose beobachtet. Schleifendiuretika sind kontraindiziert bei Hypokaliämie und respiratorischer Globalinsuffizienz. Auch bei dehydrierten Pferden sollten Diuretika nicht eingesetzt werden. Bei längerfristiger Verabreichung sollten die Nierenfunktion und der Elektrolytstatus regelmäßig überprüft werden. Schleifendiuretika können die Wirkung von Theophyllin sowie den oto- und nephrotoxischen Effekt von Aminoglykosidantibiotika verstärken. Bei gleichzeitiger Gabe von Glukokortikoiden nimmt die Wahrscheinlichkeit einer Hypokaliämie und damit einer Intoxikation mit Herzglykosiden zu. Von allen Schleifendiuretika besitzt lediglich Furosemid einen MRL-Wert. Es steht als Dimazon®-Lösung für das Pferd mit einer Wartezeit von 1 Tag für alle essbaren Gewebe und Milch zur Verfügung. Zur Ausschwemmung von kardialen Ödemen (Herzinsuffizienz) wird es in initial in einer Dosierung von 1–2 mg/kg 2–3 × tägl. i. v./i. m. und als Langzeittherapie in einer Dosierung von 0,5–1 mg/kg 2–3 × tägl. oral angewendet.

Literatur

ADAMS, H. R. (2001): Veterinary Pharmacology and Therapeutics. 8th Edition. Iowa State University Press, USA.

BERTONE, J., L. J. HORSPOOL (2004): Equine Clinical Pharmacology. Elsevier Saunders, USA.

LÖSCHER, W., F. R. UNGEMACH, R. KROKER (2006): Pharmakotherapie bei Haus- und Nutztieren. 7. Auflage. Parey Verlag, Stuttgart.

PLUMB, D. C. (2008): Plumbs Veterinary Drug Handbook. 6th Edition. Iowa State University Press, USA.

REED, S., W. M. BALAY, D. C. SELLON (2004): Equine Internal Medicine. 2nd Edition. Elsevier Saunders, USA.

8 Beurteilung kardiologischer Erkrankungen

Heidrun Gehlen, Peter Stadler

8.1 Schweregradbeurteilung und prognostische Einschätzung

Werden bei einer Untersuchung abweichende Befunde am Herzen erhoben (z. B. Herzgeräusch, Herzarrhythmie), wird häufig eine Vielzahl von Fragen an den untersuchenden Tierarzt gestellt, beispielsweise:

- Seit wann besteht dieser Herzbefund?
- Wodurch ist er entstanden?
- Erlaubt der Herzbefund einen weiteren Einsatz als Reitpferd?
- Wie lange wird das Pferd voraussichtlich nutzbar sein?
- Kann unter Belastung eine Gefährdung von Reiter und Pferd entstehen (z. B. durch Stürze)?
- Ist eine Behandlung möglich und sinnvoll?

In der Regel ist es dem Tierarzt nicht möglich, alle diese Fragen fundiert zu beantworten, denn dazu sind meist weiterführende Untersuchungen in spezialisierten Kliniken erforderlich und selbst dann bleiben einige Antworten spekulativ. Einige Fragen können jedoch, je nach Untersuchungsmöglichkeiten des Tierarztes und klinischer Erscheinung des Patienten, vor Ort beantwortet werden. Neben der klinischen Untersuchung mit der Auskultation in Ruhe und Belastung sollte möglichst auch eine elektro- und echokardiographische Untersuchung angestrebt werden. Da heutzutage für diese Untersuchungen kleine, leichte Geräte zur Verfügung stehen, ist es möglich, Basisuntersuchungen auch vor Ort im Stall durchzuführen.

Die häufigsten kardialen Erkrankungen des Pferdes sind die Herzklappeninsuffizienzen, die mit oder ohne Dimensionsveränderungen der Herzhöhlen und Arrhythmien auftreten können. Die moderne echokardiographische Untersuchung stellt unter Einbeziehung der Herzdimensionen und der hämodynamischen Parameter die Grundlage für die Beurteilung von Veränderungen der Herzfunktion beim Pferd dar.

Um bei einer kardiologischen Untersuchung neben den einzelnen Herzklappenbefunden auch das gesamte Pferd zu beurteilen, bietet sich eine Beurteilung an, die neben Vorbericht und klinischer Untersuchung (einschließlich der Auskultation), auch die wichtigsten elektro- und echokardiographischen Parameter (B- und M-Mode) berücksichtigt. Durch Summation einzelner Befunde der klinischen Untersuchung (z. B. Ruhetachykardie), der Elektrokardiographie (z. B. Herzrhythmusstörung), der B-Mode- (z. B. Dilatationen) und der M-Mode-Echokardiographie (z. B. Herzklappenhyperkinetik), ist eine Einstufung der Herzerkrankung in Schweregrade (gering-, mittel-, hoch- und höchstgradig herzkrank) möglich (Tab. 8.1).

Geringgradig herzkranke Pferde ohne Veränderungen der Herzdimensionen und ohne elektrokardiographische Befunde können bei unveränderter Leistungsfähigkeit weiterhin im Dressur- und Springsport sowie als Freizeitpferd eingesetzt werden. Auch der Einsatz im Vielseitigkeits- und Rennsport ist, bei trainingsbegleitender Überwachung, möglich.

Gering- bis mittelgradig herzkranke Pferde können häufig ebenfalls über lange Zeiträume in ihrer ursprünglichen Nutzungsart eingesetzt werden, ohne dass eine Leistungsbeeinträchtigung auftritt. Sogar bei einem Einsatz im Dressur- und Springsport zeigen Pferde mit solchen Herzklappeninsuffizienzen nur in wenigen Fällen eine Leistungsbeeinträchtigung. Erst bei fehlender Kompensation einer Herz-

Tabelle 8.1: Graduierung, Befunde und weiteres Vorgehen bei Pferden mit Herzerkrankungen unterschiedlicher Schweregrade

Graduierung	Befunde	weiteres Vorgehen
Geringgradig	Einzelne Herzklappeninsuffizienz ohne Dimensionsveränderungen des Herzens, keine Herzarrhythmien	Uneingeschränkte Nutzung, Nachkontrolle alle 1–2 Jahre
Mittelgradig	Eine oder mehrere Herzklappeninsuffizienzen, evtl. Leistungsbeeinträchtigung, beginnende Dimensionsveränderungen des Herzens	Reiterliche Nutzung evtl. eingeschränkt/reduziert, evtl. Therapie, Nachkontrolle jährlich
Hochgradig	Eine oder mehrere Herzklappeninsuffizienzen, Leistungsbeeinträchtigung, deutliche Dimensionsveränderungen des Herzens, pathologische Herzarrhythmien	Keine reiterliche Nutzung, evtl. Therapie, Nachkontrolle alle 3 Monate
Höchstgradig	Eine oder mehrere Herzklappeninsuffizienzen mit Leistungsbeeinträchtigung, hochgradige Dimensionsveränderungen des Herzens, klinisch sichtbare kardiale Dekompensation (Tachykardie, Tachypnoe, Arrhythmie, Ödeme usw.)	Keine Nutzung, evtl. lebensverlängernde/-erleichternde Therapie oder Rat zur Abschaffung

8

klappenerkrankung kommt es zu einem Leistungseinbruch und der Einsatz als Reit- oder Sportpferd kann für den Reiter bzw. für den Fahrer sogar gefährlich werden. Beim Renn- und Vielseitigkeitssport können dagegen schon gering- bis mittelgradige kardiologische Befunde zu Leistungsbeeinträchtigungen und somit auch zu Gefährdungen von Pferd und Reiter führen.

Ab einer **mittelgradigen Herzerkrankung** (beginnende Dimensionsveränderungen, mehrere Klappenbefunde, Herzarrhythmien) sollte auch bei unveränderter Leistungsbereitschaft auf einen Einsatz im Vielseitigkeits- und Rennsport verzichtet werden. Weiterführende Untersuchungen (Belastungs-EKG, Stressechokardiographie, Rechtsherz-Katheteruntersuchung usw.) sollten durchgeführt werden. Erst dann kann entschieden werden, ob ein Einsatz im Dressur- oder Springsport, eventuell in niedrigeren Leistungsklassen, möglich ist. Eine trainingsbegleitende Überwachung durch wiederholte Nachkontrollen in kurzen Abständen (3–6 Monate) ist jedoch in jedem Fall erforderlich. Häufige Besitzerwechsel oder für den Besitzer nicht mehr erkennbare Symptome einer Herzerkrankung führen in vielen Fällen dazu, dass die Pferde nicht in den erforderlichen Intervallen nachuntersucht werden bzw. erst bei gravierenden Problemen erneut zur Vorstellung kommen. Hieraus können unvorhersehbare Risiken für Pferd und Reiter entstehen.

Bei einer mittelgradigen Herzerkrankung mit Leistungsabfall werden viele Pferde vorsichtiger oder gar nicht mehr im Sport eingesetzt, bzw. auf eine weniger intensive Leistungsanforderung umgestellt. Die Besitzer dieser Pferde sehen anschließend meist keine weitere Verschlechterung des Allgemeinbefindens bzw. der Leistungsfähigkeit. Es sollte allerdings eine kontinuierliche kardiologische Überwachung durch den Haustierarzt in Zusammenarbeit mit einer speziell ausgerüsteten Klinik (Echokardiographie) gewährleistet sein.

Bei **hochgradig herzkranken Pferden**, insbesondere bei deutlicher Vergrößerung von Vorhöfen oder Ventrikeln, muss augrund der möglichen Gefährdung des Reiters in den meisten Fällen auf einen weiteren Einsatz im Sport oder auf größere Belastungen verzichtet werden. Eventuell sollte sogar auf einen weiteren Einsatz als Reitpferd komplett verzichtet werden. Um eine schnelle Dekompensation zu vermeiden, sollten die Pferde kontrolliert bewegt werden (Führen, Longe).

Bei **höchstgradig herzkranken Pferden** ist aufgrund der erheblich gestörten Herzfunktion die Lebenserwartung und -qualität eher gering. Bei deutlicher Störung des Allgemeinbefindens (Ödeme, Dyspnoe, Tachykardie) sollte aus tierschutzrechtlichen Gesichtspunkten der Rat zur Euthanasie erteilt werden.

Die langfristige Bedeutung klinischer und echokardiographischer Herzklappenbefunde in Bezug auf die Leistungsfähigkeit der Pferde sowie auf die Gefährdung von Pferd und Reiter bei hohen Belastungen, kann jedoch im Einzelfall nicht immer frühzeitig erkannt werden. Deshalb ist es schwierig, bzw. im Einzelfall nicht immer möglich vorauszusagen, ob und wann eine Dekompensation einer Herzklappenerkrankung auftreten wird. Somit ist eine exakte prognostische Einschätzung von echokardiographisch diagnostizierten Herzbefunden und ihrer weiteren Entwicklung beim Pferd, trotz weiterführender Untersuchungen nicht immer möglich. Aus diesem Grund raten wir bei Pferden mit Herzerkrankungen generell zu regelmäßigen echokardiographischen Nachuntersuchungen (alle ein bis zwei Jahre). Bei hochgradigen Herzbefunden oder plötzlicher Verschlechterung sollten die Untersuchungsabstände entsprechend kürzer gefasst werden.

Mitralklappeninsuffizienz

Für die Prognose der Mitralklappeninsuffizienz, einer der häufigsten Herzklappeninsuffizienzen des Pferdes, bleibt weiterhin ungeklärt ob, wann und ab welchem Ausmaß (Dilatation des Vorhofes, Durchmesser der Vena contracta) eine Gefährdung von Reiter und Pferd durch eine plötzlich auftretende Verschlechterung eintreten kann. Aus dem klinischen Alltag sind nur wenige Fälle einer spontanen Dekompensation mit Zusammenbrechen des Pferdes und Gefährdung des Reiters bekannt. Normalerweise entsteht eine kardiale Dekompensation langsam und wird durch Leistungsinsuffizienz und eine nachfolgende Verschlechterung des Allgemeinbefindens vom Reiter rechtzeitig erkannt.

Physiologische Regurgitationen an Herzklappen

Zahlreiche Studien zeigen, dass die Farbdoppler-Echokardiographie eine empfindliche und spezifische Methode für die Feststellung von Klappeninsuffizienzen ist. Die Untersuchungsmethode ist so empfindlich, dass z. T. auch beim herzgesunden Pferd sog. physiologische Regurgitationen, die z. T. auch mit Herzgeräuschen einhergehen können, unterschiedlich häufig festgestellt werden. Insbesondere bei jungen Trab- und Galopprennpferden werden solche klappenschlussassoziierten Rückflüsse an der Aortenklappe bei 80 % der Pferde, an der Trikuspidalklappe bei 46 % und an der Mitralklappe bei 26 % der Pferde gefunden.

Physiologische Regurgitationen sind nur auf Klappenschlussebene nachzuweisen und erstrecken sich bei den Atrioventrikularklappen sowie der Pulmonalklappe auf etwa ein Drittel der Systole, während sie an der Aortenklappe auch holodiastolisch vorkommen können. Die maximale Geschwindigkeit einer physiologischen Regurgitation beträgt an den Atrioventrikularklappen 1,3 m/s. Diese physiologischen Regurgitationen an den Herzklappen müssen von pathologischen Klappeninsuffizienzen unterschieden werden. Ob die physiologischen Regurgitationen Grundlage für evtl. später auftretende Klappeninsuffizienzen sind, ist bisher unbekannt.

8.2 Verlaufsuntersuchungen bei Herzklappeninsuffizienzen

Durch zahlreiche Verlaufsuntersuchungen bei herzkranken Pferden ist bekannt, dass Pferde Herzerkrankungen meist über lange Zeiträume ohne Leistungsinsuffizienz kompensieren können. Es tritt zwar im Verlauf der Zeit in den meisten Fällen eine geringgradige Verschlechterung echokardiographischer Messparameter auf, dies führt jedoch meist nicht zu einem Auftreten von klinischen Symptomen. So zeigen viele Pferde mit Klappeninsuffizienzen im Verlaufe von Jahren eine Vergrößerung der Vorhöfe, der Ventrikel, der Aorta, des Rückflussvolumens, der Vena contracta und der Rückflussgeschwindigkeit. Diese echokardiographisch festgestellten Entwicklungen wirken sich jedoch nur bei wenigen Pferden auf die Leistung aus. Meist werden solche fortschreitenden Vergrößerungen echokardiographischer Messparameter beobachtet, wenn bereits bei der Erstuntersuchung die Herzdimensionen vergrößert sind.

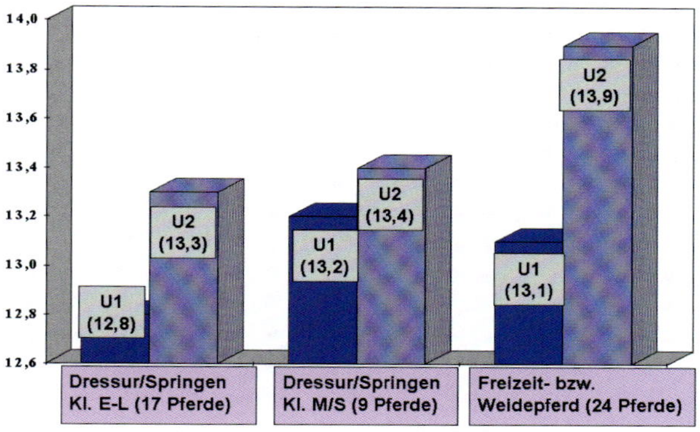

Abb. 8.1:
Entwicklung der linksatrialen Vorhofdurchmesser (LA) bei Pferden mit Mitralklappeninsuffizienz im Verlaufe von zwei Untersuchungen im Abstand von 4–6 Jahren in Abhängigkeit von der Nutzung der Pferde. Die Graphik zeigt, dass sportliche Nutzung einer Herzdilatation vorbeugen kann.

Eine nicht geringe Anzahl von Pferden mit mittelgradigen klinischen (Herzgeräusche; Arrhythmien) und sonographischen Befunden (Herzvergößerungen) wird zum Teil über mehrere Jahre als Reitpferd bzw. sogar als Sportpferd eingesetzt. Dabei hat sich gezeigt, dass insbesondere die sportlich genutzten Pferde Klappeninsuffizienzen länger ohne Herzdilatation kompensieren (Abb. 8.1). In Einzelfällen wurde sogar nach längerer Zeit eine Verbesserung kardial bedingter Leistungsminderungen und echokardiographischer Messwerte festgestellt. Vermutlich wirkt sich ein regelmäßiges gleichbleibendes Trainingslevel positiv auf die Herzfunktion aus.

Auch bei vielen Pferden mit Vorhofflimmern wird von den Besitzern häufig über Jahre keine Leistungseinschränkung beobachtet. Somit scheint das Pferd über eine große Kompensations- und Adaptationskapazität bei Erkrankungen des Herzens zu verfügen.

Literatur

BLISSIT, K. J., M. W. PATTESON (1996): Evaluation of cardiac murmurs in horses. 2. Echocardiography. In Practice .18: 416–426.

GEHLEN, H., P. STADLER, E. DEEGEN (1998): Beurteilung des Schweregrades von Mitralklappeninsuffizienzen beim Pferd mittels Farbdopplerechokardiographie. Pferdeheilkunde. 14: 303–314.

GEHLEN, H., A. MICHL, P. STADLER (2003): Klinische und echokardiographische Verlaufsuntersuchungen bei Warmblutpferden mit Herzklappeninsuffizienzen. Pferdeheilkunde. 19: 379–386.

REEF, V. B. (1995): Heart murmurs in horses: determining their significance with echocardiography. Equine vet J. Suppl. 19: 71–80.

KÖSTER, H. (1996): Langzeitstudie über die reiterliche Nutzung von Pferden mit Herzgeräuschen aufgrund von Klappenerkrankungen. Dissertation, Tierärztl. Hochschule Hannover.

9 Fallbeispiele

Heidrun Gehlen

Fall 1

Eine 8-jährige Friesenstute zeigte vorberichtlich seit ca. 2 Monaten periphere Körperödeme.

Der Haustierarzt hatte zunächst den Verdacht auf ein infektiöses Geschehen und hat das Pferd über 4 Wochen mit Antibiotika behandelt. Da sich das Allgemeinbefinden weiter verschlechterte, vermutete der Haustierarzt ein tumoröses Geschehen als Ursache und überwies das Pferd zur weiterführenden Untersuchung.

Bei Einstellung zeigte die Stute ein hochgradiges Unterbrust-, Unterbauchödem (Abb. 9.1a, b), Dys- und Tachypnoe (Atemfrequenz 40/min), eine Tachykardie (Ruheherzfrequenz 140 Schläge / Minute) und eine totale Arrhythmie. Ein Herznebengeräusch war nicht hörbar.

Als weiterführende Untersuchung wurde ein EKG angefertigt. Dieses zeigte tachykardes Vorhofflimmern. Die Echokardiographie zeigte eine gesamthafte Vergrößerung des Herzens (Kardiomegalie), insbesondere des linken Vorhofes (Durchmesser 16 cm, Normwert < 13,5 cm). Zusätzlich stellten sich im Ultraschall ein geringgradiger Perikard- sowie ein mittelgradiger Thoraxerguss und ein Aszites dar.

Die Diagnose lautete: dekompensierte kongestive Herzinsuffizienz mit Vorhofflimmern.

Die Besitzer wurden über die schlechte bis infauste Prognose aufgeklärt und es wurde der Rat zur Euthanasie erteilt.

Auf ausdrücklichen Wunsch der Besitzer wurde über 7 Tage ein Therapieversuch mit Digitalis, ACE-Hemmern, Diuretika und Antiphlogistika durchgeführt.

Da unter der Behandlung keine Verbesserung der klinischen Symptomatik eintrat, wurde das Pferd mit dem Einverständnis der Besitzer euthanasiert.

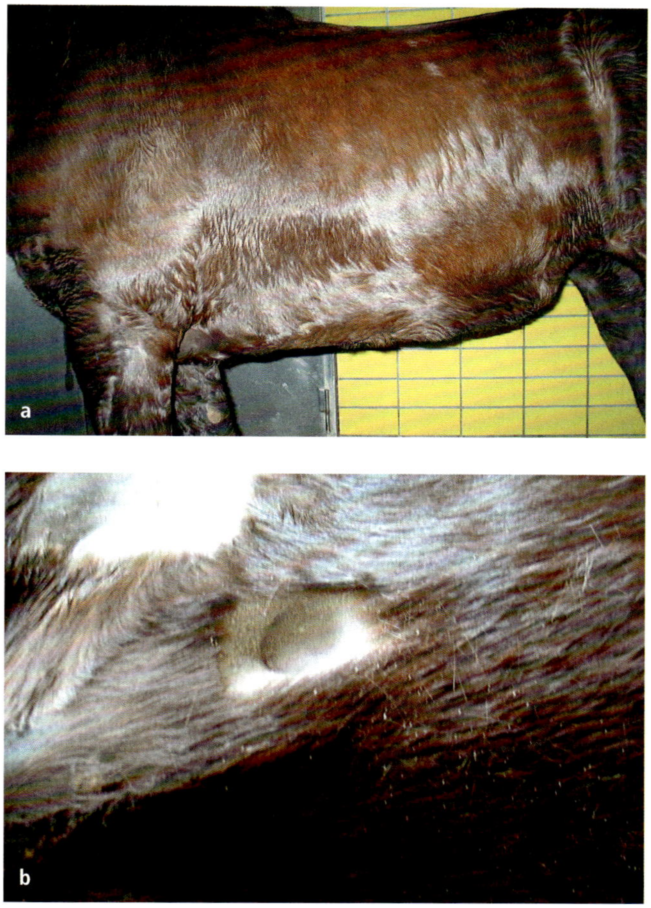

Abb. 9.1a, b:
8-jährige Friesenstute mit hochgradigem Unterbrust- und Unterbauchödem.

9

Fall 2

Bei einem 18-jährigen Pferd beklagte der Besitzer wiederholt »angelaufene« Beine. Der Haustierarzt führte neben einer klinischen Untersuchung, die unauffällig verlief, eine Blutuntersuchung durch. Diese zeigte lediglich eine Erhöhung des α-HBDH-Wertes. In Zusammenhang mit den angelaufenen Beinen vermutete der Tierarzt eine Herzerkrankung und überwies das Pferd in eine Klinik.

Die klinische und die kardiologische Untersuchung verliefen unauffällig. Auch die Laboruntersuchung zeigte keine abweichenden Befunde. Es lag also kein krankhafter Herzbefund vor. An den Gliedmaßen wurde ein geringgradiges Lymphödem (Lymphabflussstörung) festgestellt, das bei Bewegung verschwand (Abb. 9.2a). Lymphdrainage und Kompressionsstrümpfe brachten Beschwerdefreiheit (Abb. 9.2b).

Abb. 9.2a, b:
Pferd mit Gliedmaßenödem im Bereich der Vordergliedmaßen; (**b**) mit Kompressionsstrumpf.

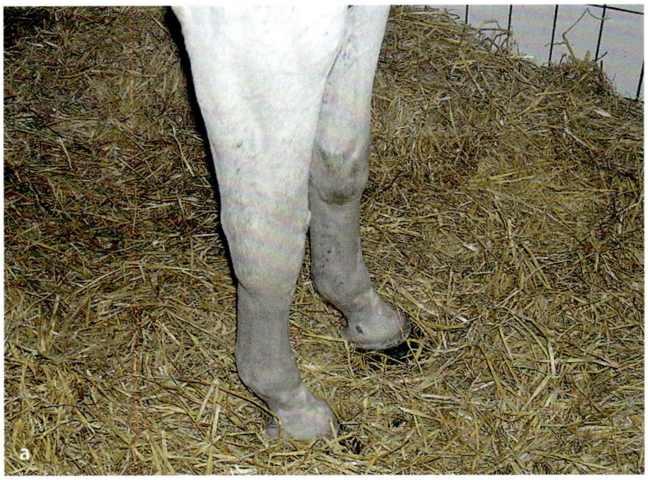

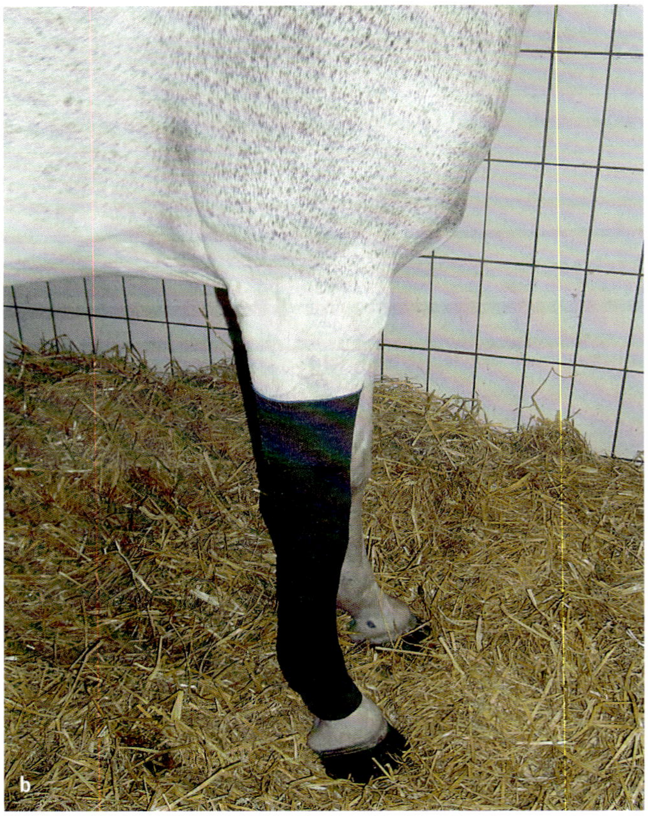

Fall 3

Ein 6 Tage altes Warmblutfohlen zeigte seit der Geburt einen unsicheren Gang mit häufigem Niederstürzen sowie eine Zyanose mit Tachypnoe und eine Tachykardie. Der Haustierarzt vermutete eine Pneumonie und überwies das Fohlen zur weiteren Abklärung in die Klinik.

Bei Einstellung zeigte das Fohlen eine Tachykardie (180 Schläge/min), eine Tachypnoe (160 Atemzüge/min) und Dyspnoe (Abb. 9.3), ein holosystolisches Herzgeräusch Grad 5 von 6, zyanotische Schleimhäute und einen schwankenden Gang.

Die arteriellen Blutgaswerte zeigten einen pO_2 von 62 mmHg (Normwert: 100 ± 5 mmHg). Das Thoraxröntgenbild zeigte eine diffuse interstitielle Verschattung insbesondere der kranioventralen Lungenabschnitte im Sinne eines Lungenödemes (Abb. 9.4). Die echokardiographische Untersuchung zeigte eine hochgradige Rechtsherzvergrößerung mit Myokardhypertrophie (Abb. 9.5a), ein persistierendes Foramen ovale (Abb. 9.5b, 9.6), eine Pulmonalarteriendilatation und eine Aortenstenose. Zusätzlich wurde der Verdacht auf einen persistierenden Ductus arteriosus Botalli gestellt.

Aufgrund der infausten Prognose durch den angeborenen Herzdefekt wurde das Fohlen euthanasiert. In der Sektion bestätigten sich die echokardiographischen Befunde sowie ein persistierender Ductus botalli.

Abb. 9.3:
6 Tage altes Warmblutfohlen mit hochgradiger Dyspnoe.

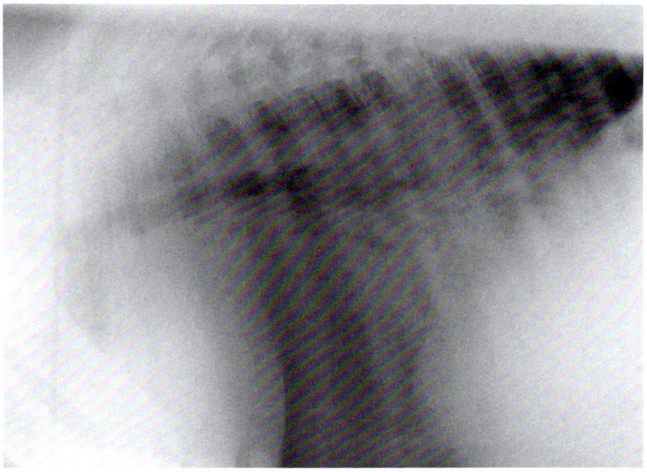

Abb. 9.4:
Fohlen aus Abb. 9.3. Das Thoraxröntgenbild zeigte eine diffuse interstitielle Verschattung insbesondere der kranioventralen Lungenabschnitte im Sinne eines Lungenödemes.

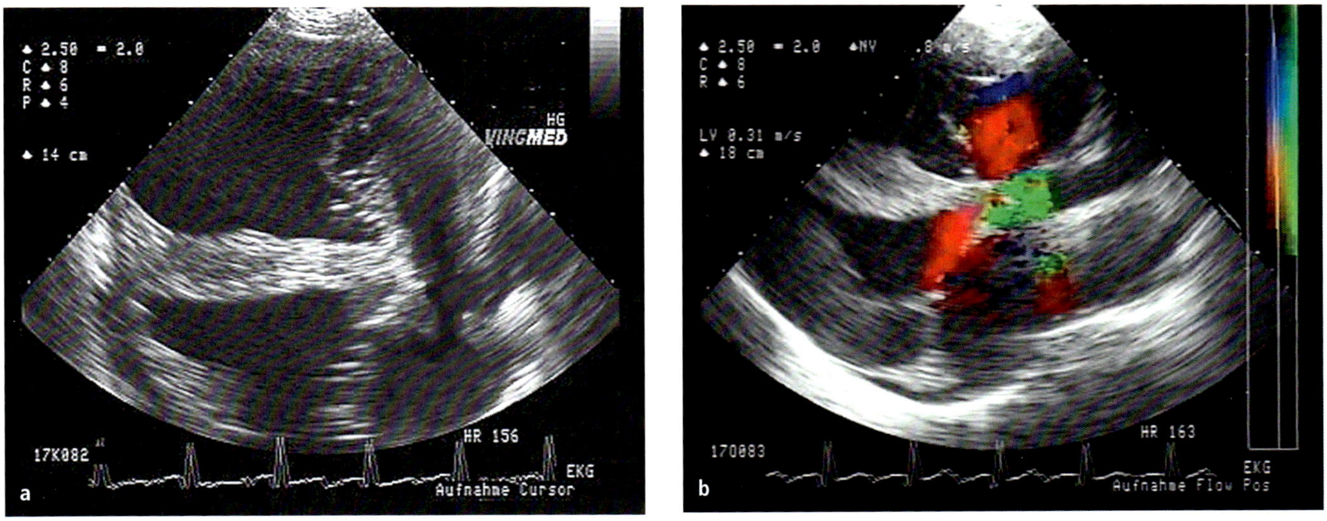

Abb. 9.5a, b:
Fohlen aus Abb. 9.3. Die echokardiographische Untersuchung zeigte im Bereich der Vorhofscheidewand ein persistierendes Foramen ovale und eine deutliche Rechtsherzvergrößerung mit Myokardhypertrophie (**a**). Mit der Farbdoppler-Technik (**b**) war der Blutfluss vom linken in den rechten Vorhof sichtbar.

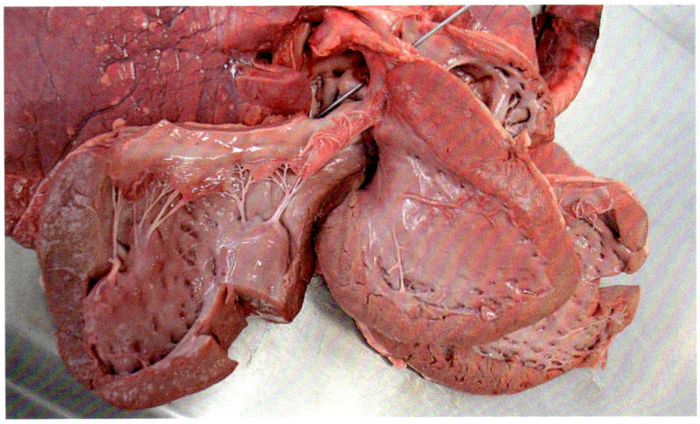

Abb. 9.6:
Fohlen aus Abb. 9.3. Pathologisches Bild des Herzens. Die Sonde zeigt den Defekt in der Vorhofscheidewand.

9

Fall 4

Ein 15-jähriger Warmblutwallach (Freizeitpferd) hatte vorberichtlich ca. 4 Wochen vor Einstellung einen Virusinfekt. Seitdem sei das Pferd matt gewesen und habe zeitweise Husten gezeigt. Das Pferd wurde trotzdem normal weitergeritten. Zwei Tage vor Klinikeinstellung habe sich zusätzlich ein Unterbrustödem entwickelt. Bei der Auskultation hat der Haustierarzt eine Herzarrhythmie und ein Herzgeräusch festgestellt. Es erfolgte die Klinikeinstellung zur Abklärung der Ursache und zur Prognosestellung.

Bei der Einstellungsuntersuchung zeigten sich ein deutliches Unterbrust- und Unterbauchödem (Abb. 9.7a), ein positiver Venenpuls, eine verlängerte KFZ (6 Sekunden, Normwert 2–3 Sekunden) und verwaschene Schleimhäute (Abb. 9.7b). Die Herzauskultation erbrachte eine Ruhetachykardie (100 Schläge/min) mit totaler Arrhythmie und ein holosystolisches Herznebengeräusch Grad 4 von 6 mit PM über der Mitralklappe. Das Pferd zeigte eine Tachypnoe (40 Züge/min) eine Dyspnoe sowie mehrfaches spontanes Husten und serösen Nasenausfluss.

Die arteriellen Blutgaswerte zeigten einen pO2 von 72 mmHg. Das Thoraxröntgen zeigte eine hochgradige interstitielle Verdichtung (Abb. 9.8a, b).

Im EKG war Vorhofflimmern sichtbar. Die Echokardiographie zeigte eine Kardiomegalie und eine hochgradige Mitralklappeninsuffizienz. Zusätzlich war ein Aszites vorhanden.

Die Diagnose lautete: dekompensierte kongestive Herzinsuffizienz aufgrund einer Mitralklappeninsuffizienz sowie Vorhofflimmern.

Die Besitzer wurden über die schlechte bis infauste Prognose aufgeklärt. Ein Therapieversuch wurde nicht gewünscht und das Pferd wurde euthanasiert.

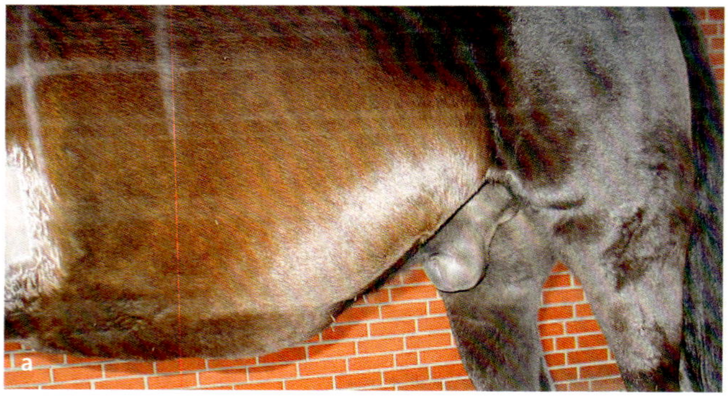

a

Abb. 9.7a:
15-jähriger Warmblutwallach (Freizeitpferd) mit einem deutlichen Unterbrust- und Unterbauchödem.

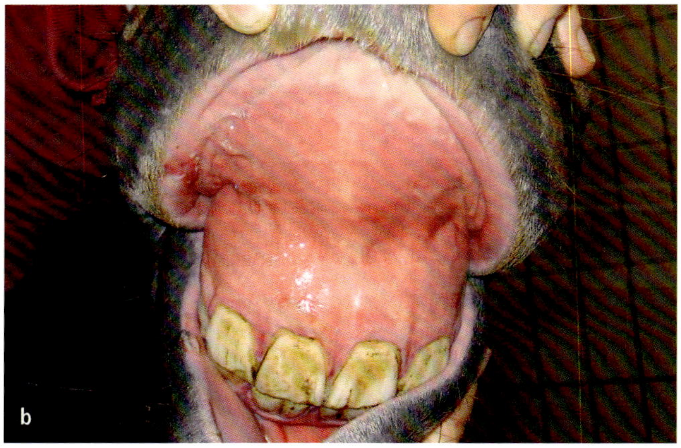

b

Abb. 9.7b:
Tier aus Abb. 9.7a: hochgradig verwaschene Schleimhäute.

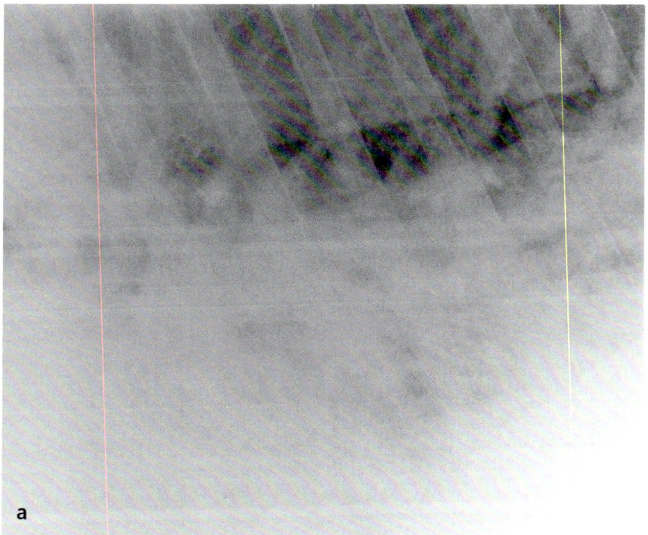

a

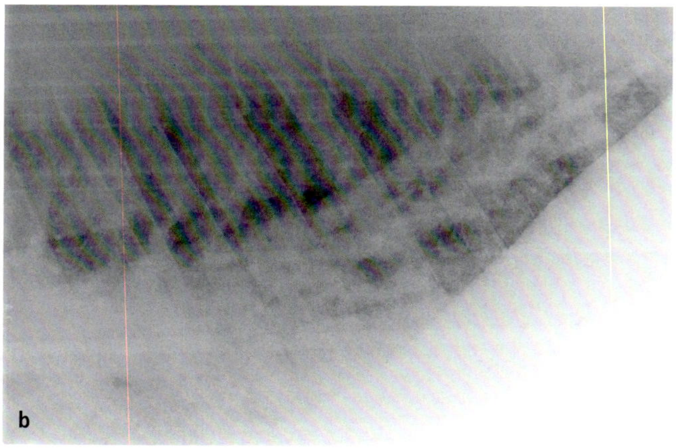

b

Abb. 9.8a, b:
Pferd aus Abb. 9.7. Das Thoraxröntgen zeigte eine hochgradige interstitielle Verdichtung.

Fall 5

Bei einer Kaufuntersuchung war bei einem 5-jährigen Hannoveraner Wallach ein Herznebengeräusch aufgefallen. Aufgrund dessen wurde vom kaufuntersuchenden Tierarzt der Rat erteilt, eine weiterführende kardiologische Untersuchung durchzuführen. Bisher war bei dem Pferd keine Leistungsinsuffizienz aufgefallen. Das Pferd sollte im Dressursport eingesetzt werden.

Bei der klinischen Untersuchung zeigten sich eine normale Ruheherzfrequenz von 38 Schlägen pro Minute, eine physiologische Atemfrequenz von 10 Zügen pro Minute und blassrosa Schleimhäute mit einer KFZ von 3 Sekunden. Bei der Herzauskultation wurde auf der linken Thoraxseite ein systolisches Herznebengeräusch 3. Grades (von 6) und auf der rechten Thoraxseite ein systolisches Geräusch 4. Grades (von 6) festgestellt. Zusätzlich waren im EKG gehäufte Vorhofextrasystolen sichtbar.

Bei der echokardiographischen Untersuchung zeigte sich ein Ventrikelseptumdefekt (Durchmesser 0,8 cm, Abb. 9.9a, b). Die Herzdimensionen waren unverändert. Sowohl nach Belastung als auch im Langzeit-EKG zeigten sich gehäuft Vorhofextrasystolen. Die Beruhigung der Atemfrequenz nach Belastung war verzögert.

Das Pferd wurde dahingehend beurteilt, dass zum Untersuchungszeitpunkt zwar keine echokardiographischen Dimensionsveränderungen vorlagen, dass jedoch durch die gehäuften Vorhofextrasystolen ein Risiko für die Entwicklung eines Vorhofflimmerns bestand.

Es wurde der Rat erteilt, zusätzlich eine weiterführende Lungenuntersuchung durchzuführen. Bei dieser Untersuchung wurden Lungenbluten sowie eine geringgradige chronisch-obstruktive Bronchitis festgestellt. Es erfolgten eine Lungentherapie mit Bronchodilatatoren, Sekretolytika und Glukokortikoiden sowie eine Herztherapie mit ACE-Hemmern und Propafenon über 6 Wochen. Bei einer Nachkontrolle waren keine Vorhofextrasystolen mehr vorhanden. Das Pferd wurde zu einem reduzierten Preis verkauft und über viele Jahre ohne Leistungsinsuffizienz im Dressursport genutzt. Bei jährlichen echokardiographischen Nachkontrollen war über einen Zeitraum von 6 Jahren keine Herzdilatation aufgetreten. Ein Rezidiv der Extrasystolen trat nicht auf.

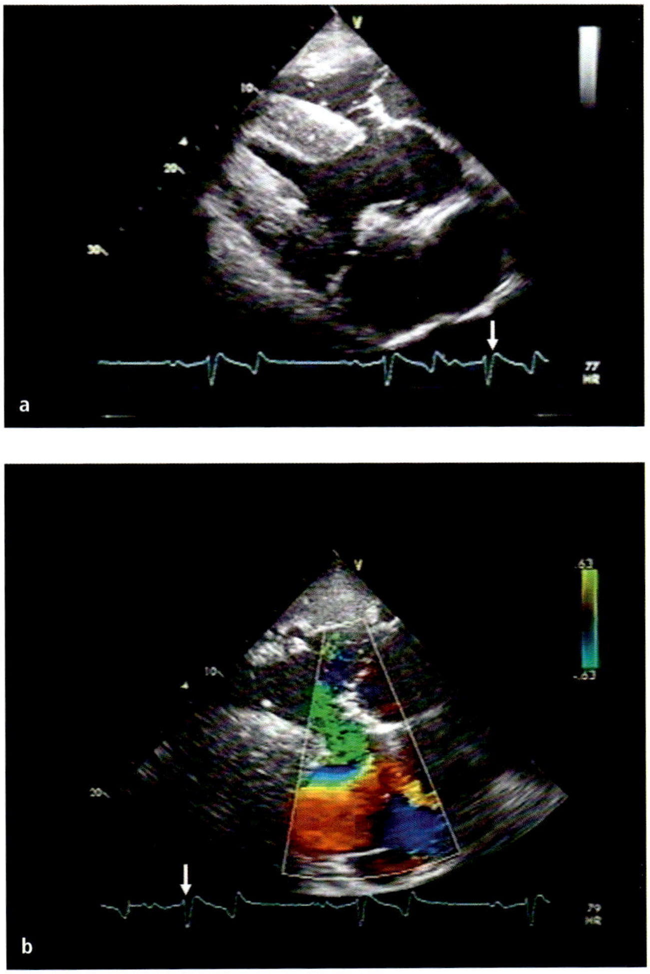

Abb. 9.9a, b:
5-jähriger Hannoveraner Wallach, der bei der echokardiographischen Untersuchung einen Ventrikelseptumdefekt zeigte (**a**, Pfeil). Im EKG waren zusätzlich Vorhofextrasystolen vorhanden (**b**, Pfeil)

9

Fall 6

Eine 3-jährige Warmblutstute zeigte beim Anreiten deutliche Leistungsschwäche und Husten. Der Haustierarzt stellte bei der Untersuchung ein Herzgeräusch und eine Arrhythmie fest und riet zu einer weiterführenden Untersuchung.

Bei Einstellung zeigte die Stute geringgradig gerötete Schleimhäute, eine KFZ von 4 Sekunden, einen ungleichmäßigen und unregelmäßigen Puls, eine Tachykardie (58 Schläge/min) und bei der Auskultation des Herzens eine totale Arrhythmie und ein holosystolisches Herzgeräusch 4. Grades mit PM über der Trikuspidalklappe.

Im EKG zeigte sich Vorhofflimmern und bei der echokardiographischen Untersuchung wurden ein Ventrikelseptumdefekt (∅ 2 cm, Abb. 9.10a–c) sowie eine deutliche Vergrößerung des rechten Ventrikels und der Pulmonalarterie festgestellt.

Die Prognose für eine reiterliche Nutzung wurde als infaust beurteilt. Von einer züchterischen Nutzung wurde aufgrund des angeborenen Herzdefektes abgeraten. Medikamentelle Therapiemöglichkeiten bei ungünstiger Prognose wurden angesprochen. Der Besitzer nahm das Pferd zunächst wieder nach Hause. Er berichtete später, dass die Stute bereits nach wenigen Wochen Dyspnoe und periphere Ödeme entwickelt hatte und vom Haustierarzt euthanasiert wurde.

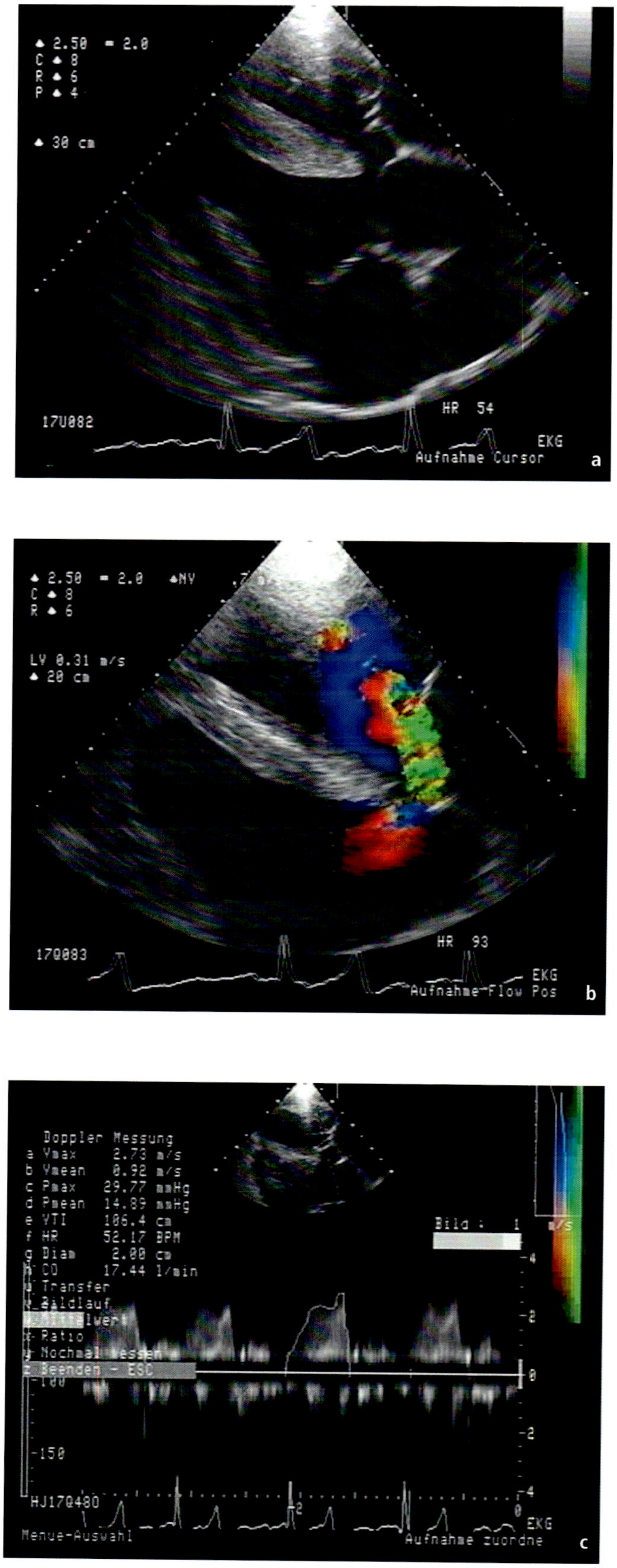

Abb. 9.10a–c:
3-jährige Warmblutstute, bei der sich in der echokardiographischen Untersuchung ein Ventrikelseptumdefekt (∅ 2 cm) zeigte. **a** B-Mode, rechte Thoraxseite. **b** Farbdoppler, **c** CW-Doppler. Im EKG ist Vorhofflimmern sichtbar.

Fall 7

Ein 11-jähriger Wallach war 3 Wochen zuvor auf einem internationalen Springturnier im Ausland gestartet. Zwei Tage später sei das Pferd matt und apathisch gewesen. Der Haustierarzt untersuchte das Pferd und stellte eine partielle Herzarrhythmie fest. Zeichen für eine Infektion konnte er nicht finden. Die Herzfrequenz war normal. Das Allgemeinbefinden des Pferdes verschlechterte sich, sodass der Haustierarzt das Pferd drei Tage später erneut untersuchte. Zu diesem Zeitpunkt stellte er eine Tachykardie, eine Arrhythmie und ein Unterbrustödem fest und überwies das Pferd in eine Klinik. Dort wurde die Diagnose Vorhofflimmern gestellt und das Pferd mit Diuretika und Digitalispräparaten über 2 Wochen behandelt, was zu einer deutlichen Besserung der Befunde geführt haben soll. Zur Behandlung des Vorhofflimmerns wurde das Pferd dann in eine zweite Klinik überwiesen.

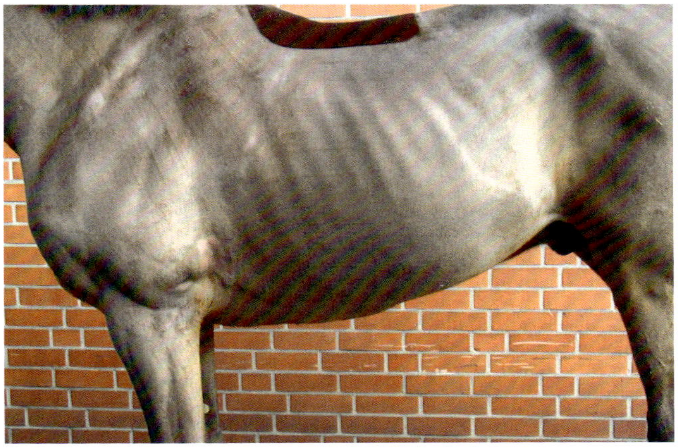

Abb. 9.11:
Ein 11-jähriger Wallach mit geringgradigem Unterbrustödem.

Dort wurden bei der Eingangsuntersuchung ein geringgradiges Unterbrustödem (Abb. 9.11), eine Ruhetachykardie (80 Schläge/min), eine verlängerte KFZ (6 Sekunden), gerötete Schleimhäute und bei der Herzauskultation eine totale Arrhythmie und ein systolisches Herznebengeräusch (rechts Grad 3 von 6; links Grad 4 von 6) festgestellt. Zusätzlich war ein positiver Venenpuls vorhanden.

Das Pferd zeigte eine Dys- und Tachypnoe. Im Thoraxröntgen wurde ein beginnendes Lungenödem diagnostiziert (Abb. 9.12a, b). Im EKG zeigte sich Vorhofflimmern.

Bei der Echokardiographie wurden eine Kardiomegalie insbesondere der linken Herzseite (∅ linker Vorhof 17,8 cm) sowie eine hochgradige Mitral- und Trikuspidalklappeninsuffizienz festgestellt.

Von einem Therapieversuch des Vorhofflimmerns wurde, aufgrund der Risiken durch die Kardiomegalie und der generell infausten Prognose für einen Therapieerfolg wegen der hochgradigen Vorhofdilatation, abgeraten.

Mit dem Besitzer wurde besprochen, dass eine medikamentelle Therapie der kongestiven Herzinsuffizienz im Sinne einer lebensverlängernden Maßnahme möglich sei, eine künftige Nutzung des Pferdes im Reitsport jedoch als unmöglich einzustufen sei.

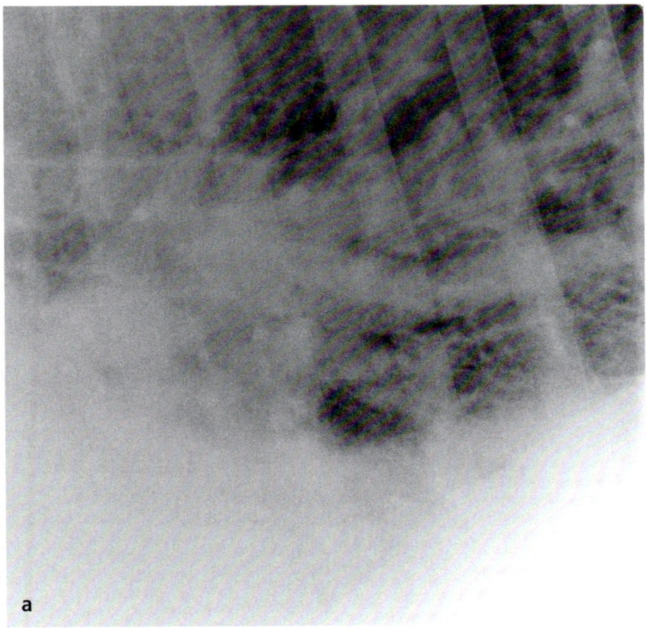

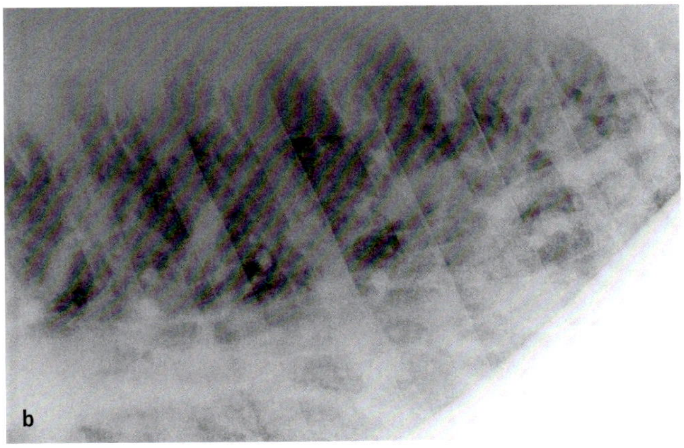

Abb. 9.12a, b:
Pferd aus Abb. 9.11. Im Thoraxröntgen wurde ein beginnendes Lungenödem diagnostiziert

Fall 8

Eine 5-jährige Hannoveraner Stute zeigte vorberichtlich seit 2 Tagen eine milde Verstopfungskolik. Sie sei matt und apathisch gewesen und habe die Futteraufnahme eingestellt. Durch den Haustierarzt erfolgte eine Vorbehandlung mit Buscopan und Novalgin. Die Stute wurde zur Abklärung der Kolikursache überwiesen.

Bei Einstellung in die Klinik zeigte die Stute eine Tachykardie (70 Schläge pro Minute). Die Herzschläge waren rhythmisch, abgesetzt und ohne Nebengeräusche. Die Temperatur war normal. Die Schleimhäute waren geringgradig gerötet. Die Darmmotorik war normal. Die rektale Untersuchung, ein Bauchhöhlenpunktat, die Abdomensonographie und das Schieben der Nasenschlundsonde erbrachten keine pathologischen Befunde.

Zur Abklärung der Tachykardie wurde eine sonographische Untersuchung von Thorax und Herz durchgeführt. Dabei zeigten sich ein Pleura- und ein Perikarderguss. Das Myokard war hypertroph und fleckig, die Myokardbewegung irregulär (Dyskinesie). Es wurde der Verdacht auf eine viral oder bakteriell induzierte Myokarditis gestellt und ein Troponin-T-Schnelltest durchgeführt. Dieser Test war positiv. Die quantitative Troponin-T-Bestimmung zeigte einen Wert von 18 ng/ml (Norm: $< 0{,}001$ ng/ml). Eine Blutkultur verlief negativ.

Das Pferd sprach gut auf die Behandlung mit ACE-Hemmern, Diuretika, Digitalis, NSAID und Antibiotika (Aminoglykoside und Penicillin) an, sodass es nach 14 Tagen normofrequent, mit negativem Troponin-T-Test ($< 0{,}001$ ng/ml) und physiologischer Sonographie nach Hause entlassen wurde.

Fall 9

Ein 8-jähriges Quarterhorse wurde einem Tierarzt wegen Leistungsschwäche vorgestellt. Dieser führte unter anderem eine Herzauskultation durch. Dabei stellte er einen gespaltenen Herzton und eine partielle Arrhythmie fest. Das Pferd wurde zur weiterführenden Herzuntersuchung überwiesen.

Bei der Eingangsuntersuchung wurden keine abweichenden Befunde erhoben. Bei der Herzauskultation war neben dem 1. und 2. Herzton auch der 4. Herzton unmittelbar vor dem 1. Herzton hörbar (gespaltener 1. Herzton). Ein Herznebengeräusch lag nicht vor. Es lag eine partielle Arrhythmie vor, die jedoch nach leichter Bewegung verschwand.

Im EKG zeigten sich AV-Blöcke II. Grades. Die Echokardiographie war unauffällig.

Somit war die Leistungsschwäche in diesem Fall nicht kardial bedingt.

Bei der Belastungsuntersuchung wurden erhöhte Muskelenzymwerte festgestellt. Eine Muskelbiopsie lieferte die Diagnose PSSM (Polysaccharid-Speichermyopathie) als Ursache für die Leistungsschwäche.

Fall 10

Bei einem 20-jährigen Freizeitpferd beklagte der Besitzer zunehmende »Gehunlust«, »angelaufene« Beine, Atemnot und Mattigkeit.

Bei der Eingangsuntersuchung fielen ein hochgradiges Unterbrust-, Unterbauch-, Gliedmaßen- und Präputialödem auf (Abb. 9.13a–c). Das Pferd zeigte einen schwankenden, ataktischen Gang, Apathie und milde Kolik. Die Schleimhäute waren verwaschen, zyanotisch und die KFZ betrug 5 Sekunden. Die Atemfrequenz betrug 60/min. Bei der Herzauskultation zeigten sich eine Tachykardie (100 Schläge/min), eine totale Arrhythmie und ein holosystolisches Herzgeräusch 5. Grades mit PM über der Mitralklappe. Die Thoraxperkussion ergab eine horizontale Dämpfungslinie auf Höhe des Schultergelenkes.

Im EKG zeigte sich Vorhofflimmern. Bei der Echokardiographie wurden eine Kardiomegalie, eine Mitral- und Trikuspidalklappeninsuffizienz sowie ein persistierendes Foramen ovale festgestellt. Zusätzlich lagen ein hochgradiger Perikard- und Pleuraerguss sowie ein hochgradiger Aszites vor. Das Thoraxröntgen zeigte Hinweise auf ein Lungenödem.

Es wurde eine kongestive Herzinsuffizienz im Finalstadium diagnostiziert und das Pferd euthanasiert. Die Sektion bestätigte die Befunde.

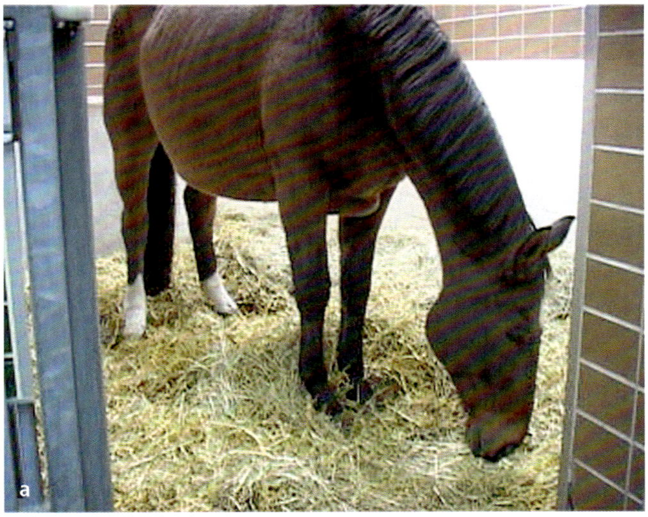

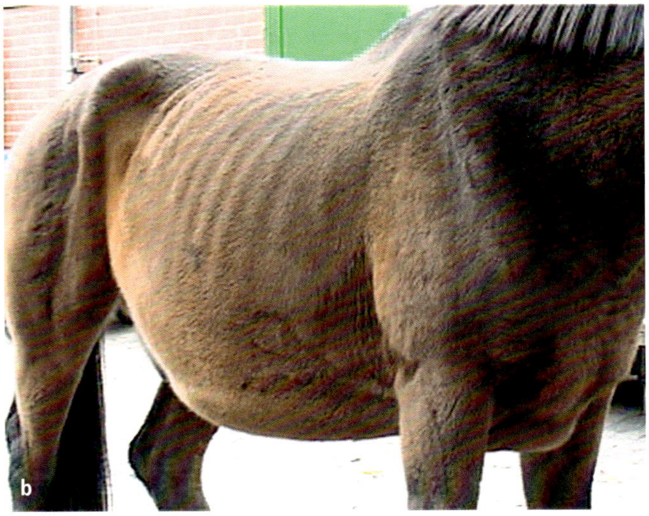

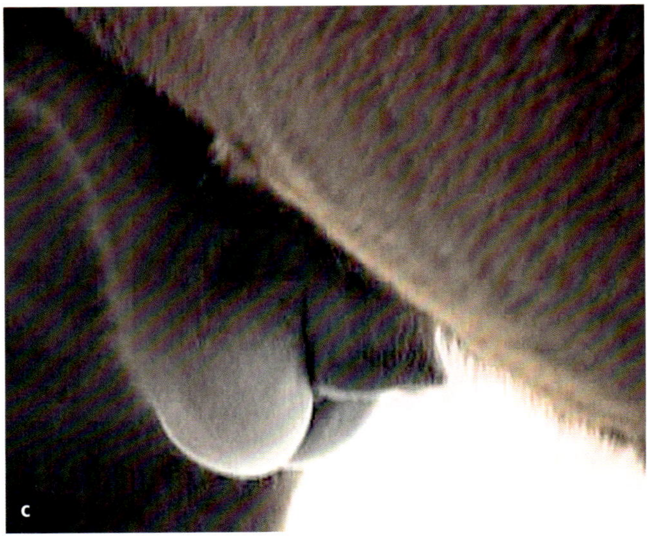

Abb. 9.13a–c:
20-jähriges Freizeitpferd mit hochgradigem Unterbrust-, Unterbauch-, Gliedmaßen- und Präputialödem.

9

10 Forensische Aspekte bei der kardiologischen Untersuchung

Heidrun Gehlen, Iris Müller-Klein, Peter Stadler

Eine forensische Bedeutung der kardiologischen Untersuchung kann vorliegen bei:

- Kaufuntersuchungen
- bei kardiologischen »Zufallsbefunden« im Rahmen von Untersuchungen bei Erkrankungen diverser Organsysteme (z. B. Kolik, Untersuchung der Atemwege etc.) unter Berücksichtigung der Aufklärungspflicht
- im Rahmen von präoperativen Untersuchungen zur Evaluation der »Narkosetauglichkeit«

Auskultatorisch können dabei Abweichungen von der Normorhythmie oder Herzgeräusche auftreten. Probleme in Bezug auf die Funktionsfähigkeit des kardiovaskulären Systemes müssen jedoch im Vergleich zur Funktionsfähigkeit des Bewegungsapparates oder anderer Organsysteme weitaus seltener gutachterlich bewertet werden. Das liegt hauptsächlich daran, dass beim Auftreten verdächtiger kardiologischer Befunde in der Regel weiterführende Untersuchungen empfohlen und auch durchgeführt werden.

10.1 Herzbefunde im Rahmen der Kaufuntersuchung

Zu einer vollständigen Kaufuntersuchung gehört neben der Auskultation von Herz und Lunge in Ruhe auch die Belastungsuntersuchung (s. Kap. 3.2) mit nachfolgender Herz- und Lungenauskultation sowie die Erhebung der Beruhigungswerte von Herz- und Atemfrequenz.

Das Unterlassen einer Überprüfung der Herz-Kreislauf-Funktionen stellt bei der Untersuchung eines Sportpferdes eine Pflichtverletzung des Ankaufsuntersuchungsvertrages dar (OLG Düsseldorf 2000).

Bei der Herzauskultation sollte dabei insbesondere auf Herzgeräusche und belastungsinduzierte Arrhythmien geachtet werden. Am häufigsten treten in diesem Zusammenhang systolische Herzgeräusche 2. bis 3. Grades mit Punctum maximum (PM) über der Mitralklappe auf, gefolgt von diastolischen Herzgeräuschen über dem PM der Aorta und systolischen Herzgeräuschen über der Trikuspidalklappe. Sehr selten sind Herzgeräusche über der Pulmonalklappe. Da unklar ist, ob bei Pferden z. B. mit systolischen Herzgeräuschen über der Mitralklappe in der Zukunft hämodynamisch bedeutsame Rückflüsse zu erwarten sind, die zunächst zu Vorhofdilatationen und später auch zu Vorhofflimmern führen, kann zu dem weiteren Verlauf im Einzelfall keine Vorhersage getroffen werden. Deshalb empfehlen wir, zunächst zu unterscheiden, ob zum Zeitpunkt des Verkaufes bzw. Kaufes bei der weiterführenden Untersuchung bereits Hinweise für eine hämodynamische Bedeutung eines Herzgeräusches vorliegen, oder ob eine Einschränkung der Herzfunktion nachweisbar ist.

Eine Voraussage zur Entwicklung kardiologischer Befunde ist im Einzelfall nicht möglich, da Pferde mit Herzbefunden keine einheitliche Entwicklung zeigen. Es ist einerseits möglich, dass über viele Jahre trotz des Einsatzes als Reitpferd keine herzbedingte Leistungseinbuße bzw. Symptomatik auftritt. Andererseits sind Pferde bekannt, bei denen aufgrund z. B. einer Klappenschlussunfähigkeit eine Verschlechterung der Herzbefunde, z. B. mit Vergrößerung von Herzkammern, eintritt. Aus diesem Grunde sollten regelmäßige (ca. jährliche) echokardiographische Nachuntersuchungen des Herzens empfohlen werden, um Veränderungen frühestmöglich aufzudecken.

Da eine Prognose also nicht möglich ist, hat sich in der Praxis gezeigt, dass einige Käufer trotz Herzgeräusch den Kauf vollziehen und das Risiko übernehmen. Dabei kommt es nicht selten zu einer Einigung über eine Preisreduzierung und / oder jährliche Nachkontrollen. Häufig einigen sich die Parteien dahingehend, dass für einen bestimmten Zeitraum eine Garantie des Verkäufers abgegeben wird. Kommt es zu einer Verschlechterung des Gesundheitszustandes binnen der vereinbarten Frist, wobei die Untersuchung durch denselben Tierarzt wie die Kaufuntersuchung durchgeführt werden sollte, kann das Pferd dann zurückgegeben werden. Auch kann zunächst ein niedrigerer Preis gezahlt werden und die Zahlung des Restbetrages vom Ergebnis einer Nachuntersuchung nach ca. 6–12 Monaten abhängig gemacht werden. Liegen dagegen bereits Befunde wie ein dilatiertes Atrium, ein dilatierter Ventrikel oder Veränderungen der Herzklappen vor, wird in der Regel Abstand vom Kauf genommen.

Dieses erscheint uns aus medizinischer Sicht auch gerechtfertigt. Bei Abweichungen von den physiologischen Befunden sollte der Auftraggeber / Besitzer sowohl bei Ankaufs- als auch bei Routineuntersuchungen dahingehend aufgeklärt werden, dass die klinische Untersuchung nur den Wert einer Screening-Diagnostik hat. Mithilfe der klinischen Untersuchung kann lediglich der Verdacht auf ein kardiologisches Problem ausgesprochen werden, da Herzarrhythmien nicht grundsätzlich pathologisch sind und Herzgeräusche nicht immer eine Bedeutung für die Herzfunktion haben müssen. Das bedeutet jedoch nicht, dass die klinische Untersuchung vernachlässigt werden darf, da anderenfalls die Indikation zu einer weiterführenden Untersuchung übersehen werden kann.

Forensische Bedeutung haben auch Herzgeräusche, die in unterschiedlichen Zeiträumen nach dem Kauf festgestellt wurden. Dabei soll gutachterlich meist einerseits festgestellt werden, ob sie eine Bedeutung für die Herzfunktion haben und ob sie andererseits schon zum Zeitpunkt des Gefahrüberganges (d. h. in der Regel bei Übergabe des Pferdes, die häufig mit dem Kaufzeitpunkt identisch ist) vorgelegen haben. Nicht selten wird auch eine »Verharmlosung« oder das »Nichterwähnen« eines Herzgeräusches zum Zeitpunkt der Kaufuntersuchung beklagt bzw. vermutet.

Wird dagegen ein Herzgeräusch bei der Kaufuntersuchung mitgeteilt, haben die am Kauf beteiligten Parteien häufig die falsche Erwartungshaltung, eine Prognose über die »Haltbarkeit« des Pferdes in der Zukunft zu erhalten. Hierbei ist anzumerken, dass der Tierarzt nur den Gesundheitszustand am Tag der Kaufuntersuchung beschreibt, nicht aber Prognosen für die Zukunft des Pferdes abgeben sollte. In der Praxis wird dies leider wenig berücksichtigt, sodass immer wieder »Haltbarkeitsprognosen« als Ergebnis der Kaufuntersuchung festgehalten werden, die den Tierarzt leicht in eine Haftungsfalle führen. Auftrag des Tierarztes ist nämlich nicht, eine Kaufberatung durchzuführen, sondern den Gesundheitszustand des Tieres am Tag der Kaufuntersuchung zu befunden. Der Tierarzt sollte sich – schon aus haftungsrechtlichen Gründen – daher hüten, einer Partei zum Kauf zu raten oder abzuraten. Dies kann auch zum Verlust des Versicherungsschutzes führen, denn eine »Kaufberatung« gehört nicht zum versicherten Risiko.

Der Tierarzt beschreibt bei der Kaufuntersuchung den Gesundheitszustand des Pferdes am Tag der Untersuchung, wobei der Umfang der Kaufuntersuchung vom Auftraggeber bestimmt wird. Findet sich ein von der Norm abweichender Befund, muss der Tierarzt darauf hinweisen und den Befund dokumentieren. Ob weitergehende Untersuchungen vorgenommen werden sollen, bestimmt allerdings allein der Auftraggeber.

Obwohl in Reihenuntersuchungen bei Vollblutpferden bei 66 % aller herzgesunden Pferde systolische Herzgeräusche und bei 25 % aller herzgesunden Pferde diastolische Herzgeräusche festgestellt wurden und bei Verlaufsuntersuchungen von Warmblutpferden mit Herzgeräuschen nur selten eine eingeschränkte Nutzungsmöglichkeit beklagt wurde, kann im Einzelfall eine Prognose zur Entwicklung des Herzstatus in der Zukunft nicht abgegeben werden. Sie darf auch im Rahmen einer Kaufuntersuchung aus den oben genannten Gründen nicht abgegeben werden.

Umgekehrt geben bei Kaufuntersuchungen festgestellte und in unterschiedlichen Zeiträumen danach nicht mehr auskultierbare Herzgeräusche Anlass zu Rechtsstreitigkeiten. Grundsätzlich ist es nicht auszuschließen, dass Herzgeräusche spontan auftreten und nach kurzen oder längeren Zeiträumen nicht mehr nachweisbar sind. Dafür gibt es verschiedene Ursachen, wie z. B. rheologische Veränderungen des Blutes (Anämie, Hämokonzentration) oder reversible Deformationen des Herzens durch abnorme Druckverhältnisse im Abdomen (z. B. bei hochgradigen Dickdarmanschoppungen).

Herzgeräusche in Ruhe können sich nach der Belastungsuntersuchung verstärken oder abschwächen. Die Ansicht, dass ein Herzgeräusch, das nach Belastung leiser wird im Gegensatz zu einem, das nach Belastung lauter wird, keine Bedeutung für die Herzfunktion habe, ist heute so allerdings nicht mehr gerechtfertigt. Dennoch ist die Belastungsuntersuchung sowohl im Rahmen der klinischen kardiologischen Untersuchung als auch bei Kaufuntersuchungen weiterhin unverzichtbar. So können z. B. Arrhythmien oder eine verlängerte Beruhigungsphase Hinweise auf ein kardiologisches Problem geben. Nach einer Belastung des Reitpferdes an der oberen aeroben Grenze wird auskultiert und die Puls- bzw. Herzfrequenz ermittelt. Diese Belastung kann auf dem Laufband oder in der Praxis an der Longe erfolgen. Dazu sollten die Pferde mindestens 5 Minuten im Schritt, nachfolgend 5 Minuten im Trab und zusätzlich 10 Minuten im Galopp (bei einer Geschwindigkeit von ca. 300 m/min) belastet werden. Bei gesunden Pferden nimmt die Herzfrequenz nach ca. fünf Minuten auf 80, nach ca. 10 Minuten auf 60–72 und nach 15–25 Minuten auf ca. 40 Herzschläge/min ab und liegt damit wieder im Normbereich. Eine kardiovaskuläre Dekompensation liegt mit hoher Wahrscheinlichkeit vor, wenn nach Belastung eine schwankende Pulsfrequenz in der Erholungsphase auftritt und die Herzfrequenz lange über 70/min bleibt.

In Bezug auf die Herzarrhythmien sind beim Pferd im Rahmen der Kaufuntersuchung auftretende Vorhofextrasystolen, ventrikuläre Extrasystolen, Vorhofflimmern, paroxysmale Tachykardien sowie Überleitungsstörungen 3. Grades ein bedeutsamer pathologischer Befund, auch wenn noch keine klinischen Auswirkungen oder Veränderung einer oder mehrerer Herzkammern nachweisbar sind. Im Einzelfall kann (z. B. bei gehäuftem Auftreten von Vorhofextrasystolen) eine Wartezeit verabredet werden, nach der erneute Untersuchungen durchgeführt werden, um dann eine endgültige Entscheidung zu treffen. Obwohl bekannt ist, dass Pferde mit Vorhofflimmern z. T. über viele Jahre im Sport erfolgreich eingesetzt werden können, kann im Einzelfall ein erhöhtes Risiko für Reiter und Pferd nicht ausgeschlossen werden. Es muss deshalb aus tierärztlicher Sicht auf dieses erhöhte Risiko hingewiesen werden. Die Verantwortlichkeit für eine Kaufentscheidung bleibt nach Aufklärung allerdings Sache der Kaufparteien und darf nicht auf den Tierarzt abgewälzt werden.

10.2 Fallbeispiele forensischer Sachverhalte und Gutachterbeurteilungen

Die hier aufgeführten Gutachterbeurteilungen sind lediglich exemplarisch und stellen keine Prämisse dar. Im Einzelfall kann die Gutachterentscheidung individuell sehr unterschiedlich ausfallen und auch bei ähnlichem Sachverhalt von den hier aufgeführten Beurteilungen abweichen.

10.2.1 Herzgeräusch zum Zeitpunkt der Übergabe?

In einem Rechtsstreit ist immer entscheidend, ob ein Mangel zum Zeitpunkt der Übergabe vorlag – so steht es im Gesetz (§ 434 BGB). Der Zeitpunkt der Übergabe ist nicht zwingend der Zeitpunkt, in dem das Pferd an seinen neuen Eigenümer »körperlich« übergeben wird. Gemeint ist der Moment, in dem die Gefahr des Unterganges oder der Verschlechterung des Pferdes auf den Käufer übergeht. Dies ist ohne vertragliche Regel identisch mit der »körperlichen« Übergabe des Tieres, häufig werden hier aber auch andere Vereinbarungen getroffen, so z. B. ein Gefahrenübergang mit Abschluss des schriftlichen Kaufvertrages.

Sachverhalt

Ein Pferd wird ohne Kaufuntersuchung verkauft. Fünf Monate nach Übergabe fällt bei einer Routineuntersuchung ein »systolisches Herzgeräusch 2. Grades, PM über der Mitralklappe« auf. Der Tierarzt stellt die Verdachtsdiagnose Herzklappeninsuffizienz. Der Käufer macht Gewährleistungsansprüche geltend, da der Herzklappenfehler seiner Meinung nach bereits beim Kauf vorhanden gewesen sei.

Denkbare Gewährleistungsansprüche sind der Rücktritt vom Kaufvertrag, Schadensersatz oder auch die Minderung des Kaufpreises. Sämtliche Gewährleistungsrechte setzen voraus, dass der Käufer vor ihrer Ausübung dem Verkäufer des Pferdes – zumindest im Falle der denkbaren Behebung des Mangels – eine angemessene Frist zur Nacherfüllung setzt. Gleichzeitig muss der Käufer darauf hinweisen, dass er nach Verstreichenlassen dieser Frist Gewährleistungsansprüche geltend macht.

Gutachterbeurteilung

Das Pferd wird gutachterlich untersucht. Es wird ein systolisches Herzgeräusch 2. Grades festgestellt. Ursache ist eine geringgradige Mitralklappeninsuffizienz ohne Dimensionsveränderungen des Herzens. Das Herzgeräusch muss beim Verkauf des Pferdes nicht vorhanden gewesen sein. Die Herzklappeninsuffizienz kann sich auch in der darauffolgenden Zeit, beim Käufer, entwickelt haben. Das Gericht hat folgerichtig die Klage abgewiesen.

Begründung

Handelt es sich nicht um einen Verbrauchsgüterkauf, ist grundsätzlich der Käufer dafür beweispflichtig, dass der gerügte Mangel bereits zum Zeitpunkt der Übergabe vorhanden war. Bei einem so genannten Verbrauchsgüterkauf, d. h. ein Verbraucher erwirbt ein Pferd von einem Unternehmer, hat der Bundesgerichtshof am Beispiel des Sommerekzems bereits entschieden, dass die Beweislastumkehr gem. § 476 BGB grundsätzlich auch beim Pferdekauf anwendbar ist.

Unternehmer ist jeder, der dauerhaft und planmäßig Pferde gegen Entgelt am Markt zum Kauf anbietet. Die Grenzen zwischen »noch« Verbraucher und Unternehmer sind häufig fließend. Genaue Zahlen von Pferden, die im Jahr verkauft werden müssen, um Unternehmer zu sein, gibt es nicht. Daher ist bisher jede Entscheidung hierzu eine Einzelfallentscheidung. Zu berücksichtigen ist jedoch immer, dass der Verbraucherschutz im Vordergrund steht. Tritt ein Pferdeverkäufer nach außen hin als Pferdezüchter auf und erweckt so den Rechtsschein, er handele in nicht unerheblichem Umfange mit Pferden, so muss er diesen Rechtsschein gegen sich gelten lassen, auch wenn er in Wirklichkeit nur gelegentlich ein Pferd veräußert. In Zeiten der Omnipräsenz im Internet haben sich die Gerichte häufig mit diesem Problem zu beschäfigen.

Der tiermedizinische Sachverständige bekommt im Rahmen eines Prozesses die Beweisfrage klar gestellt und muss anhanddessen beurteilen, ob der gerügte Mangel bereits zu dem vorgegebenen Zeitpunkt vorlag oder nicht. Anhand der Beweisfrage ist daher bereits ersichtlich, ob das Gericht vom Vorliegen eines Verbrauchsgüterkaufes ausgeht, oder nicht.

10.2.2 Fehlerhafte Befundinterpretation?

Sachverhalt

Im Rahmen einer Kaufuntersuchung stellt ein Tierarzt bei einem Pferd ein »systolisches Herzgeräusch 3. Grades, PM Mitralklappe« fest. Er stellt den Verdacht auf eine Herzerkrankung und empfiehlt eine weiterführende echokardiographische Untersuchung. Der Kaufinteressent nimmt daraufhin Abstand vom Kauf des Pferdes.

Zehn Tage später wird das Pferd erneut von einem anderen Tierarzt untersucht. Bei dieser Untersuchung ist kein Herzgeräusch feststellbar. Der Besitzer des Pferdes macht daraufhin geltend, der die Kaufuntersuchung durchführende Tierarzt habe fehlerhaft befundet. Er macht daher gegen den Tierarzt Schadensersatzansprüche wegen der Erstellung eines falschen Gutachtens geltend.

Der Kaufuntersuchungsvertrag ist ein Werkvertrag. Dies steht im Gegensatz zu der behandelnden Tätigkeit des Tierarztes, die von der Rechtsprechung als Dienstvertrag qualifiziert wird.

Geschuldet wird bei der Kaufuntersuchung im Gegensatz zu der sonstigen Tätigkeit des Tierarztes ein konkreter Erfolg, d. h. die Erstellung eines »richtigen« Gutachtens am Tag der Untersuchung. Ist dieses Gutachten nun falsch, weil ein Befund durch den Tierarzt falsch erhoben wurde, kann der Auftraggeber der Kaufuntersuchung Schadensersatzansprüche gegen den Tierarzt geltend machen. Der Geschädigte ist so zu stellen, als habe der Tierarzt den gerügten Befund richtig erhoben.

Macht der Käufer daher Ansprüche gegen den Tierarzt geltend, sind von diesem sämtliche Unterhaltungskosten für das Pferd (Tierarzt, Hufschmied, Unterstellung etc.) zu erstatten. Im Wege der so genannten Vorteilsausgleichung erhält er im Gegenzug das Pferd. Anderenfalls wäre der Käufer besser gestellt als wenn der Tierarzt richtig befundet hätte.

Gutachterbeurteilung

Der kaufuntersuchende Tierarzt hat sich im vorliegenden Fall nicht fehlerhaft Verhalten. Er hat aufgrund eines Herzgeräusches Käufer und Verkäufer korrekt aufgeklärt und zu einer weiterführenden Untersuchung geraten. Wäre diese durchgeführt worden, wäre festgestellt worden, dass das Pferd keinen krankhaften Herzbefund hatte. Der Tierarzt hat im vorliegenden Fall richtigerweise zu weiteren Untersuchungen geraten. Ein falsches Gutachten lag daher nicht vor.

Begründung

Herzgeräusche können auch ohne pathologischen Herzklappenbefund phasenweise auftreten (z. B. rheologische Veränderungen durch Schmerzen, Hämokonzentration, Infektion usw.). Alleine durch die Auskultation lässt sich nicht feststellen, ob einem Herzgeräusch ein pathologischer Klappenbefund zugrunde liegt. Eine Nachuntersuchung (zumindest auskultatorische Kontrolluntersuchung) sollte nach 1 bis 2 Tagen durchgeführt werden, um zu kontrollieren, ob das Herzgeräusch weiterhin vorhanden ist.

10.2.3 Behandlungsfehler?

Sachverhalt

Bei einem Pferd mit hochgradiger COB entwickelte sich ein Cor pulmonale mit Herzinsuffizienz. Das Pferd war matt, apathisch und zeigte eine Ruhetachykardie, eine Herzarrhythmie, ein systolisches Herzgeräusch, Unterbrust- und Unterbauchödeme. Der Haustierarzt behandelte das Pferd mit Digitalis (Lanicor®, 0,018 mg/Tag) und einem Diuretikum.

Dem Pferd ging es daraufhin zunächst besser. Nach zwei Monaten verschlechterte sich der Zustand jedoch und das Pferd wurde in eine Klinik eingeliefert. Dort wurde das Pferd aufgrund der erfolglosen Behandlung und infausten Prognose euthanasiert.

Der Besitzer machte Schadensersatzansprüche wegen einer kunstfehlerhaft falschen Behandlung gegen den Haustierarzt geltend.

Gutachterbeurteilung

Es bestanden deutliche klinische Symptome für eine schwerwiegende Herzerkrankung. Dies wurde vom Tierarzt richtig beurteilt. Die Behandlung mit Lanicor® entsprach mit überwiegender Wahrscheinlichkeit der ärztlichen Kunst. Der Einsatz von Digitalispräparaten ist bei klinischen Symptomen einer Herzinsuffizienz indiziert. Die Dosierung war korrekt.

Negativ zu beurteilen ist jedoch, dass keine weiterführende kardiologische Untersuchung (EKG, Ultraschall) durchgeführt oder empfohlen wurde, sodass keine genaue Diagnose bekannt war. Dies führte bei der Beurteilung des Falles jedoch nicht zu einem anderen Ergebnis, da die Wahrscheinlichkeit, dass bei genauer Diagnose der Herzerkrankung die Medikamentengabe kontraindiziert war, als äußerst gering zu beurteilen war.

10.2.4 Angeborener Herzfehler?

Sachverhalt

Ein Fohlen wurde ohne Kaufuntersuchung mit 6 Monaten verkauft. Zwei Monate später wurde ein »systolisches Herzgeräusch 4. Grades über der Mitralklappe, 5. Grades über der Trikuspidalklappe« festgestellt. Bei einer Nachuntersuchung vier Monate später war der Auskultationsbefund unverändert. Aufgrund der Auskultation wurde der Verdacht auf einen angeborenen Herzdefekt (Ventrikelseptumdefekt, kombinierter Herzdefekt oder persistierender Ductus arteriosus Botalli) gestellt. Der Käufer machte daher Gewährleistungsansprüche gegen den Verkäufer geltend.

Gutachterbeurteilung

Das Pferd wurde gutachterlich untersucht. Im Rahmen der Auskultation wurde ein holodiastolisches Geräusch 4. Grades über der Mitralklappe auskultiert. Echokardiographisch wurde eine mittelgradige Aorten- und geringgradige Mitralklappeninsuffizienz festgestellt. Diese Klappeninsuffizienzen wurden als wahrscheinlich erworben und nicht angeboren beurteilt. Zum genauen Zeitpunkt der Entstehung der Klappenrückflüsse konnte keine Angabe gemacht werden.

Resultat

Folgerichtig wies das Gericht die Klage des Käufers ab, da ihm der Beweis, dass der gerügte Mangel bereits zum Zeitpunkt der Übergabe zumindest im Keim angelegt war, nicht gelungen ist.

10.2.5 Beeinträchtigung als Dressurpferd durch geringgradige Herzklappeninsuffizienz?

Sachverhalt
Ein L-Dressurpferd wurde ohne Kaufuntersuchung verkauft. Drei Tage nach Übergabe wurde bei dem Pferd ein Herzgeräusch festgestellt. Aufgrund des Verdachtes auf einen Herzfehler wurde das Pferd in eine Klinik überwiesen. Dort wurden ein »holosystolisches Herzgeräusch 3. Grades« und eine »geringgradige Turbulenz an der Mitralklappe« festgestellt, sodass die Diagnose »Mitralklappeninsuffizienz« gestellt wurde.

Der Käufer trat daraufhin nach erfolgloser Aufforderung zur Nachbesserung vom Kauf zurück. Dies begründete er damit, dass das Pferd mangelhaft und als Dressurpferd aufgrund des Herzbefundes ungeeignet sei. Dieser Mangel sei bereits beim Kauf vorhanden gewesen. Der Verkäufer behauptete hingegen, dass der Herzbefund beim Verkauf nicht vorhanden gewesen wäre. Darüber hinaus liege wenn nur ein unbeachtlicher Mangel vor, der das Pferd als Dressurpferd nicht einschränke.

Gutachterbeurteilung
Das Pferd wurde gutachterlich untersucht. Bei der Untersuchung wurde ein holodiastolisches Herzgeräusch 3. Grades mit PM über der Aortenklappe festgestellt. Echokardiographisch zeigten sich eine mittel- bis hochgradige Aortenklappeninsuffizienz mit Vergrößerung des linken Ventrikels sowie eine geringgradige Mitralklappeninsuffizienz.

Die Mitralklappeninsuffizienz war geringgradig ohne Dimensionsveränderungen des linken Vorhofes. Somit lag sehr wahrscheinlich keine Leistungsbeeinträchtigung vor.

Die Aortenklappeninsuffizienz hatte jedoch bereits zu hämodynamischen Auswirkungen am Herzen geführt (Dilatation des linken Ventrikels). Eine Leistungsbeeinträchtigung als Dressurpferd war daher bei hohen Belastungen zu erwarten. Beide Befunde waren mit hoher Wahrscheinlichkeit bereits zum Zeitpunkt der Übergabe vorhanden.

Resultat
Das Gericht ist daher davon ausgegangen, dass der Mangel im Keim bei Übergabe angelegt war und hat der Klage stattgegeben. Der Kauf musste daher rückabgewickelt werden.

10.2.6 Leidet das Pferd an einem Herzfehler?

Sachverhalt
Ein Pferd wurde verkauft. Bei der Kaufuntersuchung wurden keine krankhaften Befunde erhoben. Der Herz-Kreislauf-Apparat wurde als »o.b.B.« beurteilt. Drei Wochen später entwickelte das Pferd eine Pilzinfektion. Bei der Allgemeinuntersuchung stellte die Haustierärztin ein »Herzgeräusch 2. Grades« fest.

Der Käufer machte daraufhin beim Verkäufer Gewährleisungsrechte geltend. Zur Begründung führte er aus, das Pferd leide unter einem Herzfehler, welcher bereits bei Übergabe vorhanden gewesen sei.

Gutachterbeurteilung
Das Pferd wurde gutachterlich untersucht. Es lag kein Herzgeräusch vor und echokardiographisch wurden an den Herzklappen keine krankhaften Befunde festgestellt. Der Käufer konnte daher den Nachweis, dass überhaupt ein Mangel vorlag, geschweige denn zum Zeitpunkt der Übergabe, nicht erbringen.

Resultat
Die Klage wurde abgewiesen.

10.2.7 Senkt ein Herzfehler bei einem 20-jährigen Freizeitpferd den Marktwert?

Sachverhalt
Die Käuferin eines Freizeitpferdes lies dieses impfen. Die Tierärztin stellte bei der Allgemeinuntersuchung einen Herzfehler fest, ohne diesen näher darzulegen. Die Käuferin machte daraufhin nicht nur das ihr bis dahin angeblich unbekannte hohe Alter der Stute als Mangel geltend, sondern darüber hinaus auch den gerügten – nicht näher bezeichneten – Herzfehler. Sie behauptete, das Pferd habe wegen des hohen Alters und wegen des Herzfehlers einen Wert, der auf Null gemindert sei. Aus diesem Grund forderte sie den vermeintlich zu viel gezahlten Kaufpreis (1400 €) zurück.

Gutachterbeurteilung
Das Pferd wurde gutachterlich untersucht. Ein Herzfehler wurde nicht festgestellt. Das geschätzte Zahnalter lag zwischen 15 und 20 Jahren. In einem weiteren Schritt musste dann ein öffentlich bestellter und vereidigter Sachverständiger für Pferdezucht und -haltung den Wert der Stute zum Übergabezeitpunkt nach dem von der tiermedizinischen Sachverständigen ermittelten Alter bestimmen. Der Sachverständige kam zu dem Ergebnis, dass die voll reitbare Stute selbst im Alter von 20 Jahren noch einen Marktwert von 1400 € hatte.

Resultat
Das Gericht wies die Klage ab.

10.2.8 Vorliegen eines angelegten Herzfehlers

Sachverhalt

Ein 6 Monate altes Fohlen wurde über eine Auktion verkauft. 2,5 Jahre später wurde bei dem Pferd ein Herzgeräusch festgestellt. Eine weiterführende Untersuchung ergab das Vorliegen eines Ventrikelseptumdefektes. Der Käufer will das Pferd zurückgeben, da der Befund zum Zeitpunkt der Auktion schon vorgelegen habe.

Gutachterbeurteilung

Da es sich um einen angeborenen Defekt handelt, war er auch zum Auktionszeitpunkt schon vorhanden.

Resultat

Der Bundesgerichtshof entschied in diesem Fall, dass ein angeborener Herzfehler zum Rücktritt vom Kaufvertrag berechtigt. Der Ersteigerer konnte das Fohlen daher aufgrund der gesundheitlichen Problematik trotz anderslautender Auktionsbedingungen zurückgeben, denn diese sah der Bundesgerichtshof in entscheidenden Punkten als unwirksam an. Vielmehr führte das Gericht aus, dass ein noch nicht »benutztes« Fohlen im Alter von sechs Monaten als »neu« anzusehen sei, sodass bei dem Verkauf von einem Unternehmer an einen Verbraucher die Verjährung nicht wirksam begrenzt werden konnte.

Zusammenfassend kann festgestellt werden, dass kardiologische Fälle selten die Gerichte beschäftigen – ganz im Gegenteil zu beispielsweise orthopädischen. Dennoch sollte gerade bei der Kaufuntersuchung sorgsam untersucht und vor allem dokumentiert werden, um im Falle eines Rechtsstreites gewappnet zu sein.

Literatur

ADOLPHSEN: Haftungsrechtliche Aspekte der veterinärmedizinischen Kaufuntersuchung von Pferden. VersR 2003, S. 1088 ff.

AG Braunschweig, Urteil vom 25. 03. 2009, Az. 120 C 132/07.

Beschluss des BGH vom 05. 02. 2008, Az. VIII ZR 94/07.

BGH, Urteil vom 15. 11. 2006, Az. VIII ZR 3/06.

BGH, Urteil vom 22. 12. 2004, Az. VIII ZR 91/04 (OLG Koblenz).

GEHLEN, H., P. STADLER (2007): Herz-Kreislauf-Untersuchung des Pferdes. Relevanz und forensische Bedeutung. Pferdespiegel. 1: 17–23.

OLG Hamm, OLGR 1997, S. 191 ff; OLG Hamm, Urteil vom 05. 07. 2005, Az. 26 U 2/05.

OLG Frankfurt, Urteil vom 10. 05. 1990, Az. 3 U 52/88; OVG Münster, Beschluss vom 06. 03. 1996, Az. 13 A 638/95.

OLG Saarbrücken, Urteil vom 17. 01. 1989, Az. 7 U 138/87.

OLG Schleswig, VersR 1987, S. 624 ff; OLG Köln, NJW-RR 1992, S. 49 ff.

OLG Schleswig, VersR 1997, S. 1025 ff; OLG Oldenburg, Urteil vom 09. 09. 1997, Az. 9 U 36/97.

OLG Düsseldorf, Urteil vom 19. 09. 2002, Az. 8 U 109/01.

OLG Hamm Urteil vom 29. 03. 2006, Az. VIII ZR 173/05.

WESTERMANN, H. (2005): Zu den Gewährleistungsansprüchen des Pferdekäufers. ZGS, S. 342 ff.

11 Kardiovaskuläre Zwischenfälle bei Sedierung und Narkose

Heidrun Gehlen, Jean-Claude Ionita

Die häufigsten Zwischenfälle während einer Sedierung oder Narkose sind respiratorischer oder kardiovaskulärer Art. Sie können sowohl bei der präanästhetischen Sedierung, bei der Narkoseeinleitung, bei der Unterhaltung als auch bei der Aufstehphase vorkommen. Meistens sind diese Komplikationen Folgen von medikamentösen (Narkotika) Nebenwirkungen. Narkosezwischenfälle können aber auch durch eine unphysiologische Operationslagerung, vorbestehende Erkrankungen des pulmonalen oder kardiovaskulären Systemes sowie durch homöostatische Störungen hervorgerufen bzw. verstärkt werden.

Verschiedene chirurgische Eingriffe können ebenfalls einen negativen Effekt auf das Herz-Kreislauf-System haben, mit Auftreten von Arrhythmien (z. B. bei Operationem am Auge durch Auslösung des okkulokardialen Reflexes) oder spontanem Bludruckabfall (z. B. bei Abdominalchirurgie durch Reizung des Plexus coeliacus, des N. splanchnicus oder durch Gekrösezug).

Insbesondere die kardiovaskulären Narkosekomplikationen sind gefürchtet, weil sie zu einer Sauerstoffunterversorgung lebenswichtiger Organe führen können und dann Lebensgefahr für den Patienten besteht. Eine gründliche präanästhetische Allgemeinuntersuchung, ein Blutbild sowie grundlegende pharmakokinetische und pathophysiologische Kenntnisse sind erforderlich, um Risikopatienten frühzeitig zu erkennen und Narkosezwischenfälle zu minimieren. Werden bei der Narkosevoruntersuchung Herzrhythmusstörungen oder Herzgeräusche festgestellt, sollte der Pferdebesitzer über das erhöhte Narkoserisiko aufgeklärt werden. Handelt es sich um elektive Eingriffe, sollte zunächst eine weiterführende kardiologische Untersuchung (EKG, Echokardiographie) angestrebt und der operative Eingriff verschoben werden. Einige Herzrhythmusstörungen lassen sich im Rahmen einer normalen Allgemeinanästhesie gut managen. In anderen Fällen muss jedoch die Anästhesietechnik angepasst werden.

Um die Vitalparameter des Patienten während der Narkose optimal zu überwachen, sind tragbare Anästhesiemonitore auch für die Praxis sehr gut geeignet (Abb. 11.1). Die Anschaffung solcher Geräte kann sich in vielen Fällen schnell amortisieren, da durch ein adäquates Narkosemonitoring viele (evtl. auch tödliche) Narkosezwischenfälle verhindert werden können. Da fast alle Narkosekomplikationen ein schnelles medikamentelles Eingreifen erfordern, ist es extrem wichtig, dass bei jeder Narkose die Notfallmedikamente in Reichweite zur Verfügung stehen. Dies gilt auch bei Sedierungen, bei denen es ebenfalls zu Herz-Kreislauf-Störungen kommen kann.

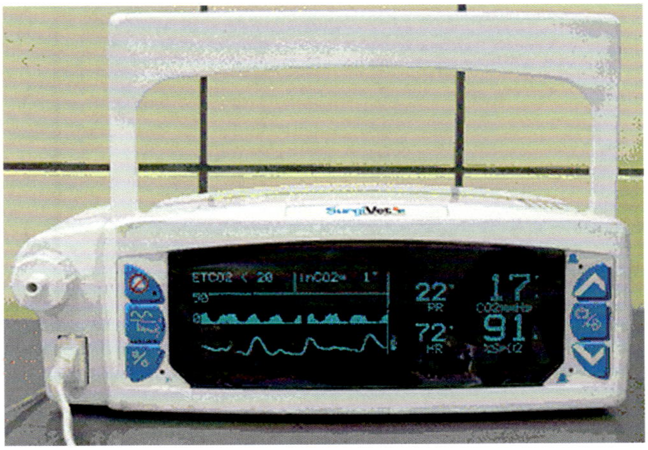

Abb. 11.1:
Tragbarer Anästhesiemonitor mit Kapnographie, Pulsoxymetrie, Herzfrequenz- und Atemfrequenzmessung.

Nachfolgend werden die häufigsten kardiovaskulären Narkose- bzw. Sedierungskomplikationen sowie deren Ursachen und Vorbeugung sowie Behandlung besprochen.

11.1 Narkosekomplikationen

11.1.1 Hypotension

Der Blutdruck wird als die zur Seite gerichtete Kraft pro Gefäßoberflächeneinheit definiert. Bei normalem Blutdruck wird eine adäquate Durchblutung der peripheren Organe gewährleistet. Somit ist er für die Homöostase von zentraler Bedeutung. Es wird zwischen diastolischem, mittlerem und systolischem Blutdruck unterschieden. Die Normalwerte während der Narkose sind beim Pferd diastolisch 50–60 mmHg, mittel 70–80 mmHg und systolisch 100–120 mmHg. Abhängig ist der Blutdruck von der Herzfrequenz, dem Schlagvolumen und dem peripheren Gefäßwiderstand, wie auch die folgende Formel zeigt:

artBD = Herzfrequenz × Schlagvolumen × peripherer Gefäßwiderstand

artBD = arterieller Blutdruck

Aus dieser Formel wird ersichtlich, dass der Blutdruck bei einer erhöhten Herzfrequenz und bei Vasokonstriktion steigt. Auch die Inotropie des Myokards und das intravasale Blutvolumen sind stark positiv mit dem Blutdruck korreliert. Das Zusammenspiel dieser Parameter ermöglicht eine Vielzahl von Kompensationsmechanismen. Wenn das Blutvolumen z. B. durch einen Blutverlust erniedrigt ist, werden die anderen Parameter erhöht, um den Blutdruck im physiologischen Bereich zu behalten.

Reguliert wird der Blutdruck durch verschiedene physiologische Mechanismen wie das Renin-Angiotensin-Aldosteron-System (RAAS) und das Zusammenspiel von Sympathikus und Parasympathikus.

Die Blutdruckmessung kann entweder indirekt (nicht invasiv) mit einer Manschette oder direkt (invasiv) mit einem intraarteriellen Katheter durchgeführt werden. Auch die Palpation des Pulses an der Arteria facialis liefert Hinweise über den Blutdruck.

11

Wenn der mittlere arterielle Blutdruckwert unter 70 mmHg fällt, spricht man von einer Hypotension. Bei ausgeprägter Hypotension sind die peripheren Organe, insbesondere die Muskulatur, nicht mehr ausreichend perfundiert. Dadurch läuft der Stoffwechsel anaerob, sodass eine metabolische Azidose entsteht. Im Liegen werden die Muskeln zusätzlich durch das Eigengewicht des Pferdes stark komprimiert. Mangelnde oder fehlende Polsterung und Maßnahmen zur Blutdruckerhöhung können zu postoperativen Myositiden (postanästhetische Myopathien) führen. Diese stellen die häufigste Folge der Hypotension in Narkose dar. Klinisch erkennt man eine starke Hypotension durch einen schwachen Puls, blasse Maulschleimhäute, kalte Extremitäten und eine verlängerte kapilläre Füllungszeit.

Ursachen

Der Blutdruckabfall in der Narkose hat viele mögliche Ursachen. Eine wichtige Rolle spielt die medikamentös bedingte Hypotension. Fast alle Anästhetika wirken hypotensiv. Zu erwähnen sind insbesondere Phenothiazine (Acepromazin), α_2-Agonisten (Xylazin, Detomidin und Romifidin), Barbiturate (Thiopental) und die Inhalationsanästhetika (Isofluran). Auch bestimmte präoperativ verabreichte Medikamente können depressiv auf dem Blutdruck wirken. Penicillin (200.000 bis 300.000 IE/kg IV) verursacht z. B. innerhalb weniger Minuten eine transiente, aber relative starke Hypotension, und sollte deswegen mindestens 30 Minuten vor der Narkoseeinleitung verabreicht werden.

Andere häufige Ursachen für Hypotensionen sind Schockzustände. Befindet sich der Patient bereits präoperativ im Schockzustand handelt es sich in der Regel um Notfalloperationen (z. B. Verletzung mit Blutverlust, Kolik). Wichtig ist es präoperativ die Art des Schockgeschehens (z. B. hypovolämisch, anaphylaktisch, kardiogen) festzustellen, um den Patienten sowohl vor, als auch während und nach der Operation medikamentell optimal zu managen. Der hypovolämische Schock kommt am häufigsten vor. Durch den Volumenmangel sinkt das Schlagvolumen drastisch und kann je nach Ausmaß des Volumenverlustes (ab etwa 20 % des gesamten Plasmavolumens) kaum noch oder gar nicht mehr durch die anderen kardiovaskulären Kompensierungsmöglichkeiten ausgeglichen werden.

Auch stark bradykarde Pferde können hypotensiv werden. Infolge hoher Dosierungen von α_2-Agonisten können Patienten intraoperativ gehäuft AV-Blöcke II. Grades entwickeln. Dadurch können das Herzminutenvolumen und der Blutdruck in gefährlich niedrige Bereiche sinken.

Im Gegensatz zu den Kleintieren ist die Niereninsuffizienz infolge von Blutdruckabfall beim Pferd kaum relevant. In extremen Fällen der Hypotension können jedoch Myokard- und/oder ZNS-Schäden entstehen.

Maßnahmen

Wenn das Pferd in Inhalationsnarkose liegt, sollte bei Hypotensionen als erstes die Isoflurankonzentration herabgesetzt werden. Die weitere Therapie der Hypotension zielt auf eine Erhöhung der Herzaktion durch positiv inotrop wirkende Stoffe ab (Tab. 11.1). Bei kardiovaskulär stabilen Patienten reicht häufig eine Dauertropfinfusion mit Dobutamin

Tabelle 11.1: Therapeutika bei Hypotension (DTI: Dauertropfinfusion).

Medikament	Dosierung	Verabreichungsart	Nebenwirkungen
Dobutamin	1–10 µg/kg/min i. v.	DTI: 250 mg in 1 l 5 %iger Glukose-Lösung je nach Wirkung	Tachykardie
Atropin	0,01 mg/kg i. m. oder 1 µg/kg i. v.	Präoperativ: i. m. Intraoperativ: i. v.	Dickdarmverstopfung
Adrenalin	0,01–0,02 mg/kg i. v.	DTI:10 mg in 1 l 0,9 %iger NaCl-Lösung je nach Wirkung	Tachyarrhythmien
Ringer	10–20 ml/kg/h i. v.	DTI: die höhere Dosierung beim Schockpatienten	Lungenödem bei Überdosierung (Fohlen und Ponys)
7,5 %ige NaCl-Lösung	4 ml/kg i. v.	Einmalige schnelle i.v.-Infusion über 15 Minuten	Hyperchlorämische Azidose, Verdünnungseffekt
HES	max. 2 ml/kg/h i. v.	DTI: maximal 10 ml/kg pro 24h	Gerinnungsstörung

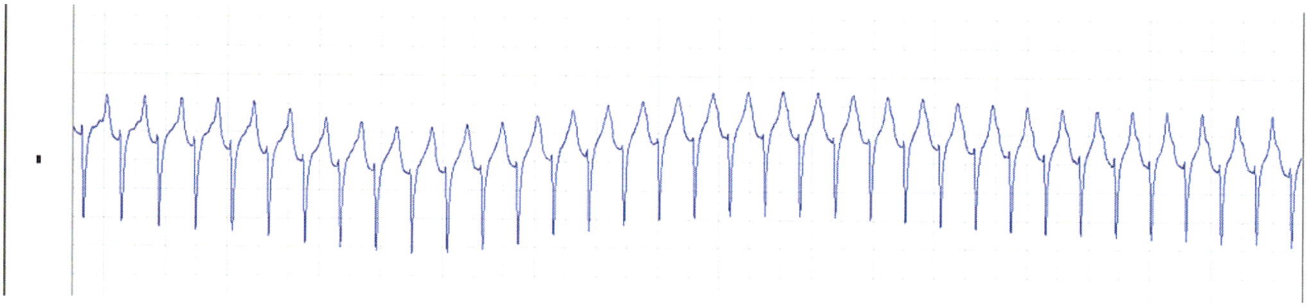

Abb. 11.2:
Intraoperative Tachykardie bei Dobutamin-Überdosierung.

(β_1-Agonist, Dosierung 1,25–2,5 mg/kg/min) aus, um den herzkreislaufdepressiven Effekten der Anästhetika entgegenzuwirken. Zusätzlich wird empfohlen, eine isotonische Elektrolytlösung (z. B. Ringer-Lösung), für den Erhaltungsbedarf zu infundieren. Dopamin sollte wegen seiner stark tachykarden Wirkung nicht verwendet werden.

Bei Schockpatienten reicht Dobutamin meistens nicht aus, um die Hypotension ausreichend zu bekämpfen. In diesen Fällen ist eine aggressive Flüssigkeitsersatztherapie notwendig.

Bei extremen Hypovolämien kann prä- oder intraoperativ eine 7,5 %ige Kochsalzlösung schnell intravenös infundiert werden. Dies erhöht das Plasmavolumen sehr schnell und effizient. Da die Wirkung jedoch nur kurz dauert, sollte zusätzlich eine Kolloid-Lösung verabreicht werden. Sehr gut beim Pferd geeignet ist die Infusion von HES, die eine mehrere Stunden dauernde Plasmaexpansion bewirkt.

Adrenalin sollte nur bei extremer Hypotension (in 1 l isotonischer Elektrolytlösung verdünnt) infundiert werden.

Bei ausgeprägter Bradykardie muss Atropin präoperativ intramuskulär oder intravenös (0,002 mg/kg i. v.). injiziert werden. Wenn die Bradykardie aber erst intraoperativ auftritt, kann Atropin dann intravenös appliziert werden. Wegen der Dickdarmverstopfungsgefahr infolge der Parasympathikolyse sollte das Pferd noch 12 Stunden postoperativ fasten.

11.1.2 Hypertension

Die Hypertension ist fast immer Folge einer unzureichenden Narkosetiefe, einer ungenügenden Analgesie oder einer Hyperkapnie. Meistens hat die Hypertension kaum klinische Bedeutung. Die Therapie richtet sich nach der Ursache: Narkosetiefe durch kleine Ketaminboli erhöhen und bei Hypoventilation die Tiere beatmen.

11.1.3 Bradykardie

Die Bradykardie, definiert beim erwachsenen Warmblutpferd als ein »Absinken der Herzfrequenz unter 28 Schläge pro Minute«, ist häufig medikamentös bedingt. Vor allem α_2-Agonisten können die Herzfrequenz drastisch herabsetzen und zu einem verstärkten Auftreten von AV-Blöcken II. Grades führen. Nach intravenöser Injektion kann sich die Herzfrequenz innerhalb weniger Minuten um die Hälfte oder noch weniger reduzieren. Dieser Effekt ist jedoch nur transient und erfordert beim gesunden Pferd keine weiteren Maßnahmen. Wenn das Pferd aber zuvor schon bradykard war, kann es zu einem Kollaps kommen. In diesem Fall ist Atropin präoperativ indiziert.

11.1.4 Tachykardie

Intraoperative Tachykardien sind wie die Hypertension meistens schmerzbedingt. Schmerz löst eine Katecholaminausschüttung aus, was eine Herzfrequenzerhöhung bewirkt. Die Tachykardie kann aber auch kompensatorisch bei einer starken Hypotension vorkommen. In diesem Fall muss die Hypotension behandelt werden.

Als andere häufige Ursachen sind die intraoperativ vorkommende Hyperkapnie und die Hypoxie zu erwähnen. In diesen Fällen sollte das Pferd beatmet und somit das Sauerstoffangebot erhöht werden.

Nach einer Überdosierung von Dobutamin kann es ebenfalls zu Tachykardien kommen (Abb. 11.2).

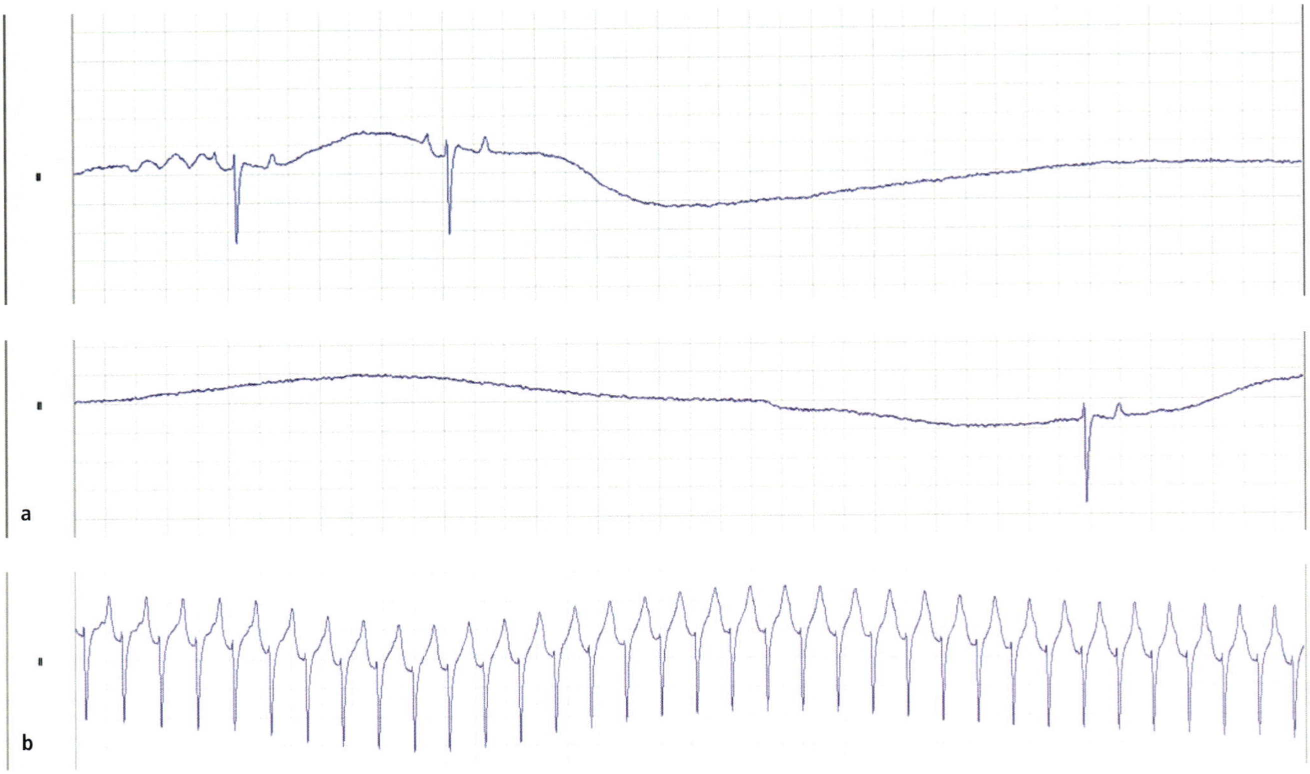

Abb. 11.3a, b:
Intraoperativer Herzstillstand. Initial wurden eine Bradykardie (24 Schläge/min) und gehäuft AV-Blöcke II. Grades beobachtet. Unter Dobutamininfusion sank die Herzfrequenz auf 16 Schläge/min gefolgt von dem hypotensionsbedingten Herzstillstand (**a**). Die intravenöse Applikation von Adrenalin und Atropin erzielte einen geregelten Sinusrhythmus (**b**, zunächst tachykard, dann normofrequent).

11.1.5 Herzarrhythmien

Allgemein gilt, dass Pferde, bei denen eine potentiell gefährliche Herzarrhythmie bei der präanästhetischen Untersuchung festgestellt wurde, besser mit Acepromazin (0,05–0,08 mg/kg i. v.) sediert werden sollten. Dieser Wirkstoff hat eine stabilisierende Wirkung auf das Myokard und reduziert damit die Risiken einer Verstärkung der Arrhythmie während der Narkose.

Um die durch Acepromazin verursachte Hypotension zu reduzieren und trotzdem eine adäquate Sedierung zu schaffen, sollte es mit Butorphanol (0,03–0,05 mg/kg i. v.) oder mit dem Methadonderivat L-Polamidon (0,05 mg/kg i. v.) kombiniert werden.

Ventrikuläre Extrasystolen

Tachykarde ventrikuläre Extrasystolen können nach Dobutaminüberdosierung vorkommen. In diesen Fällen reicht das Abstellen der Dobutamininfusion aus. Falls die Ursache für die ventrikulären Extrasystolen nicht bekannt ist und sie gehäuft auftreten, kann Lidocain (10 ml i. v. einer 2 %igen Lösung für ein Pferd mit 500 kg) verabreicht werden.

Sinusarrhythmie

Sinusarrhythmien sind die während der Narkose am häufigsten vorkommenden Herzarrhythmien. Sie sind meistens anästhetikabedingt und verschwinden von allein wieder. Dobutamin kann bei höheren Dosierungen auch zu solchen Arrhythmien führen, die nach dem Abstellen oder Herabsetzung der Dauertropfinfusion sistieren.

Vorhofflimmern

Vorhofflimmern besteht in den meisten Fällen bereits vor einer Narkose. Die Ursachen dafür werden im Kapitel 6.2.3 besprochen.

Es wird empfohlen, die Pferde vor der Narkose mit Chinidinsulfat zu behandeln. Eine intraoperative Behandlung ist für den Patienten potentiell gefährlich.

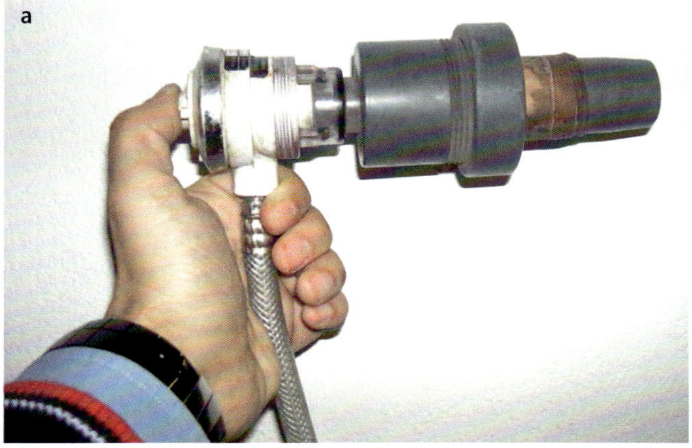
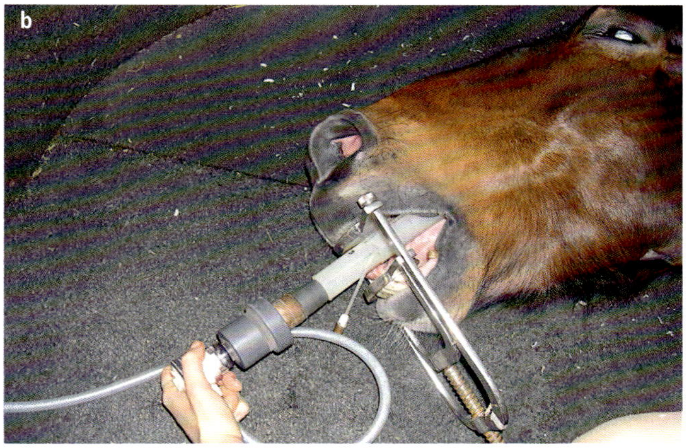

Abb. 11.4a, b:
Demand-Ventil zur passiven Beatmung mit 100 % Sauerstoff.

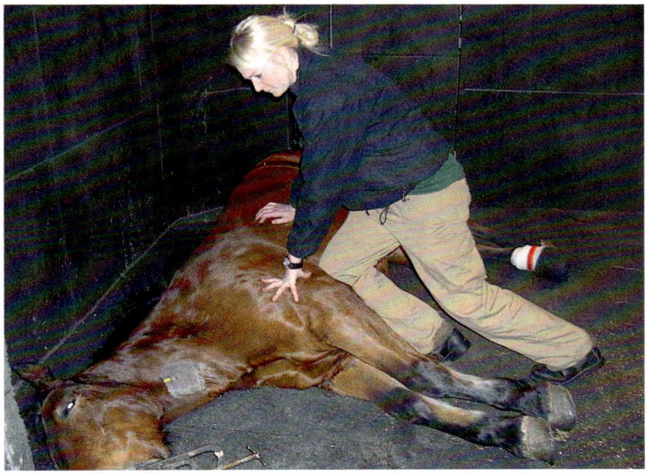

Abb. 11.5:
Äußere Herzmassage bei Herzstillstand.

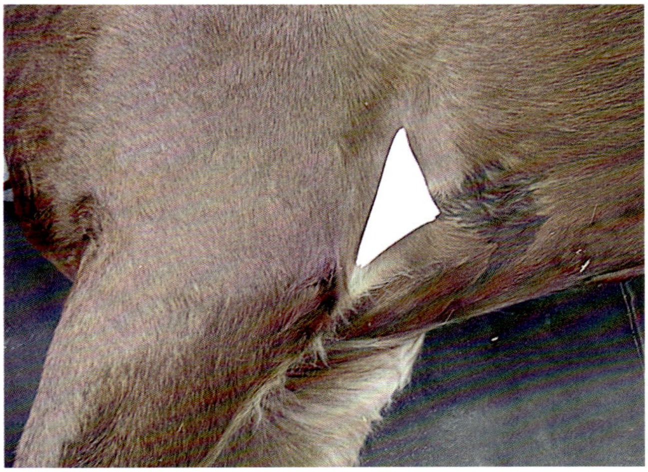

Abb. 11.6:
Punktionsstelle für die intrakardiale Applikation von Adrenalin bei einem Herzstillstand.

11.1.6 Herzstillstand

Ursachen

Die Ursachen für einen Herzstillstand in Narkose sind vielfältig. Eine Hypoxie spielt dabei sehr häufig eine zentrale Rolle. Zusätzlich können auch eine Hyperkapnie, eine Endotoxämie, Überdosierungen von Narkosemitteln und die bereits erwähnten kardiovaskulären Komplikationen einen Herzstillstand verursachen. Oft resultiert der Herzstillstand aus einer Kombination von mehreren Einzelfaktoren, die nicht früh genug erkannt und korrigiert wurden. In manchen Fällen kann die Ursache aber nicht bestimmt werden.

Wegen der meist fehlenden apparativen Überwachung des Patienten unter Praxisbedingungen ist es häufig schwer, einen Herzstillstand frühzeitig zu identifizieren, was zum Tod des Patienten führen kann.

Erkennbar ist der Herzstillstand klinisch durch einen fehlenden Puls, abwesende Herztöne, blasse Schleimhäute (die schnell zyanotisch werden), ein agonales Atemmuster (unregelmäßige und ungleichmäßige Atemzüge), fehlende Augenreflexe und eine schnell auftretende Mydriasis. Im EKG stellt sich die Nulllinie ohne P-QRS-T-Komplexe dar (Abb. 11.3a, b).

Therapie

Bei einem Herzstillstand muss die Therapie so schnell wie möglich eingeleitet werden, da nur wenige Minuten für eine eventuell erfolgreiche Wiederbelebung zur Verfügung stehen. Andernfalls können hypoxiebedingte irreversible Schäden im Gehirn und im Herzen entstehen, was einen Behandlungserfolg aussichtslos macht.

Es soll methodisch und sehr schnell gearbeitet werden. Als erstes sollte wenn möglich eine ausreichende Sauerstoffversorgung gewährleistet werden. Für diesen Zweck sollte das Pferd am besten intubiert (oro- oder nasotracheal) und z. B. mit einem Demand-Ventil mit 100 % Sauerstoff (Sauerstoffflasche) beatmet werden (Abb. 11.4a, b). Eine aktive Sauerstoffinsufflation über die Nase ist meistens nicht ausreichend.

Als nächstes muss eine externe Herzmassage am besten durch ein bis zwei weitere kräftige Personen eingeleitet werden. Diese erfolgt etwa 60 Mal pro Minute durch intensive äußere Thoraxkompressionen mit dem Knie im Bereich des Herzens (Abb. 11.5). Gleichzeitig sollte Adrenalin intravenös verabreicht werden (2–5 mg für ein 500 kg Pferd bzw. 1–3 mg/kg in 20 ml NaCl i. v.). Wenn innerhalb von 2 Minuten noch keine Herzaktion festzustellen ist, sollte Adrenalin verdünnt intrakardial injiziert werden (5 mg pro 500 kg Pferd, Abb. 11.6). Für die Herzpunktion ist eine mindestens 10 cm lange Nadel erforderlich (linke Thoraxseite, 4. bis 5. Interkostalraum, ca. 2–3 fingerbreit oberhalb der V. epigastrica cran.).

Nach Einsetzen der Herzaktion (initial meist deutlich tachykard, Abb. 11.2) sollte zusätzlich eine herzkreislaufunterstützende Behandlung eingeleitet werden. Bilanzierte Elektrolytlösungen (mindestens 20 ml/kg), 8,4 % Natrium-Bikarbonat-Lösung (250–500 ml für 500 kg Pferd, in schnellen Tropf), 24 % Kalziumglukonat-Lösung (etwa 500 ml in langsamen Tropf; Cave: nicht mit Bikarbonat mischen!) und Dobutamin (je nach Wirkung, siehe Hypotension, Kap. 11.1.1) sollten separat und nach Bedarf intravenös infundiert werden. Zwei Venenkatheter sind in diesen Fällen hilfreich.

Literatur

GRUBB, T. L. und W. W. MUIR (1998): Anaesthetic complications and emergencies – Part 1. Equine Vet Education. 10 (2): 98–109.

SCHATZMANN, U. (1995): Sedation und Anästhesie des Pferdes. Blackwell Wissenschaftsverlag, Berlin, 162–183.

EVANS, A. T., D. V. WILSON (2007): Anesthetic Emergencies and Procedures. In: Lumb and Jones' Veterinary Anesthesia and Analgesia. 4th Edition. Blackwell Publishing. 1033–1048.

12 Gefäßerkrankungen

Heidrun Gehlen, Peter Stadler

Erkrankungen, die an den Gefäßen des Pferdes häufig auftreten, sind Thrombosen und Thrombembolien sowie entzündliche und infektiöse Erkrankungen. Dabei wird differenziert, ob arterielle oder venöse Gefäße betroffen sind. Seltener sind dagegen Gefäßrupturen, angeborene Gefäßdefekte oder auch tumoröse Gefäßveränderungen.

12.1 Gefäßthrombosen

12.1.1 Jugularvenenthrombose

Ätiologie

Die Thrombophlebitis der Vena jugularis gehört zu den häufigsten iatrogenen Komplikationen beim Pferd. Beim Pferd wird die Vena jugularis externa zur intravenösen Injektion von Medikamenten sowie (alternativ zur Vena epigastrica cranialis superficialis) zu Infusionszwecken verwendet. Je nach Venenreizungspotential des Medikamentes ist selbst bei aseptischer Vorbereitung der Injektionsstelle, sterilem Injektionsmaterial, sterilen Injektionslösungen und einer einwandfreien Injektionstechnik eine Gefahr der Intimareizung gegeben. Der Grad der Intimaschädigung mit nachfolgender Thromboseentwicklung hängt unter anderem von der Konzentration des injizierten Präparates und der Injektionsgeschwindigkeit ab.

Darüber hinaus ist auch das Material des eingesetzten Venenverweilkatheters von Bedeutung. Eine mechanische Irritation der Intima ist insbesondere durch wenig elastische Katheter aus Polypropylen, Polyethylen und Polytetrafluoroethylen (Teflon) gegeben. Weniger reizend sind Venenverweilkatheter aus Silikon, Nylon oder Polyvinylchlorid. Mittlerweile gilt Polyurethan aufgrund seiner sehr glatten Oberfläche sowie seiner Thermoelastizität als das zu bevorzugende Material (Abb. 12.1, Tab. 12.1). Darüberhinaus kann bei einer mechanisch oder chemisch gereizten Intima die fibrinolytische Aktivität der Venenwand vermindert sein und somit eine progressive Gerinnung fördern. Schwerkranke Pferde mit Schocksymptomatik können überdies eine Hyperkoagulabilität durch den Verbrauch von Gerinnungsfaktoren und Antithrombin III (DIC = disseminierte intravasale Koagulopathie) und dadurch eine gesteigerte Thrombosebereitschaft entwickeln, d. h. die Venenthrombose kann auch ohne jegliches Gefäßtrauma aufgrund von Koagulationsstörungen entstehen. So ist es möglich, dass z. B. bei einer Behandlung eines Kolikpatienten über eine Braunüle in der rechten Jugularvene kurze Zeit später eine Thrombose in der linken Jugularvene

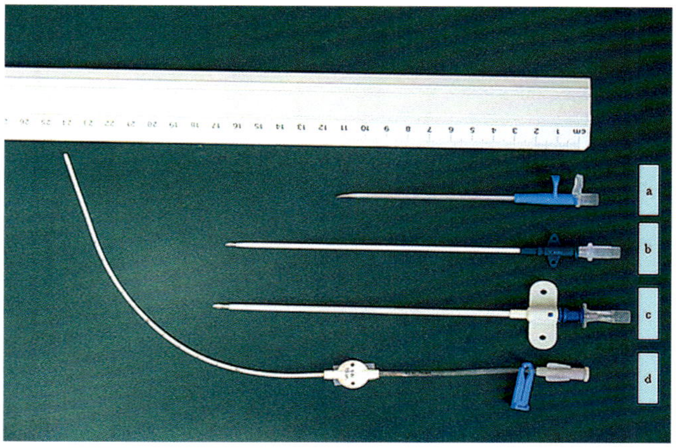

Abb. 12.1:
Beim Pferd verwendete Venenverweilkatheter. Von oben nach unten: **a** Vygonüle®, **b** Milacath®, **c** Equicath™, **d** BD Careflow™.

entstehen kann, obwohl diese Vene nicht für Therapiezwecke genutzt wurde.

Mögliche Ursachen für die Entstehung einer septischen Thrombophlebitis sind unzureichende oder fehlende Desinfektion der Injektions- bzw. Infusionstelle, unsauberes Arbeiten sowie unsterile Kanülen und kontaminierte Injektions- oder Infusionslösungen. Im Rahmen einer generalisierten Septikämie kann es auch zu einer septischen Thrombophlebitis kommen.

Tabelle 12.1: Beim Pferd verwendete Venenverweilkatheter.

Produkt	Hersteller	Material	Durchmesser, Durchflussrate
Equicath™	B. Braun Vet Care GmbH, Tuttlingen	Polyurethan	8–12 G 650–450 ml/min
BD Careflow™	Becton Dickinson Critical Care Systems Pte Ltd., Singapur	Polyurethan	1,75×150 mm/ 65 ml/min 2,4×200 mm/ 149 ml/min
Milacath®	Mila International Inc., USA	Polyurethan	12–16 G 650–250 ml/min
Vygonüle®	Vygon GmbH & Co. KG, Aachen	PTFE	12–14 G 450–300 ml/min

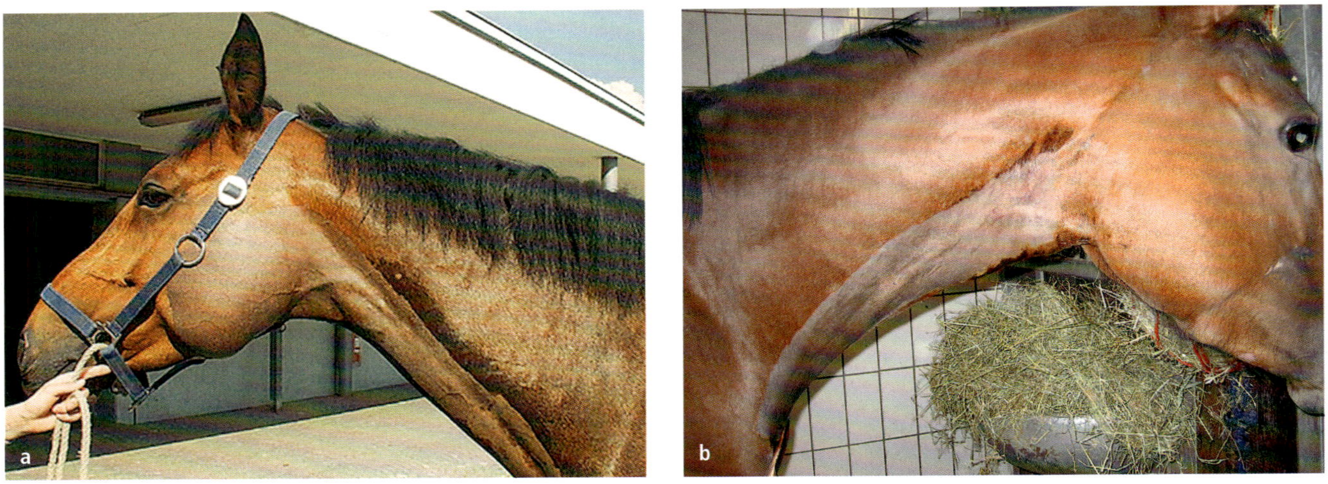

Abb. 12.2a, b:
Vollständig thrombosierte Vena jugularis, die als Strang im Sulcus jugularis hervortritt und zu palpieren ist.
a 5 Tage nach einer Infusionsbehandlung.
b 3 Tage nach einer Infusionsbehandlung.

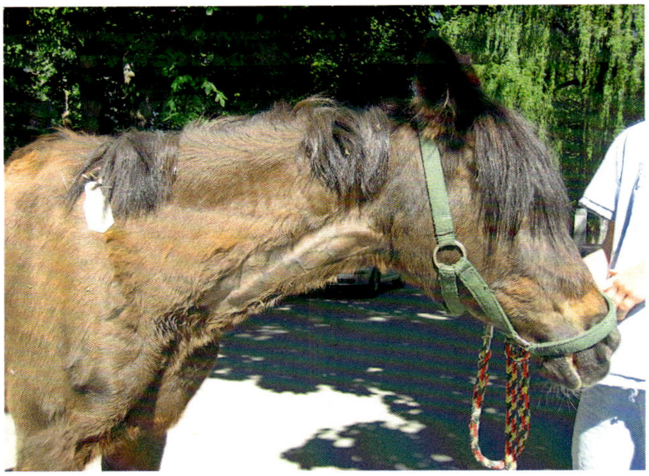

Abb. 12.3:
Vollständig thrombosierte Vena jugularis ca. 6 Monate nach intravenöser Injektion eines Antibiotikums.

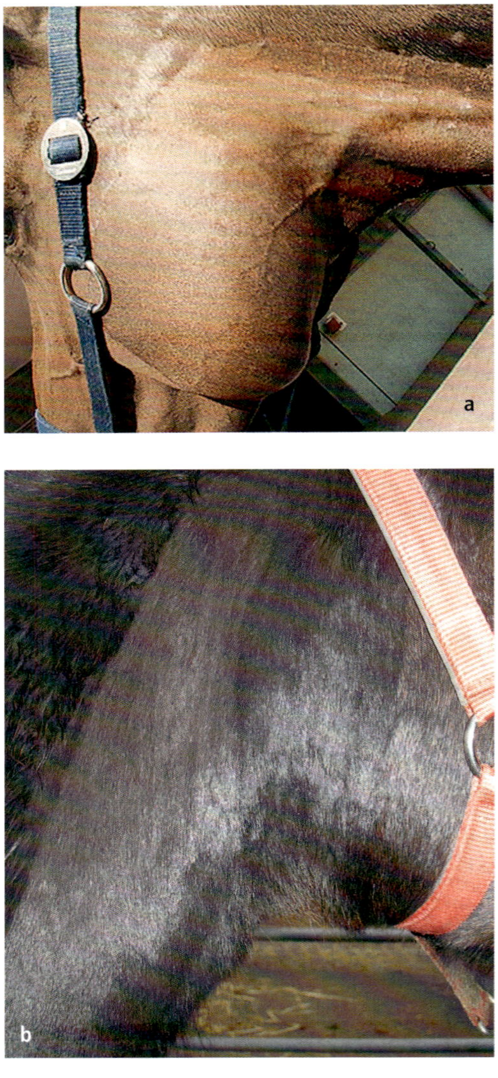

Abb. 12.4a:
Ödematisierung der Ganaschengegend bei Jugularvenenthrombose.
a Schwellung im Bereich der Glandula parotis auf der ipsilateralen Seite einer vollständig thrombosierten Vena jugularis. Die venöse Abflussstörung führte zur Stauung der Venen im Bereich der Glandula parotis (ca. 3 Wochen nach einer intravenösen Infusion).
b Schwellung des Masseters auf der ipsilateralen Seite einer vollständigen Venenthrombose 5 Tage nach einer Infusionsbehandlung.

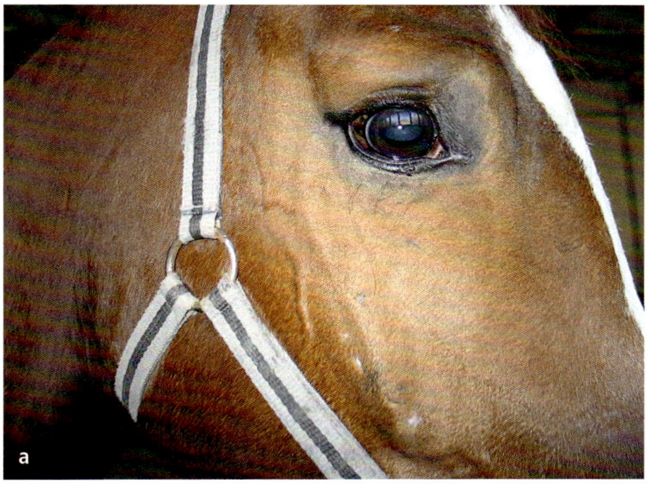

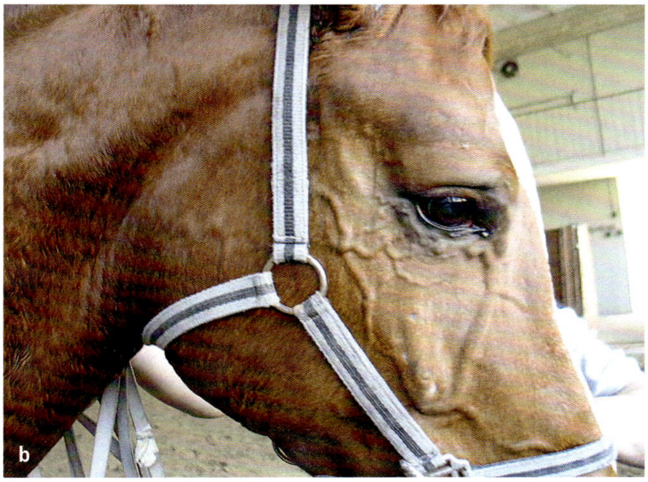

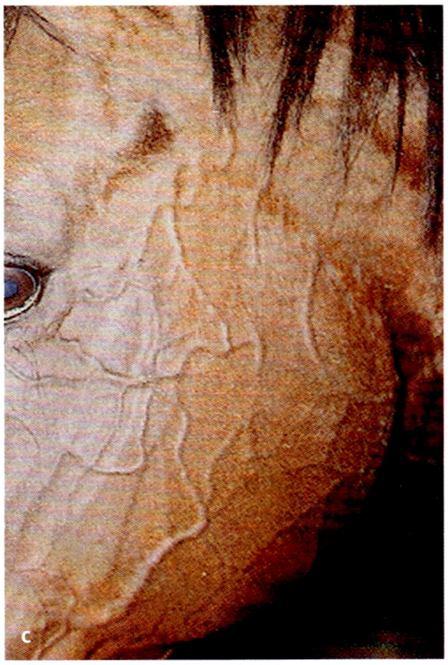

Abb. 12.5a–c:
Gestaute Unterhautvenen im rechten Angesicht eines Pferdes mit thrombosierter ipsilateraler Vena jugularis vor der Belastung (**a**) und direkt nach der Belastung (**b**). Gestaute Unterhautvenen in Ruhe im linken Angesicht eines Pferdes mit thrombosierter ipsilateraler Vena jugularis ca. 1 Jahr nach einer mehrtägigen Infusionsbehandlung (**c**).

Klinik

Bei der Thrombophlebitis aseptica weist die Vene an der Punktionsstelle oder an der Katheterspitze zunächst eine Umfangsvermehrung auf. Im weiteren Verlauf breitet sich der Thrombus in zentraler und peripherer Richtung aus, bis die Vene als derber, etwa daumenstarker Strang im Sulcus jugularis zu palpieren ist bzw. hervortritt (Abb. 12.2a, b; Abb. 12.3). Die Entzündungssymptomatik des betroffenen Venenbereiches ist deutlich geringer als bei einer septischen Thrombophlebitis, für die eine starke Schmerzhaftigkeit und vermehrte Wärme der umfangsvermehrten Venenpunktionsstelle bei deutlich gestörtem Allgemeinbefinden des Pferdes charakteristisch sind. In einigen Fällen wird jedoch auch bei einer aseptischen Thrombophlebitis eine Ödematisierung im Bereich der Glandula parotis, im Submaxillarisgebiet sowie im Bereich des Masseters festgestellt (Abb. 12.4a, b). Schreitet die Thrombosierung bis über die Abzweigung der A. maxillaris fort, so wird die Glandula parotis in der Ganaschengegend komprimiert und nach lateral gedrückt. Auf der ipsilateralen Kopfseite können die Unterhautvenen gestaut werden und vor allem bei Belastung zu einer deutlichen Gefäßzeichnung führen (Abb. 12.5a–c). Ein vollständiger Verschluss einer oder beider Venae jugulares kann auch zu venöser Hypertension und Ödembildung im gesamten Kopfbereich und dadurch zu einer Leistungsbeeinträchtigung führen.

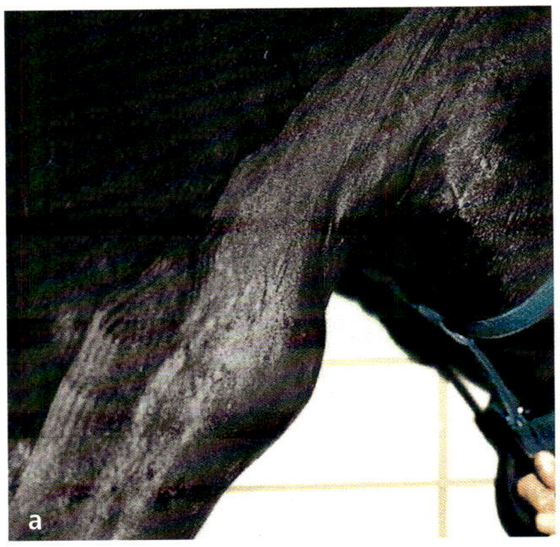

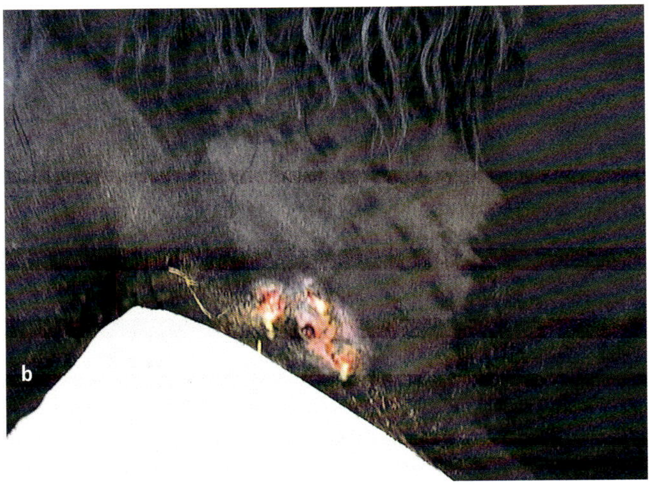

Abb. 12.6a, b:
Septische Thrombophlebitis einige Tage nach einer intravenösen Kolikbehandlung. Die Jugularvenen zeigten sich heiß und schmerzhaft.
b Septische Thrombophlebitis mit Abszessbildung.

Klinisch fallen zunächst eine schmerzhafte Schwellung und evtl. auch ein subkutanes Ödem im betroffenen Bereich der Vene auf. Es kann zu einer Venenstauung proximal der Thrombose kommen. Ist die Schwellung heiß, schmerzhaft und kombiniert mit Fieber und einer Leukozytose liegt der Verdacht auf eine septische Thrombose nahe (Abb. 12.6a, b).

Diagnose
Eine sonographische Untersuchung gibt Auskunft über das Ausmaß des Thrombus bzw. der Abszessbildung (s. Kap. 12.3).

Therapie
Diese Erkrankung kann heute mithilfe von Antikoagulation erfolgreich behandelt werden (s. Kap. 12.4).

12.1.2 Aortenthrombose

Ätiologie
Die Thrombose des Endabschnittes der Aorta und ihrer Verzweigungen (A. iliaca externa und interna, A. femoralis und A. hypogastrica) führt zu einer unzureichenden Blutversorgung der Beckengliedmaßen des Pferdes. Die Ursachen für eine Aortenthrombose können sehr unterschiedlich sein. Ob auch Infektionen mit *Strongylus vulgaris* bzw. Gefäßintimaschäden durch wandernde L4-Larven zu Aortenthromben führen können, wird kontrovers diskutiert, da sich die Larven von *Strongylus vulgaris* primär in der A. mesenterica cranialis ansiedeln und eher ein Zusammenhang mit der Entstehung eines Aneurysmas gesehen wird. Möglicherweise verursachen die Larven indirekt eine Thrombosierung an der Aortenaufzweigung durch abgeschwemmte Thromben, die sich dort organisieren und vergrößern.

Klinik
Aortenthrombosen äußern sich insbesondere bei Belastung durch eine intermittierende Lahmheit (Claudicatio intermittens) einer oder beider Hintergliedmaßen. Es wird angenommen, dass die Lahmheit ein Ausdruck der Schmerzen ist, die durch die ischämische Muskulatur hervorgerufen werden. Das Ausmaß und die Lokalisation des Thrombus bestimmt, ob nur eine oder beide Gliedmaßen in ihrer Funktion beeinträchtigt sind sowie den Grad der Lahmheit. Bei hochgradigen Thrombosierungen kann es auch zum Niedergehen des Pferdes oder zu kolikähnlichen Symptomen (Schwitzen, Tachykardie, Niedergehen, Wälzen) kommen. Die Palpation des Pulses am Mittelfuß ist an der thrombosierten Gliedmaße (ggf. an beiden Gliedmaßen) deutlich reduziert bzw. nicht möglich und die betroffene Gliedmaße kann sich kühl anfühlen. Mit fortschreitender Schwere der Erkrankung treten die Symptome aufgrund der Ischämie in der Hintergliedmaße auch in Ruhe auf. Die Aortenthrombose kann die reiterliche und auch züchterische Nutzung (z.B. bei Zuchthengsten) stark einschränken.

Diagnose
Die Diagnose einer Thrombose der Endaufzweigung der Aorta kann in Einzelfällen bei einer transrektalen Palpation gestellt werden. Die Pulsqualität ist herabgesetzt und der Thrombus kann evtl. als relativ derbe intraluminale Masse palpierbar sein. Ultrasonographisch wird die Verdachtsdiagnose verifiziert und der Thrombus als hyperechogene Struktur dargestellt (s. Kap. 12.3). Als Differentialdiagnosen kommen die Myoglobinämie, das *Tying-up*-Syndrom oder auch Beckenfrakturen in Betracht.

Therapie
Diese Erkrankung kann heute mithilfe von Antikoagulation erfolgreich behandelt werden (s. Kap. 12.4).

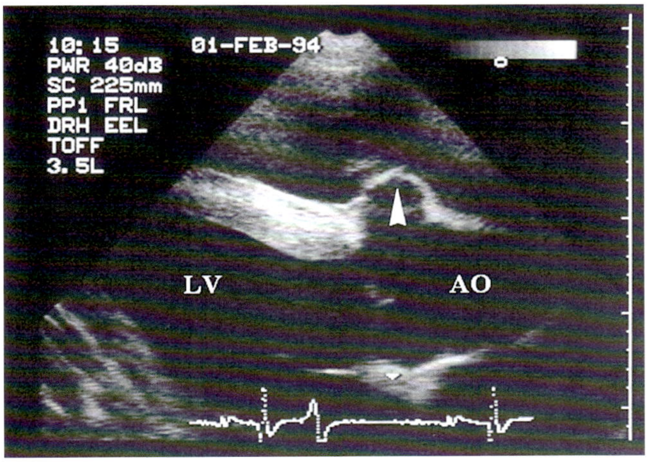

Abb. 12.7:
Echokardiographisches Bild eines kleinen herznahen Aortenaneurysmas (Pfeil) beim Pferd (B-Mode, Vierkammerblick des Herzens, RKDLA mit Aorta; AO = Aorta, LV = linker Ventrikel).

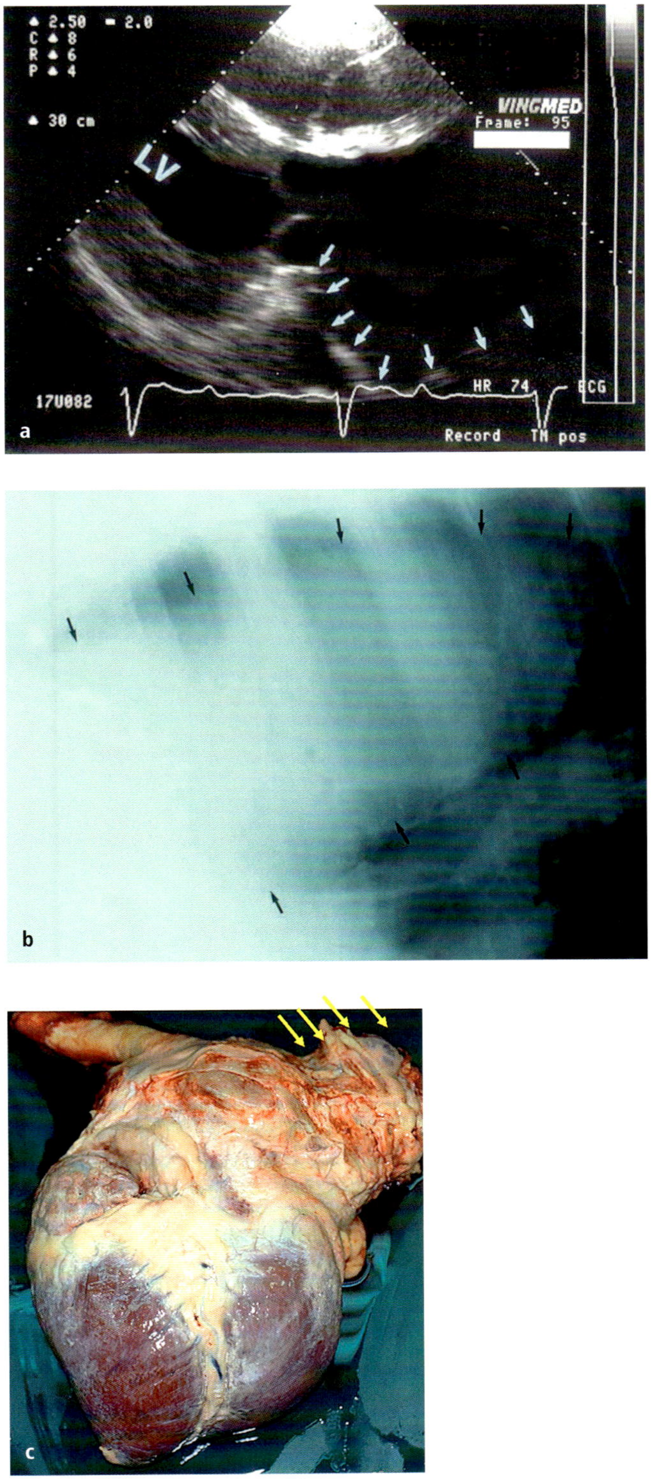

Abb. 12.8a–c:
Großes herznahes Aortenaneurysma.
a Echokardiographisches Bild im B-Mode, Vierkammerblick des Herzens, RKDLA mit Aorta (Pfeile = Aneurysma, LV = linker Ventrikel).
b Röntgenologisches Bild. Die Vergrößerung der Aorta ist deutlich sichtbar (Pfeile).
c Pathologisch-anatomisches Bild.

12.2 Sonstige Gefäßerkrankungen

Beim Fohlen treten häufig Erkrankungen der Nabelgefäße auf. Dabei sind meist sowohl die Vene (meist als septische Omphalophlebitis) als auch die Arterien (Rupturen, Entzündungen) betroffen.

Gefäßaussackungen (Aneurysmen), Gefäßrupturen, Tumoren der Blutgefäße (z. B. Hämangioendotheliom, Hämangiosarkom) und angeborene Gefäßdefekte treten beim Pferd nur selten auf.

12.2.1 Aortenaneurysmen

Aneurysmen sind irreversible, meist lokale Erweiterungen arterieller Gefäße, wobei beim Pferd meist die Aorta im herznahen Bereich betroffen ist (Abb. 12.7). Die Ursachen für Aneurysmen liegen in einer Funktionsstörung der Tunica media der Gefäßwand, Traumen, parasitären Infektionen, Arteriosklerose oder einer mykotischen bzw. bakteriellen Infektion.

Diagnose
Intra vitam gelingt eine ultrasonographische Diagnosestellung und Schweregradbeurteilung nur bei herznahen Aneurysmen (Abb. 12.8a). Auch bei einer röntgenologischen Untersuchung des Thorax können herznahe Aneurysmen aufgedeckt werden (Abb. 12.8b). Die Diagnose erfolgt in den meisten Fällen jedoch erst *post mortem* (Abb. 12.8c, 12.9).

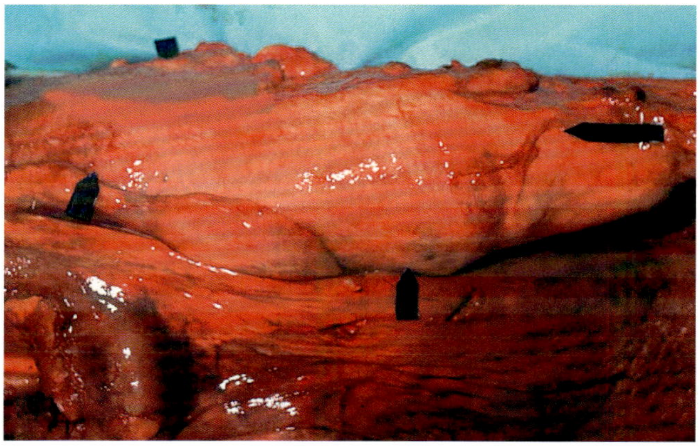

Abb. 12.9:
Pathologisch-anatomisches Bild eines thorakalen Aortenaneurysmas beim Pferd.

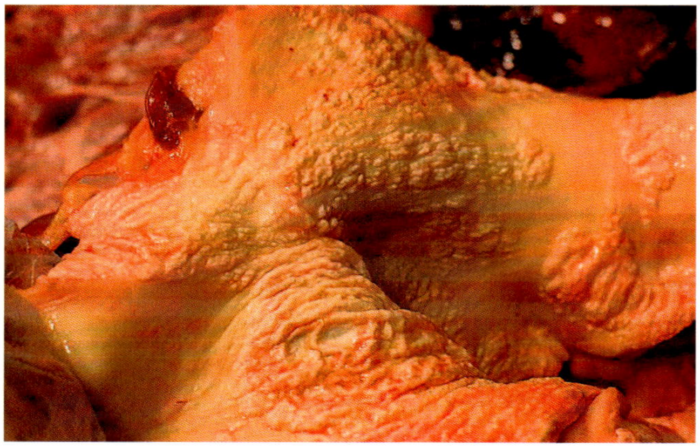

Abb. 12.10:
Deutliche Kalzifizierung der Aorta bei einem 28-jährigen Warmbluthengst.

Ein Sonderfall ist das Sinus-valsalve-Aneurysma, benannt nach dem Anatom und Chirurgen Antonio Maria Valsalva (1666–1723). Dabei entsteht eine Ausweitung der Aorta unmittelbar hinter den Aortenklappensegeln (Bulbus aortae, Abb. 12.7). Auch die übrigen Aortenaneurysmen können zunächst klinisch stumm verlaufen oder aber sofort oder später mit Apathie, Tachykardie und Tachypnoe einhergehen. Die Sinus-valsalve-Aneurysmen können z. B. bei plötzlichem starkem Blutdruckanstieg rupturieren. Ein Herzgeräusch ist meist erst bei einer Ruptur auskultierbar.

Prognose
Im Falle einer Ruptur ist die Prognose ungünstig bis infaust und die Erkrankung führt zum plötzlichen Tod des Pferdes. Aufgrund des Risikos einer Ruptur sollten Pferde mit einem Aortenaneurysma nicht stark belastet werden.

12.2.2 Aortenruptur bzw. -fistel

Eine Aortenfistel entsteht bei der Ruptur des rechten Aortensinus in den rechten Vorhof oder rechten Ventrikel. Die Ätiologie ist beim Pferd unbekannt. Beim Menschen wurden kongenitale Defekte der Tunica media der Aorta und des Anulus fibrosus der Aortenklappen festgestellt. Dabei kann die Ruptur mit oder ohne vorangegangenes Aneurysma (Sinus-valsalve-Aneurysma) auftreten. Beim Pferd sind ebenfalls beide Varianten (mit und ohne Aneurysma) beschrieben. Die Ruptur kann partiell oder total sein und findet sich beim Pferd typischerweise am Aortenursprung in Form von Querrissen (2–3 cm Länge).

Klinik
Bei einer Ruptur der Aorta bzw. des Aneurysmas treten deutliche klinische Symptome, wie Schock mit Tachyarrhythmien und Kolik, auf. Bei einer Aortenruptur in unmittelbarer Nähe der Semilunarklappen kommt es zu einer Blutung in den Herzbeutel mit nachfolgender Herztamponade.

Von Aortenrupturen sind meistens ältere Hengste betroffen. Häufig wird sie ausgelöst durch einen plötzlichen intravasalen Druckanstieg (z. B. beim Deckakt) bei vorgeschädigter Arterienwand durch parasitäre Prozesse oder dystrophische Verkalkungen (Abb. 12.10).

Bei den Wurmaneurysmen (Arrosionsaneurysmen) der A. mesenterica cran. oder A. ileocolica, durch wandernde *Strongylus-vulgaris*-Larven, kann es ebenfall zu einer Ruptur mit Blutung in das Abdomen kommen.

Diagnose
Die Diagnosestellung gelingt bei herznahen Aneurysmen ultrasonographisch.

Prognose
Die Prognose ist ungünstig bis infaust.

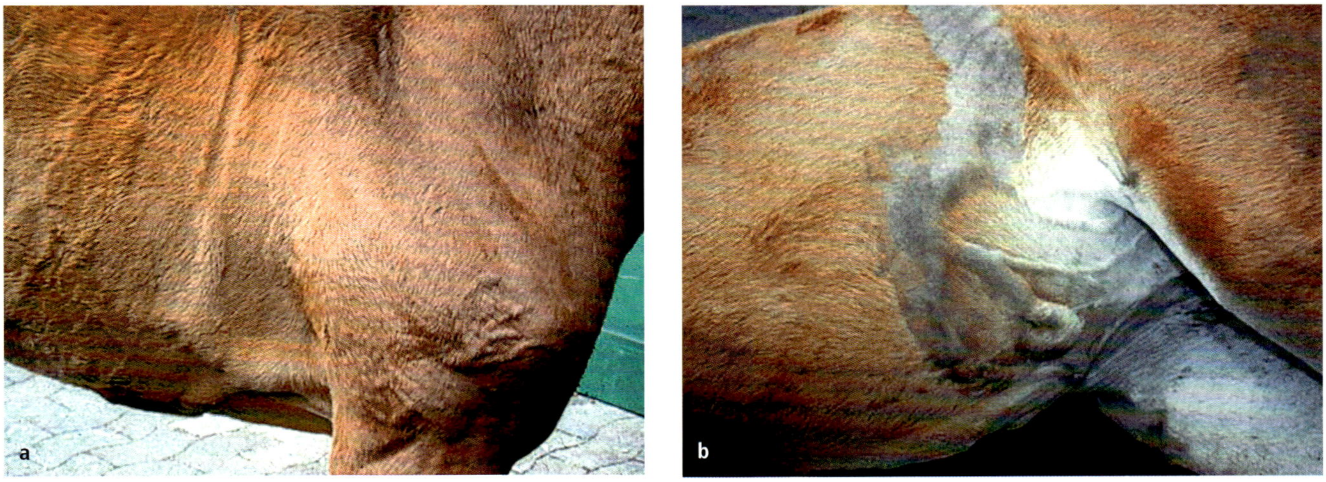

Abb. 12.11a, b:
Warmblutfohlen mit multiplen kongenitalen Venenmissbildungen.

12.2.3 Pulmonalarterienruptur

Eine Pulmonalarterienruptur ist meist die Folge einer Pulmonalarteriendilatation durch eine pulmonale Hypertension. Bei einer Pulmonalarterienruptur kommt es in der Regel zu plötzlichen Todesfällen. Zuvor kann starkes beidseitiges Nasenbluten auftreten. Bei einer Ruptur in den Thorax tritt deutliche Dyspnoe auf und der Erguss ist röntgenologisch und sonographisch darstellbar. In seltenen Fällen überleben die Pferde einige Tage. Die Diagnose wird meist *post mortem* gestellt. Am noch lebenden Pferd ist die Diagnose echokardiographisch möglich. Pferde mit einer Pulmonalarteriendilatation haben eine ungünstige Prognose und sollten aufgrund des Risikos einer Gefäßruptur nicht belastet werden. Die Druckveränderungen in der Pulmonalarterie können bereits vor echokardiographisch sichtbarer Pulmonalarteriendilatation mithilfe einer Rechtsherzkatheter-Untersuchung festgestellt werden. Hat eine Ruptur stattgefunden, die nicht zum sofortigen Tod des Pferdes geführt hat, ist die Prognose infaust und es sollte baldmöglichst eine Euthanasie durchgeführt werden.

12.2.4 Ruptur anderer Gefäße

Die Ruptur von Mesenterialgefäßen geht meist mit deutlichen Koliksymptomen einher. Häufig kommt es zu Hämatombildungen im Gekröse. Zum Teil ist bei einer Bauchhöhlenpunktion freies Blut in der Bauchhöhle sichtbar. Auch Frakturen (z. B. Beckenfrakturen) gehen meist mit größeren Gefäßrupturen und Hämatombildungen einher.

Auch hier hilft die Ultraschalluntersuchung zur Diagnostik. Nach Möglichkeit sollte ein Hämatom nicht punktiert werden, um eine Infektion zu vermeiden. Es gibt jedoch auch Fälle (z. B. mangelhafte Resorption), in denen eine Punktion oder chirurgische Eröffnung indiziert sein kann.

Arosionen größerer arterieller Gefäße können auch bei der Luftsackmykose auftreten und sind durch eine mykotisch-granulomatöse Arteriitis (*Aspergillus* spp.) verursacht. Dabei kann es zu lebensbedrohlichen Sturzblutungen kommen.

Beim belastungsinduzierten Lungenbluten (EIPH = *exercise induced pulmonary hemorrhage*) kommt es ebenfalls zu kleinen Kapillarzerreißungen in der Lungenperipherie.

12.2.5 Angeborene Gefäßmissbildungen

Zu den seltenen angeborenen Gefäßdefekten gehören Aortenstenosen, arteriovenöse Fisteln, Venenverdoppelungen und abnorme Venenverläufe (Abb. 12.11a, b).

Arteriovenöse Fisteln

Arteriovenöse Fisteln sind beim Pferd selten. Sie können angeboren oder iatrogen bzw. traumatisch erworben sein. Im Bereich der Jugularvene und der A. carotis externa können sie z. B. nach einer Trittverletzung oder nach venösen Punktions- bzw. Injektionsversuchen entstehen. Die klinische Bedeutung und die klinischen Symptome hängen von der Lokalisation und der Fistelgröße ab. Evtl. ist ein chirurgischer Therapieversuch möglich.

12

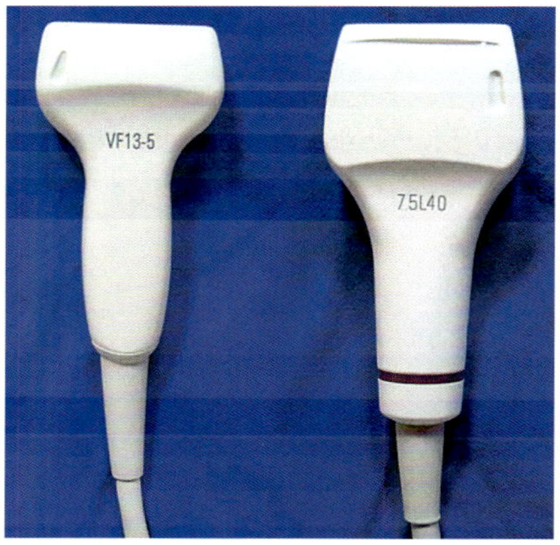

Abb. 12.12:
Linearschallköpfe zur Durchführung einer transkutanen Gefäßsonographie.

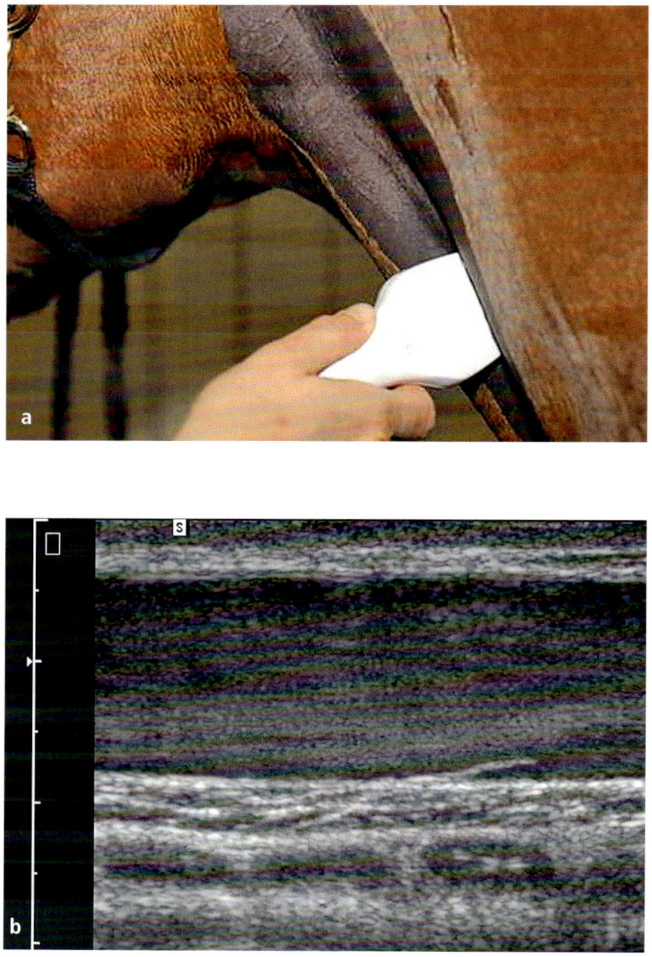

Abb. 12.13a, b:
Ultrasonographische Untersuchung der Jugularvenen mit einem Linearschallkopf im Längsschnitt nach Vorbereitung des Untersuchungsfeldes durch Scheren, Entfetten mit Alkohol und benetzen mit Kontaktgel. **b** Physiologisches Bild einer angestauten Jugularvene.

12.3 Sonographische Untersuchungen bei Gefäßerkrankungen

Die sonographische Untersuchung eignet sich insbesondere beim Pferd bei Erkrankungen der größeren Blutgefäße. Es können oberflächliche Gefäße (z. B. Jugularvene, Gefäße im Bereich der Gliedmaßen) transkutan und die Gekrösewurzel sowie die Aufzweigung der Aorta und der Arteriae iliacae transrektal (Rektalschallkopf) untersucht werden. Dabei sind zur Diagnose von Gefäßwanddefekten bzw. Gefäßverschlüssen die B-Mode- und die Siescape-Technik (Panoramabild) und zur Darstellung der Strömungsverhältnisse die Untersuchung mit dem konventionellen Doppler (PW/CW) bzw. mit dem Farbdoppler möglich. Die Gefäße werden in zwei oder mehr Ebenen sonographisch untersucht. Dabei ist sowohl die Darstellung im Quer- als auch im Längsschnitt Standard.

12.3.1 Jugularvenen

Für die Untersuchung oberflächlich gelegener Gefäße wird ein Linearschallkopf mit einer Frequenz zwischen 7,5 und 11 MHz verwendet (Abb. 12.12). Im Bereich der Apertura thoracis kann ein Sektorschallkopf mit einer Frequenz von 3,5–4 MHz sinnvoll sein, um die in der Tiefe gelegenen Strukturen darzustellen. Die Vorbereitung erfolgt wie für jede ultrasonographische Untersuchung. Falls möglich sollte der zu untersuchende Bereich rasiert oder geschoren werden (Abb. 13a). Es folgen die Entfettung mit Alkohol sowie das Aufbringen von Ultraschallkontaktgel.

Die Vena jugularis wird sowohl im gestauten als auch im nicht gestauten Zustand im Längs- und Querschnitt untersucht (Abb. 12.13a, b; Abb. 12.14a, b). Physiologischerweise lassen sich, je nach Auflösung des Ultraschallgerätes, die Gefäßwand, die perivenösen Bereiche und die Venenklappen mithilfe der B-Mode-Technik darstellen. Durch den Stauvorgang entsteht eine Vergrößerung des Gefäßlumens. Dabei kommt es physiologischerweise zu einer Echoverdichtung (spontaner Blutkontrast) des Blutes. Durch die gute Schalltransmission bei der Untersuchung von Körperflüssigkeiten lassen sich mithilfe hochfrequenter Linearschallköpfe (5–10 MHz und mehr) qualitativ hochwertige Ultraschallbilder erzielen. Damit gelingt in vielen Fällen sogar die Erfassung von Kollateralgefäßen oder Vasa vasorum. Mithilfe der Siescape®-Technik lässt sich in einem Bild die Vena jugularis auf einer Länge von ca. 60 cm Länge abbilden (Abb. 12.15a, b).

Bei einer Venentrombose sollte neben der Größe und der Textur des Thrombus auch auf die Dicke der Venenwände und auf das perivenöse Gewebe geachtet werden (Abb. 12.16;

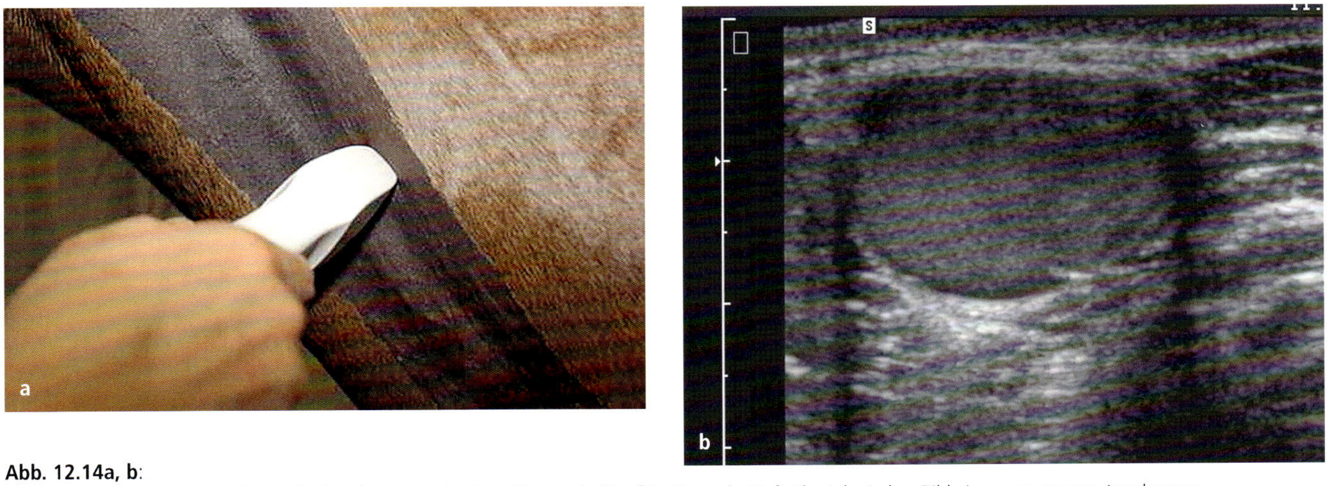

Abb. 12.14a, b:
Ultrasonographische Untersuchung der Jugularvenen mit einem Linearschallkopf im Querschnitt. **b** Physiologisches Bild einer angestauten Jugularvene.

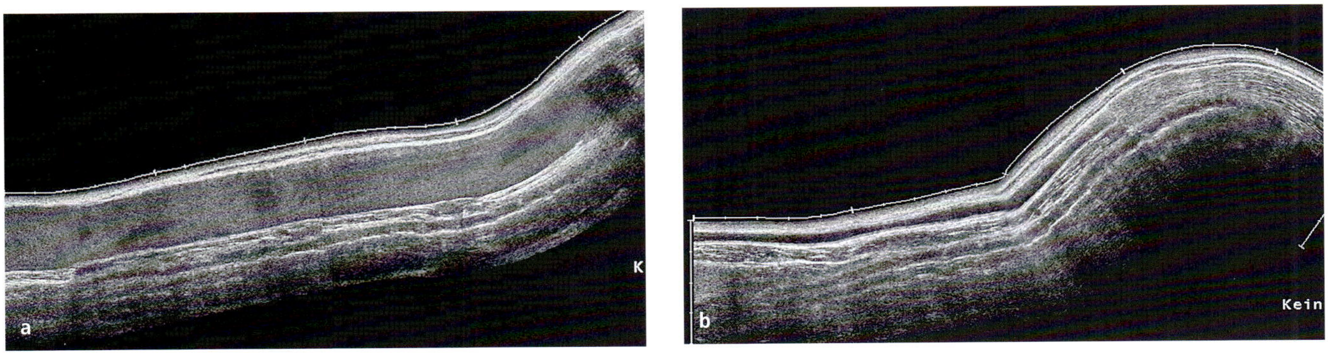

Abb. 12.15a, b:
Darstellung normaler Jugularvenen im Panoramaschnittbildverfahren (SieScape®). **a** gestaute Vene, **b** ungestaute Vene.

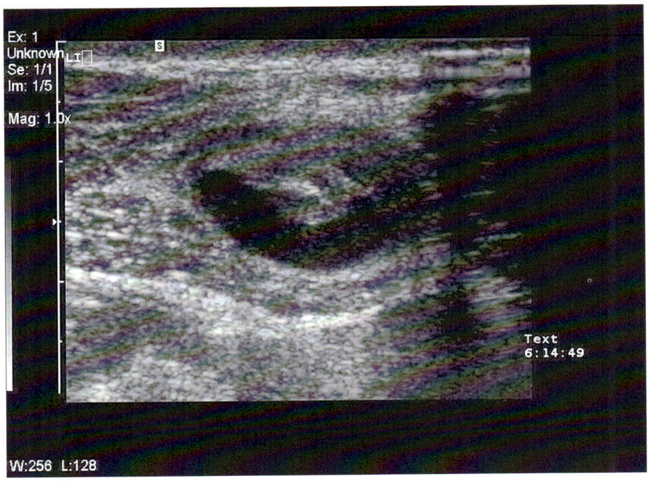

Abb. 12.16:
Ultrasonographische Darstellung eines partiellen wandständigen Thrombus in der Vena jugularis im Querschnitt.

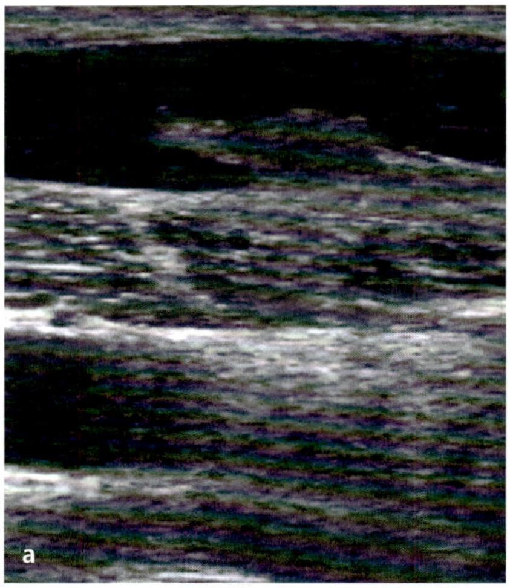

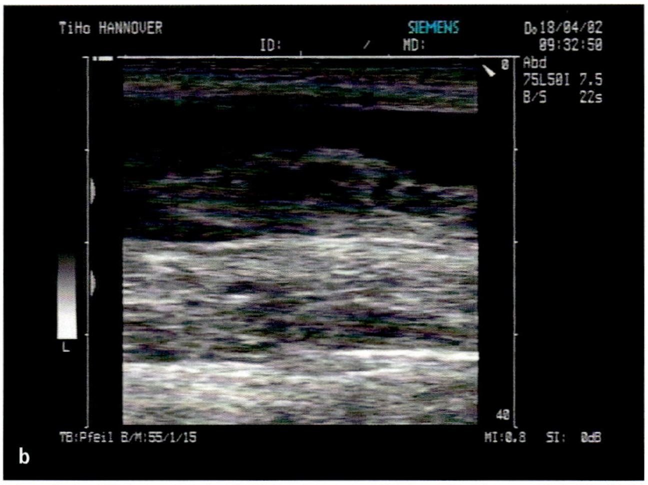

Abb. 12.17a–c:
Ultrasonographische Darstellung partieller wandständiger Thromben in der Vena jugularis im Längsschnitt.

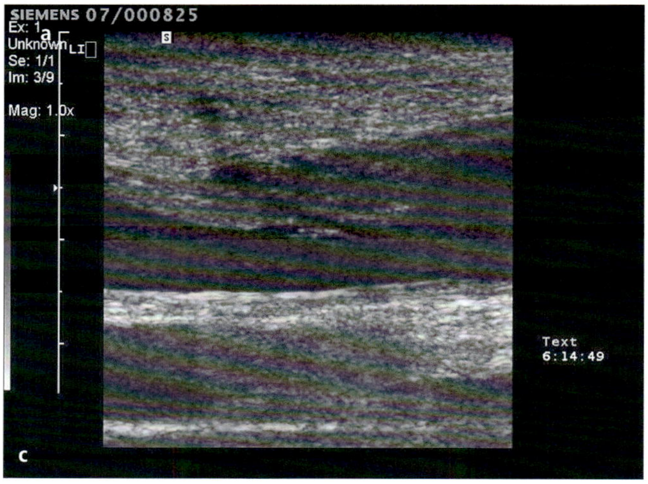

12

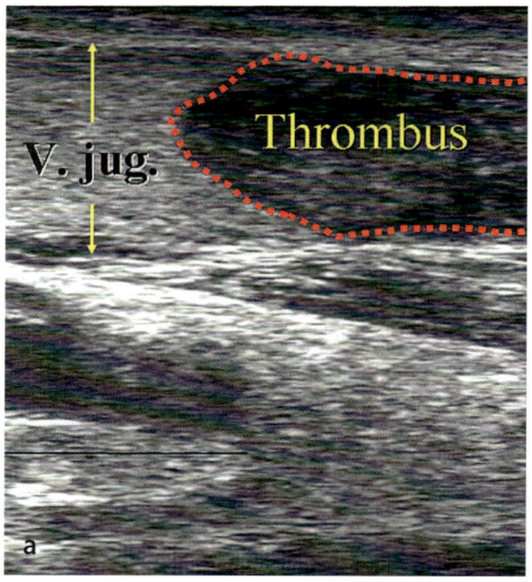

Abb. 12.18a–c:
Vollständig thrombosierte Vena jugularis im ultrasonographischen Längsschnitt (**a**). Der Thrombus stellt sich dunkel gefärbt dar. Vor dem Thrombus kommt es zu einer Blutstase, die sich sonographisch als helle Schlierenbildung darstellt. Verschiedene Querschnitte des gleichen Thrombus (**b**) an unterschiedlichen Lokalisationen (**c**).

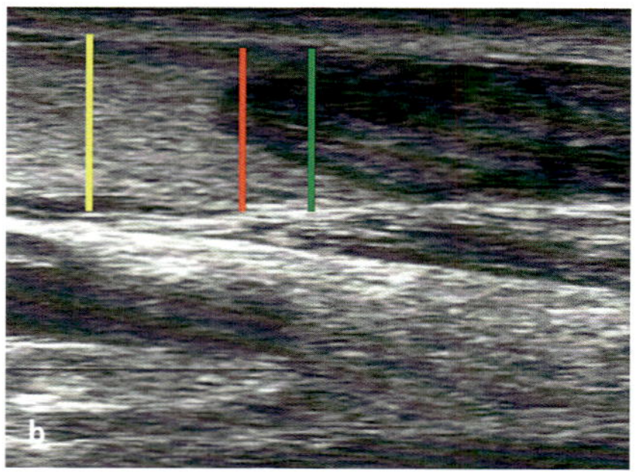

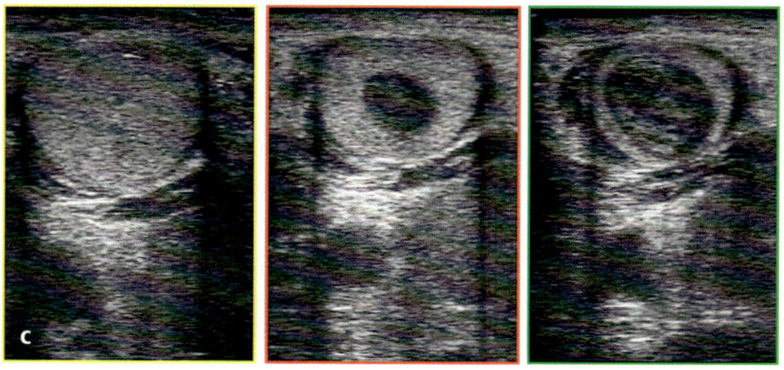

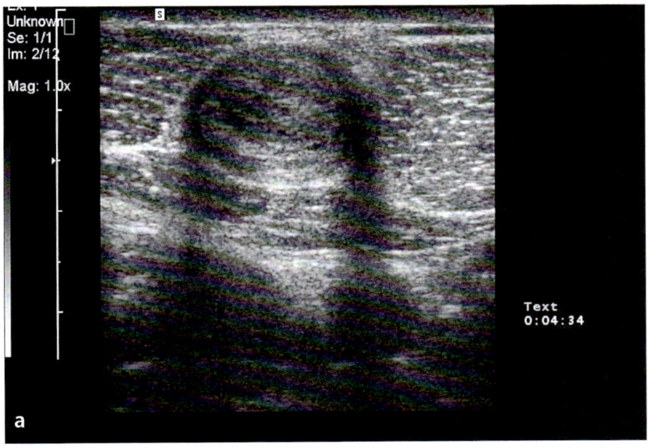

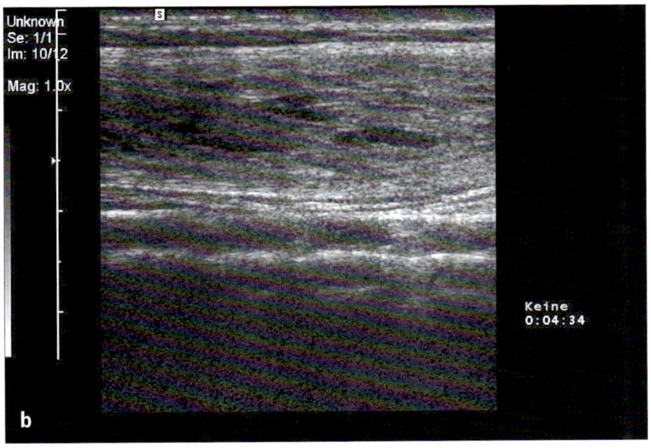

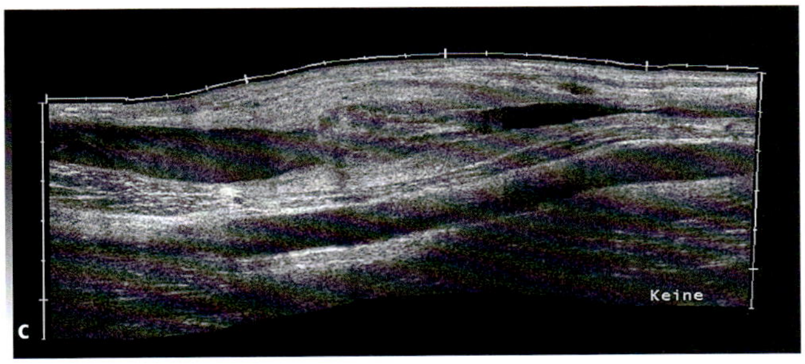

Abb. 12.19a–c:
Vollständig thrombosierte Vena jugularis im ultrasonographischen Querschnitt (**a**) und im ultrasonographischen Längsschnitt (**b**) sowie im Panoramabildverfahren (**c**).

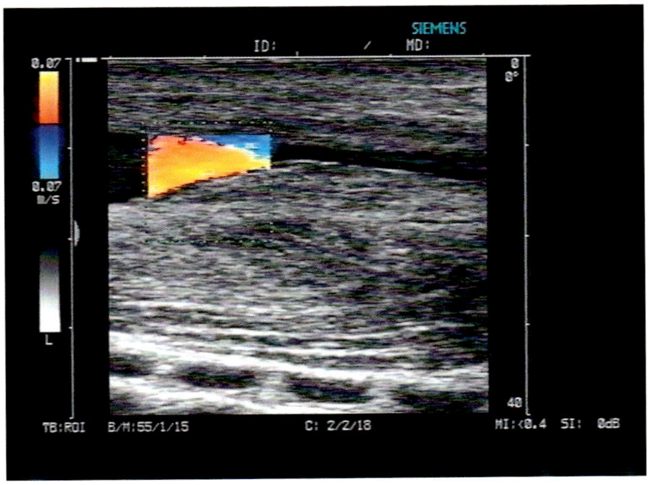

Abb. 12.20:
Farbdoppler-Untersuchung einer Jugularvene mit partiellem Thrombus zur Darstellung des verbleibenden Blutflusses.

12

Abb. 12.17a–c; Abb. 12.18a–c). Die Textur eines Thrombus stellt sich mitunter unterschiedlich dar. Sie kann homogen hyperechogen oder heterogen anechogen, hypoechogen oder hyperechogen mit einer verdickten Venenwand und z. T. mit einem umgebenden Fibrinnetz erscheinen. Flüssigkeitsansammlungen im Lumen des Thrombus deuten auf eine Infektion hin.

Die Ausdehnung des Thrombus wird ultrasonographisch im Längs- (Abb. 12.18a, b) und Querschnitt (Abb. 12.18c) bestimmt. Unter Umständen ist ein manuelles Anstauen der Vene nicht mehr möglich, obwohl bei der Ultraschalluntersuchung noch ein geringgradiger Blutfluss nachgewiesen wird. Bei einer vollständigen Venenthrombosierung (Abb. 12.18a–c, Abb. 12.19a–c) kann es zur Rekanalisierung oder zu einer kollateralen Zirkulation kommen. Auch eine bindegewebige Durchsetzung des Thrombus und der Venenwand ist möglich. Die Gefahr der venösen Thrombembolie ist stets gegeben. Neben Lungenabszessen, septisch-hämolytischen Anämien oder Hämatombildung nach Veneneröffnung kann es auch zur Haut- oder Hautmuskelnekrose kommen.

Mithilfe der Doppler-Untersuchung lässt sich überprüfen, ob der Thrombus die Vene vollständig okkludiert (Abb. 12.20) und es können laminare von turbulenten Strömungen unterschieden werden. Dieses spielt insbesondere bei partiellen Gefäßverschlüssen eine wichtige diagnostische Rolle. Erst bei stark eingeengten Gefäßlumina entstehen turbulente Strömungen.

12

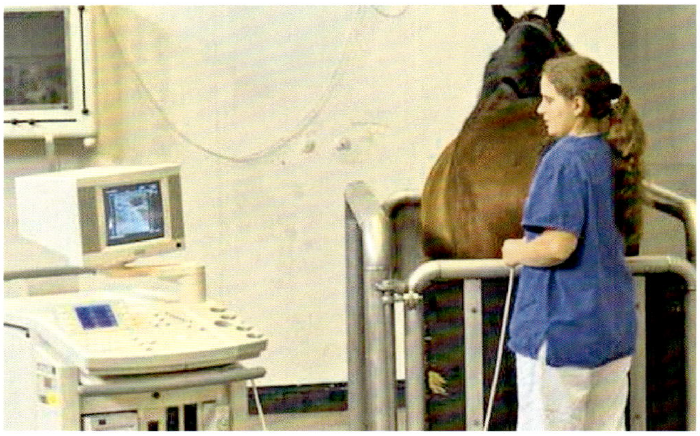

Abb. 12.21
Transrektale ultrasonographische Untersuchung. Fixation des Pferdes in einem Zwangsstand.

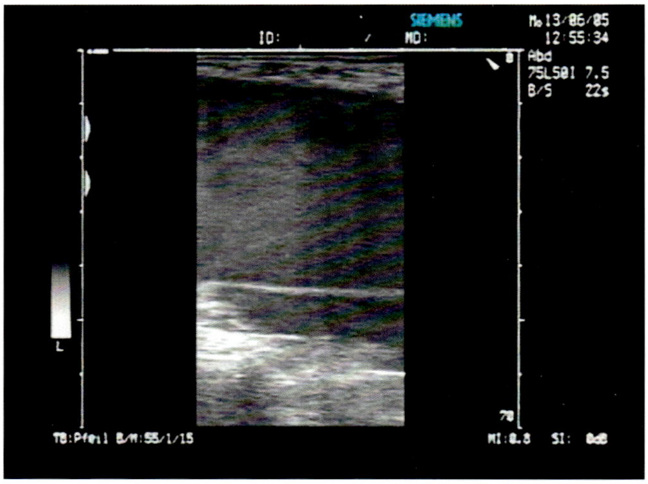

Abb. 12.22:
Transrektale ultrasonographische Darstellung einer unveränderten Aorta.

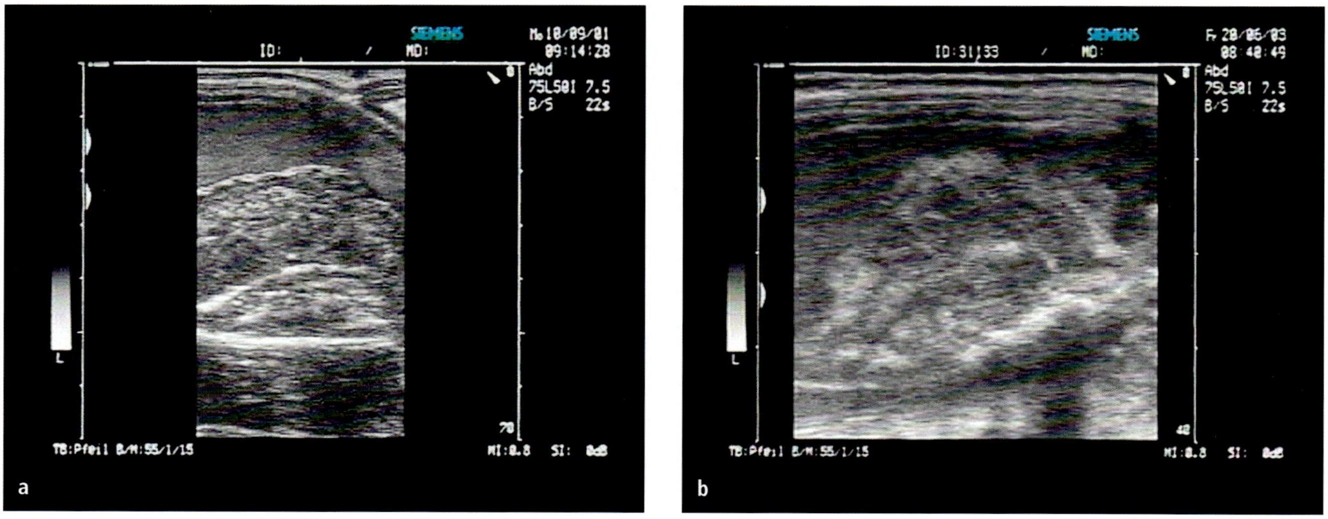

Abb. 12.23a, b:
Sonographische Darstellung von Aortenthrombosen.
a 12-jähriges Pferd mit rezidivierender Kolik.
b Dressurpferd mit intermittierenden Taktproblemen in der Hinterhand (Claudicatio intermittens).

Bei Verweilkathetern können durch regelmäßige sonographische Untersuchungen Gefäßveränderungen frühzeitig aufgedeckt und entsprechende Maßnahmen (Entfernung des Katheters bzw. Neuplatzierung) vorgenommen werden. Die Gefäßdiagnostik mithilfe der sonographischen Technik ist insbesondere im Rahmen von Verlaufskontrollen thrombosierter Blutgefäße der klinischen Untersuchung deutlich überlegen.

12.3.2 Aorta

Bei einer Thrombosierung bzw. Thromboembolie im Aufzweigungsgebiet der Aorta bzw. Iliakalgefäße bedeutet die Möglichkeit der transrektalen sonographischen Diagnostik einen erheblichen Fortschritt zur Beurteilung des Ausmaßes. Zur Verwendung kommt hier ein 5- bis 7,5-MHz-Linearschallkopf. Neben einer sicheren Fixierung des Patienten (z. B. Zwangsstand, Abb. 12.21) erleichtert die Verabreichung eines Spasmolytikums (Buscopan) die Untersuchung. Für eine vollständige Untersuchung sollte neben der Aorta auch die Endaufzweigung mit den Aa. iliacae externa und interna beidseits dargestellt werden (Abb. 12.22).

Ein Thrombus lässt sich im Bereich der Aorta und der weiteren Gefäßaufzweigungen leicht aufdecken (Abb. 12.23a, b).

12.4 Therapie von Gefäßerkrankungen

12.4.1 Therapiemöglichkeiten bei Gefäßthrombosen

Ziel der Therapie bei aseptischen Gefäßthrombosen ist es, die Fibrinbildung zu reduzieren bzw. zu verhindern, um ein weiteres Thrombenwachstum einzuschränken. Darüber hinaus soll mithilfe der antikoagulativen Therapie die körpereigene Thrombolyse unterstützt werden und durch Gefäßrekanalisation die Fließeigenschaft des Blutes verbessert werden.

Im Körper agiert zum einen das Gerinnungssystem, das über Aktivatoren Prothrombin zu Thrombin umwandelt, welches dann wiederum eine Umwandlung von Fibrinogen zu Fibrin bewirkt. Auf der anderen Seite steht das Fibrinolysesystem, das ebenfalls über Aktivatoren die Umwandlung von Plasminogen zu Plasmin bewirkt, welches wiederum proteolytisch auf Fibrinogen wirkt. Ziel der Therapie ist es, das Gerinnungssystem zu blockieren und das Fibrinolysesystem zu aktivieren.

Als Medikamente zur Therapie von Gefäßthrombosen stehen Antikoagulantien (hemmen die Fibrinbildung), Aggregationshemmer (Thrombozytenhemmstoffe, hemmen die Aktivierung und Zusammenlagerung der Blutplättchen) und Fibrinolytika (Auflösung bereits gebildeten Fibrins durch Aktivierung von freiem und fibringebundenem körpereigenem Plasminogen) zur Verfügung.

Hauptindikation der Antikoagulantien und Aggregationshemmer ist die Prävention thrombotischer Ereignisse (z. B. Jugularvenenthrombose bei Kolikpatienten). Die wichtigste Medikamentengruppe sind dabei die Antikoagulanzien.

Antikoagulanzien

Antikoagulanzien sind Medikamente, die die Blutgerinnung herabsetzen. Man unterscheidet hierbei zwischen direkt (hemmen die Wirkung der Gerinnungsenzyme) und indirekt wirkenden Antikoagulanzien (hemmen die Bildung der Gerinnungsenzyme). Zu den direkt wirkenden Antikoagulanzien gehören das Heparin und die Azetylsalizylsäure.

Heparin ist ein negativ geladenes, sulfatiertes Glukosaminoglykan. Für die antikoagulatorische Wirkung bindet es hochaffin an das Antithrombin III (AT III) und verstärkt und beschleunigt (etwa 1000-fach) dessen Wirkung (Hemmung aktiver Gerinnungsfaktoren wie Thrombin durch proteolytischen Abbau). Das heißt es hemmt die plasmatische Gerinnung und führt zusätzlich zur Freisetzung von Gewebeplasminogenaktivatoren, wodurch es auch fibrinolytisch wirkt. Das Heparin muss dazu jedoch eine Kettenlänge von mindestens 18 Monosacchariden aufweisen (= unfraktioniertes Heparin). Unabhängig von der Kettenlänge bewirkt der Heparin-AT-III-Komplex eine Inaktivierung des Gerinnungsfaktors Xa. Bei Heparinen mit einer Kettenlänge unter 18 Monosacchariden spricht man vom niedermolekularen Heparin. Heparin wirkt direkt und sofort aktivierend auf Antithrombin III.

Azetylsalizylsäure hemmt die Bildung von Thromboxan, welches für die Plättchenaggregation und Vasokonstriktion zuständig ist. Dadurch wird die Aggregation von Thrombozyten verhindert.

Zu den indirekt wirkenden Antikoagulanzien gehören die **Cumarinderivate** Phenprocoumon (Wirkdauer 7–10 Tage), Warfarin (Wirkdauer 3–5 Tage) und Acenocoumarol (Wirkdauer 1–3 Tage). Sie antagonisieren das Vitamin K durch eine Reduktion der Vitamin-K-abhängigen Synthese der Gerinnungsfaktoren in der Leber (Vitamin-K-Antagonisten). Durch den Einsatz von Vitamin-K-Antagonisten wird die Synthese der Vitamin-K-abhängigen Gerinnungsfaktoren II, VII, IX und X kompetitiv gehemmt, sodass nur inaktive Vorstufen gebildet werden. Cumarinderivate wirken als indirekte Antikoagulanzien erst nach einer gewissen Zeitverzögerung blutgerinnungshemmend. Zu beachten ist, dass es unter der Therapie zu Blutungen kommen kann. Bei Magenulzera und vor Operationen sollten sie nicht eingesetzt werden.

Fibrinolytika

Fibrinolytika werden sowohl zur Auflösung intravasaler Gerinsel als auch zur Prophylaxe intravasaler Fibrinablagerungen eingesetzt. Zu den Fibrinolyse-Aktivatoren gehören die Streptokinase, die Urokinase und die Gewebeplasminogen-

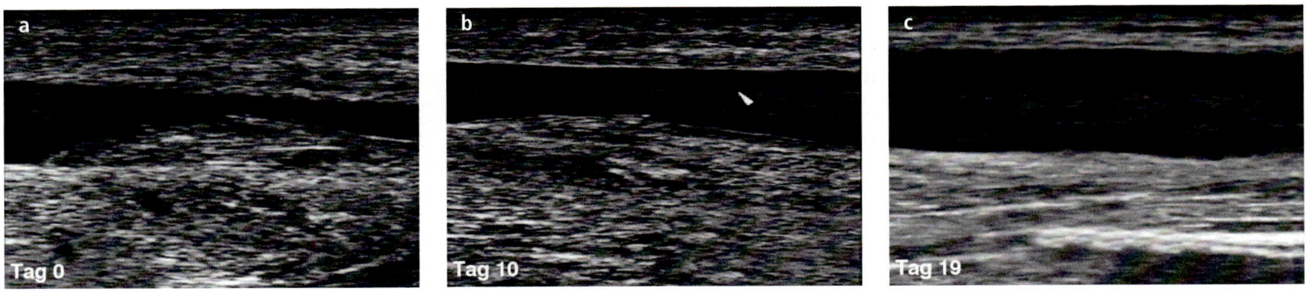

Abb. 12.24a–c:
Sonographische Kontrolle des Therapieverlaufes einer Phenprocoumon-Behandlung bei einem Pferd mit einer 6 Wochen alten partiellen Jugularvenenthrombose.

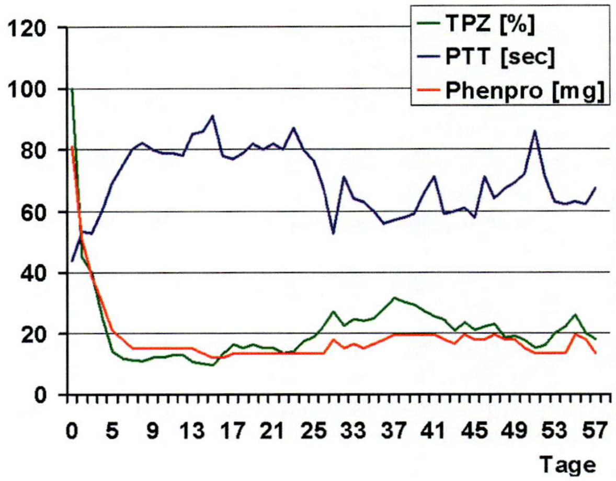

Abb. 12.25:
Typischer Verlauf einer Phenprocoumontherapie: rote Linie = Phenprocoumondosierung, blaue Linie = Prothrombinzeit, grüne Linie = Quick-Wert.

Aktivatoren. Erfahrungen zum Einsatz dieser Medikamente gibt es bisher vor allem beim Kleintier.

Therapie der aseptischen Thrombophlebitis

Die aseptische Venenthrombose und die Aortenthrombose können durch verschiedene Antikoagulantien behandelt werden, die das Thrombenwachstum hemmen, die Fibrinolyse des Thrombus fördern und eine Rethrombosierung verhindern.

Anwendung des direkt wirkenden Antikoagulanz Heparin

Heparin kann als so genannte *low-dose*-Therapie zur Prophylaxe und zur Therapie von Thrombophlebitiden eingesetzt werden. Initial werden dabei 1 × tägl. 160 IU/kg s. c. verabreicht. Anschließend wird Heparin 2 Tage 2 × tägl. in der Dosierung von 120 IU/kg 2 Tage 2 × tägl. in der Dosierung von 80 IU/kg, 4 Tage 2 × tägl. in der Dosierung von 40 IU/kg und 4 Tage 2 × tägl. in der Dosierung von 20 IU/kg s. c. verabreicht.

Heparin muss generell parenteral oder lokal als Salbe verabreicht werden, da es bei oraler Gabe zerstört wird. Als lokale Salbenanwendung kann Heparin hochdosiert (180 000 IU) bei oberflächlichen, nicht bindegewebig durchbauten Jugularvenenthrombosen angewendet werden.

Als seltene Nebenwirkungen sind Schleimhautblutungen, Fellausfall und Thrombozytopenie möglich, die jedoch bei Absetzten des Heparins reversibel sind.

Bei Blutungsneigungen, Leber- und Nierenschädigungen sollte Heparin nicht oder nur kontrolliert eingesetzt werden.

Anwendung des direkt wirkenden Antikoagulanz Azetylsalizylsäure

Azetylsalizylsäure kann in der Dosierung 25 mg/kg 2 × tägl. oral verabreicht werden. Bei Magenulzera sollte es nicht angewendet werden.

Anwendung des indirekt wirkenden Antikoagulanz Phenprocoumon

Phenprocoumon (Phenpro.-ratiopharm®, Fa. Ratiopharm; Marcumar®, Fa. Roche) ist nach oraler Gabe mit 92–100 % sehr gut biologisch verfügbar und wird aufgrund der zweifach längeren Halbwertszeit bei größerer Stabilität des Quickwertes (Thromboplastinzeit in %, TPZ) bei der Langzeittherapie dem Warfarin vorgezogen. Neben der Bestimmung der Thromboplastinzeit sind weitere Gerinnungstests, wie die Bestimmung der partiellen Thromboplastinzeit in Sekunden (PTT), der Fibrinogenkonzentration oder der Blutungszeit möglich. Für Phenprocoumon beträgt die Dosierung für die initiale Bolusgabe 40–80 mg/500 kg Körpergewicht. Am folgenden Tag erhält der Patient kein Medikament, ab dem dritten Tag wird die Medikamentenverabreichung unter täglicher Quickwert-Kontrolle und angemessener Dosisreduzierung bei einer Erhaltungsdosis von 12–16,5 mg Phenprocoumon pro Pferd fortgesetzt. Ein Erreichen des therapeutischen Bereiches, der bei einem Quickwert von 15–20 % des Normwertes liegt, nimmt etwa vier bis fünf (acht) Tage in Anspruch. Durch die individuell sehr unterschiedliche Sensitivität gegenüber Cumarinen beträgt die Dauer der Einstellungsphase im Mittel neun bis 14 Tage. In Ausnahmefällen können drei Wochen überschritten werden. Nach der Einstellung sollte der Quickwert wöchentlich kontrolliert und die Phenprocoumondosis gegebenenfalls angepasst werden. Die Dauer der Medikation ist mit 19 Tagen bis elf Monaten sehr variabel. Der Therapieerfolg ist ultrasonographisch zu kontrollieren (Abb. 12.24a–c). Ein typischer Therapieverlauf ist in Abb. 12.25 dargestellt. Sollte sich das unter antikoagulatorischer Therapie stehende Pferd auch nur geringfügig verletzen, an Ulzera im Magendarmtrakt oder unter Endoparasitenbefall leiden, so muss die Phenprocoumontherapie unterbrochen werden, um eine physiologische Gerinnungsfähigkeit des Blutes wiederzuerlangen. Ein Quickwert über 40 % wird hierbei als gefahrlos angesehen. Ovulation, Gravidität und Laktation können ebenfalls Gefahren darstellen. Als Kontraindikationen gelten hämorrhagische Diathesen, Lebererkrankungen, Nephropathien, Traumen und Leukosen. Bei starken Blutungen können Vitamin-K1 (Konakion®, Wirkstoff Phytomenadion, Fa. Roche) und ggf. 2 Liter Plasma oder Vollblut verabreicht werden (0,3–0,75 mg Vitamin K pro kg alle vier Stunden i. v. bis zum Sistieren der Blutung). Bei einer Vitamin-K-Behandlung ist jedoch mit einem erheblich höheren Thromboserisiko mit Rezidivgefahr zu rechnen und es können unerwünschte Arzneimittelwirkungen auftreten.

Chirurgische Maßnahmen

Bleibt der Erfolg der fibrinolytischen Therapie aus, besteht neben einer Thrombektomie die Möglichkeit einer Rekonstruktion der V. jugularis durch ein Transplantat aus der V. saphena. Dieser Eingriff erfordert allerdings zwei chirurgische Teams, die gleichzeitig die thrombosierte V. jugularis freilegen und das Transplantat aus der kontralateralen Hintergliedmaße gewinnen. Das Transplantat wird durch eine Seit-zu-End-Anastomose mit den Enden der V. jugularis verbunden. Die dauerhafte Durchgängigkeit des Transplantates ist durch ultrasonographische Untersuchungen zu kontrollieren.

Therapiemöglichkeiten bei septischer Thrombophlebitis

Eine septische Thrombophlebitis der V. jugularis externa erfordert eine systemische Therapie mit Antibiotika und Antiphlogistika. Bei Verdacht auf Abszedierung ist zur Abszessreifung eine lokal hyperämisierende Behandlung (Wärme, hyperämisierende Salben) mit nachfolgender vorsichtiger Abszessspaltung angezeigt. Bei der Abszessspaltung ist darauf zu achten, die in direkter Nachbarschaft zur Vene liegende A. carotis externa nicht zu verletzen (Abb. 12.26). Anschließend sollte eine systemische Behandlung mit Antibiotika und Antiphlogistika bis zur Ausheilung der Entzündung durchgeführt werden. Bei einer septischen Venenthrombose kann bei Verdacht auf anaerobe Keime Metronidazol (15 mg/kg 4 × tägl.) verabreicht werden.

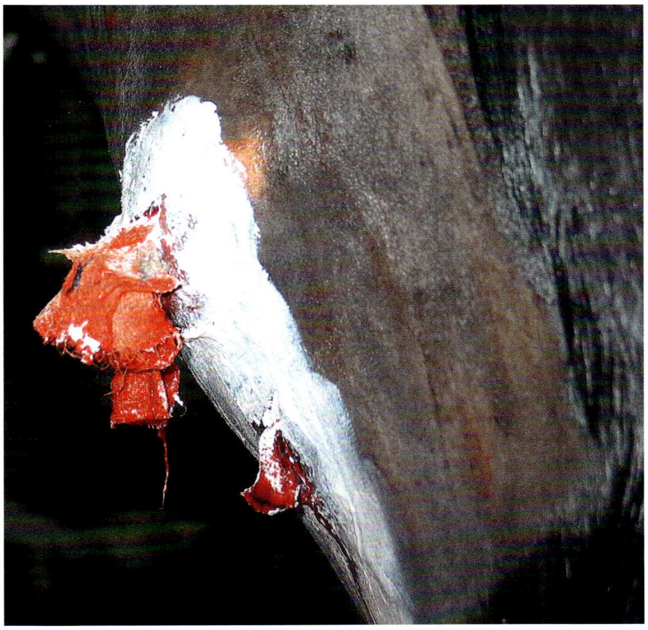

Abb. 12.26:
Septische Thrombophlebitis nach Abszessspaltung und Einbringen einer Tupferdrainage.

Im Falle multipler Abszesse mit Fistelbildung und bindegewebigen Wucherungen entlang der Vene kann eine Resektion des entsprechenden Venenbereiches (Phlebektomie) und des eitrig infizierten Gewebes notwendig werden.

12

Therapiemöglichkeiten bei Aortenthrombose

Zur Behandlung der Aortenthrombose stehen verschiedene medikamentelle therapeutische Ansätze zur Verfügung, die jedoch eine vorsichtige Prognose gemeinsam haben, da die Rezidivrate hoch ist.

Als konservative Therapiemöglichkeit steht die Verabreichung von Antikoagulanzien (z. B. Phenprocoumon, Heparin) zur Verfügung (siehe Therapie aseptische Thrombophlebitis).

Chirurgische Maßnahmen

Die minimal invasive chirurgische Entfernung eines Thrombus der Aorta und ihrer kaudalen Arterien (Thrombektomie) stellt ebenfalls eine mögliche Therapie dar. Dabei wird in Allgemeinanästhesie ein Teil der V. saphena bis zur A. femoralis freipräpariert und diese anschließend isoliert. Eine transverse Arteriotomie ermöglicht den Zugang zum Thrombus, der mit einem Fogarty-Katheter entfernt wird. Die häufigste Komplikation besteht in der Thrombembolie der kontralateralen Gliedmaße durch abgeschwemmte Thrombusanteile. Prognostisch ist der Eingriff vorsichtig zu sehen, etwa 50 % der operierten Pferde werden anschließend wieder im Sport eingesetzt.

Literatur

BRAMA, P. A., A. B. RIJKENHUIZEN, H. A. VAN SWIETEN et al. (1996): Thrombosis of the aorta and the caudal arteries in the horse: Additional diagnosis and surgical treatment. Vet Quart. 18 (Suppl. 2): S. 85.

BUBECK, K., C. P. BARTMANN, V. SCHIEMANN, E. DEEGEN (2002): Antikoagulatorische Behandlung der Thrombose der Vena jugularis externa des Pferdes mit Phenprocoumon. 17. Arbeitstagung der Fachgruppe Pferdekrankheiten, DVG, 227–233.

BÜTTIKER, R., N. HESS, C. v. TSCHARNER, U. SCHATZMANN (1989): Untersuchungen über Gefäßwandveränderungen an der Vena jugularis externa des Pferdes nach intravenösen Infusionen. Pferdeheilkunde. 5, 247–255.

FISCHER, A. T. Jr., J. HARDY, R. LEVEILLE, A. B. M. RIJKENHUIZEN, J. A. AUER (2006): Minimal Invasive Surgical Techniques. In: Auer, J. A., Stick, J. A.: Equine Surgery, 3rd Edition. Saunders Elsevier, St. Louis.

FORTH, W., W. RUMMEL (1990): Antikoagulantien, Aggregationshemmer, Fibrinolytika und Hemmstoffe der Fibrinolyse; Pharmakotherapie von Störungen der Blutgerinnung. In: W. Forth, D. Henschler u. W. Rummel (Hrsg.): Allgemeine und spezielle Pharmakologie und Toxikologie. 5. Aufl. Wissenschaftsverlag, Mannheim, Wien.

GERHARDS, H. (1987a): Die konservative Behandlung der Thrombophlebitis der Vena jugularis beim Pferd. Tierärztl Umschau. 42: 234–237.

12

GERHARDS, H. (1987b): Untersuchungen zur Entstehung der Thrombophlebitis beim Pferd – der Beitrag der erworbenen Hyperkoagulabilität. Dtsch Tierärztl Wschr. 94: 173–174.

GERHARDS, H., M. ROSENBRUCH (1984): Intermittierendes Hinken beim Pferd: Diskussion ätiologischer und therapeutischer Aspekte anhand eines Fallberichtes. Prakt Tierarzt. 8: 645.

MOFFET, F. S., P. VADEN (1978): Diagnosis and treatment of thrombosis of the posterior aorta or iliac arteries in the horse. Vet Med Small Anim Clin. 73: 184.

REEF, V. B., S. KLUMPP, A. D. MAXSON (1990): Echocardiographic detection of an intact aneurysma of the sinus of Valsalva in a 3-year old Thoroughbred gelding. JAVMA. 197: 752–755.

RIJKENHUIZEN, A. B. M., H. A. VAN SWIETEN (1998): Reconstruction of the jugular vein in horses with post thrombophlebitis stenosis using saphenous vein graft. Equine Vet J. 30 (3): 236–239.

ROBY, K. A. W., V. B. REEF, D. P. SHAW (1986): Rupture of an aortic sinus aneurysma in an 15 year old broodmare. JAVMA. 189: 305–308.

SINN, D., H.-J. WINTZER (1990): Zu den Behandlungsgrundlagen mit Antikoagulantien beim Pferd. Tierärztl Prax. 18: 507–511.

STADLER, P., P. WOHLSEIN, M. GRATOPP, B. SEIFFERT, A. SOULIER (1996): Die echographische und röntgenologische Darstellung von Aneurysmen der Aortenwurzel und des Aortenbogens beim Pferd. In: Pferdeheilkunde. 12: 91–96.

TILLOTSEN, P. J., P. H. KOPPER: Treatment of aortic thrombosis in a horse. JAVMA. 149: 766.

Stichwortverzeichnis